U0241311

中国农业通史

魏晋南北朝卷

第二版

王利华　主编

中国农业出版社
北　京

图书在版编目（CIP）数据

中国农业通史. 魏晋南北朝卷 / 王利华主编. —2
版. —北京：中国农业出版社，2020.9
　　ISBN 978-7-109-25847-1

　　Ⅰ.①中… Ⅱ.①王… Ⅲ.①农业史－中国－魏晋南
北朝时代 Ⅳ.①S092

中国版本图书馆 CIP 数据核字（2019）第 182263 号

中国农业通史·魏晋南北朝卷
ZHONGGUO NONGYE TONGSHI WEI JIN NANBEICHAO JUAN

中国农业出版社出版
地址：北京市朝阳区麦子店街 18 号楼
邮编：100125
责任编辑：孙鸣凤
版式设计：杨　婧　责任校对：沙凯霖
印刷：北京通州皇家印刷厂
版次：2009 年 8 月第 1 版　2020 年 9 月第 2 版
印次：2020 年 9 月北京第 1 次印刷
发行：新华书店北京发行所
开本：787mm×1092mm　1/16
印张：24
字数：470 千字
定价：160.00 元

《中国农业通史》第一版

编审委员会

《中国农业通史》第二版

编辑委员会

总 主 编：韩长赋

执行主编：余欣荣　韩　俊

副 主 编：毕美家　广德福　隋　斌

委　　　员（按姓氏笔画排列）：

《中国农业通史》第一版

编 辑 委 员 会

总 主 编：杜青林　韩长赋

执行主编：余欣荣　尹成杰　滕久明　郑　重　宋树友

副 主 编：毕美家　沈镇昭　白鹤文　王红谊　李根蟠
　　　　　闵宗殿

委　　员（按姓氏笔画排列）：

王东阳	王红谊	王利华	王思明	尹成杰
叶依能	白鹤文	毕美家	吕　平	刘　敏
刘增胜	江惠生	杜青林	杜富全	李庆海
李伯重	李显刚	李根蟠	杨直民	余欣荣
闵宗殿	沈镇昭	宋树友	张　波	陈文华
陈晓华	周肇基	郑　重	郑有贵	郑承博
赵　刚	赵立山	胡泽学	姜学民	夏亨廉
倪根金	郭文韬	萧正洪	曹幸穗	彭世奖
董恺忱	韩长赋	雷刘功	翟翠霞	樊志民
滕久明	穆祥桐			

《中国农业通史》第二版
出版说明

《中国农业通史》（以下简称《通史》）的编辑出版是由中国农业历史学会和中国农业博物馆共同主持的农业部重点科研项目，从1995年12月开始启动，经数十位农史专家编写，《通史》各卷先后出版。《通史》的出版，为传扬农耕文明，服务"三农"学术研究和实际工作发挥了重要作用，得到业界和广大读者的欢迎。二十余年来，中国农业历史研究取得许多新的成果，中国农业现代化建设特别是乡村振兴实践极大拓宽了"三农"理论视野和发展需求，对《通史》做进一步完善修订日显迫切，在此背景下，编委会组织编辑了《通史》（第二版）。

《通史》（第二版）编辑工作在农业农村部领导下进行，部领导同志出任编委会领导；根据人员变化情况，更新了编辑委员会组成。全书坚持以时代为经，以史事为纬，经直纬平，突出了每个阶段农业发展的重点、特征和演变规律，真实、客观地反映了农业发展历史的本来面貌。

这次修订，重点是补充完善卷目。《通史》（第二版）包括《原始社会卷》《夏商西周春秋卷》《战国秦汉卷》《魏晋南北朝卷》《隋唐五代卷》《宋辽夏金元卷》《明清卷》《近代卷》《附录卷》，全面涵盖了新中国成立以前的中国农业发展年代。修订中对全书重新校订、核勘，修改了第一版出现的个别文字、引用资料不准确、考证不完善之处。全书采用双色编排，既具历史的厚重感又具现代感。

　　我们相信，《中国农业通史》为各界学习、研究华夏农耕历史，展示农耕文明，传承农耕文化，提供了权威文献；对于从中国农业发展历史长河中汲取农耕文明精华，正确认识我国的基本国情、农情，弘扬中华农业文明，坚定文化自信，推进乡村振兴，等等，都具有重要意义。

2019 年 12 月

序

　　中国是世界农业主要发源地之一。在绵绵不息的历史长河中，炎黄子孙植五谷，饲六畜，农桑并举，耕织结合，形成了土地上精耕细作、生产上勤俭节约、经济上富国足民、文化上天地人和的优良传统，创造了灿烂辉煌的农耕文明，为中华民族繁衍生息、发展壮大奠定了坚实的基业。

　　新中国成立后，党和政府十分重视发掘、保护和传承我国丰富的农业文化遗产。在农业高等院校、农业科学院（所）成立有专门研究农业历史的学术机构，培养了一批专业人才，建立了专门研究队伍，整理校刊了一批珍贵的古农书，出版了《中国农学史稿》《中国农业科技史稿》《中国农业经济史》《中国农业思想史》等具有很高学术价值的研究专著。这些研究成果，在国内外享有盛誉，为编写一部系统、综合的《中国农业通史》提供了厚实的学术基础。

　　《中国农业通史》（以下简称《通史》）课题，是由中国农业历史学会和中国农业博物馆共同主持的农业部重点科研项目。全国农史学界数十位专家学者参加了这部大型学术著作的研究和编写工作。

　　在上万年的农业实践中，中国农业经历了若干不同的发展阶段。每一个阶段都有其独特的农业增长方式和极其丰富的内涵，由此形成了我国农业史的基本特点和发展脉络。《通史》的编写，以时代为经，以史事为纬，经直纬平，源通流畅，突出了每个阶段农业发展的重点、特征和演变规律，真实、客观地反映了农业发展历史的本来面貌。

一、中国农业史的发展阶段

（一）石器时代：原始农业萌芽

考古资料显示，我国农业产生于旧石器时代晚期与新石器时代早期的交替阶段，距今有1万多年的历史。古人是在狩猎和采集活动中逐渐学会种植作物和驯养动物的。原始人为什么在经历了数百万年的狩猎和采集生活之后，选择了种植作物和驯养动物来谋生呢？也就是说，古人为什么最终发明了"农业"这种生产方式？学术界对这个问题做了长期的研究，提出了很多学术观点。目前比较有影响的观点是"气候灾变说"。

距今约12 000年前，出现了一次全球性暖流。随着气候变暖，大片草地变成了森林。原始人习惯捕杀且赖以为生的许多大中型食草动物突然减少了，迫使原始人转向平原谋生。他们在漫长的采集实践中，逐渐认识和熟悉了可食用植物的种类及其生长习性，于是便开始尝试种植植物。这就是原始农业的萌芽。农业之被发明的另外一种可能是，在这次自然环境的巨变中，原先以渔猎为生的原始人，不得不改进和提高捕猎技术，长矛、掷器、标枪和弓箭的发明，就是例证。捕猎技术的提高加速了捕猎物种的减少甚至灭绝，迫使人类从渔猎为主转向以采食野生植物为主，并在实践中逐渐懂得了如何培植、储藏可食植物。大约距今1万年，人类终于发明了自己种植作物和饲养动物的生存方式，于是我们今天称为"农业"的生产方式就应运而生了。

在原始农业阶段，最早被驯化的作物有粟、黍、稻、菽、麦及果菜类作物，饲养的"六畜"有猪、鸡、马、牛、羊、犬等，还发明了养蚕缫丝技术。原始农业的萌芽，是远古文明的一次巨大飞跃。不过，那时的农业还只是一种附属性生产活动，人们的生活资料很大程度上还依靠原始采集狩猎来获得。由石头、骨头、木头等材质做成的农具，是这一时期生产力的标志。

（二）青铜时代：传统农业的形成

考古发现和研究表明，我国青铜器的起源可以追溯到大约5 000年前，此后经过上千年的发展，到距今4 000年前青铜冶铸技术基本形成，从而进入了青铜时代。在中原地区，青铜农具在距今3 500年前后就出现了，其实物例证是河南郑州商城遗址出土的商代二里岗期的铜以及铸造铜的陶范。可以肯定，青铜时代在年代上大约相当于夏商周时期（前21世纪—前8世纪）。主要标志是，从石器时代过渡到金属时代，发明了冶炼青铜技术，出现了青铜农具，原始的刀耕火种向比较成熟的饲养和种植技术转变。夏代大禹治水的传说反映出人类利用和改造自然的能力有了很大提高。这一时期的农业技术有划时代的进步。垄作、中耕、治虫、选种等技术相继发明。为适应农耕季节需要创立的天文历——夏历，使农耕活动由物候经验上升为历法规范。商代出现了最早的文字——甲骨文，标志着新的文明时代的到来。这一时期，农业已发展成为社会的主要产业，原始的采集狩猎经济退出了历史的舞台。这是我国古代农业发展的第一个高潮。

（三）铁农具与牛耕：传统农业的兴盛

春秋战国至秦汉时代（前8世纪—公元3世纪），是我国社会生产力大发展、社会制度大变革的时期，农业进入了一个新的发展阶段。这一时期农业发展的主要标志是，铁制农具的出现和牛、马等畜力的使用。可以认定，我国传统农业中使用的各种农具，多数是在这一时期发明并应用于生产的。当前农村还在使用的许多耕作农具、收获农具、运输工具和加工农具等，大都在汉代就出现了。这些农具的发明及其与耕作技术的配套，奠定了我国传统农业的技术体系。在汉代，黄河流域中下游地区基本上完成了金属农具的普及，牛耕也已广泛实行。中央集权、统一的封建国家的建立，兴起了大规模水利建设高潮，农业生产力有了显著提高。

生产力的发展促进了社会制度的变革。春秋战国时期，我国开始从奴隶社会向封建社会过渡，出现了以小农家庭为生产单位的经济形式。当时，列国并立，群雄争霸，诸侯国之间的兼并战争此起彼伏。富国强兵成为各诸侯国追求的目标。各诸侯国相继实行了适应个体农户发展的经济改革。首先是承认土地私有，并向农户征收土地税。这种赋税制度的变革，促进了个体小农经济的发展。到战国中期，向国家缴纳"什一之税"、拥有人身自由的自耕农已相当普遍。承认土地私有、奖励农耕、鼓励人口增长、重农抑商等，是这一时期的主要农业政策。

战国七雄之一的秦国在商鞅变法后迅速强盛起来，先后兼并了六国，结束了长期的战争和割据，建立了中央集权的封建国家。但秦朝兴作失度，导致了秦末农民大起义。汉初实行"轻徭薄赋，与民休息"的政策，一度对农民采取"三十税一"的低税政策，使农业生产得到有效恢复和发展，把中国农业发展推向了新的高潮，形成了历史上著名的盛世——"文景之治"。

（四）旱作农业体系：北方农业长足发展

2世纪末，黄巾起义使东汉政权濒于瓦解，各地军阀混乱不已，逐渐形成了曹魏、孙吴、蜀汉三国鼎立的局面。220年，曹丕代汉称帝，开始了魏晋南北朝时期。后来北方地区进入了由少数民族割据政权相互混战的"十六国时期"。5世纪中期，北魏统一了北方地区，孝文帝为了缓和阶级矛盾，巩固政权，实行顺应历史的经济变革，推行了对后世有重大影响的"均田制"，使农业生产获得了较快的恢复和发展。南方地区，继东晋政权之后，出现了宋、齐、梁、陈4个朝代的更替。此间，北方的大量人口南移，加快了南方地区的开发，加之南方地区战乱较少，社会稳定，农业有了很大发展，为后来隋朝统一全国奠定了基础。

这一时期，黄河流域形成了以防旱保墒为中心、以"耕—耙—耱"为技术保障的旱地耕作体系。同时，还创造实施了轮作倒茬、种植绿肥、选育良种等技术措施，农业生产各部门都有新的进步。6世纪出现了《齐民要术》这样的综合性农书，传统农学登上了历史舞台，成为总结生产经验、传播农业文明的一种新形式。

（五）稻作农业体系：经济重心向南方转移

隋唐时代，我国有一段较长时间的统一和繁荣，农业生产进入了一个新的大发展、大转折时期。唐初，统治者采取了比较开明的政策，如实行均田制，计口授田；税收推行"租庸调"制，减轻农民负担；兴办水利，奖励垦荒，农业和整个社会经济得以很快恢复和发展。唐初全国人口约3 000万人，到8世纪的天宝年间，人口增至5 200多万人，耕地1.4亿唐亩①，人均耕地达27唐亩，是我国封建社会空前繁荣的时期。

唐代中期的"安史之乱"（755—763年）后，唐王朝进入了衰落期，北方地区动荡多事，经济衰退。此间，全国农业和整个经济重心开始转移到社会相对稳定的南方地区。南方地区的水田耕作技术趋于成熟。全国农作物的构成发生了改变。水稻跃居粮食作物首位，小麦超过粟而位居第二，茶、甘蔗等经济作物也有了新的发展。水利建设的重点也从北方转向了南方，尤其是从晚唐至五代，太湖流域形成了塘浦水网系统，这一地区发展成为全国著名的"粮仓"。

（六）美洲作物的传入：一次新的农业增长机遇

从国外、特别是从美洲引进作物品种，对我国农业发展产生了历史性影响。据史料记载，自明代以来，我国先后从美洲等一些国家和地区引进了玉米、番薯、马铃薯等高产粮食作物和棉花、烟草、花生等经济作物。这些作物的适应性和丰产性，不但使我国的农业结构更新换代、得到优化，而且农产品产量大幅度提高，对于解决人口快速增长带来的巨大衣食压力问题起到了很大作用。

（七）现代科技武装：中国农业的出路

1840年爆发鸦片战争，西方列强武力入侵中国。我国的一些有识之士提出了"师夷之长技"的主张。西方近代农业科技开始传入我国，一系列与农业科技教育有关的新生事物出现了。创办农业报刊，翻译外国农书，选派农学留学生，招聘农业专家，建立农业试验场，开办农业学校等，在古老的华夏大地成为大开风气的时尚。西方的一些农机具、化肥、农药、作物和畜禽良种也被引进。虽然近现代农业科技并没有使我国传统农业得到根本改造，但是作为一种科学体系在我国的产生，其现实和历史意义是十分重大的。新中国成立、特别是改革开放以来，我国的农业科技获得了长足发展，农业增长中的科技贡献率

---

① 据陈梦家《亩制与里制》（《考古》1996年1期），1唐亩≈0.783市亩≈522.15米²。下同。——编者注

明显提高。"人多地少"的基本国情决定了我国只能走一条在提高土地生产率的前提下，提高劳动生产率的道路。

回眸我国农业发展历程，有一个特别需要探讨的问题，就是人口的增加与农业发展的关系。我国的人口，伴随着农业的发展，由远古时代的 100 多万人，上古时代的 2 000 多万人，到秦汉时期的 3 800 万～5 000 万人，隋唐时期 3 000 万～1.3 亿人，元明时期 1.5 亿～3.7 亿人，清代 3.7 亿～4.3 亿人，民国时期 5.4 亿人，再到新中国成立后的 2005 年达到 13 亿人的规模。人口急剧增加，一方面为农业的发展提供了充足的人力资源。我国农业的精耕细作、单位面积产量的提高，是以大量人力投入为保障的。另一方面，为了养活越来越多的人口，出现了规模越来越大的垦荒运动。长期的大规模垦荒，在增加粮食等农产品产量的同时，带来了大片森林的砍伐和草地的减少，一些不适宜开垦的山地草原也垦为农田，由此造成和加剧了水土流失、土地沙化荒漠化等生态与环境恶化的严重后果，教训是深刻的。

二、中国农业的优良传统

在世界古代文明中，中国的传统农业曾长期领先于世界各国。我国的传统农业之所以能够历经数千年而长盛不衰，主要是由于我们祖先创造了一整套独特的精耕细作、用地养地的技术体系，并在农艺、农具、土地利用率和土地生产率等方面长期居于世界领先地位。当然，中国农业的发展并不是一帆风顺的，一旦发生天灾人祸，导致社会剧烈动荡，农业生产总要遭受巨大破坏。但是，由于有精耕细作的技术体系和重农安民的优良传统，每次社会动乱之后，农业生产都能在较短期内得到复苏和发展。这主要得益于中国农业诸多世代传承的优良传统。

（一）协调和谐的"三才"观

中国传统农业之所以能够实现几千年的持续发展，是由于古人在生产实践中摆正了三大关系，即人与自然的关系、经济规律与生态规律的关系以及发挥主观能动性和尊重自然规律的关系。

中国传统农业的指导思想是"三才"理论。"三才"最初出现在战国时代的《易传》中，它专指天、地、人，或天道、地道、人道的关系。"三才"理论是从农业实践经验中孕育出来的，后来逐渐形成一种理论框架，推广应用到政治、经济、思想、文化各个领域。

在"三才"理论中，"人"既不是大自然（"天"与"地"）的奴隶，又不是大自然的主宰，而是"赞天地之化育"的参与者和调控者。这就是所谓的"天人相参"。中国古代农业理论主张人和自然不是对抗的关系，而是协调的关系。这是"三才"理论的核心和灵魂。

（二）趋时避害的农时观

中国传统农业有着很强的农时观念。在新石器时代就已经出现了观日测天图像的陶尊。《尚书·舜典》提出"食哉惟时"，把掌握农时当作解决民食的关键。先秦诸子虽然政见多有不同，但都主张"勿失农时""不违农时"。

"顺时"的要求也被贯彻到林木砍伐、水产捕捞和野生动物的捕猎等方面。早在先秦时代就有"以时禁发"的措施。"禁"是保护，"发"是利用，即只允许在一定时期内和一定程度上采集利用野生动植物，禁止在它们萌发、孕育和幼小的时候采集捕猎，更不允许焚林而搜、竭泽而渔。

孟子在总结林木破坏的教训时指出："苟得其养，无物不长；苟失其养，无物不消。"① "用养结合"的思想不但适用于野生动植物，也适用于整个农业生产。班固《汉书·货殖列传》说："顺时宣气，蕃阜庶物。"这8个字比较准确地概括了中国传统农业的经济再生产与自然再生产的关系。这也是我国传统农业之所以能够持续发展的重要基础之一。

（三）辨土肥田的地力观

土地是农作物和畜禽生长的载体，是最主要的农业生产资料。土地种庄稼是要消耗地力的，只有地力得到恢复或补充，才能继续种庄稼；若地力不能获得补充和恢复，就会出现衰竭。我国在战国时代已从休闲制过渡到连种制，比西方各国早约1000年。中国的土地在不断提高利用率和生产率的同时，几千年来地力基本没有衰竭，不少的土地还越种越肥，这不能不说是世界农业史上的一个奇迹。

我国先民们通过用地与养地相结合的办法，采取多种方式和手段改良土壤，培肥地力。古代土壤科学包含了两种很有特色且相互联系的理论——土宜论和土脉论。土宜论认为，不同地区、不同地形和不同土壤都各有其适宜生长的植物和动物。土脉论则把土壤视为有血脉、能变动、与气候变化相呼应的活的机体。两者本质上讲的都是土壤生态学。

中国传统农学中最光辉的思想之一，是宋代著名农学家陈旉提出的"地力常新壮"论。正是这种理论和实践，使一些原来瘦瘠的土地改造成为良田，并在提高土地利用率和生产率的条件下保持地力长盛不衰，为农业持续发展奠定了坚实的基础。

（四）种养三宜的物性观

农作物各有不同的特点，需要采取不同的栽培技术和管理措施。人们把这

---

① 《孟子·告子上》。

概括为"物宜""时宜"和"地宜",合称"三宜"。

早在先秦时代,人们就认识到在一定的土壤气候条件下,有相应的植被和生物群落,而每种农业生物都有它所适宜的环境,"橘逾淮北而为枳"。但是,作物的风土适应性又是可以改变的。元代,政府在中原推广棉花和苎麻,有人以风土不宜为由加以反对。《农桑辑要》的作者著文予以驳斥,指出农业生物的特性是可变的,农业生物与环境的关系也是可变的。

正是在这种物性可变论的指引下,我国古代先民们不断培育新品种、引进新物种,不断为农业持续发展增添新的因素、提供新的前景。

(五)变废为宝的循环观

在中国传统农业中,施肥是废弃物质资源化、实现农业生产系统内部物质良性循环的关键一环。在甲骨文中,"粪"字作双手执箕弃除废物之形,《说文解字》解释其本义是"弃除"或"弃除物"。后来,"粪"就逐渐变为施肥和肥料的专称。

自战国以来,人们不断开辟肥料来源。清代农学家杨屾的《知本提纲》提出"酿造粪壤"十法,即人粪、牲畜粪、草粪(天然绿肥)、火粪(包括草木灰、熏土、炕土、墙土等)、泥粪(河塘淤泥)、骨蛤灰粪、苗粪(人工绿肥)、渣粪(饼肥)、黑豆粪、皮毛粪等,差不多包括了城乡生产和生活中的所有废弃物以及大自然中部分能够用作肥料的物质。更加难能可贵的是,这些感性的经验已经上升为某种理性认识,不少农学家对利用废弃物作肥料的作用和意义进行了很有深度的阐述。

(六)御欲尚俭的节用观

春秋战国的一些思想家、政治家,把"强本节用"列为治国重要措施之一。《荀子·天论》说:"强本而节用,则天不能贫。"《管子》也谈到"强本节用"。《墨子》一方面强调农夫"耕稼树艺,多聚菽粟",另一方面提倡"节用",书中有专论"节用"的上中下三篇。"强本"就是努力生产,"节用"就是节制消费。

古代的节用思想对于今天仍然有警示和借鉴的作用。如:"生之有时,而用之亡度,则物力必屈","天之生财有限,而人之用物无穷","地力之生物有大数,人力之成物有大限。取之有度,用之有节,则常足;取之无度,用之无节,则常不足",等等。

古人提倡"节用",目的之一是积储备荒。同时也是告诫统治者,对物力的使用不能超越自然界和老百姓所能负荷的限度,否则就会出现难以为继的危机。与"节用"相联系的是"御欲"。自然界能够满足人类的需要,但是不能满足人类的贪欲。今天,我们坚持可持续发展,有必要记取"节用御欲"的古训。

三、封建社会国家与农民关系的历史经验教训

封建社会国家与农民的关系，主要建立在国家对农民的政策调控和农民对国家承担赋役义务的基础上。尽管在一定的历史时期也有"轻徭薄赋"、善待农民的政策、举措，调动了农民的生产积极性，使农业生产得到恢复和发展，但是总的说，封建社会制度的本质决定了它不可能正确处理国家与农民的利益关系，所以在历代封建统治中，常常由于严重侵害农民利益而使社会矛盾激化，引发了一次又一次的农民起义和农民战争。其中的历史经验教训，值得认真探究和思考。

（一）重皇权而轻民主

古代重农思想的核心在于重"民"。但"民"在任何时候总是被怜悯的对象，"君"才是主宰。这使得以农民为主体的中国封建社会缺乏民主意识，农民从来都不能平等地表达自己的利益诉求。农民的利益和权益常常被侵犯和剥夺，致使统治者与农民的关系总是处于紧张或极度紧张的状态。两千多年的封建社会一直是在"治乱交替"中发展演进。一个不能维护大多数社会成员利益的社会不可能做到"长治久安"。

（二）重民力而轻民利

农业社会的主要特征是以农养生、以农养政。人的生存要靠农业提供衣食之源，国家政权正常运转要靠农业提供财税人力资源。封建君王深知"国之大事在农"。但是，历朝历代差不多都实行重农与重税政策。把土地户籍与赋税制度捆在一起，形成了一整套压榨农民的封建制度。从《诗经·魏风》中可以看到，春秋时代农民就喊出了"不稼不穑，胡取禾三百廛兮"的不满，后来甚至有"苛政猛于虎"的惊叹。可见，封建社会无法解决农民的民生民利问题。历史上始终存在严重的"三农"问题，这就是历次农民起义的根本原因。

（三）重农本而轻商贾

封建社会的全部制度安排都是为了巩固小农经济的社会基础。它总是把工商业的发展困囿于小农经济的范围之内。由此形成了中国封建社会闭关自守、安土重迁的民族性格。明代著名航海家郑和七下西洋，比哥伦布发现美洲大陆还早将近90年。可是，郑和七下西洋，却没有引领中国走向世界，没有促使中国走向开放，反而在郑和下西洋400多年后，西方列强的远洋船队把中国推进了半殖民地的深渊。同样，中国在明朝晚期就通过来华传教士接触到了西方近代科学，这个时间比东邻日本早得多。然而后起的日本在学习西方近代文明中很快强大起来，公然武力侵略中国，给中国人民造成了深重的灾难。这段沉痛的历史，永远值得中华民族炎黄子孙铭记和反思。

（四）重科举而轻科技

我国历朝历代的统治者基于重农思想而制定的封建农业政策，有效调控了农业社会的运行，创造了高度的农业文明。但是，中国传统文化缺少独立于政治功利之外的求真求知、追求科学的精神。中国近代以来的落后，归根到底是科学技术落后，是农业文明对工业文明的落后。由于中国社会科举、"官本位"的影响深重，"学而优则仕"的儒家思想根深蒂固，科技文明被贬为"雕虫小技"。这种情况造成了中国封建社会知识分子对行政权力的严重依附性。这就不难理解，为什么我国在强盛了几千年之后，竟在"历史的一瞬间"就落后到了挨打受辱的地步。

四、《中国农业通史》的主要特点

这部《通史》，从生产力和生产关系、经济基础和上层建筑的结合上，系统阐述了中国农业发生、发展和演变的全过程。既突出了时代发展的演变主线，又进行了农业各部门的宏观综合分析。既关注各个历史时代的农业生产力发展，也关注历史上的农业生产关系的变化。这是《通史》区别于农业科技史、农业经济史和其他农业专史的地方。

（一）全书突出了"以人为本"的主线

马克思主义认为，唯物史观的前提是"人"，唯物史观是"关于现实的人及其历史发展的科学"。生产力关注的是生产实践中人与自然的关系，生产关系关注的是生产实践中人与人的关系，其中心都是人。人不但是农业生产的主体，也是古代农业的基本生产要素之一。农业领域的制度、政策、思想、文化等，无一不是有关人的活动或人的活动的结果。《通史》的编写，坚持以人为主体和中心，既反映了历史的真实，又有利于把人的实践活动和客观的经济过程统一起来。

（二）反映了农业与社会诸因素的关系

《通史》立足于中国历史发展的全局，全面反映了历史上农业生产与自然环境以及社会诸因素的相互关系，尤其是农业与生态、农业与人口、农业与文化的关系。各分卷都设立了论述各个时代农业生产环境变迁及其与农业生产的关系的专题。

（三）对农业发展史做出了定性和定量分析

过去有人说，中国历史上的人口、耕地、粮食产量等是一笔糊涂账。《通史》在深入研究和考证的基础上，对各个历史阶段的农业生产发展水平做出了定性和定量分析。尤其对各个时代的垦田、亩产、每个农户负担耕地的能力、粮食生产数量、农副业产值比例等，均有比较准确可靠的估算。

（四）反映了历史上农业发展的曲折变化

农业发展从来都不是直线和齐头并进的。从纵向发展看，各个历史阶段的农业发展，既有高潮，也有低潮，甚至发生严重的破坏和暂时的倒退逆转。而在高潮中又往往潜伏着危机，在破坏和逆转中又往往孕育着积极的因素。一旦社会环境得到改善，农业生产就会得到恢复，并推向更高的水平。从地区上说，既有先进，又有落后，先进和落后又会相互转化。《通史》的编写，注意了农业发展在时间和地区上的不平衡性，反映了不同历史时期我国农业发展的曲折变化。

（五）反映了中国古代农业对世界的影响

延续几千年，中国的农业技术和经济制度远远走在了世界的前列。在文化传播上，不仅对亚洲周边国家产生过深刻影响，欧洲各国也从我国古代文明中吸取了物质和精神的文明成果。

就农作物品种而论，中国最早驯化育成的水稻品种，3000年前就传入了朝鲜、越南，约2000年前传入日本。大豆是当今世界普遍栽培的主要作物之一，它是我国最早驯化并传播到世界各地的。有文献记载，我国育成的良种猪在汉代就传到罗马帝国，18世纪传到英国。我国发明的养蚕缫丝技术，2000多年前就传入越南，3世纪前后传入朝鲜、日本，6世纪时传入希腊，10世纪左右传入意大利，后来这些地区都发展成为重要的蚕丝产地。我国还是茶树原产地，日本、俄国、印度、斯里兰卡以及英国、法国，都先后从我国引种了茶树。如今，茶成为世界上的重要饮料之一。

中国古代创造发明的一整套传统农业机具，几乎都被周边国家引进吸收，对这些地区的农业发展起了很大作用。如谷物扬秕去杂的手摇风车、水碓水碾、水动鼓风机（水排鼓风铸铁装置）、风力水车以至人工温室栽培技术等的发明，都比欧洲各国早1000多年。不少田间管理技术和措施也传到了世界其他国家。我国的有机肥积制施用技术、绿肥作物肥田技术、作物移栽特别是水稻移栽技术、园艺嫁接技术以及众多的食品加工技术等，组成了传统农业技术的完整体系，在文明积累的历史长河中起到了开创、启迪和推动农业发展的重要作用。正如达尔文在他的《物种起源》一书中所说："选择原理的有计划实行不过是近70年来的事情，但是，在一部古代的中国百科全书中，已有选择原理的明确记述。"总之，《通史》反映了中国的农业发明对人类文明进步做出的重大贡献。

2005年8月，我在给中国农业历史学会和南开大学联合召开的"中国历史上的环境与社会国际学术讨论会"写的贺信中说过："今天是昨天的延续，现实是历史的发展。当前我们所面临的生态、环境问题，是在长期历史发展中累积下来的。许多问题只有放到历史长河中去加以考察，才能看得更清楚、更准确，才能找到正确、理性的对策与方略。"这是我的基本历史观。实践证明，采用历史与现实相结合的方法开展研究工作，思路是对的。

《中国农业通史》向世人展示了中国农业发展历史的巨幅画卷，是一部开创性的大型学术著作。这部著作的编写，坚持以马克思主义的历史唯物主义、毛泽东思想、邓小平理论和"三个代表"重要思想为指导，贯彻党中央确立的科学发展观和人与自然和谐的战略方针，坚持理论与实践相结合，对中国农业的历史演变和整个"三农"问题，做了比较全面、系统和尽可能详尽的叙述、分析、论证。这部著作问世，对于人们学习、研究华夏农耕历史，传承其文化，展示其文明，对于正确认识我国的基本国情、农情，制定农业发展战略、破解"三农"问题，乃至以史为鉴、开拓未来，都具有重要的借鉴意义。

以上，是我对中国农业历史以及编写《中国农业通史》的几点认识和体会。借此机会与本书的各位作者和广大读者共勉。

姜春云
2011年7月10日

目　录

出版说明

序

第一章　农业发展的自然环境和社会环境 ………………………………… 1

　一、自然生态环境 ………………………………………………………… 2

　二、社会环境 …………………………………………………………… 11

第二章　农业生产工具和技术方法 ……………………………………… 25

　第一节　农业生产工具的发展 ………………………………………… 25

　　一、北方旱作农具的改进和配套 …………………………………… 26

　　二、南方水田农具初步形成体系 …………………………………… 30

　　三、水力加工机具的突出发展 ……………………………………… 31

　第二节　农作技术的进步 ……………………………………………… 33

　　一、农作制度的多样化 ……………………………………………… 34

　　二、旱地土壤耕作技术的完善 ……………………………………… 37

　　三、粮食作物栽培技术的提高 ……………………………………… 40

　　四、园艺和造林技术的发展 ………………………………………… 46

　第三节　纤维、染料和蚕桑生产技术 ………………………………… 54

　　一、纤维、染料作物栽培技术 ……………………………………… 54

　　二、栽桑养蚕技术 …………………………………………………… 55

　第四节　畜牧兽医技术的发展 ………………………………………… 58

一、畜禽牧养技术 …………………………………………………………… 59

二、兽医和相畜术 …………………………………………………………… 66

第五节　农副产品加工与贮藏技术 ………………………………………… 69

一、粮食加工与贮藏技术 …………………………………………………… 69

二、蔬菜、果品加工与贮藏技术 ………………………………………… 70

三、畜产和鱼类加工贮藏技术 …………………………………………… 74

四、丰富多样的酿造技术 …………………………………………………… 78

第三章　农田水利事业的发展进步 ………………………………………… 84

第一节　三国时期的屯田水利 ……………………………………………… 85

一、曹魏屯田与水利建设 …………………………………………………… 86

二、蜀汉屯田与水利建设 …………………………………………………… 93

三、孙吴屯田与水利建设 …………………………………………………… 94

第二节　西晋以后的北方农田水利 ………………………………………… 96

一、关中和西北内陆的农田水利 ………………………………………… 97

二、东部平原地区的农田水利 …………………………………………… 99

第三节　东晋南朝的农田水利 ……………………………………………… 104

一、三吴圩田水利的发展 …………………………………………………… 104

二、丹阳、晋陵地区的农田水利 ………………………………………… 106

三、淮汉地区的农田水利 …………………………………………………… 107

第四节　农田水利的管理及运渠的开凿 ………………………………… 109

一、农田水利的管理 ………………………………………………………… 109

二、运渠的开凿及其对农业的影响 …………………………………… 111

第四章　农业生产结构与地理布局 ……………………………………… 115

第一节　粮食生产及其地理布局 ………………………………………… 115

一、粟的主粮地位及其动摇 ……………………………………………… 116

二、麦作的进一步发展推广 ……………………………………………… 116

三、水稻种植的显著发展 …………………………………………………… 119

四、黍类种植的特殊性 ……………………………………………………… 121

五、豆类和其他粮食作物 …………………………………………………… 122

第二节　蔬菜和油料作物生产概况 ……………………………………… 123

一、蔬菜种类的增加 ………………………………………………………… 124

二、若干主要菜种的生产情况 …………………………………………… 125

三、油料作物的种植 ……………………………………………… 127

第三节　果树的构成及其地区分布 ……………………………… 128

一、黄河中下游的果树和产区 …………………………………… 128

二、南方主要果树及其产区 ……………………………………… 134

第四节　衣料生产结构及其地理布局 …………………………… 138

一、蚕桑丝织业生产 ……………………………………………… 138

二、麻类栽培和麻布生产 ………………………………………… 142

三、棉花种植与棉织业生产 ……………………………………… 144

四、染料作物种植 ………………………………………………… 146

第五节　畜牧养殖经济的发展变化 ……………………………… 147

一、畜牧经济区域的阶段性扩展 ………………………………… 147

二、国营和私营畜牧规模的扩大 ………………………………… 149

三、牧养结构的变化和南北差异 ………………………………… 152

第五章　土地制度和国营农牧经济 ……………………………… 157

第一节　屯田制度和屯田经营 …………………………………… 158

一、三国时期的屯田农业经营 …………………………………… 158

二、两晋南朝的屯田生产经营 …………………………………… 164

三、两晋南朝的州郡公田经营 …………………………………… 167

四、十六国时期的屯田经营 ……………………………………… 170

五、北魏时期的屯田农业经营 …………………………………… 173

六、东西魏和北齐、北周的屯田 ………………………………… 176

第二节　北朝的均田制 …………………………………………… 177

一、北魏的计口授田制与均田制 ………………………………… 177

二、东西魏和北齐、北周的均田制 ……………………………… 180

第三节　国有牧场和国营畜牧生产 ……………………………… 182

一、历代牧政管理机构 …………………………………………… 182

二、国营牧场经营简况 …………………………………………… 183

第六章　私有土地上的农业生产经营 …………………………… 185

第一节　国家对地主的经济政策 ………………………………… 185

一、三国时期国家对地主经济的优容 …………………………… 185

二、西晋时期的"占田""荫客"法令 ………………………… 187

三、东晋南朝对士族地主的纵容和限制 ………………………… 189

四、北朝对地主经济利益的承认和袒护 ……………………………………… 193

第二节 地主庄园的农业经营 …………………………………………………… 194

一、士族地主庄园的农业经营 ………………………………………………… 194

二、庶族地主的农业生产经营 ………………………………………………… 197

三、寺院地主的农业生产经营 ………………………………………………… 198

四、依附农民与地主庄园经济 ………………………………………………… 201

第三节 自耕农经济的起落 ……………………………………………………… 205

一、三国时期恢复自耕农经济的努力 ………………………………………… 205

二、西晋自耕农经济的短暂复苏 ……………………………………………… 207

三、东晋南朝的自耕农经济状况 ……………………………………………… 209

四、十六国北朝自耕农经济的低迷和复兴 …………………………………… 212

第七章 边疆地区农牧业经济的发展 …………………………………………… 214

第一节 东北地区的农牧业发展 ………………………………………………… 215

一、松、嫩流域及其以西地区 ………………………………………………… 215

二、黑龙江、乌苏里江流域东部地区 ………………………………………… 218

三、东北地区外迁民族的经济状况 …………………………………………… 220

第二节 北方与西北少数民族的经济 …………………………………………… 222

一、北方及西北边地鲜卑族的农牧业 ………………………………………… 223

二、柔然与敕勒的农牧业发展 ………………………………………………… 227

三、西域各族的农牧业经济 …………………………………………………… 229

第三节 西南地区少数民族的农牧业经济 ……………………………………… 234

一、西南诸族分布的变迁与农牧业发展 ……………………………………… 234

二、汉人统治与西南农业的新发展 …………………………………………… 239

第四节 中南、东南少数民族的经济 …………………………………………… 242

一、东南山夷、山越的农业发展 ……………………………………………… 243

二、南方诸蛮的农业发展 ……………………………………………………… 245

三、岭南等地俚、僚、㑋的农业生产 ………………………………………… 247

第八章 赋役制度与农民经济负担 ……………………………………………… 249

第一节 赋税制度的调整变革 …………………………………………………… 249

一、三国时期的赋税制度 ……………………………………………………… 249

二、西晋的赋税制度 …………………………………………………………… 251

三、东晋南朝的赋税制度 ……………………………………………………… 253

　　　　四、十六国至北魏初的赋税制度 ·························· 255

　　　　五、北朝的赋税制度 ·························· 257

　　第二节　徭役制度的变化 ·························· 259

　　　　一、三国时期 ·························· 260

　　　　二、西晋时期 ·························· 261

　　　　三、东晋南朝时期 ·························· 262

　　　　四、十六国时期 ·························· 265

　　　　五、北朝时期 ·························· 267

　　第三节　赋役负担与农民生活 ·························· 270

　　　　一、三国时期农民生活状况 ·························· 270

　　　　二、两晋时期农民生活状况 ·························· 274

　　　　三、南北朝时期农民生活状况 ·························· 275

第九章　农产品的交换与流通 ·························· 278

　　第一节　农产品的地区差异与交换流通条件 ·························· 279

　　　　一、农业物产的地区差异 ·························· 279

　　　　二、南北水陆交通状况 ·························· 282

　　　　三、都市和城镇的面貌 ·························· 284

　　第二节　各类农产品交换贸易 ·························· 287

　　　　一、粮食贸易 ·························· 287

　　　　二、蔬菜买卖 ·························· 290

　　　　三、果品贸易 ·························· 292

　　　　四、木材贸易 ·························· 294

　　　　五、禽畜贸易 ·························· 295

　　　　六、水产贸易 ·························· 297

　　第三节　农产品市场、交易方式和商税 ·························· 298

　　　　一、市场类型和管理制度 ·························· 298

　　　　二、农产品贸易方式 ·························· 300

　　　　三、南北互市与农产品贸易 ·························· 303

　　　　四、农产品贸易税 ·························· 305

　　第四节　农产品交换对农家经济的影响 ·························· 309

　　　　一、对大土地所有者的影响 ·························· 309

　　　　二、对小农生活的影响 ·························· 310

第十章　农业思想和农学著作 ··· 313

第一节　农业思想的发展 ·· 313
一、统治者对重农思想的继承和肯定 ·································· 314
二、代表性的农业思想和主张 ·· 315

第二节　《齐民要术》的农学成就 ··· 324
一、《齐民要术》的主要内容和成就 ································· 324
二、《齐民要术》的农学思想特色 ···································· 327
三、《齐民要术》的农业历史地位 ···································· 330

第三节　农业物产志书的大批涌现 ··· 331
一、农业知识视野的扩展 ··· 331
二、《异物志》和地记（志）的农学价值 ·························· 332
三、几部具有特殊农学价值的著作 ···································· 335

结语　魏晋南北朝农业发展的主要特点 ······························· 340
一、北方农业的严重受挫与南方农业的快速崛起 ················ 340
二、农业生产结构的显著调整和改变 ································· 342
三、自耕农生产的委顿与大地主经济的兴盛 ······················ 345
四、国家直接参与农牧经营程度的明显加强 ······················ 347
五、国家与地主对劳动力和山林川泽资源的争夺 ················ 349

参考文献 ·· 353

后记 ··· 357

第一章　农业发展的自然环境和社会环境

　　魏晋南北朝时期，从220年曹魏建立，到589年隋朝灭陈、重新统一南北，历时369年。不过，史家向来习惯地将建安元年（196）曹操挟制汉献帝迁都许昌作为这个时代的开端，如此，则这个时期共经历了将近400年的时间。其间又可大致分为三个阶段：一是三国至西晋时期，自196年至317年；二是东晋十六国时期，自317年司马睿建康称帝至420年南朝刘宋建立；三是此后的南北朝时期，南方是宋、齐、梁、陈，迭相更替，北方则继北魏统一之后，复分裂为东魏和西魏，随后代之而立的，又有北齐和北周（图1-1）。

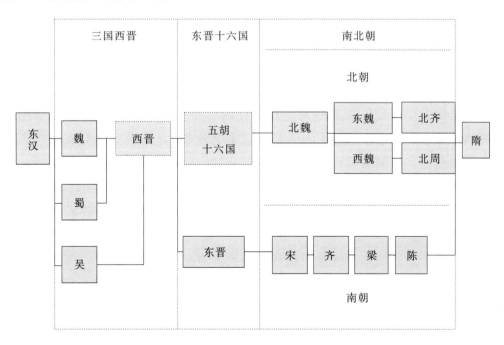

图1-1　魏晋南北朝政权的分合

魏晋南北朝是一个大分裂、大动荡的时期。东汉末年人乱导致大一统中央专制集权帝国土崩瓦解，历史进入了一个长期攻掠杀伐的阶段。先是群雄割据，三国鼎立，西晋虽曾重新统一过全国，但旋因皇室内部矛盾激化，"八王之乱"爆发，和平安定的政治局面只是昙花一现。此后，北方地区由于匈奴、羯、氐、羌、鲜卑诸少数民族大量涌入，陷入了更加混乱的局面，在长达一个多世纪的时间里，众多政权纷攘而立，更替频繁，直到北魏时期才基本实现区域统一，进入一个相对稳定的时期。然而北魏末期，随着"六镇之乱"的爆发，北方再度陷入分裂。相比而言，南方地区虽然也是政权频繁更替，但基本还算安定。就全国历史形势而言，这个时代的基本特点是动荡不安，政权分立，南北对峙，经济、政治、社会和文化是在局势动荡和南北分裂的状态下发展的，故呈现出了与其他历史时代显著不同的面貌，农业发展亦具有鲜明的时代特征。总体来说，北方农业的基本态势是破坏与恢复，南方农业则是开拓和进步。

本章对这个时代的自然生态和社会政治环境首先做一简略介绍。

一、自然生态环境

（一）寒冷周期的气候

气候是影响农业生产的主要自然因素之一。不论是长时期、周期性的气候冷暖干湿变迁，还是短时期的旱涝风霜变化，都对农业生产造成显著影响，影响的后果自然最终反映在农业产量上。气象学家张家诚先生早年就曾指出：气候的冷暖干湿变化，对于高纬度地区如我国华北的农作物产量有直接影响。在其他条件不变的情况下，年均气温每下降1℃，单位面积粮食产量即可比常年下降10％；而年降水量每下降100毫米，则单位面积粮食产量亦将下降10％。[①] 显著的气候冷暖干湿变化导致农作结构发生改变，并迫使人们在农作的时令安排和技术措施上做出相应调整。古代农业生产技术水平低下，人们是"靠天吃饭"，气候变化对农业生产的影响也就更加明显，风调雨顺自然对农业生产有利，倘遇阴阳失和，旸雨不时，或旱或涝，都必定给农业生产造成损害，轻则减产歉收，重则颗粒无收形成饥荒，导致饥馑千里、饿殍满途。这是中国古代农业生产无法摆脱的"历史宿命"，魏晋南北朝时期不能例外。

本节对这个时期的基本气候面貌和气象灾害情况略作叙述。

学者研究表明：魏晋南北朝时期，中国东部处于一个气候寒冷周期，是有文献记载以来最为寒冷的历史时期之一。竺可桢先生认为：在经历了春秋至西汉的一个

---

① 张家诚：《气候变化对中国农业生产的影响初探》，《地理学报》1982年2期。

相当长的温暖期之后，到东汉时期，我国东部天气出现了转向寒冷的趋势，至4世纪前半期达到顶点，那时年平均温度大约比现在低2～4℃[①]；满志敏也认为：自东汉末年开始，黄淮海平原的气候就表现出向寒冷转变的迹象，此后至五代时期，这一地区先后出现了几次寒冷期，第一个寒冷期自东汉末开始，3世纪70年代至4世纪初叶的40余年，是魏晋南北朝时期的第一个寒冷低值时期；第二个寒冷时期在北魏初年已有迹象，大约延续到6世纪20年代[②]。

当时气候偏于寒冷，首先反映在见于文献记载的极端寒冷事件明显较多。满志敏等人根据史书记载列举了当时阴霜、降雪和冰冻事件21次，特别是"阴霜"，始霜时间明显偏早、终霜时间则明显偏晚，大部分接近甚至超过现代的极端，表明当时春、秋气候明显偏于寒冷。

例如北魏平城时期曾经频繁受到极端霜雪事件的困扰。《魏书·天象志》载：自神瑞元年（414）之后，平城（今山西大同东北）一带"比岁霜旱，五谷不登"，云、代等郡的人民死亡甚多。《魏书·灵徵志》更屡屡记载极端霜雪事件，太延元年（435）七月，平城一带"大阴霜，杀草木"；太平真君八年（447）五月，"北镇寒雪，人畜冻死"；465年、479年、483年、485年也都发生了类似情况。霜雪严重甚至成为北魏迁都洛阳的动因之一，《资治通鉴》卷一三八称：太和十七年（493），"魏主以平城地寒，六月雨雪，风沙常起"，故将都城由平城迁往洛阳。上述情况与现代大同一带的情况差异显著，现代当地平均在阳历4月上旬已经断雪，盛夏飞雪闻所未闻。

地处长江南岸的建康（今江苏南京）亦屡次出现极端雨雪天气。例如，东晋时期太元二十一年（396）十二月，南京一带曾连续"雨雪二十三日"；南朝刘宋元嘉二十九年（452），"自十一月霜雨连雪，太阳罕曜"，次年正月，又是"大风飞霰且雷"，"大风拔木，雨冻杀牛马"[③]；南齐时期，南京亦曾连月雨雪，建元三年（481），南京或阴、或晦，持续八十余日，至次年二月才停止。现代南京一带年下雪日数的平均值仅8.4天多，彼时此类极端气候事件多次出现，亦反映当时南方地区的气候比现代明显寒冷[④]。

《齐民要术》所载的农事和物候现象也表明当时气候偏于寒冷。该书所载黄河下游地区种植栗树、枣树生叶、杏花盛开和桑花凋谢等农事和物候现象，均比现代要晚10天至1个月，表明当时春季的温度低于现代，故此春时多种农事和物候现

---

① 竺可桢：《中国近五千年来气候变迁的初步研究》，《考古学报》1972年1期。

② 邹逸麟：《黄淮海平原历史地理》，安徽教育出版社，1991年，24页。

③ 《晋书》卷二九《五行志》、《宋书》卷九九《二凶传》、卷三四《五行志》。

④ 邹逸麟：《黄淮海平原历史地理》，安徽教育出版社，1991年，21～25页；胡阿祥：《魏晋南北朝时期的生态环境》，《晓庄学院学报》2001年3期。

象出现的时间均明显偏晚；此外，该书还提到当时黄淮海平原中部地区种植石榴，需要采取包裹过冬的保护措施，而现代当地种植石榴无需采取此类措施，亦说明其时冬季比现在寒冷①。

毫无疑问，偏于寒冷的气候对于当时农业生产具有显著的影响，这些影响在农时安排、技术措施、作物布局和产量升降等众多方面都有所表现。气候转冷甚至是东汉末年以降北方游牧民族大举内徙和黄河中下游农牧经济消长的一个重要关系因子。

各种异常气候变化所导致的自然灾害，包括水灾、旱灾、风灾、霜灾、雪灾、雹灾等，对农业生产造成更直接的破坏性影响。魏晋南北朝时期自然灾害频仍，早年邓云特先生曾做过相当详细的叙述。他指出：

> 终魏晋之世，黄河、长江两流域间，连岁凶灾，几无一年或断。总计二百年中，遇灾凡三百零四次。其频度之密，远逾前代。举凡地震、水、旱、风、雹、蝗螟、霜雪、疾疫之灾，无不纷至杳来，一时俱见。以言旱灾，则二百年间，见于史书者，凡六十次；以言水灾，亦达五十六次。至于风灾，共达五十四次；次为地震，计五十三次，频度亦密；再次为雨雹之灾，计亦三十五次。此外疫灾十七次；蝗灾十四次；歉饥十三次。他如霜雪、"地沸"，各仅两次，不足述矣。当时受灾之程度，亦不亚于前代，甚或有过之。如彼时之大旱，有致"江、汉、河、洛皆竭，可涉"者；……水灾则动辄浸没六七州，而一州之中，漂流民居动复数千余家。
>
> （南北朝时期）所见之灾害更多。计水、旱、蝗螟、地震、霜雹、疫疠诸灾，总共达三百十五次。以与一百六十九年之数目相较，所超者及一倍以上。如再加以详细之分析，则此一百六十九年中，频数最高者为水旱之灾，计各七十七次；其次为地震，凡四十次；再次为风灾，共三十三次。此外霜雪为灾二十次；雨雹为灾十八次；蝗灾十七次；疫灾亦如之，歉饥十六次。凡此各种灾害，其烈度更胜往时。②

因诸书记载并无统一格式和标准，各种自然灾害统计起来相当困难，邓氏所举之数并不非常准确，这是情有可原的。我们注意到：见于文献的霜、雪、雹灾相当之多，远不止于邓氏所统计的那些数字，根据《宋书·五行志》四"恒寒"目中的述列，发生于曹魏至刘宋时期者即近百次（在不同月份发生者，分次计数）；《魏书·灵徵志》所载北魏时期"雨雹""雪""霜"为灾者，亦达50余次。这些或可

---

① 竺可桢：《中国近五千年来气候变迁的初步研究》，《考古学报》1972年1期；邹逸麟：《黄淮海平原历史地理》，安徽教育出版社，1991年，17～18页。

② 邓云特：《中国救荒史》，上海书店，1984年，12～15页。

作为当时气候总体偏寒的一个证据。各种灾害性气候对作物、畜禽乃至草木、野兽都造成了重大毁害，摧残了人民生计，成为严重影响当时农业发展的不良环境因素。

（二）森林植被状况

魏晋南北朝时期，中国森林状况总体良好，但南北各大区域差异显著。大体说来，长江流域及其以南地区，由于大规模经济开发起步甚晚，尚未遭到多大程度的破坏和改变，只是长江下游人口较密集的低山丘陵和平原地区，由于土地开垦和百姓樵采，森林覆盖率有所下降，但依然处处林竹，连岭接阜。今浙东一带，在东晋南朝时代属于经济开发水平较高地区，然而谢灵运《山居赋》及同时代其他文献反映出这里仍保持着很高的森林覆盖率。谢氏使用"竹缘浦以被绿，石照涧而映红。月隐山而成阴，木鸣柯以起风""修竹葳蕤以翳荟，灌木森沉以蒙茂。萝蔓延以攀援，花芬薰而媚秀"之类的语句描绘当地林竹之盛，竹子和树木种类繁多，"其竹则二箭殊叶，四苦齐味。水石别谷，巨细各汇。既修竦而便娟，亦萧森而蓊蔚。露夕沾而悽阴，风朝振而清气。捎玄云以拂杪，临碧潭而挺翠。蔑上林与淇澳，验东南之所遗。企山阳之游践，迟鸾鹭之栖托。忆昆园之悲调，慨伶伦之哀篁。卫女行而思归咏，楚客放而防露作"；"其木则松柏檀栎，□□桐榆。㮊柘穀栋，楸梓柽樗。刚柔性异，贞脆质殊。卑高沃脊，各随所如。干合抱以隐岑，杪千仞而排虚。凌冈上而乔竦，荫涧下而扶疏。沿长谷以倾柯，攒积石以插衢。华映水而增光，气结风而回敷。当严劲而葱倩，承和煦而芬腴。送坠叶于秋晏，迟含萼于春初。"①周围地区森林之茂盛，由此可以推知。

长江中上游地区除成都平原，其余区域均开发较晚，人口稀少，自然面貌近乎原始状态，这个时期森林覆盖率仍保持在很高的水平。北魏郦道元《水经注》记载：长江三峡地区"林高木茂""林木萧森，离离蔚蔚"；在今陕鄂之间，当时亦是森林茂密，四季常绿，"秀林茂木，隆冬不凋"②。至于西南和华南地区，亚热带常绿阔叶林、热带雨林和季雨林分布广袤，各种竹、木和攀缘植物，种类繁多，密翳蔽日，其中包括大量的名贵树种、经济林木和巨型竹木。当时为数众多的《异物志》、地记和植物志，对各种林木都有大量的记载。例如刘宋时期人戴凯之所著《竹谱》，即记载了各地分布的竹子达40余种，其中还特别提到竹子"质虽冬倩，性忌殊寒，九河鲜育，五岭实繁"。其中记载有多种巨竹，如"员丘帝竹，一节为船""浮竹，长者六十尺，肉厚而虚软，节阔而亚，生水次，彭蠡以南，大岭以北

---

① 《宋书》卷六七《谢灵运传》。
② 《水经注》卷三四《江水注》、卷二八《沔水注》。

遍有之"。多人合抱的巨木，在当时乃是人所习见。由于这些区域的森林极其茂密，林中终年不见阳光，烟岚郁闭，成为毒瘴恶疠之地，长期被人们视为畏途。

茂密的森林中栖息着众多野生动物，许多地区麋鹿成群，狐兔为窟，现今已经稀有的大象、犀牛在南方地区仍有大量栖息，野象群偶尔还越过淮河进入黄淮之间；在辽阔的沼泽湿地和众多江河之中则分布有大量的扬子鳄和马来鳄；飞鸟翔集、千万成群是常见的景象。由于野生动物种类众多、种群数量庞大，局部地区（如岭南）仍有所谓"象耕鸟耘"和"麋田"之说，象群、水鸟和麋鹿践踏、啄喙低湿草地，相当于进行了耕耘，当地土著人民就中播种水稻。由于野生动植物资源丰富，当时南方不少地区仍存在相当规模的采集捕猎经济，一些民族甚至仍然以此作为主要生业。

与南方地区相比，黄河中下游地区的森林植被则是另外一番景象。史念海先生曾经对黄河中游森林变迁进行了系统的研究，将历史上这个地区的森林破坏过程划分为四期，魏晋南北朝属于其中的第二个时期。他认为：尽管魏晋南北朝时期北方人口减少，农耕区域缩小，但对森林恢复并无多少帮助。由于战争破坏后城市、宫殿营造需要大量木材，一些地区如洛阳周围的森林进一步遭到了更加严重的破坏，在这个时期行将结束时，黄河中游的平原地区已经基本没有林区可言了，长安、洛阳等地周围山区的森林破坏也很严重，少有存留。只有渭水上游的陇右地区以及阴山山脉这些偏远之区尚保留有大面积森林①。至于黄河下游地区，森林原本甚少，早在战国时代就有人说"宋无长木"。魏晋南北朝时期，由于经历了人口减少、农耕衰退、土地荒芜的过程，草地植被和次生树林可能曾出现过某种程度的逆转性恢复，但总体上森林减少的状况仍未见改观。

由于森林的减少，中古华北特别是城市及平原地区，薪炭及各种用材短缺的问题逐渐突出，北魏时期为营建洛阳城，所需木材已不能从附近诸山获得，而必须远求于西河郡的吕梁山②。由于林木缺乏，国家对于植树甚为重视，自北魏开始实行"均田制"，即要求用一定的土地种植桑、枣及杂木。朝廷官员督促百姓种树或组织栽种行道树，也成为受到社会赞誉的重要政绩。例如苻秦时期，在王猛的倡导下，"自长安至于诸州，皆夹路树槐柳"，民谣以"长安大街，夹树杨槐。下走朱轮，上有鸾栖"歌咏其事③。北周时期，韦孝宽亦因种行道树而受到表彰，皇帝还特别要求诸州仿效他的做法，在各地大道上种植槐树等④。当然，有限的植树活动，并不

---

① 史念海：《黄河流域诸河流的演变与治理》，陕西人民出版社，1999年，196～208页。

② 《周书》卷一八《王罴传》曰："京洛材木，尽出西河（按：指西河郡），朝贵营第宅者，皆有求假。"

③ 《晋书》卷一一三《苻坚载记》。

④ 《周书》卷三一《韦孝宽传》。

能扭转森林资源不断走向匮乏的总趋势。

尽管如此，当时北方地区的森林植被破坏，尚未达到后世那样的恶劣程度。我们可以从两个方面来看：一是在各地山区，首先遭到大量砍伐的主要是成材的大树巨木，小树和灌木林则仍能存留；二是在人口减少和农耕衰退时期，蒿莱草地和次生树林可能有较大恢复。草地和树林的大片存在，给野生动物提供了栖息觅食的场所。历史文献反映：当时这个地区仍栖息有大量的野生动物。

首先，当时人们还经常可见虎、狼等大型食肉猛兽出没。特别是在历次战争动乱后，许多地区人烟稀少，农地废为草莽，动物得到扩展其生活领地的机会，猛兽出现的记载更加多见。例如，前秦苻生统治时期，"潼关以西，至于长安，虎狼大暴，昼则断道，夜则发屋，不食六畜，专以害人，自其元年秋，至于二年夏，虎杀七百余人……"由于虎狼食人，造成当地"行路断绝"①；北魏时期，要捕捉几只老虎，在离京城洛阳不远的郡县即可以办到。例如后魏庄帝时，为试验老虎是否在狮子面前俯首低头，"诏近山郡县捕虎以送"，距离洛阳以东和东北不远的"巩县、山阳并送二虎一豹"②；《齐民要术》反映：在北魏后期，虎、狼常对羊群造成威胁。该书卷六《养羊》第五十七说：不能让急性子的人和小孩牧羊，因为他们"或劳戏不看，则有狼犬之害"；又说：做羊圈"必须与人居相连，开窗向圈。（其自注云：所以然者，羊性怯弱，不能御物，狼一入圈，或能绝群。）"又说：做圈要竖柴栅，并且栅头要高于墙，这样"虎狼不敢逾也"。

根据生态学理论：食肉动物的大量存在，必须以更庞大数量的食草动物存在为基础。魏晋南北朝时期的人们已然经验地感觉到这种数量关系。曹魏时期高柔的上疏言论证明了这一点。当时国家在荥阳一带设置了大规模的禁苑，由于禁止百姓捕猎，其中动物滋繁，尤以鹿类为盛，群鹿为暴，致使附近民众无法从事农业生产，严重影响人民生计，高柔上疏请允许百姓捕鹿。他说：当时"群鹿犯暴，残食生苗，处处为害，所伤不赀。民虽障防，力不能御。至如荥阳左右，周数百里，岁略不收，元元之命，实可矜伤。方今天下生财者甚少，而麋鹿之损者甚多"。所以他主张放宽捕禁，允许民间捕鹿。根据他的上疏，禁苑中各种动物的种群数量均相当庞大，其称："今禁地广轮且千余里，臣下计无虑其中有虎大小六百头，狼有五百头，狐万头。使大虎一头三日食一鹿，一虎一岁百二十鹿，是为六百头虎一岁食七万二千头鹿也。使十狼日共食一鹿，是为五百头狼一岁共食万八千头鹿。鹿子始生，未能善走，使十狐一日共食一子，比至健走一月之间，是为万狐一月共食鹿子三万头也。大凡一岁所食十二万头。其雕鹗所害，臣置不计。以此推之，终无从得

---

① 《魏书》卷九五《临渭氐苻健传》，《晋书》卷一一二《苻生载记》略同。

② 《洛阳伽蓝记》卷三《城南》。

多，不如早取之为便也"。①

尽管不能排除高柔的话含有夸大成分，但鹿类以及其他动物大量存在，却是客观真实的。单就鹿科动物而言，当时这个地区至少分布有大量的麋鹿、梅花鹿、獐和麝，史书关于白鹿、白獐和进贡麝香、鹿茸、鹿角胶的记载，反映了当地黄河中下游地区鹿科动物分布的广泛性。尤其是北部边缘地带临近草原之区，例如北魏前期的都城平城以北地区和阴山一带，更是鹿类及其他野兽栖息的渊薮，史书关于猎鹿的记载可以证明。例如431年冬，"北部敕勒莫弗库若于率其部数万骑，驱鹿数百万，诣行在所，帝因而大狩以赐从者"②；444年，魏帝复畋于山北，"大获麋鹿数千头，诏尚书发车牛五百乘以运之"③。鄂尔多斯沙漠南部地区也有大量鹿群活动，北周时期，宇文宪之子宇文贵年方11岁，"从宪猎于盐州（今定边一带），一围中手射野马及鹿一十有五"④。这些捕获数字对于今人来说，是难以想象的。由此，我们可以推知当时该地区野生动物的基本状况⑤。

（三）水土资源环境

这一时期，中国水资源环境总体情况良好，但由于南北地区农业发展进程的历史差异，河流湖泊的变化情形存在着非常显著的不同。

大体上说，南方区域的河流湖泊受人为影响甚小，基本保持原始自然面貌，只在局部地区稍微有些改变。自东吴以后，长江下游的一些地区如三吴和皖南，由于国家组织屯垦和世家大族封占垦辟，陆续出现了一些围田，大体由围垦湖沼浅滩而形成，当地湖泊沼泽面积有所减少，但规模相当有限，并不造成显著的生态环境问题。有关围湖垦田问题，我们将在有关章节中专门叙述，兹不展开。

北方地区的河流湖泊情况，则值得稍作详细介绍。

黄河是北方地区的最大河流，被誉为中华民族的母亲河。这条河流对中国历史和人民生活影响至深、至巨，是人所共知的事实，她既给华北人民带来了无可比拟的福泽，也给两岸人民造成了难以言状的灾难。有史以来，由于自然生态逐渐遭到破坏，特别是黄河中游的植被破坏和水土流失，黄河水文状况逐渐走向恶化，其危害也愈来愈酷烈。据研究者统计，有史以来，光是黄河下游的决溢改道即有1 500余次⑥；其经常性的决口泛溢给下游两岸人民所造成的灾害和苦难，历史文献中满

---

① 《三国志》卷二四《魏书·韩崔高孙王传》以及注引《魏名臣奏》。

② 《魏书》卷四上《世祖太武帝纪》。

③ 《魏书》卷二八《古弼传》。

④ 《北史》卷五八《周宗室诸王传》。

⑤ 王利华：《中古华北的鹿类动物与生态环境》，《中国社会科学》2002年3期。

⑥ 邹逸麟：《黄淮海平原历史地理》，安徽教育出版社，1991年，2页。

目皆是。

但是在魏晋南北朝时期,黄河水文状况总体上相当平稳,出现了历史地理学家谭其骧所指的"安流局面"。谭先生指出:"从此以后(引按:即公元70年王景主持完成大规模修治黄河以后),黄河出现了一个与西汉时期迥不相同的局面,即长期安流的局面。从这一年起一直到隋代,五百几十年中,见于记载的河溢只有四次。"他认为:东汉以后黄河中游地区畜牧业较占优势,植被破坏较轻、水土流失不甚严重,是这一时期黄河安流的根本原因①。尽管学术界对于这些观点存在不同的看法,但当时黄河相对安稳是一个不容争辩的事实。

这一时期,黄河中下游各州县有关"河清"的报告无虑数十次,自然这是臣子对君王的谀谀之言,因为这条大河自得"黄河"之名以来,无论如何都不可能清到"数里镜澈"和"澄澈见底"。但由于当时黄土高原植被有所恢复,水土流失不甚严重,黄河含沙量相应较低,应是事实。正因为河水含沙量较低,故黄河河床抬高的速度放慢,进而也就相对安稳、决溢较少。这对于黄河中下游经济和社会发展来说,这无疑是一个值得庆幸的事情。

这个时期,北方其他河流的水文状况总体上也相当良好,至少与现代相比要优越得多。由于植被状况尚未恶化,森林对水流的涵养和降水量都起了相当的调节作用,这一时期黄河中下游各地河流的径流量都远比现代为大,而且远不似现代这样骤升骤降。从文献记载我们可以发现:当时黄河中下游不仅黄河、淮河可以通航,其他许多较大的河流如关中的渭河、泾河,河东的汾水、涑水,河南地区的汴水、伊水、洛水、颍水、汝水等,河北地区的滹沱河、淇水甚至潞水、桑干水,都可以通行漕运船只,而且许多地区河流、漕渠和运河相配合,联成水运网。比如三国时期的河北地区,由于曹魏定都邺城,出于军事和经济的需要,对河道水运的经营比较积极,先后修凿了一系列运输渠道,逐渐形成以邺城为中心、北达幽燕、南通黄河、四通八达的水运交通网。当时的诗人王粲《从军行》一诗描写道:"朝发邺城桥,暮济白马津,逍遥河堤上,左右望我军,连舫逾万艘,带甲千万人。"② 北魏时期的崔光等人也说:"邺城平原千里,漕运四通。"③ 这些情况,与当今形成非常强烈的对比。

今天的黄河中下游地区,极目千里俱是平陆,华北大平原上也只有微山湖、东平湖和白洋淀等几个湖泊尚可提起,其中有的还随时可能干涸。历史上的情形与此迥然不同。历史地理学家史念海先生早年即曾指出:

---

① 谭其骧:《何以黄河在东汉以后会出现一个长期安流的局面》,原载《学术月刊》1965年2期;又载所著《长水集》下册,人民出版社,1987年,1~32页。

② 《文选》卷二七。

③ 《太平御览》卷六一引《后魏书》。

"历史时期，黄河下游曾经有过许多湖泊，星罗棋布，犹如今江淮之间。仅就其大的来说，在今山东省境内，就有大野（或作巨野）、雷夏、菏泽三个。在今河南省境内，也有荥泽、圃田、孟诸三个。今河北省南部，还有一个大陆泽，其余小的更多。这些湖泊虽然不断有所变迁，不过在六世纪初期郦道元作《水经注》时，还相当繁多。仅太行山东就不下四五十个，黄河以南，嵩山、汝、颍以东，泗水以西，直至长淮以北，较大的也有一百四十个……"①

的确，《水经注》等书给我们展示了当时北方地区湖陂沼泽星罗棋布令人追怀的情形。张修桂先生曾对《水经注》中所记载的黄淮海平原地区的湖沼进行过其为详细的统计和考论。据他的统计：在郦道元著作《水经注》的时代（6世纪初），这一地区的湖沼（包括湖、泽、淀、陂、渚、薮、堰、渊、潭、泊、池等）共190多个，其中河北平原北部（滹沱河以北）20个，河北平原中南部（滹沱河和黄河之间）25个，豫东北鲁西南（浪荡渠、汴水以北）34个，鸿沟以西地区31个，汝颍间淮河中游地区35个，颍淮间淮河上游地区37个，沿海平原地区14个（其中若干个在淮河以南）②。

除此之外，《水经注》的记载表明：在太行、伏牛、桐柏一线以西也存在不少湖陂沼泽。在今山西地区，有汾陂（即邬城泊）、祁薮、邬陂（汾水条）、董池陂、盐池、女盐泽、晋兴陂、张泽（涑水条），文湖（即西河泊）（文水条）、淳湖（即洞过泽）（洞过水条），天池、湫渊（漯水条）等；在豫西地区的汝、颍、伊、洧水上游，则有钧台陂、靡陂（颍水条）、禅渚（慎望陂）、广成泽（伊水条）、黄陂、西长湖、东长湖、摩陂、澄潭、叶陂、北陂、南陂、土陂、鲁公陂（汝水条），鄢陵陂（洧水条），鸿池陂（榖水条）；在关中地区的渭河流域，也有弦蒲薮、昆明池、河池陂等。总计《水经注》所载6世纪前后华北地区的各类湖陂沼泽，有名可记者，不下220处，其中绝大部分在黄河下游的华北大平原上。虽然这些湖沼既包括天然湖沼，也包括在天然湖沼的基础上修治而成的陂塘之类，但天然湖沼在其中占据了相当一部分；即使是人工湖沼，同样是对当时整体水环境良好的一个证明③。

---

① 史念海：《河山集》二集，生活·读书·新知三联书店，1981年，58页。
② 邹逸麟：《黄淮海平原历史地理》，安徽教育出版社，1991年，176～206页。
③ 在《水经注》的记载中，"陂"的数量最多。通常我们将陂与塘连用，多指凭借天然积水潴池作坝蓄水灌溉的一类水利工程。但古时天然的积水池沼似乎亦可称作"陂"，而与淀、泽、薮等名词互用，如《说文》即云："湖，大陂也"；《水经注》中更时常互用，该书卷二四云："淀，陂水之异名也。"又云："瓠河又右径雷泽北，其泽薮在大城阳县故城西北一十余里，昔华胥履大迹处也。其陂东西二十余里，南北一十五里，即舜所渔也。泽之东南即成阳县……"又卷二五称："黄沟又东注大泽，兼葭莞苇生焉，即世所谓大莽陂也。"这些情况说明：当时小面积的湖沼或积水洼地甚多。

值得注意的是，这一时期的湖陂沼泽，不仅数量众多，而且有些湖陂淹浸的范围相当广泛。比如巨野泽，南朝刘宋人何承天称其"湖泽广大，南通洙、泗，北连青、齐"，南方朝廷甚至以此为天堑，布置水军、设置屏障以阻隔北军南下[1]。青、齐地区以川泽众多而成为北军南下障碍的事实，还可以从同时代的垣护之将军的言论得到证实，他说："青州北有河、济，又多陂泽，非虏所向。"[2] 在今河南中牟县一带有所谓"具囿泽"，是《周礼》所载著名泽薮之一，在郦道元生活的时代，该泽"西限长城，东极官渡，北佩渠水，东西四十许里，南北二十许里。中有沙冈，上下二十四浦，津流径通，渊潭相接，各有名焉。有大渐、小渐、大灰、小灰、义鲁、练秋、大白杨、小白杨、散嚇、禹中、羊圈、大鹄、小鹄、龙泽、密罗、大哀、小哀、大长、小长、大缩、小缩、伯邱、大盖、牛眠等浦，水盛则北注，渠溢则南播……"[3]，俨然可比水网如织的江南。今天津市区与宝坻之间，当时乃是著名的雍奴薮，是由海侵撤退后留下的潟湖瓦解形成的湖沼群，"其泽野有九十九淀，枝流条分，往往径通"[4]，直到晚近时代才开垦为耕地。

由于水流支漫，湖沼众多，当时华北的不少地方蒲苇弥望，芰荷如锦，鱼虾盈池，水禽翔集。《水经注》曾经多处描绘了此类令人流连忘返的优美景致，其中对位于今河北望都县的阳城淀是这样描写的："博水又东南，径谷梁亭南，又东径阳城县，散为泽渚。渚水潴涨，方广数里。匪直蒲笋是丰，实亦偏饶菱藕。至若姿童丱女，弱年崽子，或单舟采菱，或叠舸折芰，长歌阳春，爱深渌水，掇拾者不言疲，谣咏者自流响。于时行旅过瞩，亦有慰于羁望矣……"[5] 这些情况，均反映魏晋南北朝时期黄河中下游河流众多，湿地广阔，水资源环境状况良好的基本事实。可以说，当时该区域的农业生产，是在一种与后世显著不同的自然生态环境下发展的。

二、社会环境

（一）战争与和平

魏晋南北朝时期的一个显著历史特征，是社会动荡、战乱频仍。据学者概算，"在魏晋南北朝将近 4 个世纪中，撇开南北之间的战争不说，仅北方大规模、长时

---

① 《宋书》卷六四《何承天传》。
② 《宋书》卷五〇《垣护之传》。
③ 《水经注》卷二二"渠水"。
④ 《水经注》卷一四《鲍丘水注》。
⑤ 《水经注》卷一一《滱水注》。

期的战乱使有三次之多，总计212个年头，超过这一时期的1/2"①。

早在东汉晚期，由于政治腐朽，社会矛盾尖锐，兼以天灾频繁，农业生产已经陷入困顿，成千上万的普通百姓裸行草食，流泊他乡，处处哀鸿遍野，饿殍填路。饥饿、穷困兼以疫病流行，致使天下恰如陈思王（曹植）所言，是"家家有强尸之痛，室室有号泣之哀，或阖门而殪，或举族而丧者"②。魏文帝在与吴质的书信中也说："昔年疾疫，亲故多离（罹）其灾。"无以聊生的贫苦农民不得不纷纷揭竿而起，终于在汉灵帝中平元年（184）爆发了著名的黄巾起义。黄巾起义虽然被残酷地镇压了下去，但东汉王朝亦迅速土崩瓦解，在接下来的30余年中，社会更加一片混乱。各地军阀、豪强势力趁乱蜂起，攻城略地，互相吞并，经过数十年的血腥厮杀，逐渐结成了曹魏、孙吴、蜀汉三大政治集团，形成了三国鼎立局面，局势才稍转平稳。

如此漫长的战争所带来破坏是非常惨烈的。就在东汉末年，仲长统即称：经过战乱之后，北方各地"名都空而不居，百里绝而无民者，不可胜数"③。经过董卓和李傕、郭汜的相继屠焚，原本是天下最为繁盛的长安、洛阳之间一片狼藉，史称："自此长安城中尽空，并皆四散，二三年间，关中无复行人。建安元年，车驾至洛阳，宫闱荡涤，百官披荆棘而居焉。"④ 亲身经历了这段战乱整个历史过程的曹操，在其《蒿里行》一诗中写下了令人毛骨悚然的诗句，称：

关东有义士，兴兵讨群凶。初期会盟津，乃心在咸阳。

军合力不齐，踌躇而雁行。势利使人争，嗣还自相戕。

淮南弟称号，刻玺于北方。铠甲生虮虱，万姓以死亡。

白骨露于野，千里无鸡鸣。生民百遗一，念之断人肠！⑤

同时代人王粲《七哀诗》中的描述，同样令人恐怖。其诗之一说：

西京乱无象，豺虎方遘患。复弃中国去，委身适荆蛮。

亲戚对我悲，朋友相追攀。出门无所见，白骨蔽平原。

路有饥妇人，抱子弃草间。顾闻号泣声，挥涕独不还。

"未知身死处，何能两相完？"驱马弃之去，不忍听此言。

南登霸陵岸，回首望长安，悟彼下泉人，喟然伤心肝。⑥

事实上，在关于这段历史的记载中，类似的词句随处可见。

---

① 蒋福亚：《魏晋南北朝社会经济史》，天津古籍出版社，2005年，110页。

② 《后汉书志》第一七《五行五》注引。

③ 《后汉书》卷四九《仲长统传》引《昌言·理乱篇》。

④ 《晋书》卷二六《食货志》。

⑤ 兹据《先秦汉魏晋南北朝诗·魏诗卷一》引。

⑥ 兹据《先秦汉魏晋南北朝诗·魏诗卷二》引。

经过数十年的纵横捭阖，曹魏以及由司马氏集团篡政继立的西晋，凭借其经济与军事实力，在263年西灭蜀汉之后，复于280年东吞孙吴，重新实现了统一。

然而，西晋统一是十分短暂的，经济恢复、天下晏然的好景只是昙花一现。自两汉以来不断积攒下来的众多深层社会矛盾，并未因为暂时的政治统一而迅速消弭，通过玩弄政治权术、欺人孤儿寡妇和残酷杀戮政敌而建立的司马氏政权，没有来得及，或者说根本没有能力实现社会秩序的全面重建，皇族内部就因矛盾激化而爆发了"八王之乱"，西晋王朝亦骤然分崩离析，天下重新陷入大乱。中原地区的政局动荡，给了西北边疆少数民族以可乘之机。永嘉五年（311），匈奴兵攻陷京师洛阳，俘虏了晋怀帝，并纵兵烧杀抢掠，王公士民死者三万余人，史称"永嘉之乱"。至317年，匈奴兵攻入长安，俘虏了临时被拥立的晋愍帝，西晋宣告灭亡。

"永嘉之乱"以后，中国社会陷入更加混乱的政治分裂与战争动荡之中：匈奴、羯、氐、羌、鲜卑等少数民族，如走马灯一般在中原大地上建立政权，纷争逐鹿、杀伐不已。前后建立的政权主要有十六国，即：

（1）成汉（304—347），巴氐人李特建立。

（2）汉（前赵）（304/318—329），匈奴人刘渊（刘曜）建立。

（3）后赵（319—350），羯人石勒建立。

（4）前凉（314—376），汉族人张轨建立。

（5）前燕（337—370），鲜卑人慕容皝建立。

（6）前秦（351—394），氐人苻健建立。

（7）后秦（384—417），羌人姚苌建立。

（8）后燕（384—409），鲜卑人慕容垂建立。

（9）西秦（385—431），鲜卑人乞伏国仁建立。

（10）后凉（386—403），氐族人吕光建立。

（11）南凉（397—414），鲜卑人秃发乌孤建立。

（12）南燕（398—410），鲜卑人慕容德建立。

（13）北凉（401—439），卢水胡（或曰匈奴）沮渠蒙逊建立。

（14）西凉（400—421），汉族人李暠建立。

（15）夏（407—431），匈奴赫连勃勃建立。

（16）北燕（409—436），汉族人冯跋建立。①

除上述之外，尚有冉魏（350—352）、西蜀（405—413）、西燕（384—394）等若干个政权，但史书一向习惯称"五胡十六国"。在这个时期，北方各族政权更替

---

① "五胡十六国"形势纷乱，关于其建立者及其存在时间，诸家著作多有异同。此据翦伯赞《中国史纲要》（人民出版社，1977年）第二册43页《十六国简表》。

之频繁，兴亡之无常，实为历史上所绝无仅有；其间各民族势力彼来此往，互相搏击，政局极其混乱，杀伐攘夺，无休无止，亦为历史上之所罕见，既给各族人民特别是广大汉族人民造成了极其深重的灾难，也给社会经济造成了非常严重的摧残。对此史书留下了大量的记载，如《晋书·食货志》称：

> 及惠帝之后，政教陵夷，至于永嘉，丧乱弥甚。雍州以东，人多饥乏，更相鬻卖，奔进流移，不可胜数。幽、并、司、冀、秦、雍六州大蝗，草木及牛马毛皆尽。又大疾疫，兼以饥馑。百姓又为寇贼所杀，流尸满河，白骨蔽野。刘曜之逼，朝廷议欲迁都仓垣。人多相食，饥疫总至，百官流亡者十八九。

《晋书》卷六二《刘琨传》亦载琨上表称自己："目睹困乏，流移四散，十不存二，携老扶弱，不绝于路。及其在者，鬻卖妻子，生相捐弃，死亡委危，白骨横野，哀呼之声，感伤和气。"又卷一〇九《慕容皝载记》亦云："自永嘉丧乱，百姓流亡，中原萧条，千里无烟，饥寒流陨，相继沟壑。"《魏书》也称："晋末，天下大乱，生民道尽，或死于干戈，或毙于饥馑，其幸而自存者，盖十五焉。"[①] 其惨烈情形较之汉末丧乱，实有过之而无不及。十六国时期持续战乱，虽然其间一些较有识见的统治者试图通过安抚、招徕稳定人心，恢复生产，以维持自己的政权，但终究未能长期奏效，整个时期都是充满了民族压迫、奴役和仇杀，历史文献所记载的杀戮事件令人触目惊心。例如《晋书》卷一〇七《石季龙载记附冉闵传》载：后赵石季龙生性暴虐，杀人如麻，"至于降城陷垒，不复断别善恶，坑斩士女，鲜有遗类"。后来，冉闵为了复仇，"一日之中，斩首数万。闵躬率赵人诛诸胡羯，无贵贱男女少长皆斩之，死者二十余万，尸诸城外，悉为野犬豺狼所食。屯据四方者，所在承闵书诛之，于时高鼻多须至有滥死者半"。同书同卷又称：当此各民族势力纷争杀伐之际，"贼盗蜂起，司、冀大饥，人相食。自季龙末年而闵尽散仓库以树私恩。与羌胡相攻，无月不战。青、雍、幽、荆州徙户及诸氐、羌、胡、蛮数百余万，各还本土，道路交错，互相杀掠，且饥疫死亡，其能达者十有二三。诸夏纷乱，无复农者"。由此不难想象当时各族民众是如何不断遭受驱迫，过着颠沛流离、刀锯在颈的生活。随时遭受屠戮、饥疫而死亡，可以说是当时北方各族人民的生活常态。

北魏建立之后，通过一系列军事活动，逐渐统一了北方，尔后经过迁都洛阳、实行汉化政策、推行"三长制"和"均田制"，重建了北方社会的政治和经济秩序，在大约 100 年时间里基本保持了稳定，农牧生产得到比较显著的恢复，局部地区较之东汉甚至有所进步。但是，北魏与南朝对垒于沿淮区域，时有大小战争发生，国

---

① 《魏书》卷一一〇《食货志》。

力消耗巨大，对农业发展造成了严重不利影响。《魏书》卷四七《卢玄传附卢昶传》引述卢昶一个奏章称：

> 然自比年以来，兵革屡动。荆扬二州，屯戍不息；钟离、义阳，师旅相继。兼荆蛮凶狡，王师薄伐，暴露原野，经秋淹夏。汝颍之地，率户从戎；河冀之境，连丁转运。又战不必胜，加之退负，死丧离旷，十室而九。细役烦徭，日月滋甚；苛兵酷吏，因逞威福。至使通原遥畛，田芜罕耘；连村接闬，蚕饥莫食。而监司因公以贪求，豪强恃私而逼掠。……故士女呼嗟，相望于道路；守宰暴贪，风闻于魏阙。

北魏原本兴起于草原大漠，但入主中原之后同样不能免受西北少数民族的骚扰，边境守备的压力亦甚沉重。为了防范柔然入侵，北魏在长城沿线设置了沃野、怀朔、武川、抚冥、柔玄、怀荒 6 个军镇，置重兵戍守。由于边镇戍卒的生活条件极其艰苦，加以民族成分复杂，终于激起兵变，爆发了"六镇之乱"（523—525）。史称："逆贼杜周，虔刘燕代；妖寇葛荣，假噬魏赵。常山易水，戎鼓夜惊；冰井丛台，胡尘昼合。朔南久已丘墟，河北殆成灰烬。"[①] 其后，"恒代而北，尽为丘墟，崞潼已西，烟火断绝；齐方全赵，死如乱麻。于是生民耗减，且将太半"[②]。北魏朝廷因之耗费了最后的精气神，很快走向土崩瓦解，随之而来的是不同军事集团互相博弈、彼此攻略，先是分裂为东魏和西魏，其后继为北齐与北周，东、西两个分裂政权，亦是长期抗衡角力，彼此攻伐不断。在长期战乱打击下，北方地区重新回到了一片荒芜残破景象，农业生产再次丧失了稳定发展的客观条件。

同一时期，南方地区的社会局势相对安定。"永嘉之乱"以后，以王导为首的南逃世家大族拥立司马氏建立了东晋，采取"镇之以静，群情自安"[③] 的方针，力图维持社会稳定。虽然东晋一代曾先后举行过四次北伐，复有王敦之乱（322—324）、苏峻祖约之乱（325）、桓玄之乱（402），但总体形势较稳定。东晋末年的孙恩、卢循起义波及区域广大，历时近 12 年之久，对社会经济的影响较大。南朝时期，宋、齐、梁、陈迭相更代，统治阶级内部纷争不断，但对地方社会影响较小，曾经出现过天下晏安、经济生产繁荣发展的好时期。《宋书》卷五四《孔季恭、羊玄保、沈昙庆传》"史臣曰"：

> 自元熙十一年马休之外奔，至于元嘉末，三十有九载，兵车勿用，民不外劳，役宽务简，氓庶繁息，至余粮栖亩，户不夜扃，盖东西之极盛也。既扬部分析，境极江南，考之汉域，惟丹阳、会稽而已。自晋氏迁

---

① 《魏书》卷七四《尔朱荣传》。
② 《魏书》卷一〇六《地形志》。
③ 《晋书》卷六五《王导传》。

流，迄于太元之世，百许年中，无风尘之警，区域之内，晏如也。及孙恩寇乱，歼亡事极。自此以至大明之季，年逾六纪，民户繁育，将曩时一矣。地广野丰，民勤本业，一岁或稔，则数郡忘饥。会土带海旁湖，良畴亦数十万顷。膏腴上地，亩直一金，鄠、杜之间，不能比也。荆城跨南楚之富，扬部有全吴之沃，渔盐杞梓之利，充仞八方，丝绵布帛之饶，覆衣天下。

可见稳定的社会政治局面，对南方农业发展具有十分积极的影响。

然而，发生于梁朝末年的"侯景之乱"，不仅将南朝最为繁荣的都市建康城隳成瓦砾，素称繁荣的三吴和江陵等地区亦从此委顿。侯景乱兵所到之处，大行杀戮劫掠，建康地区曾拥有 28 万户人口，遭其屠戮之后，"都下户口，百遗一二"，仅剩下两三千人，以致出现"千里绝烟，人迹罕见，白骨成聚，如丘陇焉"[①] 的悲惨局面！其后又有西魏发兵南下攻破江陵，俘掠王公以下及百姓男女数万家（或称十余万口）为奴婢，分赏三军，驱归长安，弱小者皆杀之，得免者仅三百余家。从此南方不再安定，饥荒荐至，百姓流徙，史称陈朝"时江南大饥，江、扬弥甚，旱蝗相系，年谷不登，百姓流亡，死者涂地"，"会稽尤甚，死者十七八"。[②] 南方地区的社会经济遭受空前浩劫，致使继立的陈朝版图大大缩小，无力与北朝相抗衡，造成了北强南弱的局面。

（二）民族迁徙与人口流动

规模浩大的民族大迁徙，是魏晋南北朝社会变迁的重要组成部分，也是这个时代的又一显著历史特征。其中既包括草原游牧民族像潮水一般地涌入中原，也包括前所未有的中原汉族人口大南迁。无论是前者抑或后者，都对这一时期的农业经济发展产生了巨大的影响。

从东汉后期开始，由于气候渐趋寒冷，那些"逐水草而牧畜"的草原民族，由于其经济的脆弱性，生存危机不断加重，物质生活渐感窘迫，不得不逐渐朝东南方向移动。事实上，西汉末期以后，西北游牧民族已经开始逐渐向农耕区域逼近。东汉末年中原社会的动荡和残破更给游牧民族造成了天赐良机，使之得以乘机进入黄河中下游地区；"永嘉之乱"以后，鲜卑、匈奴、羯、氐、羌等族更大举内迁，并纷纷建立政权，成为中原地区政治上的统治者。

游牧民族的大量内迁，不仅改变了中原地区的种族构成，也大大改变了这一地区的社会经济面貌，社会构造、经济结构和生产方式都随之发生了显著变化。十六

---

① 《南史》卷八〇《贼臣·侯景传》；《魏书》卷九八《萧衍传》。
② 《南史》卷八〇《贼臣·陈宝应传》。

国北朝时期，大多数游牧民族的统治者在进入中原以后，出于对汉族经济文化的仰慕和政治统治的需要，多力图推行了一些缓和民族矛盾、恢复农业经济的政策和措施，逐渐走向发展农耕经济的道路。但是，惯于以部族为单位骑射畜猎的牧民，并不能立即割断其游牧经济文化的脐带，而是在相当长的一段时期、在很大程度上仍保留着他们原有的生产传统，这对中原地区的农业发展也产生了不容忽视的影响。自十六国到北朝时期，畜牧业的经济比重曾经一度上升，与当时的特殊历史形势密切相关。不过，中原农牧经济的上述消长和波动，并没有从根本上改变这个区域的经济传统和生计模式，充其量只是一种暂时性的逆转。从后来的历史发展中，我们可以看到：农耕生产最终仍然恢复了它在区域经济中的绝对支配地位。

从总体上看，魏晋南北朝时期，中原地区农牧经济所经历的这段回旋曲折，与游牧民族的内迁及其适应性转变是互相联系的。毋庸置疑，游牧民族在进入乃至统治中原之后，他们所面临的是一种完全不同于此前的生存条件和地理环境，比起他们以前所生活的草原大漠，中原地区在发展游牧生产方面不具备更高的优越性，却具有漫长的农耕生产传统，并且繁荣和富庶早已令他们羡慕不已。事实上，与游牧相比，农耕在这个区域确实具有更高的能量转换效率，可带来更加充足的生活资料和社会财富。因此，即便是在战乱之后人少地多的情况下，将恢复和发展农业而不是扩张游牧作为基本的经济发展取向，是再自然不过的事情。正是这种基本的经济发展取向，不仅要求入主中原的少数民族统治者努力采取各种政策和措施，以稳定社会秩序、恢复农业生产，而且促使游牧民族民众放弃畜牧射猎而改事播莳树艺、放弃流徙生活而采取定居生活，最终实现由牧民向农民的历史转变。我们通常所说的少数民族"汉化"，正是以这些转变为基础内容。

在北方游牧民族蜂拥进入中原内地的同时，中原地区的原居民——广大汉族人民，则在巨大的内部激荡和外来冲击下，掀起了前所未有的人口流散迁徙浪潮，而且一波未平再起一波，其中在东晋时期就先后发生过三次：第一次是西晋末年"永嘉之乱"前后，史称"自夷狄乱华，司、冀、雍、凉、青、并、兖、豫、幽、平诸州，一时沦没，遗民南流"[①]，"洛京倾覆，中州仕女避乱江左者十六七"[②]，即历史上著名的"永嘉南渡"。第二次发生在石赵灭亡之后，"荆、楚、徐、扬，流叛略尽"[③]，"青、雍、幽、荆州徙户及诸氐羌胡蛮，数百余万，各还本土，道路交错"[④]，雍秦流民多南出樊沔、汉中。第三次则是"淝水之战"苻坚失败之后。其间流徙播迁人口之多，涉及范围之广泛，情况之复杂，前所未见。此后每当有大乱

---

① 《宋书》卷三五《州郡志一·序》。
② 《晋书》卷六五《王导传》。
③ 《晋书》卷一〇六《石季龙载记上》。
④ 《晋书》卷一〇七《石季龙载记下》。

到来，众多的生民百姓，除在本地山区寻找险固之地屯聚避难，大抵选择逃亡异地他乡。要之，自"永嘉之乱"和晋室南渡之后，中国南北分立的政治局面形成，是后，凡经过一次重大的政治和军事变乱，则必有规模相当可观的人口流移，除了"淝水之战"，在祖逖北伐、刘裕北伐、北魏南侵等历次战争期间，亦均有大量人口南徙。

由于众多因素的影响，不同阶段各地人民流徙的去向飘忽不定，大体上以中原为中心，呈辐射状向东北、西北、西南尤其是东南方向播散，流移的人民或由河北迁移辽东，或自关中奔逃河西，或由三辅、南阳逃徙汉中、巴蜀，有的甚至流往漠北的乌桓、鲜卑之地，奔逃到江淮以南广大地区的人数最多，有的甚至流徙到岭南的交趾、广州地区。对此，史书记载颇多，例如东汉末年，有不少中原人士逃往比较安定的幽州、辽东，刘虞为幽州牧时，"青徐士庶，避黄巾之难归虞者，百余万口"①；自河南、关中等地流入益州的亦以万家计②；曹操进攻徐州陶谦时，由笮融率领从徐州流徙江南的男女人口，多达万口③。当年跟随鲁肃辗转南奔至江左投靠周瑜的男女老幼，亦"男女三百余人行"④。曹魏与孙吴抗衡江淮，除了争夺土地，还争夺人口，曾经导致大批民众渡江。《三国志》卷四七《吴书·孙权传》称："初，曹公恐江滨郡县为权所略，征令内移，民转相惊。自庐江、九江、蕲春、广陵户十余万皆东渡江，江西遂虚，合肥以南，惟有皖城。"

西晋"永嘉之乱"期间及其之后，人口流徙的规模更大，例如晋惠帝元康八年（298），就有大量的关西人口翻越秦岭，流散于汉川，史称："流移就谷，相与入汉川者数万家。……由是散在益、梁，不可禁止。"⑤ 流徙的百姓不仅人口众多，且往往举族、结伙而行。出于安全和互助的需要，人们往往由士族领袖和地方豪绅带领，举家合族南下避难。西晋"永嘉之乱"后，山东士族徐邈"遂与乡人臧琨等率子弟并闾里士庶千余家，南渡江，家于京口"⑥；范阳"旧姓""（祖）逖率亲党数百家避地淮泗"，后来亦迁往京口⑦。至于迁徙人口的总数量，有学者依据侨置州郡县人口推考：上起西晋永嘉年间、下迄刘宋初期，从中原南逃的人口估计不下90万，约占刘宋初年治内人口总数（约540万）的1/6，即当时南方6人中有1人

---

① 《后汉书》卷七三《刘虞传》。

② 《三国志》卷三一《蜀书·二牧传》注引《英雄记》曰："先是，南阳、三辅人流入益州数万家，收以为兵，名曰东州兵。"

③ 《后汉书》卷七三《陶谦传》云：融"将男女万口、马三千匹走广陵，……因以过江南奔豫章"。

④ 《三国志》卷五四《吴书·周瑜等传第九》。

⑤ 《晋书》卷一二〇《李特载记》。

⑥ 《晋书》卷九一《儒林传》。

⑦ 《晋书》卷六二《祖逖传》。

为北方南迁的移民①。这些移民集中在长江上游的成都平原、江汉流域的襄阳、江陵、武昌以及长江下游的今江苏省境内，而以淮阴、扬州、南京、镇江、常州一线为最多，国家为了对这些南迁的人口实行特殊管理，同时纾解他们的思乡之念，在南方许多地区设了大批侨置州郡县，以安置流民。例如，侨置在南徐州（今镇江）一带，移民的数量甚至多于当地土著人口。

除了上述北方游牧民族内徙和中原汉族南迁，南方各地的汉族土著和蛮、越、僚（史籍中称为"獠"）等少数民族的流徙活动也非常频繁。这些土著民众和部族是江淮及其以南地区的原住民，在两汉以前，一向散布生息在秦岭、淮河以南的广大腹地，在魏晋南北朝民族迁徙的巨大浪潮中，他们同样被裹挟了进来，加入流徙的队伍。随着中原汉族人口大量南迁，这些土著人口之中的一部分受到诱引或者围剿，被迫走出山林湖泽，成为国家的"屯田客""编户齐民"，或者充当地主的私家僮仆、佃客。早在汉末三国时期，孙吴政权就曾极力招诱、并且动用军队围剿"山越"，强迫他们出山屯田农作和服役。不过，更多的族群则是不断被驱迫流徙到更加封闭险峻的深山大壑和更加僻远的华南和西南地区。

当时人口流动，除了民众因逃避战乱、酷役而自行流徙，由于不同武装集团或政权劫掠和强制所导致的人口迁移，亦非常频繁而且规模浩大，为此前时期所未见，且在后代历史上也少有能及。一般来说，这些被劫掠和强迁的人口，多被安置在作为统治中心的都城附近和重要州郡，毫无疑问，其目的是为了充实中心区域，解决因战乱所造成的人口减耗和经济萧条，以巩固其政权的经济基础。这类情况，主要发生在三国、十六国时期以及南北战争期间②。

魏晋南北朝时期，与民族迁徙和人口流动相伴的是户口严重减耗。由于政局扰攘，人口管理混乱，相关史料严重匮乏，这个时代的人口状况不像其他时代那样明晰。不过，根据这一时期的几个人口统计数字，与东汉永寿三年（157）的统计进行比较，就可以明显看出当时户口减耗的严重程度。东汉永寿三年，全国有在籍户数 10 677 960 户，在籍人口 56 486 856 人，三国时期总计有户 1 466 423 户，人口 7 672 881 人，户数下降 86.3%，人口数下降 86.4%；西晋太康元年（280）重新统一，其时全国有户 2 459 840 户，人口 16 163 863 人，与永寿三年相比，户数下降 77%，人口数下降 71.4%③。东晋以后，南北各政权人口统计混乱，但根据仅有的几个数字可以肯定，在籍户口严重减耗是非常明显的。正如唐长孺所反复强调的那样，魏晋南北朝时期，有大量的依附性人口包括大地主的私属、国家屯田民户等，

---

① 谭其骧：《长水粹集·晋永嘉乱后之民族迁徙》，河北教育出版社，2002 年，294 页。

② 详细情况可参阅高敏：《魏晋南北朝经济史》上，上海人民出版社，1996 年，108～134 页。

③ 唐长孺：《魏晋南北朝隋唐史三论》，武汉大学出版社，1993 年，29～30 页。其中，三国人口以魏景元四年（263）、蜀炎兴元年（263）、吴天纪四年（280）统计数字合计。

都没有登记到国家户籍之中，这是官方户口统计数字显著减少的一个主要原因①。但是，总体来说，这个时代人口明显减少、劳动力曾长期普遍不足，却是一个毋庸置疑的事实。这一点可由隋朝的户口统计数字得到证明。隋朝大业五年（609），全国统一已经整整 20 年，社会经济得到了显著恢复和发展，国家户籍管理亦已然比较严整，然而据《隋书》卷二九《地理志上》记载：是年全国有户 8 907 546 户，人口 46 019 956 人，仍然远不及于东汉永寿三年户口数量。人口的显著减少，对于魏晋南北朝时期农业生产的发展无疑具有重大影响。

传统社会的农业生产是一种人力经济，劳动人口数量的变化决定着经济生产的兴衰消长。就魏晋南北朝时期而言，一方面，前所未有的民族大迁移和人口大流徙，是当时中国农业地理格局发生显著变化的主要导因之一。由于民族迁移和人口流徙，南北各大区域的人口数量发生了显著变化，这同时意味着农业劳动生产力与农业自然资源之间的配置关系发生了显著的变化。尽管在传统发达区域的黄河中下游地区，农业经济由于人口的严重耗减，经历了空前的破坏和曲折，但一些原本较落后地区由于获得了新的劳动力补充，农业生产取得了显著的发展，特别是对于广大南方地区的农业资源开发和经济发展，中原人口的大量移入具有非常重大的历史意义，迁移到南方各地的中原人口，既给当地带来了先进的生产工具、经验、技术和知识，带来了大量的劳动力，促进了先进的生产组织方式和经济观念的移植传播，也给南方农业发展造成了前所未有的产品需求压力和生产驱动力。事实上，中国南方农业资源的大规模开发、稻作农业的快速成长和经济中心的逐步南移等，都由此开始起步。

另一方面，魏晋南北朝时期，由于长期的战争动荡，人口的减耗比起其他任何一个历史时期都要严重得多，这使得人地关系发生了非常显著的变化。总体上说，当时农业经济发展的主要矛盾并非人多地少，而是人少地荒、劳动力不足。因此，稳定社会政治秩序，恢复人口增长，控制和管理人口，将流散农民安置在土地上从事生产，就成为这个时代的一个突出问题。国家与士族豪强地主之间为了争夺劳动力而展开长期博弈，也成为这个时代农业发展中的一个突出历史现象。

---

① 葛剑雄先生在《中国人口史·第一卷》（复旦大学出版社，2002 年）的估计是：西晋惠帝"永康元年（300）的实际人口可能达到 3 500 万"（458 页）；"以公元 6 世纪 20 年代北魏的 3 000 余万人口，加上南朝梁同时期的 2 000 万，南北人口的总数合计已经超过 5 000 万，这是比较保留的估计"。（475 页）如果他的估计接近历史事实，则当时未登记到国家户籍上的人口的确占据了更高的比重，正好支持唐长孺先生的观点。不过，6 世纪 20 年代南北人口合计达到 5 000 万以上，比隋朝官方统计的全国在籍人口数字还高出约 400 万，似乎是一个很乐观的估计。即便如此，由于这个时期全国人口分布格局已经发生了很大变化，广大南方地区的人口较之东汉已经有了显著增长。因此，从总体上说，并未改变当时人少地多的基本经济面貌。

（三）社会构造与阶级关系

任何一个历史时期的农业生产，都是在特定的生产关系下进行的，社会结构变化和阶级、阶层的分化，以及与之相关的生产关系调整，对农业生产具有至关重要的意义。

我们知道，春秋战国时期的社会经济变革，摧毁了周代的封建领主制经济，封建地主制经济和自耕小农生产得到了发展。在秦汉时代，具有"编户齐民"独立自由身份的、一家一户的个体小农，成为当时农业生产的主体，而自耕小农生产亦占据当时农业经济的主导地位。尽管在汉代亦有地主役使奴婢从事农业生产的情况，东汉时代大地主庄园经济有所发展，但并未动摇自耕农生产的主体性。然而，到了魏晋南北朝时期，情况发生了很大的变化。这个时期，由于剧烈的历史变动，社会结构和阶级关系发生了重大变化，社会群体构成复杂，士庶良贱地位悬殊，国家、地主和家族（宗族）对农业劳动者的人身控制显著加强，对当时的农业发展产生了重大的影响。

根据社会身份、政治地位和经济状况，魏晋南北朝时期的社会可以划分为士族贵族、庶族平民和依附贱民等若干个等级①。在农业生产领域，则大体上仍应划分为地主和农民两个阶级，但它们各自包括了多个阶层或者类群：

首先是地主阶级，其中包括士族贵族地主阶层、庶族地主阶层，此外还有寺院地主和少数民族酋帅。贵族阶层包括皇室和门阀士族。他们既垄断着中央和地方的政治权力，又享有广占土地、免除赋役、复客荫户等种种特权，有时甚至拥有一定的私人武装，这些特权有不少是世袭的。从社会和文化方面来看，贵族阶层有世传家学，重名教家规；在婚姻关系上，非常讲究门第、仕宦和地望，这是他们自我标榜的文化资本。从农业史的角度来看，士族地主往往是以血缘关系与地域关系相结合、政治地位与经济特权相结合的特殊家族集团，许多士族家族的经济规模相当庞大，广占山林川泽，聚族而居和"累世同居"的情况相当常见。他们在庄园和坞堡中役使大量同姓亲族成员和非同姓的属众，其中包括部曲家兵、佃农奴婢和庇荫户，内部组织结构和隶属关系都相当复杂。除皇亲国戚，南方地区的庄园经济和北方地区的坞堡经济，曾经是士族贵族地主阶层农业经营的两种典型形式。

从经济地位上说，庶族地主亦属于剥削阶级，但政治和社会地位均远不及门阀士族。在政治上，寒门庶族地主通常只能担任下品浊官即朝廷和地方官府的掾属、

---

① 详细情况可参考朱大渭等：《魏晋南北朝社会生活史》，中国社会科学出版社，1998年，22～38页。本节叙述，在他们观点的基础上稍作不同的叙述。

仗吏，在社会上并不享受崇高的声望，甚至往往受到士族歧视和排斥，在经济上庶族地主亦不能享受免除赋役、荫占民户之类的经济特权。不过，也有一些庶族地主属于势倾一方的豪强，具有大量的财富和田产，同样役使了众多贫苦农民。特别是到了南北朝后期，一些庶族地主依靠自己的雄厚经济实力不断提高其社会影响力，甚至逐渐走向政治核心，掌握国家的实际权力。

魏晋南北朝时期，佛教在中国迅速传播。历代统治者对佛教寺院及其僧侣往往采取十分优裕的经济政策。由于不同阶层众多信徒的供奉、捐献，包括皇帝、贵戚的大量施舍，寺院的经济实力不断增强，许多寺院拥有大量田产，并掌握着大量的贫苦农民，包括佛图户、僧祗户等。统治着大小寺院的高级僧侣于是成为一种特殊身份的地主，即所谓寺院地主。

这个时期，南北少数民族大量内徙和流动，这些民族具有各自传统的部族组织，包括单于、侯王、君长、大人、酋长在内的大小首领和酋帅是各个民族的直接统治者，这些首领、酋帅在本民族中享有世袭的经济和政治权力，通过部落和部曲相结合的方式役使众多的族众，包括牧子、奴婢、部曲等，是拥有雄厚经济实力的大畜牧主、奴隶主和封建主，其统治、剥削的方式带有相当明显的部落制和奴隶制残余，往往具有经济组织与军事组织双重性质。

其次是农民阶级。其中又包括编户农民和依附贱民两大阶层。编户农民是国家户籍制度所直接控制的农业人口，他们具有独立的户籍，受郡县官府控制，在法律上享有自由独立的地位，同时又是承担国家赋税和劳役的"课户"。其中的自耕农拥有包括土地在内的一定数量的生产资料，独立开展农业生产经营活动；而半自耕农和贫民则往往缺乏最起码的家庭生产条件，不得不依靠出卖劳动力艰难度日。与秦汉时期相比，魏晋南北朝时期，自耕农在全部人口中所占的比重明显下降，但他们仍旧是主要的社会劳动生产者群体之一，这个时期文献中所出现的人口统计数量，大体上均属于国家所直接控制的编户齐民人口，其中主要是自耕农。并且，就在这个时代，不同阶段自耕农的数量变化也相当显著，与国家经济政策和社会政治形势的变化密切相关：一般来说，在政治基本稳定的时期，国家积极制定政策、采取措施，增加编户齐民的数量，并且容易取得实际效果。比如在西晋和北魏时期，自耕农民的数量和比重都曾有过显著的恢复与提高。

但是，这个时期，由于政局扰攘，战争频繁，自耕农的经济基础更加薄弱，而国家的赋役负担比一般历史时期更加繁重，又兼受世族豪强地主的侵夺、凌逼，他们的生产和生活境况较之其他历史时期亦更加艰难、窘迫，属于经济和社会地位最不稳固的阶层和群体，稍受自然灾害、国家赋役惊扰，许多自耕农民即因失去基本生计而沦为贫民，并大量转化为依附民。

这个时期，依附贱民阶层的数量庞大，成分复杂，他们是那些不具有或者不完全具有自由身份的民众。魏晋南北朝时期的贱民阶层名目繁多，难以清理罗列，文献中经常出现的有佃客、僮客、部曲、奴客、厮养、奴婢、屯田士家、军户、吏家、百工户、杂户、牧户、牧子，等等。他们有的隶属于私家特别是贵族，有的则隶属于官府或军队，受国家控制；此外还有僧祇户、佛图户，则是隶属于寺院地主的贱民。由于不具备自由身份，贱民阶层不仅难以拥有独立的家庭经济，而且除了极少数特例，难以像普通平民那样自由地建立家庭和享受家庭生活，不仅不得与良民通婚，而且对自己的婚姻也没有充分的自主权，其本人和妻子、儿女的人身都要受到主人严格控制，他们多属于贵族地主的私属、甚至私产。国家所掌握的依附贱民例如屯田士家、屯田客，亦往往被皇帝赐予将帅和大臣而成为他们的私属。除非立有特殊的功劳，否则无法摆脱其作为依附属众的世袭身份而获得人身自由和经济独立。

在众多名目的依附贱民之中，各类贱民的社会身份和经济地位亦有所不同。比如，"佃客""奴婢"和"部曲"就有所区别。一般来说，佃客虽然对主人和国家具有强烈的人身依附关系，且属于世袭的贱民身份，但他们通常是以家庭为单位，通过佃种国家和私家地主的小块土地开展农业生产活动，收获物与官私地主"量分"，一般为对半分成。奴婢则主要是在私人地主的土地上以集体劳作的方式耕种经营，劳动产品除维持最低生活需要，全部交纳给主人，其自身也像牛马牲口一样被视为主人的私产，可以被赠送、买卖，一旦触犯了主人即遭私刑处理；"部曲"原属于世族豪强将帅"私兵"，其最初职责是随军作战，但随着形势发展，后来亦逐渐从事农业生产，战时打仗、平时种田，与一般佃客没有太大的区别。

如上种种复杂情况，使得魏晋南北朝时期的农业经营者和劳动者，呈现出了令人眼花缭乱的多样性，农业生产经营的方式和途径亦因此变得十分多样化，从而不同于其他历史时期。

不仅如此，在这个时期，由于国家集权力量削弱和战争动乱频繁，门阀士族、地方豪族、少数民族酋帅的势力则明显膨胀，地方、宗族和部落组织对农牧民和农牧生产的控制明显加强，而个体农民家庭生产的自主性和独立性则明显减弱。事实上，由于人身安全的需要、抵御经济风险的需要和逃避国家繁重赋役的需要，众多农民不得不在很大程度上依附于更大的社会组织，包括家族、宗族和部族组织，因此这个时代的农民，比起秦汉时期具有更加显著的依附性，农业生产亦在更大的社会组织管理和控制下进行。正因为如此，在这个时期，国家所直接掌握的户口数量一直相当少，与此同时，家庭的规模则有所扩大，"累世同居"现象在文献中所出现的频率远比前代为高，"千丁共籍""百室合户"的情况不时出现于史书记载。从以下的章节中我们将可看到：在魏晋南北朝时期，农业经济生产出现了两个相反的发展趋向：一方面，以一家一户为单位的个体小农经营，既不如秦汉、亦不如隋唐时期那样占据支配地位，自耕农经济发展起伏不定，整体上处于相当"低迷"的状态；另一方面，国家和私人大土地所有制不断发展，国家屯田和私家庄园、坞堡等大土地农业经营，则取得了比前后时期更加突出的发展。

总之，与其他历史时期相比，魏晋南北朝时期农业发展的自然生态环境和社会政治环境，都具有显著的独特性，而这些独特性构成了农业生产发展的特殊场景和条件，对农业区域、生产结构、组织方式乃至技术选择，都具有重大的历史影响。

第二章　农业生产工具和技术方法

魏晋南北朝扰攘纷争的社会政治局面，给农业经济发展造成了严重的破坏和摧残。黄河中下游地区在两汉时期是人口繁众的农桑沃野，此一时期，由于长期战争动乱的影响，农业生产一度出现严重衰退，经济十分萧条。但是，农业经济的衰退和萧条，并不意味着生产工具与技术同时发生严重倒退，从历史的实际情况来看，经济的增长或者衰退与技术的创新或者倒退并不总是同步，有时还出现相反的情况。事实上，在魏晋南北朝这样一个特殊的历史时期，前代所发明和积累起来的农业生产工具与技术，并未因农业经济的残破而全面遗失，相反却有了许多新发明、新创造——不仅北方旱作农业工具与技术体系更趋完善，南方新兴水田农业区域的生产工具与技术方法更取得了超迈前代的新发展，以稻作为主的农业生产力水平有了较大的提高。本章将对有关情况进行概括的叙述。

第一节　农业生产工具的发展

与两汉时期相比，在魏晋南北朝时期，农业生产工具取得了显著的发展。一方面，由于冶铁技术的提高和冶铁生产规模的扩大，给当时的农具制造提供了比前代更为良好的外部条件，制造铁质农具的材料更加丰富，质地也更加精良，因而农具在质量和效率上都较前代有所提高[1]；另一方面，为适应不同方面、不同地区的农业生产条件和需要，此一时期的农具在形制、种类上又有了许多新的创制、发明和改进和概括地说，这一时期农业生产工具的发展，主要表现在以下三个方面：一是

---

[1]　有关此一时期冶铁业的发展及其对农具制造的影响，请参阅梁家勉：《中国农业科学技术史稿》（农业出版社，1989年）第五章第一节（244～245页）的论述。

北方旱地耕作农具进一步改进和配套发展，形成完整的系列；二是南方水田耕作农具也初步形成体系；三是加工工具（特别是水力加工机具）取得十分突出的发展。下面分别略加介绍。

一、北方旱作农具的改进和配套

文献记载和考古出土实物都证实：魏晋南北朝时期，北方旱作区域的农业生产工具，与两汉时期相比，取得了相当显著的发展，农具的种类明显增加，功能也更加齐全了。《齐民要术》共记载了当时北方地区的常用农具20余种，其中包括土地耕作与整理所用的犁（有长辕犁和形制较小的蔚犁）、锹、铁齿镉楱、耢、挞（图2-1）、陆轴等，用于播种的耧（图2-2）（有一脚耧、二脚耧和三脚耧之分）、窍瓠、批契，中耕除草所用的木斫、锄、锋、耩、铁齿耙、鲁斫、手拌斫，以及收割、脱粒用的镰、碌碡等，其中有多种为两汉文献所不载。20世纪以来，北方各地出土魏晋南北朝时期的铁制农具相当多，例如1974年，考古学家在河南渑池火车站东南发现一处东汉至北朝时期的铸铁作坊遗址，其中出土各类铁范152件，包括双柄犁范、犁范、铧范、锸范、斧范、镰范、锤范、锄形器范等；出土各类铁器4 043件，其中有犁、双柄犁、犁镜（犁壁）、犁铧、耧铧、镢、锸、锄、镰等多种农具，以犁铧最多，达到1 101件[①]。相关文物证实了当时文献的记载，为我们了解各类农具的实际形制、功能和质地提供了实物依据。

图2-1 挞示意图

（引自闵宗殿等：《中国古代农业科技史图说》，农业出版社，1989年）

图2-2 三脚耧车

（引自闵宗殿等：《中国古代农业科技史图说》，农业出版社，1989年）

---

① 杨育彬、袁广阔：《20世纪河南考古发现与研究》，中州古籍出版社，1997年，599页。

在各类农具之中，畜力牵引农具取得了相当引人注目的发展，作为主要耕垦工具的犁、耙和耱，分别适用于土地耕作的不同环节，已经配套成龙，形成了完整的系列，表明其时北方地区已经形成了完整的耕—耙—耱旱地耕作技术体系。

从河南渑池出土实物来看，当时的犁，以犁铧分，主要有三种形制：第一种，犁铧全铁制，类似西汉的"舌形大铧"，安装使用时配以犁镜。犁镜呈矩形，镜面稍凹，背面有四个桥形系；第二种，铁犁铧呈Ｖ字形，安装在木犁床前端，铧有大小之分，是一种铁木结构的犁地工具；还有一种是双柄犁，犁头亦作Ｖ字形，可安装铁犁铧。其中第二种出土数量最多，可能使用最普遍①。

早在两汉时期,北方地区已经普及牛耕，所以魏晋南北朝时期犁的框形结构设计,均是与牛耕方式相联系的。但当时的牛耕方式,既有二牛抬杠式,亦有单牛拉犁式,由二牛抬杠式向单牛拉犁式逐渐发展。因牛力使用方式不同,犁的框形结构亦呈现出明显不同,大体上说,魏晋时期仍以二牛抬杠式的犁为主,但单牛拉犁式的犁耕逐渐推广,到了南北朝时期可能已经占据了主导地位,所使用的犁具亦以单牛牵引的犁渐居多数。

图2-3 甘肃嘉峪关出土三国魏晋牛耕画像砖
（引自甘肃省文物队等：《嘉峪关壁画墓发掘报告》，文物出版社，1985年）

这一时期的牛耕图像资料和文献记载，反映了犁和犁耕方式的上述变化过程。如嘉峪关新城魏晋墓中有不少反映牛耕情景的壁画（图2-3），其中较早的一号、四号和五号墓壁画中，犁用二牛挽拉牵引；至较晚的三号、六号和七号墓中，则普遍使用一牛挽拉牵引；耙和耱的牵引也发生了同样的变化②。为了适应单牛牵引的需要，此一时期出现了曲辕，逐渐替代了二牛抬杠用的肩轭。虽然由于各地农业生产力的发展水平有高有低，自然条件的差别也很大，一牛挽拉牵引的犁耕方式，并非在很短的时间里就完全取代了二牛抬杠式，很可能这两种方式曾经长期并存；但一牛挽拉牵引式犁耕方式和新式犁的出现与推广，有利于牛耕的进一步普及，反映了耕犁的改进和畜力利用效率的提高，是这个时期农业生产力发展的一个重要标志。

为适应不同地理条件下土地的耕作需要，人们因地制宜，创制和使用了不同的

① 渑池县文化馆等：《河南渑池发现的窖藏铁器》，《文物》1976年8期。
② 肖亢达：《河西壁画墓中所见农业生产概况》，《农业考古》1985年2期。

犁。《齐民要术》称："今自济州以西，犹用长辕犁、两脚耧。长辕耕平地尚可，于山涧之间则不任用。且回转至难，费力，未若齐人蔚犁之柔便也。"① 可见，为满足不同地区的耕作需要，当时不仅有较大的长辕犁，在今山东一带还出现了一种回转较易、柔便省力的小型犁——蔚犁。根据《齐民要术》的描述，蔚犁既能翻土作垄、调节深浅，又能灵活掌握犁条的宽窄粗细，方便于山涧、河旁、高阜、川谷的小块土地耕作，与一般使用的长辕犁相比，其结构与性能显然有所改进。

耙是重要的碎土整地工具，在这一时期已经使用畜力牵引。古代文献最早记载畜力拉耙的是《齐民要术》，该书所载之"铁齿镉榛"即是使用畜力牵拉的人字耙。不过，当时的墓窟壁画图像表明：畜力牵拉耙的出现时间，应比《齐民要术》的时代早若干个世纪。耙的形制有长条形和人字形两种；从牵引方式看，则既有二牛牵拉耙，也有一牛挽拉耙。例如 1972 年甘肃嘉峪关出土的魏晋墓壁画中即有畜力拉耙的图像

图 2-4　甘肃嘉峪关出土三国魏晋耙地画像砖
（引自甘肃省文物队等：《嘉峪关壁画墓发掘报告》，文物出版社，1985 年）

（图 2-4），其中的耙属于长条形耙。据此，畜力牵拉的长条形耙的出现，应不晚于 3 世纪。同一地区出土南北朝时期的壁画图像还显示：当地使用的长条形耙，既有二牛牵拉的，也有单牛牵拉的。② 而在属于十六国时期的甘肃酒泉丁家闸五号墓壁画中，又发现有一牛牵拉的人字耙图像，耙地时作倒人字形，比长条形耙又前进了一步。不论是长条形耙还是人字形耙，在使用时，人都站立其上，以增加压力和入土深度。③ 根据《齐民要术》记载：耙不仅用于翻耕后耙碎土块，还用于作物出苗时中耕。耕而后耙，使翻起的土块变得细碎疏松，又可清除草木根茬，还可耙除苗间杂草，一器多用。

除了耙，这一时期用于摩碎土块、平整地面的工具还有耱，系用安装有引力装置的长条形木板或藤条、荆条等编扎而成。耱亦用畜力牵引，既有两牛单辕的耱，亦有一牛双辕的耱，《齐民要术》首次加以记载，称之为"耢"。该书反映：耢常在耕、耙后使用，即所谓"耙而耢之"。并且一般是耙后"寻手耢"，目的在于使土地在进行翻耕后很快进一步细碎平整，以增强土壤的防旱保墒能力。除耙后碎土、平

---

① 《齐民要术》卷一《耕田第一》。
② 甘肃省博物馆、嘉峪关市文物保管所：《嘉峪关魏晋墓室壁画的题材和艺术价值》，《文物》1974 年 9 期。
③ 鲁才全：《汉唐之间的牛耕和犁耙耱耧》，《武汉大学学报》（哲学社会科学版）1980 年 6 期。

地，耢有时还用于播种后覆土，亦用于幼苗期进行中耕。根据不同的需要，耱在使用时，人或立于其上，或不立于其上。多数情况下，其上站人（或加重物）以加重其压力，加强平摩的功效，如若以之覆种，则可使"种土相密接而利于出苗"，是为"重耢"；但如用于湿地播种后覆土，则其上不站人、不加重物，即所谓"空耢"，比如湿地种麻、胡麻后即曳空耢覆土，如果"耢上加人，则土厚不生"[1]。耙和耢的出现与使用，标志着北方旱地耕作农具进一步发展成完整的体系，并一直沿用到当代。当地农民耕而后耙、耙而后耢，耕、耙、耢三者紧密结合，土壤耕作走向更加精细。

又据《齐民要术》记载，除耱可用于播后覆种，当时还有"挞"和"批契"这两种工具。"批契"形制不详，而"挞"则是用树枝、荆条之类扎成的一种扁形工具，其上压以土块或其他重物，以畜力牵引。《齐民要术》卷一《种谷第三》云："凡春种欲深，宜曳重挞"，其作用在于使表层土壤踏实，以利于提墒全苗。

播种工具方面，当时主要使用两种农器，一为耧犁，一为窍瓠。

耧犁在西汉时期已经出现，到了魏晋南北朝时期，耧犁的使用更加普遍，其形制也有了新的改进，《齐民要术》即记载有三脚耧、二脚耧和一脚耧三种，耧铧的形式亦多种多样，既有普通的耧铧，又有束腰式和泥鳅背式的耧铧，并且当时已不单以人力拉耧播种，而是较多地使用了畜力牵引，大大提高了播种效率（图2-5）。耧犁的用法有二：一是直接耧播，即《齐民要术》所谓的"耧下"，普遍用于谷子、大豆、小豆、胡麻和大小麦等作物播种，开沟、下种和覆土一次完成；二是仅用耧开沟，尔后再行点播、撒播或窝种，最后覆土。

图2-5　甘肃嘉峪关出土三国魏晋耕种画像砖
（引自甘肃省文物队等：《嘉峪关壁画墓发掘报告》，文物出版社，1985年）

窍瓠即俗称的"点葫芦"，系用葫芦做成，首尾两端开口，穿有引播杆，两端口一以注种，一以出种，播种时手持引播杆，且行且摇，使葫芦倾斜摇摆，将种子

---

① 《齐民要术》卷二《胡麻第十三》。

播入耧好的种沟中。《齐民要术》最早记载了这种播种工具，该书卷三《种葱第二十一》云："两耧重耩，窍瓠下之，以批契继腰曳之。"

至于中耕工具，则种类多样，形制不一，既有前述的耙、耢可用于中耕，又有锄、锋、耩、手拌斫、鲁斫、人力铁耙等多种专用农具，有的使用畜力牵引（如锋、耩），亦有只凭人力（如锄、斫、铁耙），分别用于不同作物和不同苗期的中耕除草。其中，锋既用于浅耕灭茬，亦用于浅耕保墒；耩则可在中耕过程中将土堆向禾苗两旁的根部，以"壅本苗深"；手拌斫、鲁斫和铁耙在松土、除草方面亦各有其用。但锄则是最为常用的中耕除草工具，《齐民要术》中反复提到锄地，称"锄不厌数"。总之，这一时期的中耕农具，与秦汉时期相比，亦取得了较明显的进步。

二、南方水田农具初步形成体系

在北方旱地农具发展形成完整体系的同时，南方水田农具的种类也有所增多，应用于水稻种植的各种农具初步形成体系，其主要标志是适用于水田耕作的犁和耙相继出现，可能还出现了耖。

南方水田耕作所使用的犁和耙，虽尚未发现明确的文献记载，但有考古资料方面的确切证据。1963 年在广东连县的一座晋代墓中，出土有黑色陶质的犁田耙地模型。据墓砖上的"永嘉四年"（310）和"永嘉六年"字样可知，系西晋末年的墓葬。该模型作长方形，四周有田埂，四角各有一个用于排水的漏斗形设施，系水田模型无疑。其水田分为两丘，其中一丘中有一人驱一牛犁田，另一丘中则有一人驱一牛耙田，均是采用单牛挽拉方式。耙田所用的耙不同于北方的长条形和人字形钉齿耙，而是一种装有 6 根长齿的耙，耙上有横把，耙田人扶横把操作，而非站在耙上。这种耙的样式与耙田方式，与后世文献所载之"耖"田相似[①]。其后，在广西梧州亦出土有耙田模型，其耙亦为 6 齿，齿疏而尖锐，安装于横木，横木上有扶手把，一牛牵引于前，一人扶把于后，与连县所出大体相同。联系《太平寰宇记·岭南道》关于北宋广东雷州半岛"铁耙具""铁耙溪"的记载，可以推知：早在西晋时期，岭南地区的水田耕作已有了犁、耙或耖这些较为先进的生产工具。不过，如据西晋人杜预所言，当时南方不少地区水田生产还实行"火耕水耨"，以水田为业者，"人无牛犊"，则其时南方地区犁、耙、耖之类的农具尚未普遍推广。

---

① 徐恒彬：《简谈广东连县出土的西晋犁田耙田模型》，《文物》1976 年 3 期。

三、水力加工机具的突出发展

魏晋南北朝时期，农产品加工工具取得了显著发展，石碓、石磨和石碾等，已经取代了费力低效的杵臼，水力加工工具更取得了突出的发展。

从文献记载的情况来看，碓是当时使用最为普遍的一类谷物加工机具，其中既有人力碓、畜力碓，更较多地使用了水力运转的碓。水力碓在东汉时期已经发明，桓谭《新论》说："宓牺氏之制杵臼，万民以济。及后加巧，因延力借身重以践碓，而利十倍杵臼。又复设机关，用驴、嬴（即骡）、牛、马及役水而舂，其利乃且百倍。"[①] 不过，我们找不到文献史料证明水力碓在东汉时期已经推广使用。

到了魏晋时期，水碓开始在一些地区的粮食加工中大显效能，所以在当时文献中出现的频率很高。三国时期，张既曾在陇西、天水、南安一带"假三郡人为将吏者休课，使治屋宅，作水碓"，以安定人心，说明在当时较为偏远的陇山以西地区，也开始使用了水碓[②]。在西晋时期，水碓成为京城都市附近加工粮食所必不可少的设备。举例来说，在"八王之乱"期间，张方兵逼洛阳，开决了附近的千金堨，致使近郊"水碓皆涸"，粮食供应发生严重困难，于是朝廷不得不采取特殊的应急办法，"乃发王公、奴婢手舂给兵廪，一品以下不从征者男子十三以上皆从役。……公私穷蹙，米石万钱"[③]。正是由于平常洛阳地区的粮食加工主要依赖于水碓，所以一旦水碓出现了问题，当地的粮食供应就发生严重困难。当时，皇亲国戚、贵族豪强往往霸占水源，广设水碓，经营粮食加工以牟利。拥有多处水碓同占有大片土地一样，是家富势重的标志，所以当时很多达官贵族都拥有水碓设施。例如《世说新语》称："司徒王戎既贵且富，区宅、僮牧、膏田、水碓之属，洛下莫比。"[④]《晋书》称其："好治产业，周遍天下，水碓四十所。"[⑤] 以豪侈著称的石崇也拥有水碓三十余区[⑥]。为了保证京师洛阳的生活用水、漕运及附近农田灌溉，西晋时曾下令洛阳周围百里之内不许占水设碓，可见当地水碓使用之普遍。当时河内地区的水碓也很多，西晋时曾有公主所设水碓三十余区，"遏塞流水"，侵害民利，太守刘

---

① 据《太平御览》卷八二九《资产部》九引。

② 《三国志》卷一五《魏书·刘司马梁张温贾传》。

③ 《晋书》卷四《惠帝纪》。

④ 《世说新语》卷下《俭啬》第二十九。

⑤ 据《太平御览》卷七六二《器物部》七引，今本《晋书·王戎传》作："广收八方园田，水碓周遍天下。"《太平御览》所引不知所本，或出自王隐《晋书》。

⑥ 《晋书》卷三三《石苞传》。

颂曾上表封禁。① 除了普通的水碓，当时还有人设计制造了连机水碓，《晋诸公赞》称："征南（将军）杜预作连机碓。"② 宋高承《事物纪原》亦称："晋杜预作连机之碓，借水转之。"不过，使用水碓需要有充足的水源，而且这种机具造价较高，所以在平原地区和普通民家，一般还是使用足踏碓。北魏时期，西兖州刺史高佑曾"令一家之中，自立一碓，五家之外，共造一井，以供行客，不听妇人寄舂取水"③。说明当时足踏碓更为普遍地使用。

相比而言，水力碾、磨出现的时间较晚。石磨在汉代即已普遍使用，当时的磨使用人力和畜力推转。到了魏晋之际，石磨的形制有了较大改进，又发明了"策一牛之任，转八磨之重"的新设施，其形制在东晋嵇含的《八磨赋》有较详细的描述，其称：该磨"方木矩跱，圆质规旋，下静以坤，上转以乾，巨轮内建，八部外连。"④ 但这种磨结构复杂，制造不易，似未推广使用。石碾首次出现于服虔《通俗文》的简略记载，其谓："石硙辗谷曰辗"⑤，据此寥寥数字推测，东汉时代已出现了"辗"（即碾）这种采用石轮碾压方式加工谷物的器具，至于其具体形制，则无从知晓。魏晋南北朝时期，碾逐渐得到了推广，北魏人崔亮曾读《杜预传》，"见为八磨，嘉其有济时用，遂教民为碾"⑥。想来当时碾的使用不及碓和磨那样普遍。

南北朝时期，水力磨、碾相继出现。据载，刘宋时期的科学家祖冲之曾在建康乐游苑作水碓、磨⑦。又据《魏书·崔亮传》记载："亮在雍州，读《杜预传》，见为八磨，嘉其有济时用，遂教民为碾。及为仆射，奏于张方桥东堰谷水造水碾、磨数十区，其利十倍，国用便之。"北齐时期，高隆之"凿渠引漳水，周流城郭，造水碾、硙"⑧。东魏灭亡之时，北齐文宣帝高洋封孝静帝元善见为中山王、其诸子为县公，封赐之物中有"水碾一具"⑨。可见北朝时期水力碾、磨均已出现。在中心都市，这两种机具可能已经相当多地使用，故《洛阳伽蓝记》卷三乃有"碾硙舂簸，皆用水功"的记载。

魏晋南北朝时期，智巧之士似乎特别留意于加工机具的创制，除前述杜预发明连机碓和连磨，还有人发明了一系列奇特的加工工具，如《太平御览》卷七六二《器物部》七引《邺中记》曰："解飞者，石虎时工人，造作旒檀车，左毂上置碓，

① 《晋书》卷四六《刘颂传》。
② 《太平御览》卷七六二《器物部》七引。
③ 《魏书》卷五七《高佑传》。
④ 《太平御览》卷七六二《器物部》七引。
⑤ 服虔《通俗文》已佚，兹据《太平御览》卷七六二《器物部》七引。
⑥ 《魏书》卷六六《崔亮传》。
⑦ 《南史》卷七二《祖冲之传》。
⑧ 《北齐书》卷一八《高隆之传》；《北史》卷五四《高隆之传》。
⑨ 《魏书》卷一二《孝静帝纪》。

右毂上置碓，每行十里磨麦一石，舂米一斛。"又卷八二九《资产部》九引同书曰："有舂车，作木人反行，碓于车上，动则木人踏碓舂，行十里成米一斛。"当然，这些奇特的加工机械并没有推广使用。

在近代轧米机和磨粉机传入之前，碓、磨与碾是中国谷物加工的主要工具，它们与扬扇（或扇车）、簸箕、筛罗等，共同构成较为完整的谷物加工工具体系。魏晋南北朝时期正是我国传统加工机具和谷物加工技术显著发展并走向定型化的重要阶段。在这一时期，前代所发明的碓、磨和碾等加工工具广泛地推广使用，碓、磨、碾的形制结构基本定型，而且在古代科技条件下所能开发利用的动力资源，均被应用于谷物加工。由于水力碾、磨及连机碓、连磨的发明和使用，传统谷物加工工具、技术的发展接近了最高水平，这些机具构成了中国古代谷物加工手段的主体和传统粮食加工的基本技术能力。

当然，在历史上，一种新型机具从其出现到普遍使用之间，都要经过一段时间的传播和推广，水力碾、磨虽在南北朝时期已经出现，但在当时还只是起步阶段，真正较多地使用是在隋唐时期。并且由于这些大型工具造价一般都较昂贵，普通民众不易置办，所以使用水力碓、磨、碾乃是达官显贵之家的特权，寻常百姓所用，大抵仍以人力和畜力碓、磨、碾为主。从使用的地区来说，由于水碓、水磨和水碾的运转需要较大的水流冲击力，地势平衍的地区一般缺少这样的条件。因此，魏晋南北朝时期黄河中下游地区的水力加工机具，主要使用于地势比较高峻、起伏较大的西部地区。还有一点值得指出，魏晋南北朝时期水力加工机具之所以能够得到明显发展，既与当时机械制造技术的发展有关，亦与当时尚称良好的水环境不无关系①，到了后世，由于当地水资源日益短缺，这些机具在北方地区虽然一直在使用，但却无法全面推广，更不能像在欧洲那样成为促进社会经济变革的一个重要的积极因素。

第二节　农作技术的进步

与两汉时代相比，魏晋南北朝时期的农作技术，在许多方面都取得了重要的进步，北方旱作技术体系更加成熟，南方水田农作技术较前代有明显提高，这些不仅体现在耕作制度的发展、土壤耕作技术的提高等方面，也体现在各类农作物的栽培管理经验与技术方法的不断丰富和改进上。

---

① 王利华：《中古华北饮食文化的变迁》第四章，中国社会科学出版社，2000年。

一、农作制度的多样化

这一时期，南北农作制度都有一些新的变化和改进，在北方地区，轮作、间作、混作和套种制度取得了明显发展，形成了复杂多样的农作制度体系；南方地区连种制逐渐形成，在部分地区还出现了多熟制种植。此外，通过栽培绿肥作物以增进地力，开始成为农作制度的一个重要组成部分。

（一）北方农作制度的多样化

众所周知，由于人口的逐步增长，历史上农作制是朝着提高复种指数和土地利用效率的方向不断发展的。自战国以后，土地连种制在黄河中下游地区逐渐取得主导地位；秦汉时期，这一地区的连种制已经定型，轮作复种已明确见于文献记载，在一些人口密度较高、生产条件较好的地区，可能实行了两年三熟制种植①。

魏晋南北朝时期，北方黄河中下游地区由于战乱频仍，人口锐减，所以当时总体上说是人少地多、劳动力不足。正因为如此，其时北方地区农作制度发展的主导方向，并不是逐步提高耕地的复种指数，至少在大田作物生产中，复种制度并未取得进一步发展，复种指数也未进一步提高；相反，与两汉时期相比可能还有所下降。北魏均田制除规定男女、耕牛应受露田数，还特别规定："所授之田，率倍之，三易之田再倍之，以供耕作及还受之盈缩。"② 可见，当时应有不少地区还实行了休闲耕作制。

这一时期，北方地区农作制度的调整改革，是围绕保持和增进土壤肥力、有效提高作物产量而展开的。广大农民不断总结经验知识，尝试新的农作方法，创造了用地与养地相结合、灵活多样的轮作、间作、混作和套种体系。

《齐民要术》反映：当时北方农民经过长期生产实践，已非常了解哪些作物可在同一块土地上连种，哪些作物不宜连种而必须换茬，否则就可能对作物生长造成不利影响而致歉收。该书指出："谷田必须岁易"，即年年更换土地，连种导致"莠多而收薄"③；"麻欲得良田，不用故墟（即重茬地）"，"田欲岁易"，使用重茬地连种虽然也可以，但"有点叶、夭折之患"，其纤维"不任作布"④；种稻的田地亦"唯岁易为良"，如果实行连种，则须在稻苗长至七八寸时"拔而栽之"，因为"既

---

① 梁家勉：《中国农业科学技术史稿》，农业出版社，1989 年，192～193 页。
② 《魏书》卷一一〇《食货志》。
③ 《齐民要术》卷一《种谷第三》。
④ 《齐民要术》卷二《种麻第八》。

非岁易，草、稗俱生，芟亦不死，故须栽而薅之"①。而实行换茬轮作则可以提高产量，减轻杂草和病虫危害。

当时，人们不仅充分认识了实行轮作换茬的重要性，而且还对一种作物以哪些作物为前茬（或茬口）较好，亦有相当正确的分辨和了解。《齐民要术》的记载充分证明了这一点。该书共记载了当时北方20多种茬口，把适应某些作物的茬口分列为上、中、下三等，并指出其在轮作中的地位和作用。《齐民要术》将前茬或茬口作物收获后的根茬地称为"底"，明确指出了一种作物应以哪些作物为"底"，例如它说："凡谷田，绿豆、小豆底为上，麻、黍、胡麻次之，芜菁、大豆为下。"②"凡黍、穄田，新开荒为上，大豆底为次，谷底为下。"③ 种瓜则"良田，小豆底佳；黍底次之"④。诸如此类，其中特别强调豆类作为前茬作物的重要地位，许多作物如粟、黍、麦、麻、瓜等都以豆类为良好前茬。这说明，当时人们对于豆科作物的固氮增肥作用，有了更进一步的认识。

根据这些经验认识，当时北方农民摸索和实施了多种多样的轮作方式，其中包括粮豆、粮麻、粮菜轮作等多种类型，其中，禾（即粟）豆轮作是最主要的轮作方式。《齐民要术》所载的茬口轮作安排主要有如下几种：

（1）绿豆（小豆、瓜、麻、黍、胡麻、芜菁或大豆）—谷—黍、穄（大豆、小豆）。

（2）大豆（粟）—黍、穄—粟（瓜、麦）。

（3）麦—大豆（小豆）—谷（黍、穄）。

（4）小豆—麻—粟。

（5）小豆（晚粟、黍）—瓜—粟。

（6）蔓菁（大小麦）—蔓菁—粟。

这些事实表明，当时人们以粮食生产为中心，围绕保持和增进土地肥力，已经创造和实行了复杂多样的换茬轮作制度。

与此同时，人们对于各种作物之间相生相克、互利互抑关系的认识也有了进一步加深，并且注意趋利避害，因时、因地、因作物而制宜，充分利用不同作物的互利关系，发展形成了多样化间作、混作和套种方式，一方面对太阳光能进行充分利用，同时通过合理地安排作物间作、混作与套种，达到用养结合、保持地力的目的。《齐民要术》中记载了多种间作、混作和套种方式，其中包括桑粮（或桑菜）间作、混作和套种，蔬菜间作、混作与套种，粮菜间作、混作与套种

---

① 《齐民要术》卷二《水稻第十一》。
② 《齐民要术》卷一《种谷第三》。
③ 《齐民要术》卷二《黍穄第四》。
④ 《齐民要术》卷二《种瓜第十四》。

等。例如关于桑树间的间作混作和套种，它说：桑苗下"常剧掘种绿豆、小豆"，一方面可以收获部分豆子，另一方面"二豆良美，润泽益桑"；又说：桑树不宜栽得太密，"率十步一树"。如果栽得太密，"阴相接者，则妨禾豆"；又说"种禾豆，欲得逼树"，这样可以"不失地利，田又调熟"，但"绕树散芜菁者，不劳逼也"，①说明当时在桑树下间作有绿豆、小豆、谷子、芜菁等多种粮食和蔬菜作物。关于粮菜混作，其称："六月间，可于麻子地间散芜菁子而锄之，拟收其根。"②关于蔬菜间作，则"葱中亦种胡荽，寻手供食，乃至孟冬为菹，亦无妨"③。魏晋南北朝时期，由于种种特殊的时代原因，黄河中下游农耕区域的家畜饲养业取得了较大发展，家畜特别是羊的饲养规模有所扩大④。为了准备充足的冬饲料，当时还将混播技术应用于饲料生产，《齐民要术》卷六《养羊第五十七》称："羊一千口者，三、四月间，种大豆一顷杂谷，并草留之，不须锄治，八九月中刈作青茭。"对于不能间作、混作或者套种的作物，当时人们也已有了一定的认识，《齐民要术》明确地告诫人们"慎勿于大豆地中杂种麻子"，这样做可能导致"扇地两损，而收并薄"。⑤

北朝时期，北方地区还出现了绿肥作物种植，并列入了轮作序列。供作绿肥的有绿豆、小豆和芝麻等。《齐民要术》称："凡美田之法，绿豆为上，小豆、胡麻次之，悉皆五六月概种，七月八月犁掩杀之，为春谷田，则亩收十石，其美与蚕矢、熟粪同。"⑥又说："若粪不可得者，五六月中概种绿豆，至七月八月犁掩杀之，如以粪粪田，则良美与粪不殊，又省功力。"⑦反映当时北方地区已广泛通过绿肥作物栽培来增进土壤肥力，为下茬作物生产服务。

（二）南方农作制度的发展

与秦汉相比，这一时期南方水田区域的农作制度也取得了显著发展。根据历史文献的记载，在两汉时期及其以前，广大的南方地广人稀，农业生产落后，水稻生产实行"火耕水耨"的粗放经营，农作制度亦长期实行撂荒耕作。至东汉以后，水田农业生产技术逐渐取得突破，一年休闲制取代撂荒耕作制；至魏晋南北朝时期，

① 《齐民要术》卷五《种桑柘第四十五》。
②⑤ 《齐民要术》卷二《种麻子第九》。
③ 《齐民要术》卷三《种葱第二十一》。
④ 王利华：《中古华北饮食文化的变迁》中国社会科学出版社，2000年，111页。
⑥ 《齐民要术》卷一《耕田第一》。
⑦ 《齐民要术》卷三《种葵第十七》。

水稻连种制得到发展，在许多地区逐渐成为占主导地位的农作制度①。

在岭南地区，一年两熟制的双季稻栽培已经出现。西晋左思《吴都赋》称：东吴"国税再熟之稻"；东晋俞益期《与韩康伯书》进一步指出："（九真地区）知耕以来，六百余年。火耨耕艺，法与华同。名白田种白谷，七月火作，十月登熟；名赤田种赤谷，十二月作，四月登熟。所谓两熟之稻也。"② 说明当时两广及其以南地区水稻生产实行了一年两熟制种植。在某些地方，由于水热条件特别，还出现了一年三熟制，据《水经注·耒水》记载，位于湘江支流耒水附近的便县（今湖南永兴县）境内有一处温泉，"左右有田数千亩，资之以溉。常以十二月下种，明年三月谷熟。……岁可三登"。刘宋盛弘之《荆州记》亦称："桂阳郡北接耒阳县，有温泉，其下流百里，恒资以灌溉，常十二月一日种，明年三月新谷便登，重种。一年三熟。"③ 又据郭义恭《广志》记载：当时南方除双季稻和三熟稻，还有再生稻生产。其称："南方……有盖下白稻。正月种，五月获；获讫，其茎根复生，九月熟。"④ 但这些都属于特殊现象。

这一时期，南方地区也开始在冬闲稻田中栽培苕草，次年春季翻耕入土，以增肥稻田，郭义恭《广志》记载说："苕草，色青黄，紫华。十二月稻下种之，蔓延殷盛，可以美田。"⑤ 与北方地区以粮食作物绿豆、小豆和胡麻作绿肥不同，苕草是一种专门的绿肥作物。在冬闲田中种植绿肥作物，对于增加土壤有机质，培肥地力，改良土壤，提高作物产量具有重要的作用，为中国土肥技术的发展开创了一个非常良好的传统。

二、旱地土壤耕作技术的完善

随着耕垦工具逐步发展配套和农作经验不断积累，魏晋南北朝时期，北方旱作地区以防旱保墒为中心的土壤耕作技术进一步形成完善体系，这是此一时期我国农业生产技术发展的突出成就之一。

---

① 关于六朝时期南方水田农作制，中外学者有不同观点，日本学者西嶋定生认为：这一时期南方地区主要实行一年休闲的农作制；而我国学者牟发松则力论其非，认为"至迟在魏晋南北朝时，南方的广大地区已以连种制为主"。参见西嶋定生：《中国经济史研究》，冯佐哲等译，农业出版社，1984年，132～166页；牟发松：《唐代长江中游的经济与社会》，武汉大学出版社，1989年，21页。

② 《水经注》卷三六《温水注》引。

③ 《太平御览》卷八三七《百谷部》一引。

④ 郭义恭《广志》，学者多以为是西晋时代的作品，王利华《郭义恭〈广志〉成书年代考证》（《文史》第48辑，中华书局，1999年）认为其成书应在北魏前、中期。此据《齐民要术》卷二《水稻第十一》引。

⑤ 《齐民要术》卷一〇《苕六八》引。

黄河中下游位于温带大陆性季风气候带，年均降水量虽然不算太少，但年变率和季节变率都很大。一年之中，降水的季节分配严重不均，主要集中于夏季 6—8 月，占全年降水量的 60％以上，冬季降水仅占 5％～10％，春季亦仅占 15％左右，属于典型的夏雨型气候。春季是夏收作物生长的旺盛期，需水量大，虽然历史上当地水资源远不像现在这样严重匮乏，但春季严重少雨则自古以来即是如此。当地具有春季多风的气候特征，更加剧了季节性的干旱。《齐民要术》一再提到"春既多风""春多风旱""四月亢旱"①，这是当时作物种植所面临的最大难题。这个区域降水的年变率很大，遇上少雨年份，更易发生严重旱灾，或至赤地千里，颗粒无收。

为了解决干旱问题，自古以来，当地人民除了努力发展农田水利事业，还在不同的农作环节想方设法，以缓解旱情，具体到土壤耕作方面也是致力于防旱保墒，历史上那里的土壤耕作技术正是围绕着这一中心问题而逐步发展。春秋战国时期，人们已总结出了"深耕疾耰""深耕易耨"的耕作经验；西汉以后，随着牛耕的推广和畜力摩田器的出现，土壤耕作逐步精细，当时农学家反复强调要适时春耕、反复耕摩和趁雨播种，并提倡早锄，其目的即在于保泽保墒，以增强防旱抗旱能力。

在畜力拉耙出现之前，土壤翻耕以后经过摩耢，表土虽然细碎，但表层以下的坷垃却不易完全消除，保墒能力差，容易跑墒，使土块变得坚硬，特别是秋季无雨而耕，容易形成"腊田"②。到了《齐民要术》的时代，随着农具的改进特别是畜力拉耙的出现，北方旱地保墒防旱耕作形成了由耕、耙、耢、压、锄等技术环节所构成的完整体系。由于有了畜力拉耙，耕而后耙，耙而后耢，土壤耕作进一步走向精细化，形成了"耕—耙—耢"三位一体的完整耕作体系。完整地采用这套耕作技术，可以消灭土层中的大小土块坷垃，使土壤变得细熟，形成上虚下实的土层，保墒蓄墒能力得到加强，能够较持久地保墒抗旱，故《齐民要术》称：耕耙之后"再劳地熟，旱亦保泽。"

在两汉时期，人们还不甚重视秋耕，那是由于没有畜力牵引耙，秋耕技术难以普遍实行。而从《齐民要术》的记载来看，魏晋南北朝时期的土壤耕作，已非常强调"秋耕"。时人已经认识到秋耕有多种益处，不仅可以深翻土层加速土壤熟化，而且能够充分蓄纳秋雨贮为春用，缓解春旱。《齐民要术》称："春若遇旱，秋耕之地，得仰垄待雨。春耕者不中也。"③ 此外，翻压绿肥即所谓"掩青"，亦是结合秋

---

① 《齐民要术》卷一《耕田第一》、卷三《种葵第十七》。

② 《齐民要术》卷一《耕田第一》引《氾胜之书》云："秋无雨而耕，绝土气，土坚垎，名曰腊田。"但文中"无雨而耕"亦可解为"毋雨而耕"。若据《齐民要术》其他论述，似乎后者更符合实际。存疑。

③ 《齐民要术》卷一《种谷第三》。

耕而进行的。《齐民要术》在论述各种作物栽培技术时，都强调要进行秋耕；即使在牛力不足的情况下，也要实行浅耕灭茬尽量进行弥补。它说："凡秋收之后，牛力弱，未及即秋耕者，谷、黍、穄、粱、秫茇之下，即移赢速锋之，地恒润泽而不坚硬。乃至冬初，常得耕、劳，不患枯旱。"①

不仅在播种之前土壤耕作要耕、耙、耢密切配合，为作物生长提供上虚下实、保墒能力强的耕层，而且在播种之后还要使用挞镇压提墒。《齐民要术》卷一《种谷第三》提到春播谷子"宜曳重挞"，因为"春气冷，生迟，不曳挞则根虚，虽生辄死"。作为土壤耕作的重要环节之一，中耕锄地也备受重视。

经过长期的实践摸索和经验积累，这一时期，人们已经总结出了繁复多变的耕作技术程序和方法，对不同时节和不同土壤的耕作提出了许多具体操作要求。

比如在耕地方面，当时已经形成了多种多样的耕作方法，有许多相当严格的技术要求。耕地方法，以操作季节分，有春耕、夏耕和秋耕；以操作程序分，有初耕和转耕；以翻耕深度分，有深耕和浅耕；以翻耕方向分，则有纵耕、横耕、顺耕和逆耕，等等。当时农民翻耕土地，除考虑作物种类、播种期、茬口等因素，特别注意根据土壤墒情来确定耕法，对耕地时宜也有相当精确的把握。《齐民要术》指出："凡耕高下田，不问春秋，必须燥湿得所为佳。"②由于对湿耕的危害有了清醒认识，农学家特别反对湿耕，认为："湿耕坚垎，数年不佳。""湿耕泽锄，不如归去。"所以翻耕土地"宁燥不湿"。耕地的深度，因耕地季节和耕地方法而有不同的要求，大体上说，是"秋耕欲深，春夏欲浅""初耕欲深，转地欲浅"，原因是"耕（初耕）不深，地不熟；转（再耕）不浅，动生土也"。不过，翻耕深浅有时亦视具体情况而有所变通，不必千篇一律。除此之外，为了做到耕作细致，达到地熟、保墒和防旱的目的，《齐民要术》还要求耕地犁条要窄小，耕地之后要反复耙耢，即所谓："犁欲廉，劳欲再。"这样做的好处是："犁廉耕细，牛复不疲；再劳地熟，旱亦保泽也。"如果不"劳"，则不能使土壤细熟保墒，当时民间俗语将"耕田摩劳"并提，谚语说："耕而不劳，不如作暴。"至于耕后耢地的时宜，则根据季节而有所不同，"春耕寻手耢，秋耕待白背耢"。因为"春既多风，若不寻耢，地必虚燥。秋田隰实，湿耢令地硬"③。对土壤耕作的讲求如此之细密，不能不令人讶异！

当时人们已经充分认识到精细中耕的重要作用，强调要早锄、多锄、锄小、锄了，并采取了多种多样的中耕锄地方法。关于锄地的目的，《齐民要术》指出："春锄起地，夏为除草"④；关于锄地的益处，《齐民要术》更是反复说明，指出中耕不仅可以清除杂草，而且能够使土壤更加精熟，有利于作物生长，提高作物产量和品质。比如它说："锄者，非止除草，乃地熟而实多，糠薄，米息。锄得十遍，便得

①②③④　《齐民要术》卷一《耕田第一》。

八米也。"① 又说："锄麦倍收，皮薄面多。"② 又说："（瓜地）多锄则饶子，不锄则无实。五谷、蔬菜、果蓏之属，皆如此也。"③ 诸如此类。所以，"锄不厌数，周而复始，勿以无草而暂停"。④ 所以，该书要求各种作物在苗期都要进行多遍锄地中耕，有的达到十遍甚至更多。对于不同作物应于何时施锄、如何把握干湿而锄等，也都有细致而具体的技术要求。在中耕除草方面，锄无疑是主要的工具，但当时还配合使用了耙、耢、锋、耩等多种农具进行，《齐民要术》对何时、如何使用这些工具进行中耕，都进行了相当详细的说明。

由上可见，魏晋南北朝时期，北方旱地耕作日臻精细，土壤耕作技术日益形成完善的体系，反映当时我国北方精耕细作的旱地农作技术，较之两汉时期又有了显著的发展和提高。

同一时期，水田耕作技术也取得了一定发展。根据《齐民要术》记载，当时北方地区对于水田土壤耕作也有较为细致的技术要求，比如在播种之前要"曳陆轴十遍"，并且"遍数唯多为良"，以便做到土壤细熟；水稻种植要求田面平整，所以烧草耕田之后，要放水浸碎土块，尔后还要"持木斫平之"⑤。至于广大的南方地区，虽然不少地方仍然实施火田法，但此时的火田已非过去那种原始粗放的"火耕水耨"可比，土壤耕作技术较之过去亦有所提高。根据岭南多处出土犁田耙（耖）地模型这一事实，我们完全有理由推测：当时南方地区的土壤耕作已逐渐突破了"火耕水耨"旧法，朝着精细化的方向不断发展。由于缺少文献资料，我们无法对其实际情形加以具体说明。

三、粮食作物栽培技术的提高

魏晋南北朝时期，我国北方旱地粮食作物栽培技术显著提高，这既体现在当时良种繁育技术的突出发展，也反映在自播种至收获的各个栽培管理环节技术方法进一步丰富和成熟。南北水稻栽培种植技术也有所提高。

（一）选种繁育技术

与前代相比，这一时期良种繁育技术方法的发展和提高十分突出。

繁育技术发展，基于对作物遗传性和变异性的认识。《齐民要术》的记载表明，当时农民对各种作物的遗传变异性已有了相当深入的认识。该书将作物的遗传性称

① ④ 《齐民要术》卷一《种谷第三》。
② 《齐民要术》卷二《大小麦第十》。
③ 《齐民要术》卷二《种瓜第十四》。
⑤ 《齐民要术》卷二《水稻第十一》。

为"天性""质性"或者"性"，指出各种作物及其品种具有不同的遗传性，例如谷子"质性有强弱"，粱秫"性不零落"，而穄则"多零落"①；环境的改变可能导致植物性状的变异，比如书中记道："并州豌豆，度井陉以东，山东谷子，入壶关、上党，苗而无实。……盖土地之异者也。"② 这些认识是在长期实际观察和生产实践中逐步总结出来的，对作物品种繁育具有重要指导作用。

这一时期，人们已经充分认识到，选种和良种繁育是提高作物产量和品质的重要途径之一，并且特别强调种子的保纯防杂。《齐民要术》指出："种杂者，禾则早晚不均，春复减而难熟，粜卖以杂糅见疵，炊爨失生熟之节。所以特宜存意，不可徒然。"意思是说：如果种子混杂了，则作物成熟早晚不一，不易加工并且出米率低，到市场出售不受欢迎，以之做饭则或生或熟不易掌握，所以要特别留意，不可马虎。为了保证种子的纯度，防止混杂，当时采取了穗选与建立种子田相结合的措施。其具体方法是："粟、黍、穄、粱、秫，常岁岁别收，选好穗纯色者，劁刈，高悬之。至春治取，别种，以拟明年种子。"即采用穗选的方法，分别选取各种作物的纯色好穗，妥善收藏，到第二年春天与大田分开选地种植，以供下一年作种子用。对种子田和种粮要特别精心管理："其别种种子，常须加锄。先治而别埋，还以所治襄草蔽窖。"即不仅在种植过程中要加强管理，收种之后还要先脱粒，单收单藏；为有效防止种子混杂，覆盖藏种的窖口要用自身的秸秆，否则"必有为杂之患"③。由此可见，在《齐民要术》的时代，已形成了一整套良种选育措施，将选种、留种、建立"种子田"诸项措施有机地结合起来，并强调精细管理、单种单收单藏、防止种子混杂，奠定了中国传统的选种和良种繁育技术的基础。

随着选种和良种繁育技术的提高，这一时期见于文献记载的各种粮食作物的品种数量比前代大大增加，为了清楚地说明这一问题，兹将《广志》和《齐民要术》所记载的主要粮食作物品种个数列于表2-1。

表2-1 《广志》和《齐民要术》所载之粮食作物品种数量

	作物种类	粟	黍	穄	粱	秫	大豆	小豆	大小麦	水稻	胡麻
品种数量	《广志》所载	11	8	5	3	3	3	4	8	13	
	《齐民要术》新增	86	3	1	1	3	8	6	2	24	2

由表2-1可见，魏晋南北朝时期，粮食作物品种的数量是相当可观的。尽管

① 分见《齐民要术》卷一《种谷第三》、卷二《粱秫第五》《黍穄第四》。
② 《齐民要术》卷三《种蒜第十九》。
③ 《齐民要术》卷一《收种第二》。

《广志》的记载可能包括一些两汉时期所育成的品种①，但仅就《齐民要术》新增的部分来看，各类作物品种数量增加也是相当明显的，特别是作为当时南北主粮作物的粟和稻，品种增加更多，粟增加了 86 个品种，稻也增加了 24 个。

新品种的大量涌现，是这一时期广大农民长期辛勤培育的成果，品种的名字本身即充分证明了这一点。《齐民要术》对谷子品种命名的规则进行了概括，其称："按今世粟名，多以人姓字为名目，亦有观形立名，亦有会义为称。"② 以姓字为名者，自然是以育种农民的姓字为谷子品种名称，而其他品种命名基本都是采用形象的民间语言，反映这些品种都是由普通农民培育出来的。

当时培育的众多作物品种具有不同的特性，其中有不少丰产、优质、抗逆性强的良种。单以粟类而论，其"成熟有早晚，苗秆有高下，收实有多少，质性有强弱，米味有美恶，粒实有息耗"③。《齐民要术》的作者贾思勰对不同作物品种的特性进行了细致的考察区分，根据他的考察，当时粟类作物根据成熟早晚和抗逆性等，可分为四大类：朱谷等 14 个品种，早熟、耐旱、免虫；今堕车等 24 个品种，穗上有芒，耐风、免雀暴；宝珠黄等 38 个品种，是中熟大谷；而竹叶青等 10 个品种，晚熟、耐水，但抗虫灾能力弱，"有虫灾则尽矣"④。这些品种，有的味美，有的味恶，有的易春，品质不一。南北各地培育种植各种水稻品种，其中有籼稻，有粳稻，还有秫稻（即糯稻），不同品种具有不同特性，其中不乏良种，例如产于益州地区的青芋稻、累子稻和白汉稻，粒"大而且长，米半寸"⑤；种之六十日即熟、并且香气袭人的一种极早熟品种——蝉鸣稻，在南方地区被培育出来之后，南北朝时期已在南北许多地方广为栽培⑥；洛阳附近出产的新城稻，更是品质精美⑦。

（二）作物播种技术和方法

播种、田间管理和收获，是作物生产过程中的几个中心环节。在这些方面，魏晋南北朝也比前代有了许多新的提高和改进，总结和积累了相当丰富的相关经验知

① 郭义恭《广志》内容多汇抄前代文献，其中抄录两汉文献颇为不少，故其关于作物品种的记载，亦当包括不少汉代的内容。有关问题，参阅前揭王利华《郭义恭〈广志〉成书年代考证》的有关论述。

②③④ 《齐民要术》卷一《种谷第三》。

⑤ 《齐民要术》卷二《水稻第十一》。

⑥ 蝉鸣稻本是南方稻种，南北朝时期在今河南境内已多种植，梁庾肩吾《谢东宫赍米启》称："濊水（即今河南鲁山、叶县境内的沙河）鸣蝉，香闻七里"；北周庾信亦有诗句暗示洛阳附近种植了该稻，云："六月蝉鸣稻，千金龙骨渠。"

⑦ 《北堂书钞》卷一四二《酒食部》引桓彦林《七设》云："新城之秔，雍邱之粱，重穋代熟，既滑且香。"又引袁准《招公子》云："新城白粳，濡滑通芬"。《艺文类聚》卷八五引曹丕《与朝臣书》则称这种稻："上风炊之，五里闻香。"可见是一种品质上佳的香粳稻。

识和技术方法。

播种方面，当时对作物播种期、播种量和播植密度的确定都十分重视，并采用了多种播种方式，在测定种子发芽率、浸种催芽等方面，也摸索出了多种优良方法。对于有关问题，《齐民要术》有相当详细的记述。

适时播种是争取高产丰收的重要技术要求，所以历来农民对播种期的确定都是非常重视的。《齐民要术》对谷子、黍、穄、大小豆、麻子、大小麦、水稻、旱稻、胡麻以及其他许多作物的播种期都做了介绍，不同作物的播种期都有"上时""中时"和"下时"之分。所谓"上时"，是指作物播种的最佳时机。例如谷子，"二月、三月种者为稙禾，四月、五月种者为稚禾。二月上旬及麻菩、杨生种者为上时，三月上旬及清明节、桃始花为中时，四月上旬及枣叶生、桑花落为下时。岁道宜晚者，五月、六月初亦得"①。播种期的确定，不仅要考虑作物种类，而且还要结合考虑节气物候早晚、土壤肥力和墒情等多种因素而定，例如以物候现象为根据确定播种期，除以上所举谷子，黍、穄非夏播者"大率以椹赤为候"，即于桑椹红时下种，民间谚语说："椹黮黮，种黍时。"② 此外，《齐民要术》介绍：当时还根据冬季"冻树"这一物候来确定次年黍的播种期，"常记十月、十一月、十二月冻树日种之，万不失一"。书中解释说："冻树者，凝霜封著木条也。假令月三日冻树，还以月三日种黍；他皆仿此。十月冻树宜早黍，十一月冻树宜中黍，十二月冻树宜晚黍。若从十月至正月皆冻树者，早晚黍悉宜也。"③ 麻和麦的熟黄则可互为确定播种期的参考节候，即所谓"麦黄种麻，麻黄种麦"④。关于视土壤肥瘠而定播种早晚，《齐民要术》指出："良田宜种晚，薄田宜种早，良地非独宜晚，早亦无害；薄地宜早，晚必不成实也。"土壤墒情也是确定播种期所要考虑的重要因素，如《齐民要术》说："凡种谷，雨后为佳，遇小雨，宜接湿种"，即谷子通常宜趁雨后地湿之时"藉泽"下种；但如遇大雨则不可马上下种，而必待秽草生和地干"白背"，比如种谷子，即要求"遇大雨，待秽生"，原因是"大雨不待白背，湿辗则令苗瘦。秽若盛者，先锄一遍，然后纳种，乃佳也"⑤。当然，播种期的确定，并没有一成不变的定规，播种早晚需凭经验视各种具体情况而酌情调整，大体上说，在一般年份是宜早不宜晚，《齐民要术》说：种谷子"大率欲早，早田倍多于晚"。早播有多种好处："早田净而易治，晚者芜秽难治"，"早谷皮薄，米实而多；晚谷皮厚，米少而虚。"但若遇上闰年，节气稍晚，播种则应稍晚。此外，为防"岁道有所宜"，播种作物往往早晚相杂，并非一味早播。

---

①③⑤　《齐民要术》卷一《种谷第三》。

②　《齐民要术》卷二《黍穄第四》。

④　《齐民要术》卷二《种麻第八》。

这一时期，农民根据作物特性、土壤条件，使用不同播种工具，配合相应的技术措施，采用了多种播种方式，《齐民要术》中即记载有漫掷、耧种、耧耩掩种、耩种、耧耩漫掷和逐犁掩种等。其中漫掷类即撒播，耧种（图2-6）和耧耩漫掷与现代的条播相似，耩种、耧耩掩种和逐犁掩种则近似于现在的点播。至于采用什么播种方式，则视具体情况而定。如播种小豆，"熟耕，耧下以为良。泽多者，耧耩，漫掷而劳之，如种麻法。漫掷，犁畔，次之。耩种为下"。①

图2-6　山西平陆耧播图
（引自闵宗殿等：《中国古代农业科技史图说》，农业出版社，1989年）

其时，农民已经充分认识到播种量、播种密度、深度等与作物生长及其产量、品质之间的关系，他们因时、因地、因物而制宜，综合播种方法、播种早晚、土壤条件等因素，采用不同的播种量、播种密度与深度。大体上说，同种作物的播种量，早种者用种量小，晚种者用种量较大；肥沃的土地，播种量较大，而瘠薄的土地，播种量小。例如谷子的播种量，稙是"良地一亩，用子五升，薄地三升"。晚田穄谷则要加种；其播种密度或概或稀，亦视作物特性、播种早晚和土地肥瘦而定；至于播种深度，亦各不相同，谷子播种的深度要求是"春种欲深""夏种欲浅"②。

（三）田间管理和收获脱粒

田间管理包括中耕除草、灌溉用水和病虫害防治等技术环节，在这一时期都受到了高度重视，相关技术方法和经验知识不断积累，较之两汉时期亦有诸多进步。

前已言及，魏晋南北朝时期，北方旱地锄、耙、耢、锋、耩等中耕除草工具已经配套，以锄为主，耙、耢、锋、耩结合的中耕技术体系已经形成。锄是中耕除草的中心，当时农民非常讲究早锄、勤锄、多锄、细锄，并根据不同的作物采用相应的锄法和锄时。以锄为中心的中耕管理，不仅仅着眼于除去草秽，也是为了进行壅根培土、改良土壤的物理性状和更好地保墒，以利于作物生长。同时，中耕过程中还要进行间苗和补苗工作，《齐民要术》卷一《种谷》篇即云："苗生如马耳，则镞

---

① 《齐民要术》卷二《小豆第七》。
② 《齐民要术》卷一《种谷第三》。

锄。稀豀之处，锄而补之。"又引刘章《耕田歌》曰："深耕概种，立苗欲稀；非其族类，锄而去之。"某些特殊作物，还需采取一些特殊的田间管理措施，例如同书卷二《种麻子》说：麻子"大率二尺留一根。（原注：概则不科）锄常令净。（原注：荒则少实）既放勃，拔去雄。（原注：若未放勃去雄者，则不成子实）"可见其时种植麻子，除中耕间苗，还需在开花之时，拔去花之雄蕊，否则会影响麻子结实。此外，田间管理当然还包括除虫、驱禽兽等方面的工作，不能一一叙述。

在水稻的中耕管理方面，这一时期不仅采用镰刀芟除田间杂草，还实行了烤田的措施。《齐民要术》记载：当时水稻田一般都经过两次薅草，第一次，当"稻苗长七八寸，陈草复起，以镰侵水芟之，草悉脓死。稻苗渐长，复须薅"。如果是连种的稻田，稻苗长至七八寸时，则须采取拔栽除草的方法，因为这样的水田，"既非岁易，草稗俱生，芟亦不死，故须栽而薅之"。在经过第二遍薅草之后，即"决去水，曝根令坚"，烤田后，复"量时水旱而溉之。将熟，又去水"。这是我国古代文献中关于"烤田"的最早记载。[①] 说明其时人们已经认识到，可通过烤田改善稻田的土壤环境，促进水稻根系向深土发展，使稻株茎根坚强，有利于提高稻谷产量，这无疑是我国稻作技术史上的一大进步。

收获、脱粒是粮食种植的最后阶段，也是非常关键的技术环节。如果不抓紧时机、采用正确的技术方法，一年辛苦劳碌之后即将到手的粮食就要受到很大损失（图 2-7，图 2-8）。所以《齐民要术》讨论各种粮食作物生产技术，都专门讨论了收获和脱粒工作。

收获强调适时，收获之后的堆积脱粒处理方法要适当。例如谷子，要求："熟，速刈。干，速积。"因为"刈早则镰伤，刈晚则穗折，遇风则收减。湿积则损耗，连雨则生耳。"水稻宜于"霜降获之"。"早刈米青而不坚，晚刈零落而损收。"各种作物的性状特

图 2-7 甘肃嘉峪关出土三国魏晋打连枷画像砖
（引自甘肃省文物队等：《嘉峪关壁画墓发掘报告》，文物出版社，1985 年）

图 2-8 甘肃嘉峪关出土三国魏晋扬场画像砖
（引自甘肃省文物队等：《嘉峪关壁画墓发掘报告》，文物出版社，1985 年）

① 《齐民要术》卷二《水稻第十一》。

征不一，因而收获时间的早晚也不一致，有的宜早刈、早收，有的则应适当晚刈、晚收。根据《齐民要术》所说，穄、小豆、胡麻等作物，应适当早收；而黍、粱、秫、大豆等作物则应适当晚收；各种粮食的脱粒和贮积方法也不相同。该书卷二《黍穄》云："刈穄欲早，刈黍欲晚。"因为"穄晚多零落，黍早米不成。谚曰：'穄青喉，黍折头。'"这两种作物在收割之后，"皆即湿践"，因为"久积则郁泆，燥践多兜牟"。即收割后的黍穄都要趁湿磙压脱粒，长久堆积或干后脱粒，可能导致发霉或者米粒破碎，与谷子的脱粒要求颇有不同。这些都反映魏晋南北朝时期在粮食的收获、脱粒方面同样取得了不少新的技术进步。

四、园艺和造林技术的发展

魏晋南北朝时期，园艺生产经营取得显著发展，蔬果种植栽培技术也有较大提高。在一些森林资源缺乏的地区，林木种植开始受到重视，成为农家重要的生产经营项目，植树造林技术也取得较大发展。

（一）蔬菜栽培技术

这一时期园艺生产的发展，首先表现在见于文献记载的蔬菜种类及其品种，与汉代相比有较大增加，仅《齐民要术》一书即记载有各类蔬菜50种左右，不少蔬菜培育出了多个品种，比如中国最古老的蔬菜——葵菜，此时出现了多个品种，根据栽培季节，有春葵、秋葵之分；根据形态，则有紫茎、白茎之别，品种又有大小之殊；此外又有丘葵、鸭脚葵等。《广志》还记载有一种开紫红花的胡葵。另一种古老蔬菜——菜，到了此时，不仅已分化出蔓菁、芥、芦菔等变种，而且又出现了千余年来一直作为中国当家菜种之一的菘。另外两种重要蔬菜——蒜和葱，在当时也涌现了多个品种，蒜有胡蒜、小蒜、黄蒜、泽蒜等，葱则有冬葱、春葱之别，又有胡葱、木葱、山葱等。瓜的品种就更多了，《广志》和《齐民要术》中即出现有各色瓜名30余个，其中不少是佐餐佳蔬。南方水生蔬菜种类也有增加。

与粮食作物种植相比，蔬菜栽培更早地走向精耕细作和集约经营。到了《齐民要术》的时代，已经形成了精耕细作的蔬菜栽培管理技术体系，人们在选种留种、菜地选择、整地作畦、播种催芽、肥水管理、中耕除草和蔬菜采摘等各个生产环节，都总结和积累了成熟的经验、技术和方法。

《齐民要术》对菜种非常重视，其中讨论蔬菜栽培方法，基本都专门谈到种子的选留、处理方法，有多种如瓜、葱、韭等乃是首先讨论种子。例如《种瓜》篇即以介绍取"本母子瓜"收瓜子留种方法开篇，称："收瓜子法：常岁岁先取'本母子瓜'，截去两头，止取中央子。"所谓"本母子"，乃是瓜藤才生数叶时即结的瓜。

当时人们已经经验地观察到：留取这种瓜的籽实为种子栽培，结瓜快、成熟早；而取"中辈瓜子"为种子栽种，要到藤蔓长至二三尺时方能结瓜；取"后辈子"即晚结出的瓜之籽实为种子栽种，结瓜会更迟。留取种子时须截去瓜的两头、而留下中间的瓜子，因为中间的瓜子籽粒饱满，养分充足，如用"近蒂子，瓜曲而细；近头子，瓜短而喝"。此外，当时人们也注意到："种早子，熟速而瓜小；种晚子，熟迟而瓜大。"该篇又特别提到要注意将味道甜美的瓜之籽实留作种子，其方法是："食瓜时，美者收取，即以细糠拌之，日曝向燥，挼而簸之，净而且速也。"这些都是合乎科学道理的取留种子的经验方法，在农村长期沿用。

《齐民要术》反映，当时农民除极为重视选留菜种，在种子测定、选择、晒种、催芽等方面都形成了一整套方法，有些方法是相当独特的。例如其《种韭》篇记载了一种测试韭菜籽是否变坏的方法：将从市场购买的韭子，"以铜铛盛水，于火上微煮韭子，须臾牙生者好；牙不生者，是裛郁矣。"在播种之前往往还要择种，如《种瓜》篇中谈到，播种前"先以水净淘瓜子"，目的是将不够饱满的瓜子择除，以免影响发芽率和瓜的产量。在种蒜方面，该书还特别提到收"条中子"即大蒜气生鳞茎作种，采用"条中子"繁殖，虽然头年只得独瓣蒜，但到第二年之后则成大蒜，蒜头大如拳，超过普通的大蒜。晒种也是播种前的一项重要工作，《齐民要术》中反复提及，比如种葵菜、胡荽、蘸等，都要求在下播前晒种。有时，为了加速种子发芽，还采用浸种催芽。《种胡荽》篇说："凡种菜，子难生者，皆水沃令芽生，无不即生矣。"当然，浸不浸种，还需视具体情况而定。同篇介绍胡荽浸种时说："地正月中冻解者，时节既早，虽浸，芽不生，但燥种之，不须浸子。地若二月始解者，岁月稍晚，恐泽少，不时生，失岁计矣；便于暖处笼盛胡荽子，一日三度以水沃之，二三日则芽生，于旦暮时接润漫掷之，数日悉出矣。"为了均匀播种，对一些籽粒小的种子还采用拌种的方法，例如种葱，因"葱子性涩"，不易播匀，所以用炒过的谷子拌和下播。[①] 至于蔬菜的播种量，《齐民要术》每有具体的规定：种葵菜，一亩用子三升，冬种葵用六升；种蔓菁一亩用子三升；种葱一亩用子四五升，良田用五升，薄地用四升；种蜀芥一亩用子一升，种芸薹一亩用子四升；种胡荽，则视不同地点和季节，一亩用子一升或二升。其他蔬菜如瓜、瓠、蒜、姜等，亦分别规定其栽种密度。

蔬菜栽培对土壤的要求比大田生产要高。当时农民非常讲究选择良田、良软地种植蔬菜，《齐民要术》对此也都非常强调。在菜地的耕治整理方面，《齐民要术》反复强调要多耕、早耕、细耙、细耢，做到使地极熟，以利于获得高产、优质的蔬菜。特别值得注意的是，在春秋战国时代已经产生的蔬菜畦种法，此时已臻成熟，

---

① 《齐民要术》卷三《种蒜第二十一》。

并特别将畦种与水浇紧密联系在一起，总结出了不少优良的技术方法，《齐民要术》中有许多具体的论述。该书对畦种水浇的作用和意义、作畦的大小和深度等，都进行了具体说明。比如它说：葵菜"春必畦种、水浇"，因为"春多风旱，非畦不得。且畦者地省而菜多，一畦供一口"。畦的大小，一般是长两步，广一步，畦太大浇水难均，畦小了人行不便。《种葵》篇还特别讨论了园圃中的水井布局，表明畦种与水浇密不可分。[①] 至于蔬菜生长过程中，反复多次中耕除草乃是必不可少的。

在菜地的肥水管理方面，人们充分认识到下水加粪、粪大水勤对于蔬菜生长的重要性，不仅在播种前要下足肥水，生长、采摘过程中也要反复及时补充粪水。以葵菜栽培为例，播种前要求"深掘，以熟粪对半和土覆其上，令厚一寸……下水，令彻泽"。播种后，"又以熟粪和土覆其上，令厚一寸余。葵生三叶，然后浇之"，以后每掐一次菜，即下水加粪。浇水下粪，一般都避开正午，在早晚时分进行。如果冬季种葵，每逢下雪即耢，"劳雪令地保泽"，并除虫害；如无雪则于腊月汲井水遍浇，"悉令彻泽"；在粪肥缺少的情况下，则在"五、六月中概种绿豆，至七月、八月犁掩杀之，如以粪粪田"。不仅种葵菜是如此，"凡畦种之物，治畦皆如种葵法"。这些都足以证明，当时蔬菜栽培的肥水管理，已经达到非常精细的程度，为两汉以前所不能及。

（二）果树栽培技术

魏晋南北朝时期，南北各地栽培果树的种类和品种都有显著的增加。具体来说，北方地区的枣、桃、李、杏、梨、栗等古老果树的品种大大增加，而且名品频出。以枣为例，《齐民要术》所引诸书记载的枣名达31个，其中有"小核多肌"的大白枣，有"三子一尺"的西王母枣、羊角枣，有因"丰肌细核、多膏肥美"名列天下第一的乐氏枣等；见于文献记载的南方热带、亚热带果树种类也明显增多，除前代文献所载的柑橘、荔枝、槟榔、椰子、香蕉等，又有桃、梅等20余种果树首次详见于《齐民要术》的记载；多种外来果树的传入，使中国果树种类更加丰富多样。这个时代的果树，单郭义恭《广志》就载有40余种，各种果树的品种累计不下100个[②]；见于《齐民要术》及其他记载的就更多了。

与此同时，果树栽培技术与前代相比也有较大提高，《齐民要术》具体记载了枣、君迁子、桃、樱桃、葡萄、李、梅、杏、梨、栗、榛、奈、林檎、柿、石榴、木瓜等10多种果树的栽培技术方法，反映栽培技术的发展主要表现以下两个方面：一是果树的繁殖嫁接技术取得突出进步，二是出现了多种先进的果树栽培管理技

---

① 《齐民要术》卷三《种葵第十七》。
② 王利华：《〈广志〉辑校——果品部分》，《中国农史》1993年4期。

术措施。

根据《齐民要术》记载，当时主要的果树繁殖措施和方法有播种、扦插、压条、分根、嫁接等，具体采用何种方法，视果树种类及其他实际情况而定（表2-2）。

最能反映当时果树繁殖技术水平的是嫁接法。当时人们已经认识到：采用嫁接方法繁殖果树，不但结实快，而且能够改善果实的品质，通过长期摸索，逐渐总结出了不少成功的嫁接技术经验，由靠接而劈接，由近缘嫁接到远缘嫁接，由单纯追求早实到选择接穗和砧木使早实与改良果实品质相兼顾。《齐民要术》中对不同砧木、接穗的选择之于果树成活率、结实早晚、果实品质等的影响，都有正确的记述，对刺开插口、选择和斜插接穗、插接深度、皮木密接和裹砧、泥封、浇水、覆土防干等关键性的嫁接技术措施，也都进行了详细的介绍，比如关于梨树嫁接的记述即是如此，反映当时对嫁接技术已经有了娴熟的掌握。

表2-2 《齐民要术》所载之果树繁殖方法

繁殖方法	果树种类	备 注
播种	枣、君迁子、桃、樱桃、葡萄、李、梅、杏、梨、栗、榛、柿、木瓜	其中枣、樱桃、李等需移栽，桃一般不移栽，栗、榛则不可移栽
扦插	石榴	
压条	奈、林檎、木瓜	
分根	石榴、奈、林檎	
嫁接	梨、柿	嫁接梨的砧木有棠、杜、桑、枣、石榴等；嫁接柿砧木用君迁子

当时的果农还认识到：有些果树播种出苗后应实施移栽，并且是否实施移栽与果树结实早晚有莫大关系；另一些果树则不可实行移栽；也有果树可移可不移。比如《齐民要术》谈到了李树采用实生苗和实行移栽对结实早晚的不同影响，认为：李树需要移栽，因为"李性坚，实晚，（种而不栽①者）五岁始子，是以藉栽。栽者三岁便结子也"②。又提到梨树"种而不栽者，则著子迟"。不仅如此，稆生和种而不栽的梨树，不但结实迟，而且容易发生变异，"每梨有十许子，唯二子生梨，余皆生杜"。③ 但栗树要"种而不栽"，"栽者虽生，寻死矣"。榛子同于栗树。④ 桃树可栽可不栽，因"桃性早实，三岁便结子，故不求栽也"。但有时也实行移栽，

---

① 《齐民要术》中"栽"字用于果树时，有专义和泛义，专义指"移栽"，泛义则是一般意义上的栽培种植。

② 《齐民要术》卷四《种李第三十五》。

③ 《齐民要术》卷四《插梨第三十七》。

④ 《齐民要术》卷四《种栗第三十八》。

只不过栽时要"以锹合土掘移之",因"桃性易种难栽,若离本土,率多死矣……"① 此外,对果树的种植密度也有具体的掌握,如枣树的栽种密度是"三步一树,行欲相当",桃、李的栽种密度"大率方两步一根"。②

图 2-9 嫁枣示意图

(引自闵宗殿等:《中国古代农业科技史图说》,农业出版社,1989 年)

为了提高水果产量,当时还实施了嫁树法和疏花法,《齐民要术》保留了历史上关于嫁树和疏花方法的最早文字记载。嫁树法有两种:一种是用斧背敲打树干,实施于枣、林檎等果树。《齐民要术》云:"正月一日,日出时,反斧斑驳椎之,名曰嫁枣。不椎则花而无实,斫则子萎而落也。"(图 2-9)又云:"林檎树,以正月、二月中,翻斧斑驳椎之,则饶子。"用斧背斑驳敲击树干,使其韧皮局部受伤,目的在于控制营养物质的分配,这样做可阻止部分光合作用所产生的有机物质向下输送,而使较多养分供给上部结实的枝条,以提高水果产量和质量,是现代的"环剥""开甲""刺枣"等技术的源头。另一种则实施于李树,乃是将砖石压放于树杈中,其作用与前者相同,现代农村还有采用。疏花法乃是提高枣树产量的一种重要技术措施,《齐民要术》卷四《种枣第三十三》说:"候大蚕入簇,以杖击其枝间,振去狂花。""不打,花繁,不实不成。"可见当时人们已经认识到,枣花过多,徒耗营养,会造成枣子营养不足而落果。这个措施方法在现代华北一些地方被称为"打狂花",仍在继续采用。③

北方地区冬季寒冷,特别是魏晋南北朝时期,我国东部气候更处于一个重要的寒冷期,冬季气温低于现代不少。为了使果树安全越冬,当时还采取了裹缚、熏烟、埋蔓等防寒防冻措施。对板栗、石榴等果树,主要采取裹缚防冻,即在冬季到来之前,用蒲苇藁草将果树缠缚起来,以免冻伤冻死;而葡萄则采用埋蔓防冻的方法。在春天果树开花之后,为了防止果花被寒霜冻死,则实施焚烧恶草、生粪熏烟御霜。这些技术措施,对于北方地区的果树栽培种植都是十分重要的,直到现代还在沿用。

---

① 《齐民要术》卷四《种桃柰第三十四》。
② 《齐民要术》卷四《种枣第三十三》《种李第三十五》。
③ 梁家勉:《中国农业科学技术史稿》,农业出版社,1989 年,297 页。

除此之外，《齐民要术》还对当时果农所采取的葡萄棚架栽培、桃树更新、果树除虫、果实收摘与存贮等多方面的先进经验和技术方法做了具体介绍。这些事实充分反映，当时北方地区的果树栽培生产技术与前代相比是有所发展和提高的。

（三）种树技术

林木是人类生活和社会发展所必不可少的经济资源，自古以来，人们建造房屋、建筑桥梁、制造器具、取用燃料等，都需要消耗大量的林木。在经济发展的早期历史阶段，由于人口尚少，森林破坏不太严重，各地还是丛林茂密，森林覆盖率很高，天然林木可以满足人们的各种生产生活需求。但随着社会经济特别是农业经济的不断发展，森林不断遭到砍伐破坏，天然林木资源渐趋不足。在作为中国古代前期社会经济中心区域的北方黄河中下游，特别是城市附近和平原地区，林木资源不足的问题较早地出现。为了获得所需林产品，从两汉时期开始，林业生产摆脱了作为虞衡业或者园圃业附属内容的地位，成为大农业中的一个独立的生产部门，种树造林成为种植业经济的重要内容之一。[①] 魏晋南北朝时期，由于战争动乱、人口下降和农田减少等，森林破坏的势头一度有所减缓，某些地区的次生林还有所扩展，但从总体上说，森林资源仍在不断减少，天然林木资源不足问题在政治、经济中心地带和平原地区日益严重，植树造林成为获得木材及其他林产品的重要手段。所以这一时期国家对植树造林也开始重视起来，例如苻秦时期，在王猛的倡导下，"自长安至于诸州，皆夹路树槐柳"[②]。北魏时期实行均田制，特别要求受田民户使用一部分土地种植桑、枣和杂木[③]；北周时期的韦孝宽也积极组织百姓种植行道树，朝廷特别对他加以表彰，要求诸州仿效他的做法[④]；诸如此类。至于民间，更以植树造林为重要生产经营项目，谚语乃有"一年之计，莫如树谷；十年之计，莫如树木"[⑤] 之说。从《齐民要术》的记载可以看到，当时农家确实以种植树木作为一项重要生产内容，该书卷五基本是谈论种植树木的内容，主要种植的林木，除果树、香料、桑柘，还有榆、白杨、棠、榖、楮、漆、槐、柳、楸、梓、梧、柞、竹等。种植林木的目的，既为获得木材，亦为获得薪柴，此外还从中获得多种其他林产品。

由于官民对林业生产都比较重视，此一时期的植树造林技术取得了不少进步，《齐民要术》卷五有比较全面的反映。表明当时北方地区的林业生产，在林地选择

---

① 梁家勉：《中国农业科学技术史稿》，农业出版社，1989 年，318～319 页。
② 《晋书》卷一一三《苻坚载记》。
③ 《魏书》卷一一〇《食货志》。
④ 《周书》卷三一《韦孝宽传》。
⑤ 《齐民要术》卷首《序》。

与整治、苗木培育管理、林木栽植修剪以及树木砍伐等方面，都积累了相当丰富的经验和知识。

根据《齐民要术》的记载，当时种树很重视选地。选地，一方面尽量不与粮争地，所以主要选择那些"不得五谷""五谷不殖"，亦即不能种植粮食作物之处；另一方面，不仅五谷与树木土地异宜，各种树木也由于物性不一、高下燥湿各有所宜，所以栽植不同树种，要根据其物性之宜选择不同的地点和土质。例如柳树宜种于"下田停水之处"，其柳种于"山涧河旁及下田"，柞"宜于山阜之曲"，榆及白榆种于"白土薄地"，并且"种者宜于园地北畔"。"楮宜涧谷间种之，地欲极良"。竹则"宜高平之地。近山阜尤是所宜，下田得水则死。黄白软土为良"①。

植树不仅重视选地，也重视整地。《齐民要术》对不少树木栽植都提出了具体的整地要求，大体上都要求对土地要熟耕，有一些树木还要求作垄种植。比如种白杨，"秋耕令熟。至正月、二月中，以犁作垄，一垄之中，以犁逆顺各一到，墒中宽狭，正似葱垄。作讫，又以锹掘底一坑作小堑"。② 种柳，于"八九月中水尽，燥湿得所时，急耕则镉棱之。至明年四月，又耕熟，勿令有块，即作墒垄：一亩三垄，一垄之中，逆顺各一到，墒中宽狭，正似葱垄"③。此外，种榆树、梓树等亦采用作垄法。有一些则采用作畦法，例如"青桐，九月收子。二三月中，作一步圆畦种之。方、大则难裹，所以须圆、小。治畦下水，一如葵法"④。反映当时苗木种植整地是相当精细的。

此一时期的苗木培育、繁殖与管理技术有较大发展，《齐民要术》中记载有播种、插条、压条、分株（根）等多种方法。人们根据不同的地宜和树宜，分别采用不同的方法，例如楮、柞、榆、槐、梓、青桐等采用播种法，柳树采用插条法，白杨采用压条法，竹、楸、白桐等则采用分株、分根法等。即使采用同一类方法，因时、地与物宜的不同，具体的做法也颇有区别。例如在采用播种法的树中，楮树和槐树特别采用与麻子混播。楮、麻混播，主要为了防冻，以麻"为楮作暖"，"若不和麻子种，率多冻死"。而槐麻混播，则是为了使槐树苗长得快、长得直，以槐与麻混播，由于植物趋光性和种间争光竞长的作用，麻"胁槐令长"。不仅在头一年播种时要槐麻混播，第二年槐树幼苗期，还要继续于槐苗间撒播麻子。采用这种播种育苗法，至第三年移植时，槐树"亭亭条直，千百若一"；反之，不采用这种方法，则槐苗"匪直长迟，树亦曲恶"⑤。同是插条方法，插垂柳于"正、二月中，取弱柳枝，大如臂，长一尺半，烧下头二、三寸，埋之令没"，插植杨柳，则先作

---

① 均出《齐民要术》卷五。
② 《齐民要术》卷五《种榆、白杨第四十六》。
③④⑤ 《齐民要术》卷五《种槐、柳、楸、梓、梧、柞第五十》。

垄沟，"从五月初尽七月末，每天雨时，即触雨折取春生少枝长一尺以上者，插著垄中，二尺一根"。白杨、萁柳亦各有具体不同的插植方法。至于播种、插条、压条或者分株、分根的时间，也因树种不同而各有所宜。在苗木管理方面，当时也做得相当精细，管理内容包括除草、灌水、施肥、中耕、打心、剪枝、防寒、防伤和促进幼苗生长等，也采取了多种多样的技术方法，有些方法相当独特。比如，垂柳树在插植之后，"常足水以浇之"。所插柳条"必数条俱生，留一根茂者，余悉掐去"。由于垂柳茎干萎软，所以要"别竖一柱以为依主，每一尺以长绳柱拦之"。如果不拦，必定要被大风摧折，不能自立。在柳树生长过程中，"其旁生枝叶，即掐去，令直耸上"。待树长到一定高度之后，便掐去树的正心，使柳枝"四散下垂，婀娜可爱"。为了促进树苗快速生长，楮树苗在第二年的正月初，要"附地芟杀，放火烧之"，这样做，楮苗可以较快生长，"一岁即没人，三年便中斫"。反之"不烧者瘦，而长亦迟也"。榆苗管理也采用同样的方法。在施肥方面，当时特别强调要掩埋、焚烧陈草或施粪肥，以促进树苗生长。例如榆树："于堑坑中种者，以陈屋草布堑中，散榆荚于草上，以土覆之。烧亦如法。"贾思勰认为："陈草速朽，肥良胜粪。无陈草者，用粪粪之亦佳。不粪，虽生而瘦。既栽移者，烧亦如法也。"为了防止树苗冻死，当时采取了以草围缚防冻等方法。

树木移栽是林业生产中的一项重要工作，当时也总结了不少经验方法。《齐民要术》强调，树木要适时移栽，它将移栽的时间分为上、中、下三时，一般"正月为上时，二月为中时，三月为下时"。具体到不同树种，则各有其最适宜的移植时间，根据其初生叶形而定，如"枣——鸡口，槐——兔目，桑——虾蟆眼，榆——负瘤散，自余杂木，鼠耳、虹翅，各其时"，"以此时栽种者，叶皆即生。早栽者，叶晚出"。虽然各种树木移栽时间不一，但"大率宁早为佳，不可晚也"。[①] 树木移栽还有许多具体技术要求，《齐民要术》称："凡栽一切树木，欲记其阴阳，不令转易。"即要记住原植株的向阳面和背阴面，不能弄错，因为"阴阳易位则难生"。不过小树苗移栽，不必如此。移栽大树时，还要"髡之"，即将主干和侧枝进行适当修剪，否则受风面大，"风摇即死"。关于移树的具体做法，《齐民要术》有不少记述，通常是："先为深坑，内树讫，以水沃之，著土令如薄泥，东西南北摇之良久，然后下土坚筑。时时溉灌，常令润泽。埋之欲深，勿令挠动，凡栽树讫，皆不用手捉，及六畜觝突。"其基本要求是，要做到泥入根间、下土筑紧、保持湿润、防止摇动等。[②]在竹子移栽方面，当时总结了一些重要经验。《齐民要术》说："正月、二月中，斫取西南引根并茎，芟去叶，于园内东北角种之，令坑深二尺许，覆土厚五寸。稻、麦糠粪之，不用水浇。勿令六畜入园。"对于这些技术要领，贾思勰专

---

① ② 《齐民要术》卷四《栽树第三十二》。

门做了一些解释，如关于种竹丁园东北角的原因，他说："竹性爱向西南引，故于园东北角种之。数年之后，自当满园。"当时民间有谚语称"东家种竹，西家治地"，也反映了竹子放根生长的这一特性。至于栽竹要取竹林西南边的竹子根茎，亦是因为竹子有向西南放根生长的特性，竹林西南的竹子一般较新嫩，"其居东北角者，老竹，种不生，生亦不能滋茂，故须取其西南引少根也"。[①]

当时的林木经营，无疑是以木材生产为主，伐薪取柴为次，但不仅限于以上两者。其实，当时的树木种植，还有取树叶、果实、根茎以供食用（如榆树、槐树、花椒树和竹子等），取树皮纤维造纸（如构树、楮树等），取枝条编织器物（如杨树、柳树等）和种树取涂料（如漆树）也是重要的经济目的；当然有时也为了观赏。不同树木由于栽种的经济目标不同，所采取的管理方式自然也多有异同。在此不一一加以叙述。总之，植树造林在这一时期已受到农家前所未有的重视，成了农家生产经营的一个重要项目或门类，有关技术经验已经相当丰富，这一发展在古代农业史上具有相当重要的地位。

第三节　纤维、染料和蚕桑生产技术

自古以来，人们都将衣食并提，衣料生产与食物生产同样重要。魏晋南北朝时期，衣料生产技术也取得了较大发展，麻类作为当时主要的纤维作物，其种植技术亦较两汉又有所提高，栽桑养蚕技术与两汉相比更取得了显著的进步。以下分别加以叙述。

一、纤维、染料作物栽培技术

魏晋南北朝时期，麻类种植在北方以大麻（牡麻，亦即枲）为主，南方则多种苎麻。

关于北方地区大麻种植技术方法，《齐民要术》卷二设立《种麻》篇作专门的记述，其中讨论了选种、选地、播种、中耕管理以及收获、沤制等不同生产环节的技术要领。如关于选种，《齐民要术》明确指出要用白麻子，并对鉴别麻子好坏的方法作了说明。关于选地，该书认为："麻欲得良田，不用故墟。"因"故墟"种麻"有点叶夭折之患"，其麻不能绩布；种植大麻，"田欲岁易"，即麻田要每年轮换，这样麻秆节高，麻纤维的质量较好。如果在不肥沃的地里种麻，则需在播种时施用熟粪，或者种植在前茬作物为小豆的地里。麻的播种量大小视土壤肥瘠而定，大体

---

① 《齐民要术》卷五《种竹第五十一》。

上"良田一亩，用子三升；薄田二升"。播种过密则麻茎细小，播种过稀则麻茎分枝多，麻纤维的质量都会降低。

《齐民要术》特别强调种麻时宜，种麻以"夏至前十日为上时，至日为中时，至后十日为下时"。夏至后才播种的麻，秆短皮薄，质量不佳。当时民间流传有"麦黄种麻，麻黄种麦""夏至后，不没狗""但雨多，没橐驼""五月及泽，父子不相借"等谚语，要求在夏至之前抓紧种麻，同时要趁降雨的时机及时播种。此外，关于浸种催芽、中耕锄草、收麻沤麻等，也都有具体的讨论。例如：麻"获欲净，沤欲清水，生熟合宜"。"获欲净"指收割时要将麻叶除净，因为"叶者喜烂"；"沤欲清水"，指用干净的水沤麻，因为"浊水则麻黑，水少则麻脆"；"生熟合宜"则指沤渍的程度要适中，"生则难剥，大烂则不任（纺绩）"。该书还指出冬季在不冰冻的温泉水中沤麻，所得的麻丝较为柔韧。

古代文献关于苎麻栽培的最早明确记载，始见于这一时期。不过，有关记载十分简略。陆玑《诗草木鸟兽虫鱼疏》云："苎，一科数十茎。宿根在地中，至春自生，不须别种。荆、扬间，岁三刈。官令诸园种之，剥取其皮，以竹刮其表，厚处自脱，得里如筋者，煮之用缉。"

根据《齐民要术》的记载，蓝和紫草是当时最重要的两种染料作物，该书对相关生产技术有较详细的讨论，内容涉及选地、播种、移栽、浇水施肥、中耕除草，以及收获和加工等不同方面的技术要求，反映当时染料作物种植和加工已经形成一套较为完备的技术方法。在此不作详述。

二、栽桑养蚕技术

魏晋南北朝时期，我国蚕桑生产技术取得显著发展，特别是养蚕技术较之前代更为成熟，当时文献中有不少专门的记载。以下分别加以介绍。

（一）桑树栽培技术

《齐民要术》卷五《种桑柘第四十五》记载，当时栽培的桑树有鲁桑、荆桑和地桑等多个品种，其中鲁桑又有黑鲁桑和黄鲁桑之分，前者适宜喂饲幼蚕，而后者则适宜饲育壮蚕和秋蚕。贾思勰对不同的桑种进行了比较，对鲁桑（特别是黑鲁桑）较为重视。他说："凡蚕从小与鲁桑者，乃至大入簇，得饲荆、鲁二桑；若小食荆桑，中与鲁桑，则有裂腹之患也。"由于黄鲁桑椹不耐久，所以收种取黑鲁桑椹。

当时的桑树繁殖，主要采取两种方法：一是播种繁殖，二是压条繁殖。桑树的播种采取畦种法，"治畦下水，一如葵法"，并且讲究苗圃"常薅令净"。至次年春季实行移栽。移栽种植的密度大抵是"五尺一根";待桑树长大如手臂粗时,或又于春正月加以移栽,栽种的密度是"率十步一树"。

虽然当时人们"大都种椹",但通过播种繁殖桑树生长迟缓,不如采用压枝繁殖来得快,所以《齐民要术》更提倡采用压枝栽植的方法,只有在没有桑枝可供压条栽植时才用种桑椹的方法。压条的方法是:正、二月间,用带钩的小木桩将桑枝下压,并用燥土壅埋,仅留出数寸高的枝条在地上。到次年正月中截取移植,如移种在田中,需像种桑移苗那样,先密栽两三年,待其长大后再次移栽;如移植于园宅周围,则不需再移。

《齐民要术》非常强调耕桑田要谨慎,指出:"凡耕桑田,不用近树。"因为近树而耕,"伤桑、破犁,所谓两失"。在犁耕不到之处使用锄劚,斫去桑树浮根,以利于桑树枝叶茂盛地生长。

桑树需要剶条整枝,并且很讲究时宜与方法。剶条整枝工作在冬春进行,"十二月为上时,正月次之,二月为下";桑树枝叶生长茂盛,宜"苦斫",即删斫较多的枝条;反之则宜"省剶",即枝条删除较少。此外,秋季斫枝宜苦斫,可使春桑条茂,但应避免在日中进行,因为经过删斫的桑树容易焦枯,冬春则"竟日得作",不必避忌。

桑叶采摘也需讲究方法,春天采桑须用"长梯高机",数人合作采摘,采摘桑叶"务令净尽",采后要"还条复枝";并且采桑要在早晚时分进行,避开日高天热之时(图2-10)。《齐民要术》解释说:"梯不长,高枝折;人不多,上下劳;条不还,枝乃曲;采不净,鸠脚多;且暮采,令润泽;不避热,条叶干。"

图2-10 甘肃嘉峪关出土三国魏晋采桑画像砖
(引自甘肃省文物队等:《嘉峪关壁画墓发掘报告》,文物出版社,1985年)

为了充分利用土地,并增进桑地的肥力,当时还常于桑树之间种植绿豆、小豆、谷子和芜菁等谷物蔬菜。《齐民要术》说:桑下"常劚掘种菉豆、小豆。二豆良美,润泽益桑"。又说:"岁常绕树一步散芜菁子。收获之后,放猪啖之,其地柔软,有胜耕者。种禾豆,欲得逼树。"这样做可以"不失地利,田又调熟"。但种芜菁不可紧贴树下。

此外,当时还植柘养蚕,《齐民要术》也专门记载了柘树的种植方法,并且认为:以柘树叶饲蚕,宜用枯叶,"枯叶饲蚕,<u>丝好</u>"。

不过，从《齐民要术》的记载来看，取叶养蚕并非种植桑、柘的唯一目的，获得桑椹以充食物和利用桑、柘树枝干制作各种器物，也是重要的经济目的。该书称："椹熟时，多收，曝干之，凶年粟少，可以当食。"当时史书中颇有饥荒之年以桑椹充食的记载。桑、柘树材条直坚硬，可以做手杖、马鞭、胡床、弓、农具柄、鞍桥等物，所以当时桑、柘木价格颇高，生长十余年的树材，"一树直绢十匹"。

（二）养蚕缫丝技术

这一时期，养蚕缫丝受到特别重视，不少文献记载有这方面的知识、技术和方法。比如魏晋之际的嵇康曾批评一些养蚕人家禁忌百端，指出养蚕的关键在于掌握"桑火寒暑燥湿"；张华《博物志》记载了蚕的孤雌生殖现象；东晋葛洪《抱朴子》提到了"叶粉"添食的方法；南朝陶弘景《药总诀》则首次记载了"盐渍杀蛹储茧法"。而汉魏之际杨泉的《蚕赋》、晋代郑缉之《永嘉记》和北魏贾思勰《齐民要术》更较详细地记载了当时的育蚕技法。其中，杨泉《蚕赋》用四字韵文排句，对养蚕过程中的几个关键环节进行了简明扼要的介绍。其文云：

> 温室既调，蚕母入处。陈布说种，柔和得所。晞用清明，浴用谷雨。爰求柔桑，切若细缕。起止得时，燥湿是候。逍遥偃仰，进止自如。仰似龙腾，伏似虎跃。员身方腹，列足双俱。昏明相推，日时不居。粤召役夫，筑室于房。于房伊何，在庭之东。东受日景，西望余阳。……于是乎蚕事毕矣。[①]

这段文字所介绍的养蚕技术要领，包括育蚕之前调节好蚕室温度，清明谷雨之时在适宜的温度和湿度下暖种、浴种，刚刚孵化出的幼蚕以细切的柔嫩桑叶饲喂，要求饲喂定时、叶量适中、桑叶干燥适度；此外，蚕室建筑讲究在庭院之东、通风透光条件良好之处。

《齐民要术》引郑缉之《永嘉记》记载了当时永嘉（今浙江温州一带）"八辈蚕"的孵育技术方法。"八辈蚕"包括柘蚕、蚖珍蚕（原种蚕）及蚖珍蚕的繁殖后代（共七辈），如蚖蚕、爱珍蚕、爱蚕、寒珍蚕、四出蚕和寒蚕等，其亲缘关系和孵化时间如下：

```
        ┌── 蚖蚕（四月末）
蚖珍蚕 ─┼── 爱珍蚕（五月）──── 爱蚕（六月末）──── 四出蚕（九月初）
        └── 寒珍蚕（七月末）──── 寒蚕（十月）
```

这一记载表明：当时浙东地区在利用高温催育、低温控制处理进行制种、孵化

---

① 兹据《全上古三代秦汉三国六朝文》第三册《全三国文》卷七五引。

和繁育方面，已经发展了一套成熟的方法①（图2-11）。

《齐民要术》在前人基础之上，对当时的养蚕技术进行了系统总结，记载了一些非常宝贵的经验方法。它记载说：根据蚕的化性与眠性不同，当时的蚕有"三卧一生蚕""四卧再生蚕"；白头蚕、颉石蚕、楚蚕、黑蚕、儿蚕等，"有一生、再生之异"；灰儿蚕、秋母蚕、秋中蚕、老秋儿蚕、秋末老、绵儿蚕、同功蚕等，

图2-11　用坛低温抑制蚕种示意图

（引自闵宗殿等：《中国古代农业科技史图说》，农业出版社，1989年）

"或二蚕三蚕，共为一茧"。可见，由于育蚕技术的提高，当时可以做到一年分批多次养蚕。

在具体的养蚕方法上，《齐民要术》认为：留蚕种要以留茧为主，并且应选择蚕蔟中层的茧留以作种。在养蚕过程中，对蚕室温度、湿度和采光透光条件的控制调节，对饲蚕桑叶的质量、用量掌握，对选择材料制作茧蔟等，都有一套相当严格的技术要求。此外，该书还具体记载了盐淹储茧的益处，它说："用盐杀茧，易缫而丝韧。日曝死者，虽白而薄脆，缣练衣着，几将倍矣，甚者，虚失岁功：坚脆悬绝，资生要理，安可不知之哉？"这些事实充分说明，当时养蚕技术确实有了较大改进和提高。

第四节　畜牧兽医技术的发展

魏晋南北朝是我国古代畜牧经济地位取得显著上升的时期，特别是在北方地区，畜牧区域明显扩张，畜产结构也发生了较大变化，以羊、马牧养为主的大型畜牧业生产，不论在传统牧区还是在中原内地，都得到了较大发展，畜牧经济在整个社会经济中一度占有较高的比重。这与当时特殊的政治、社会局势，特别是与中原地区人口减少和游牧民族大量内迁有关。②随着畜牧经济的发展，畜禽牧养和兽医

---

① 《齐民要术》卷五《种桑柘第四十五》引，并参梁家勉《中国农业科学技术史稿》（农业出版社，1989年，296～297页）。

② 详见本卷第七章叙述，并参见王利华《中古北方地区畜牧业的变动》（《历史研究》2001年4期）。

技术都取得了明显的提高，这些事实，集中反映在《齐民要术》的有关记载之中。

一、畜禽牧养技术

从《齐民要术》的记载来看，当时畜禽牧养技术的提高，主要表现在两个方面：一是畜禽的选种和良种繁育技术取得显著发展，出现了许多家畜、家禽良种；二是马、牛、羊、猪和鸡、鸭、鹅等畜禽生产，已经形成了相当系统的饲养管理经验和技术方法，并总结出了一套关于家畜役养的技术原则。以下分别略作介绍。

（一）家畜选种和良种繁育

《齐民要术》的记载表明，当时人们对家畜的选种和良种繁育是非常重视的，并且已经总结出了一套相应的技术方法。《齐民要术》不仅介绍了从市场上选买母畜的方法，而且还介绍了不同仔畜的选留技术要求。例如关于选买母畜，它建议："常于市上伺候，见含重垂欲生者，辄买取。"关于留种则认为："乳母好，堪为种产者，因留之以为种，恶者还卖：不失本价，坐赢驹犊。还更买怀孕者。一岁之中，牛马驴得两番，羊得四倍。"[①]

当然，更重要的还是自家选留仔畜作种。对留羊羔做种，《齐民要术》有一段相当详细的说明，认为："常留腊月、正月生羔为种者上，十一月、二月生者次之。"作者认真比较了不同月份所生羊羔的优劣，认为其他季节和月份所生的羊羔，由于母羊怀孕期和哺乳期各种不良因素的影响，均不如十一月至二月间所生者，其称："非此月数生者，毛必焦卷，骨骼细小。所以然者，是逢寒热故也。其八、九、十月生者，虽值秋肥，然比至冬暮，母乳已竭，春草未生，是故不佳。其三、四月生者，草虽茂美，而羔小未食，常饮热乳，所以亦恶。五、六、七月生者，两热（引按：指乳热和草热）相仍，恶中之甚。其十一月及二月生者，母既含重，肤躯充满，草虽枯，亦不羸瘦；母乳适尽，即得春草，是以极佳也。"[②]该书所提倡的冬羔留种，在我国西北牧区长期采用，是符合科学道理的。

关于母猪选种，该书指出"母猪取短喙无柔毛者良"，因为"喙长则牙多；一厢三牙以上则不烦畜，为难肥故。有柔毛者，爓治难净也"[③]。据此，当时选留猪种，主要考虑了两个情况：一是要选短喙者为种，因为短喙者善于吃食，易于育肥长膘，相反，喙长牙多的猪则不善于吃食，亦不易育肥；二是选没有绒毛的猪为种，因为猪长绒毛，屠宰时不易净皮爓毛。这是我国农民在长期养猪实践中总结出

---

① ② 《齐民要术》卷六《养羊第五十七》。
③ 《齐民要术》卷六《养猪第五十八》。

来的留种经验。

在家禽选种方面，当时也积累了一些成功的经验。人们注意选择善于孵化的鸡留作种鸡，并且发现秋季桑落时所下的蛋能孵出好鸡。《齐民要术》说：蛋，"桑落时生者良，春夏生者则不佳"。桑落时生的蛋所孵出的鸡，"形小，浅毛，脚细短"，"守窠，少声，善育雏子"。而春夏生的蛋所孵出的鸡，"形大，毛羽悦泽，脚粗长"，"游荡饶声，产、乳（引案：指孵卵）易厌，既不守窠，则无缘蕃息也"。① 而鹅、鸭则以"一岁再伏者为种"，而不选一伏、三伏者为种，因为"一伏者得卵少；三伏者，冬寒，雏亦多死"。②

由于选种、育种经验方法长期不断积累，良种家禽的品种不断增多。魏晋南北朝文献中出现了不少有名的家禽品种，郭义恭《广志》记载：当时鸡种，除早已有之的"蜀"和"荆"等品种，又新出了胡髯、五指、金骹、反翅（可能即今之反毛乌骨鸡）等良种鸡，吴中还有一种鸣叫倍于普通鸡的长鸣鸡；蜀地又有两种产蛋多的优良鸭种，其中之一"或一日再生卵"，另一种名为"露华鹜"，秋冬下蛋；至于鹅，晋朝人沈充的《鹅赋·序》记载：晋太康年间曾获得过一个大型鹅种——"大苍鹅"，这种鹅"从喙至足，四尺有九寸，体色丰丽，鸣声惊人"。③ 由上可见，当时家禽的选种、育种也取得了不少新成果。

为了更有利于畜禽繁育，当时还很重视种畜、种禽的雌雄比例。例如，关于种羊的公母比例，《齐民要术》认为："大率十口二羝（公羊）"，因为在自然放牧的条件下，"羝少则不孕，羝多则乱群"。公羊过少，导致母羊不孕，不仅不利于羊群的蕃息，而且不利于母羊的生长，因为母羊怀孕，能够分泌黄体激素，促进机体新陈代谢，提高消化吸收能力，增肥长膘，反之，"不孕者必瘦，瘦则非唯不蕃息，经冬或死"。该书还指出："羝羊无角者更佳"，因为"有角者，喜相觝触"，容易对怀孕母羊及腹中胎羊造成危害。④ 种禽也有一定的比例，例如鹅一般"三雌一雄"，鸭"五雌一雄"，而鸡则"雌鸡十只，雄一"。⑤ 对抱窝孵卵的家禽，更是认真加以区分和管理，例如关于鹅、鸭孵卵，《齐民要术》称："伏时，大鹅一十子，大鸭二十子；小者减之（多则不周）。数起者，不任为种（数起则冻冷也）。其贪伏不起者，须五六日一与食起之，令洗浴（久不起者，饥羸身冷，虽伏无热）。"⑥ 这些都表明当时人们对于家禽孵卵繁殖是非常精心细致的。

---

① 《齐民要术》卷六《养鸡第五十九》。

②⑥ 《齐民要术》卷六《养鹅、鸭第六十》。

③ 均据《齐民要术》卷六引。

④ 《齐民要术》卷六《养羊第五十七》。

⑤ 分见《齐民要术》卷六《养鹅、鸭第六十》《养鸡第五十九》。

更值得注意的是，当时已掌握了马和驴这两种家畜的远缘杂交繁育技术，对杂交变异、杂交优势和后代杂种不育等现象，人们已经有了明确的认识，并且最早见诸文献的记载。《齐民要术》称："骡：驴覆马生骡，则准常。以马覆驴，所生骡者，形容壮大，弥复胜马。然必选七八岁草驴，骨目正大者：母长则受驹，父大则子壮。草骡不产，产无不死。养草骡，常须防勿令杂群也。"也就是说，当时以公驴配母马，所生杂交后代称为"骡"，其形体大小正常；而以公马配母驴，所生后代称为"骡"，形体高大健壮胜过马。不过，要繁育出高大健壮的骡，仍须选择体形较大的母本驴和父本马。虽然马、驴交配具有杂交优势，可以产育出强壮的后代，但其后代母骡却不能产育，即使能产育出下一代，也必定会死，不能长大。因此，养草骡需要注意不让其杂群。这些经验技术知识，出现于一千余年以前的魏晋南北朝时期，是非常难能可贵的。

（二）家畜的饲养管理

魏晋南北朝时期，家畜饲养管理经验更加丰富，技术方法亦更加成熟。《齐民要术》对前代及北魏时期畜牧生产的实践经验进行了比较系统的总结，认为家畜役养的基本原则，是"服牛乘马，量其力能；寒温饮饲，适其天性"，以这一原则指导畜牧生产，"如不肥充繁息者，未之有也"。他还特别指出：家畜饲养的关键是"务在充饱调适而已"，否则会导致牲畜羸瘦，次年春季必死，即当时谚语所说的"羸牛劣马寒食下"（图2-12）。

《齐民要术》的记载反映，当时对各种家畜的饲养与管理正是遵循着这一原则。例如关于马的饲养，该书提出："饮食之节，食有三刍，饮有三时。"喂马和饮马均应因畜、因时而制宜。所谓"三刍"，指"恶刍""中刍"和"善刍"。其中，"善谓饥时与恶刍，饱时与善刍，引之令食，食常饱，则无不肥"。喂饲的草料要细剉，"剉草粗，虽足豆谷，亦不肥充；细剉无节，筛去土而食之者，令马肥，不咬，自然好矣"。其道理正与农谚所谓"细草三分料""寸草铡三刀，无料也上膘"相同。所谓"饮有三时"，

图2-12 甘肃嘉峪关出土三国魏晋牧马画像砖
（引自甘肃省文物队等：《嘉峪关壁画墓发掘报告》，文物出版社，1985年）

则指给马饮水有"朝饮""昼饮"和"暮饮"，要求朝饮要少、昼饮稍有节制、暮饮则任其饮至极饱。此外，夏季马出汗、冬季天气寒冷，饮马亦皆需有所节制，暴饮

可能使马致病。该书还提出："每饮食，令行骤则消水，小骤数百步亦佳。"每次饮喂之后，要让马适当运动，以利于消化吸收。休闲的马要"十日一放"，以促进马匹的血液循环，使其肢体健壮，即所谓"令其陆梁舒展，令马硬实也"。此外，该书还介绍有"饲父马令不斗法"和"饲征马令硬实法"，因马而异，分别采取不同的饲养管理方法。[①]

除了《齐民要术》，当时的其他一些文献亦论及养马方法。如东晋葛洪的《肘后备急方》卷八讨论骑乘用马的饲养管理方法说："马远行到歇处，良久，与空草，熟刷。刷罢饮，饮竟，当饲。困时与料必病。"这是说，乘马在长途跋涉之后，困顿疲乏，不能立即大量喂料，而应使之充分休息，尔后稍喂草料、反复洗刷使之消除疲劳后再行喂饲，否则就会违逆马的生理特性，导致马匹生病。

关于羊（图 2-13）和牛的饲养和管理技术方法，《齐民要术》也有详细讨论。

羊群放牧首先强调："牧羊必须大老子、心性宛顺者，起居以时，调其宜适。"即应选由年长、性情和顺的人来牧羊，"若使急性人及小儿者，拦约不得，必有打伤之灾；或劳戏不看，则有狼犬之害；懒不驱行，无肥充之理；将息失所，有羔死之患也"。其次要求放羊要因时制宜、出入早晚有节，大体是"春夏早放，秋冬晚出"，原因是"春夏气软，所以宜早；秋冬霜露，所以宜晚"。它还进一步解释说："夏

图 2-13　江苏南京出土三国吴青瓷羊尊
（现藏中国国家博物馆，引自汪海平：《六朝青瓷中的动物装饰》，《南京艺术学院学报》1985 年 3 期）

日盛暑，须得阴凉；若日中不避热，则尘汗相渐，秋冬之间，必致癣疥。七月以后，霜露气降，必须日出霜露晞解，然后放之；不尔则逢毒气，令羊口疮、腹胀也。"春、夏至早秋大量取乳做酪时，对泌乳母羊要"凌旦早放，母子别群"，"如此得乳多，牛羊不瘦"，否则，"日高则露解，常食燥草，无复膏润，非直渐瘦，得乳亦少"。再次是放牧地点和放牧方法，"唯远水为良，二日一饮，缓驱行，勿停息"，即选择远水高燥之地放羊，不能近水放羊、任其频频饮水，"频饮则伤水而鼻脓"；在放牧过程中要让羊缓缓行走，边食边行，不可停止不行，亦不能行走太快，因为"息则不食

---

① 均见《齐民要术》卷六《养牛、马、驴、骡第五十六》。

而羊瘦，急行则坌尘而蚛颡（因尘土飞扬而导致呼吸器官疾病）也"。

北方冬季寒冷，羊群实行舍饲。针对羊性怯弱、怕热、爱干燥清洁等特点，当时对羊圈舍（图2-14）的建造有一系列技术要求：一是"圈不厌近，必须与人居相连，开窗向圈"，因为"羊性怯弱，不能御物，狼一入圈，或能绝群"；二是应"架北墙为厂"，因"为屋即伤热，热则生疥癣，且屋处惯暖，冬月入田，尤不耐寒"；三是羊圈舍内要"作台开窦，无令停水，二日一除，勿使粪秽"，即保持干燥清洁，如若不然，"秽则污毛，停水则挟蹄，眠湿则腹胀"。同时，为了保证羊毛洁净和防止虎狼，"圈内须并墙竖柴栅，令周

图2-14 江苏南京出土西晋青瓷羊圈
（引自南京市文物保管委员会：《南京板桥镇石闸湖晋墓清理简报》，《文物》1965年6期）

匝"。这样做"羊不揩土，毛常自净"，否则"羊揩墙壁，土咸相得，毛皆成毡"。当时，黄河中下游地区人地矛盾不甚严重，人均耕地较多，人们有条件辟出部分土地专门种植茭草，给冬季舍饲的羊群准备足够草料。《齐民要术》说："羊一千口者，三四月中，种大豆一顷杂谷，并草留之，不须锄治，八九月中，刈作青茭。若不种豆、谷者，初草实成时，收刈杂草，薄铺使干，勿使郁浥。"如果不在冬季到来之前收贮茭草、准备充足的过冬草料，其后果可能是灾难性的，畜群"初冬乘秋，似如有肤，羊羔乳食其母，比至正月，母皆瘦死；羔小未能独食水草，寻亦俱死。非直不滋息，或能灭群断种矣"。贾思勰本人即曾有过这样的教训。为了节省茭草、使之得到充分利用，满足一冬饲料需要，同时也为了保证茭草洁净，当时还采取了一种"积茭之法"："于高燥之处，竖桑、棘木作两圆栅，各五六步许。积茭著栅中，高一丈亦无嫌。任羊绕栅抽食，竟日通夜，口常不住。终冬过春，无不肥充。若不作栅，假有千车茭，掷与十口羊，亦不得饱：群羊践蹋而已，不得一茎入口。"当时人们还了解到羊喜食盐的特点，并在饲养中加以应用。《齐民要术》引《家政法》说："养羊法，当以瓦器盛一升盐，悬羊栏中，羊喜盐，自数还啖之，不劳人收。"

除此之外，《齐民要术》记载时人对产后母畜和初产幼畜，都采取了一些特殊的饲养、看护方法。例如它说："凡初产者，宜煮谷豆饲之。"增加其营养，以利于母畜并促进幼畜生长发育。对不同品种的羊羔所采取的喂养方法有所不同，因"白羊性很，不得独留；并母久住，则令乳之"，所以初产"白羊留母二三日，即母子

俱放"，而"羖羊但留母一日"。在寒冷月份，还要"内羔子坑中，日夕母还，乃出之；十五日后，方吃草，乃放之"，因为"坑中暖，不苦风寒，地热使眠，如常饱也"。对产仔母牛也于产日"即粉谷如米屑，多著水煮，则作薄粥，待冷饮牛。牛若不饮者，莫与水，明日渴自饮"。

牧养牛羊，剪毛、取乳是重要的工作，当时也分别视不同的情况，采取相宜的技术方法，以提高毛、乳产量和质量。

羊毛剪铰的时宜与次数，视羊种和地区不同而异。白羊一年剪毛数次："三月得草力，毛床动，则铰之。五月，毛床将落，又铰取之。八月初，胡葈子未成时，又铰之。"羊毛要及时剪铰，八月剪毛如待胡葈子成熟后才进行，不但难以治理，而且由于岁时已晚，在寒冷冬季到来之前羊毛不能长足，则可能使羊受寒瘦损。每次铰剪之后都要将羊在河水之中洗净，使之能更生白净羊毛；但八月半以后铰剪者不用洗，因为当时"白露已降，寒气侵人，洗即不益"。在不同地区，剪取羊毛的次数不一样，漠北地区因气候寒冷，冬季到来早，所以"八月不铰，铰则不耐寒"。中原内地则仍然要铰，"不铰则毛长相著，作毡难成"。羖羊"双生者多，易为繁息；性既丰乳，有酥酪之美；毛堪酒袋，兼绳索之利；其润益又过白羊"，是一种良种羊。但羖羊要到四月末、五月初方可剪毛，因为这种羊"性不耐寒，早铰值寒则冻死"。

牛、羊取乳方法大体相同而略有区别。对初次产乳的牛、羊要捋破其乳核，如不破核则"乳脉细微，摄身则闭；核破脉开，捋乳易得"。破核的具体方法是："牛产三日，以绳绞牛项、颈，令遍身脉胀，倒地即缚，以手痛捋乳核令破，以脚二七遍蹴乳房，然后解放。羊产三日，直以手捋核令破，不以脚蹴。"取乳的时间不宜太早、亦不可太晚，取乳量大小也有规定，充分兼顾乳产量和幼畜发育需要。大体上说："牛产五日外，羊十日外，羔、犊得乳力强健，能噉水草，然后取乳。捋乳之时，须人斟酌：三分之中，当留一分，以与羔、犊。若取乳太早，及不留一分乳者，羔、犊瘦死。"为了提高乳产量，大量取乳做酪时节，在不影响幼畜发育生长的前提下，将"母子别群"，"羔犊别著一处"，与母畜分开，以控制其吃奶时间。①

从《齐民要术》的记载可知，当时北方地区养猪，采用舍饲与放牧结合的方式。大体上说，冬季天气寒冷，野外没有什么食物，所以主要实行舍饲；春、夏、秋三季则实行放牧。春夏季节，在放牧之外亦喂饲一些糟糠之类的饲料，该书云："春夏草生，随时放牧。糟糠之属，当日别与。"不过，这主要是因为"糟糠经夏辄败"，不能久存，不用以喂猪也将腐败浪费。至八、九、十月，正值秋收之后，田地中残存的作物根茬之类很多，正好供猪觅食，所以不需喂饲，其饲料可留待冬日；土地经猪啃食践踏，既可除草灭茬，还可增肥。所以该书又说："八、九、十

---

① 均见《齐民要术》卷六《养羊第五十七》。

月，放而不饲。所有糟糠，则蓄待穷冬春初。"当然，野生水草之类也是猪的觅食对象，应尽可能利用。故该书又称："猪性甚便水生之草，把耧水藻等令近岸，猪则食之，皆肥。"圈养舍饲（图2-15）也有相应的管理方法。《齐民要术》认为"圈不厌小"，因为圈小可能使猪增肥长膘。与羊圈要求保持清洁不同，猪则"处不厌秽"，圈中多泥污反而有利于猪避暑。当然，猪舍"亦须小厂，以避雨雪"。此外

图 2-15　江苏南京出土西晋青瓷猪圈

（引自南京市文物保管委员会：《南京板桥镇石闸湖晋墓清理简报》，《文物》1965 年 6 期）

该书还指出："牝者，子母不同圈"，因为"子母同圈，喜相聚不食，则死伤"，而"牡者同圈则无嫌"。这些都是从长期实践中总结出来的经验之谈。

当时尤其重视对幼小猪崽的喂饲，初产的小猪要煮谷饲之。由于当时小猪多烤炙食用，故一般养不太大，为使供食用的小猪快速增肥，当时还将"乳下猪"即俗称的"顶子猪"[1] 选择出来单独喂饲。小猪"共母同圈"，饲料为母猪所占，小猪则"粟豆难足"。为了解决这一问题，当时有人"埋车轮为食场，散粟豆于内"，因其中空间狭小，母猪不易进入抢食，小猪则可"出入自由"吃到食物，通过这一方法，能让小猪足食速肥。

猪幼崽在出生后三天即掐去尾，60 天即犍。当时的人们认识到，采取这些措施有多种益处，《齐民要术》特别做了说明。它说："三日掐尾，则不畏风。凡犍猪死者，皆尾风所致耳。犍不截尾，则前大后小。犍者，骨细肉多；不犍者，骨粗肉少。"对于冬天生下的仔猪，还采取了一种特殊的蒸法："索笼盛豚，著甑中，微火蒸之，汗出便罢。"说明当时人们经验地认识到：寒冬生下的仔猪，脑部神经中枢调节体温的功能弱，"寒盛则不能自暖，故须暖气助之"；如果"不蒸，则脑冻不合，不出旬便死"。[2] 现代我国北方农村一般采用坑育和箱育的方法来解决这个问题，其作用实际上与《齐民要术》所载的蒸法相同。[3]

家禽饲养围绕增加产卵量和肉禽增肥，在作笼、饲喂、防寒防害等方面，都采

---

① ③　梁家勉：《中国农业科学技术史稿》，农业出版社，1989 年，301 页。

②　均见《齐民要术》卷六《养猪第五十八》。

取了相应的饲养管理方法。在幼雏的饲养管理方面，要求春夏雏鸡："二十日内，无令出窠，饲以燥饭。"因为"出窠早，不免乌、鸱（侵袭之害）；与湿饭，则令脐（肛门）脓（烂）"①。与养雏鸡不同，鸭、鹅"雏既出……先以粳米为粥糜，一顿饱食之，名曰填嗉。然后以粟饭，切苦菜、芜菁英为食"，将饲料粳米充分软化为粥糊状喂饲，使之易于进入嗉囊的"填嗉"方法，有利于增强水禽的消化吸收能力。此外，幼雏要驱赶入水中活动，但不宜在水中久停，因为"此既水禽，不得水则死；脐未合，久在水中，冷彻亦死"。为防止幼雏冻死和遭猛禽侵袭，还"于笼中高处，敷细草，令寝处其上。十五日后乃出笼"。②

关于肉用禽的饲养，《齐民要术》记载有"养鸡令速肥、不杷屋、不暴园、不畏乌鸱狐狸法"，对即将供食的肉鸡，采用栈鸡育肥，即其书所谓："其供食者，又别作墙匡，蒸小麦饲之，三七日便肥大矣。"③而肉用鹅、鸭"供厨者，子鹅百日以外，子鸭六七十日，佳。过此肉硬"。当时，南方地区五、六月烹食春季孵出的仔鸭，是一种常见的生活习惯。④

《齐民要术》还记载有一种提高鸡蛋产量的"取谷产鸡子供常食法"："别取雌鸡，勿令与雄相杂，其墙匡、斩翅、荆栖、土窠，一如前法。唯多与谷，令竟冬肥盛，自然谷产矣。一鸡生百余卵，不雏，并食之无咎。"⑤而鹅、鸭也"常足五谷饲之，生子多；不足者，生子少"。所以，要提高鹅、鸭产蛋量，也提倡多喂饱食。其"作杬子法"云："纯取雌鸭，无令杂雄，足其粟豆，常令肥饱，一鸭便生百卵。"贾思勰特别解释说："俗所谓'谷生'者。此卵既非阴阳合生，虽伏（孵）亦不成雏，宜以供膳，幸无麛卵（伤害孵化禽卵）之咎也。"⑥

以上所有这些事实表明，魏晋南北朝时期，我国农民在畜、禽饲养与管理方面所创造和积累的经验技术与方法，比起前代更加丰富，对许多相关知识的掌握和运用，又取得了不少新的进步。

二、兽医和相畜术

魏晋南北朝时期，传统中兽医技术也取得一定的发展，虽然由于时代久远，此时的中兽医专著均已散佚不存，但传世葛洪《肘后备急方》中的《治牛马六畜水谷疫疠诸病方》和贾思勰《齐民要术》卷六中仍保存有不少治疗畜病的方法和方药，其中前者谈到了 13 种家畜病及其治疗方法，后者则收录了当时所采用的 48 种方药

---

① ③ ⑤ 《齐民要术》卷六《养鸡第五十九》。

② ⑥ 《齐民要术》卷六《养鹅、鸭第六十》。

④ 《齐民要术》卷六《养鹅、鸭第六十》，并见所引《风土记》。

和治疗方法，为我们概略地了解当时中兽医的发展提供了宝贵线索。根据这些记载可知，这一时期在畜病预防和治疗方面，有不少可贵的经验技术和方法，在利用中兽医方药治疗各种传染病、寄生虫侵袭病和一些常见畜病方面，取得了相当突出的成就。

自古以来，传染病和寄生虫侵袭病一直对家畜构成最严重的威胁，魏晋南北朝时期也不例外。据史书记载，这一时期，大范围的家畜传染病和寄生虫侵袭病亦频繁发生，疾病流行期间，大量家畜倒毙，有时甚至导致家畜"绝群"，对畜牧生产造成了重大损失。比如史书记载，北魏天兴五年（402）、皇兴二年（468）及太和十一年（487），均曾发生过牛大疫，其中天兴五年："牛大疫，死者十八九。官车所驭巨犗（强健的大牛）数百，同日毙于路侧，首尾相属，麇鹿亦多死。"① 羊的传染病也很严重，《齐民要术》曾提到羊疥会导致"合群致死"，"可妒浑"病亦可"迭相染易，著者多死，或能绝群"②。一旦疫情发生，其经济损失是非常巨大的。在当时的科学技术条件下，由于没有疫苗免疫，要有效地防控畜疫的发生和传播是十分困难的，但为了减轻经济损失，人们仍努力采取了多种预防和治疗措施。

例如疥癣是由于"疥虫"侵袭家畜皮肤而导致的一种皮肤病，各种家畜都可能感染患病，而羊、马由于喜群聚，最容易互相传染，一旦受染患病，轻则瘦损倒毙，重则群畜皆绝。对此，当时人们已经有所认识，所以一旦发现畜群中有患此病者，立即实行隔离。《齐民要术》说："羊有疥者，间别之；不别相染污，或能合群致死。"③不仅如此，当时人们还采取一些特殊措施，对患病家畜加以区分隔离，以防止畜群中传染病和寄生虫侵袭病的传播和扩散，《齐民要术》引《家政法》云："羊有病，辄相污，欲令别病法：当栏前作渎，深二尺，广四尺，往还皆跳过者无病；不能过者，入渎中行过，便别之。"这虽是一种比较简单的办法，未必十分准确有效，但对于鉴别生病弱羊还是能起到一些作用的。

对于已经患病的家畜，当时采取了多种治疗方法和措施，其中包括针灸、外科手术等，但更普遍采用的还是药物治疗。针灸治疗畜病的具体方法《齐民要术》未载，但据《隋书·经籍志》的记载，这一时期曾出现过多部针灸治畜病的著作，如《马经孔穴图》《治马经图》等，说明当时家畜针灸学有一定的发展。采用外科技术治疗畜病，《齐民要术》记载不少，其中有"治马患喉痹欲死方""治马黑汗方""治马瘙蹄方""治驴漏蹄方""治羊疥方""治羊挟蹄方"等，均采取外科治疗方法，其中包括药方外治和若干手术方法；《肘后备急方》更记载当时使用直肠内摩、

---

① 《魏书》卷一五二《天象志二》。
②③ 《齐民要术》卷六《养羊第五十七》。

直肠掏结和木棍刮擦等外科方法，治疗马秘疝、痉挛疝和胞转症。特别是对马、羊疥癣治疗，《齐民要术》中共记载有7种外治药方，《肘后备急方》也记载有3种；关于蹄病的治疗，《齐民要术》所载的治疗方法更有13种之多。至于家畜内病，亦采用不少药物治疗方法，例如对马的食积和牛的宿草不转症，当时已采用饧糖、麦芽、谷芽帮助消化，以麻子研取汁液帮助滋阴润燥去滞治疗牛腹胀，以豆豉、酒等和取汁液帮助发汗解表治疗马出汗后受寒所致的汗凌症等，亦均是符合科学道理、行之有效的治疗方法。通过这些方法治疗畜病，均可取得明显的效果，反映当时兽医内科和外科治疗技术均有所发展。

值得注意的是，这一时期马、牛等大型家畜的外形鉴定技术方法，即所谓相马术、相牛术等，在总结前代经验的基础上，又取得了明显的发展。马、牛是当时最为重要的两种大型役畜，不论对于国家还是个体家庭来说都是重要的财富，运用相畜术鉴定大畜的强赢优劣是非常重要的，对于家畜买卖、役用和繁殖都具有重要指导意义。这些经验方法在今天也仍有重要的参考价值。

这一时期，关于家畜相术的专书亦曾不少，但均无完帙存世，唯《齐民要术》保存了不少这方面的资料。据该书记载可知，当时在牛、马鉴定方面已经形成了一套系统的方法，对牛、马的相视观察，注意动静结合、形态机能与生理机能结合，既注意观察整体形态，又注意观察重点部位，反映当时的家畜相术已经相当成熟。

时人相马注意首先淘汰严重失格和外形不良的"三赢五驽"①，然后再进行具体的鉴定。在鉴定过程中，既整体观察，又重点相视。所相的重点及其标准包括："马：头为王，欲得方；目为丞相，欲得光；脊为将军，欲得强；腹胁为城郭，欲得张；四下为令，欲得长。"将马的头、目、脊背、胸腹、四肢分别比作王、相、将、城、令等，良方的标准是这些部位应分别为方、光、强、张、长。人们已经认识到外部形态与内部器官的关系，并由此鉴定其生理机能与役使能力。比如《齐民要术》"相马五藏法"云："肝欲得小；耳小则肝小，肝小则识人意。肺欲得大；鼻大则肺大，肺大则能奔。心欲得大；目大则心大，心大则猛利不惊，目四满则朝暮健。肾欲得小。肠欲得厚且长，肠厚则腹下广方而平。脾欲得小；嗛腹小则脾小，脾小则易养。"对于马的整体体型和其中的各个部位，都有相当细致具体的相法和优劣标准。此外，当时还根据马齿"区"的磨灭情况，鉴定马的年龄，从1岁到32岁的马都有具体的观察标准予以鉴别。

对牛的外形鉴定也有一套方法。《齐民要术》提出：牛的体形要求"身欲得促，

---

① 所谓"三赢"，是指"大头小颈，一赢；弱脊大腹，二赢；小胫大蹄，三赢"；所谓"五驽"，则是指"大头缓耳，一驽；长颈不折，二驽；短上长下，三驽；大髂短胁，四驽；浅髋薄髀，五驽"。

形欲得如卷"，"插颈欲得高。一曰，体欲得紧"。并认为："大臁疏肋，难饲……口方易饲。"对牛的各个部位的观察判断，头部要求"头不用多肉"，"角欲得细"，"眼欲得大"；躯干要求"膺庭（即胸）欲得广"，"肋欲得密，肋骨欲得大而张"，"臀欲方"。即要求胸部发达，后躯臀部呈方形；四肢则要求肌肉发达，关节坚实，筋腱显明，即所谓"兰株欲得大，豪筋欲得成就，丰岳欲得大，蹄欲得竖，垂星欲得有怒肉，力柱欲得大而成"。如此等，都相当细致具体，观察入微。

第五节　农副产品加工与贮藏技术

加工和贮藏是农业生产的最后环节，《齐民要术》等书的记载表明，魏晋南北朝时期，人们不但努力改进种植和牧养技术，而且对产品加工与贮藏也予以特别关注，在粮食、蔬果、畜产品加工和食品酿造等方面，都创造和发明了许多新的技术方法，积累了众多值得吸收、借鉴的经验和知识，这些都是此一时期我国农业技术取得重大发展的重要表现。

一、粮食加工与贮藏技术

《齐民要术》虽然没有设立专篇讨论粮食加工和贮藏问题，但在讨论粮食作物栽培时，仍介绍了不少这方面的技术方法，包括当时所采用的诸如"窖麦法""劁麦法""蒸黍法"、以艾蒿等防虫驱虫等加工、贮藏方法。干燥、防虫和保证粮食品质，是当时在粮食加工和贮藏方面所关注的几个主要问题。

该书多处强调，粮食收贮要保持干燥，例如它说："黍，宜晒之令燥"，不能湿藏，"湿聚则郁"即导致霉烂[1]；麦子在窖藏之前，"必须日曝令干，及热埋之"，并且要在阳光照射较强烈的"立秋前治讫"[2]；"藏稻，必须用箪"，而不可采用窖藏法，因为"此既水谷，窖埋得地气则烂败也"。[3]

为了有效地防止虫害，《齐民要术》提出：贮藏大小麦用"蒿艾箪盛之，良"，或者"以蒿艾蔽窖埋之，亦佳"。这是沿用古法，早在汉代，人们就已经认识到艾蒿之类植物有驱虫作用。该书提出：收贮麦子要在"立秋前治讫"，着眼点之一也是为了防虫，因为"立秋后（治）则虫生"。对于将要长久积贮的麦子，该书还介绍了一种特殊的"劁麦法"，其称："多种、久居供食者，宜作劁麦：倒刈，薄布，

---

① 《齐民要术》卷二《黍穄第四》。
② 《齐民要术》卷二《大小麦第十》。
③ 《齐民要术》卷二《水稻第十一》。

顺风放火，火既著，即以扫帚扑灭，仍打之。"据称经过如此处理之后，麦子"经夏虫不生"。这大概是因为麦子经过火烧之后，麦粒上的虫卵、虫蛹等被杀死。这种方法不仅可用于麦子，亦用于藏稻，稻"若欲久居者，亦如剒麦法"①。可见当时人们为了贮藏防虫，非常用心地研究了相关技术方法。

在稷子的贮藏方面，当时也摸索出了一种特殊的方法，《齐民要术》卷二《黍穄第四》说："穄，践讫即蒸而裹之。不蒸者难舂，米碎，至春又土臭；蒸则易舂，米坚，香气经夏不歇也。"即穄子在脱粒以后立即蒸过一遍，并趁湿热时密封收藏。如果不蒸，来日难舂，舂即米碎，而且到来年春天，米还会发出一种泥土气味；蒸过以后的穄子则不仅易舂，而且米粒紧实，过了夏天米里还有香气。可见这是一种保证粮食品质的特殊方法，与古代江南地区长期流行的"冬舂米"（或叫蒸谷米）的做法，道理是一样的。

二、蔬菜、果品加工与贮藏技术

相比起来，《齐民要术》关于蔬菜和果品加工、贮藏的讨论更详细，有关技术方法可谓繁复多样。

（一）蔬菜加工与贮藏

《齐民要术》中记载了当时所采用的数十种蔬菜加工方法，尤其是该书卷九《作菹、藏生菜法第八十八》，更是隋唐以前关于蔬菜加工的最为集中、具体的史料。以下主要根据这部书的记载，并参以其他零碎资料，对当时蔬菜加工的主要技术方法略作介绍。

根据《齐民要术》等书记载可知，当时北方的蔬菜加工主要采取腌渍作菹和干制等法，以"菹法"的采用最为频繁广泛。作菹是一种十分古老的蔬菜加工方法，早在先秦时代已经采用。《诗经·小雅·信南山》有云："田中有庐，疆场有瓜，是剥是菹，献之皇祖。"是则，《诗经》时代已以瓜作菹。《周礼·天官·醢人》则记载有"菁菹""茆菹""葵菹""芹菹""笋菹""韭菹""箈菹"共七种"菹"。如果《周礼》确实反映周代生活史实的话，则春秋战国以前菹法已经被用于多种蔬菜加工。

什么是"菹"？许慎《说文》云：菹，"酢菜也"；刘熙《释名·释饮食》则云："菹，阻也，生酿之，遂使阻于寒温之间，不得烂也。"也就是说，"菹"是腌渍发酵过的、不易坏烂的酸菜。据郑玄的注解，这类菜根据大小有不同的名称，细切而腌渍

---

① 《齐民要术》卷二《大小麦第十》《水稻第十一》。

的叫"菹"，整棵和大片而腌渍的则称"菹"①。如以现代食品加工学的解释，实即利用乳酸发酵作用加工保藏的盐腌菜或酸泡菜，其中盐腌咸菹"利用食盐溶液的强大渗透压，造成蔬菜和微生物生理脱水来达到保藏的目的"，是我国历史上最早出现的化学加工保藏法。②

经过长期的积累，至《齐民要术》的写作年代，作菹已经成为最为流行和广泛应用的蔬菜加工保藏方法。《齐民要术》卷九《作菹、藏生菜法第八十八》共记载菜菹20余种，其中包括咸菹法（葵菜、菘菜、芜菁、蜀芥）、作淡菹（芜菁、蜀芥）、作汤菹法（菘菜、芜菁）、釀菹法（干蔓菁）、作卒菹法（葵菜）、作葵菹法（干葵菜）、菘咸菹法（菘菜）、作酢菹法（菁蒿、薤白）、作菹消法（菹、菹根）、蒲菹（蒲）、瓜菹法（越瓜）、瓜芥菹（冬瓜、芥子）、汤菹法（菘菜、芜菁）、苦笋紫菜菹法（苦笋、紫菜）、竹菜菹法（竹菜、胡芹等）、蕺菹法（蕺菜）、菘根檻菹法（菘菜叶柄）、熯菹法（熯菜）、胡芹小蒜菹法（胡芹、小蒜）、菘根萝卜菹法（菘根、萝卜）、紫菜菹法（紫菜）、木耳菹法（木耳）、蘆菹法（苦苣菜）、蕨菹法（蕨菜）、荇菹法（荇菜）等。《齐民要术》的其他部分还记载有一些别的蔬菜作菹，如胡荽菹、兰香菹、蓼菹及齑、襄荷菹等。③ 在其他文献中也经常可以见到各种菹名。根据这些记载，我们可以列出一长串菜菹的名字，其中既有栽培蔬菜，也有野生蔬菜；既有叶菜，也有根菜、瓜蔬和菌类。可以说，当时几乎无菜不可以加工成菹食用。

当时的菹，既有咸菹与淡菹之分，又有久腌菹与速成菹之别。咸菹的生化原理已如上述，兹不重复；淡菹则主要通过添加粥清（即清粥浆）、干麦饭、酒曲、酒糟和醋等，促进乳酸菌的生长，以达到蔬菜的酸化、增味和耐藏的目的。久腌之菹可以保藏数月之久乃至更长时间而不至坏烂；而速成菹酿制数日即可成美食，甚至仅在沸水中焯一下加上盐醋即可享用。

当时酿制菜菹很讲究作料，葱、蒜、芥子、胡荽、胡芹子、椒、姜、橘皮以及酱、醋、豉等香料调味品，均大量被应用于菹的加工酿造。此外，主料与配料的搭配及其用量、酿制时宜与时间长短和温度的控制等，也都有一些特别的讲求，反映当时人们经验地利用微生物和生物化学技术进行蔬菜酿制加工，已达到了相当高的水平。

值得注意的是《齐民要术》所载之蔬菜"藏法"。《作菹、藏生菜法第八十八》中记载有多种蔬菜藏法，如"藏生菜法""藏瓜法""藏越瓜法""藏梅瓜法""乐安徐肃藏瓜法"和"藏蕨法"等，除"藏生菜法"系鲜菜窖藏法，其余均为瓜菜类的腌藏法而非生藏，这些腌藏法，有盐藏、糟藏、蜜藏、女曲藏和乌梅杭

---

① 《周礼·天官·醢人》郑玄注。

② 梁家勉：《中国农业科学技术史稿》，农业出版社，1989年，91页。

③ 分见《齐民要术》卷三《种胡荽第二十四》《种兰香第二十五》《荏、蓼第二十六》《种襄荷、芹、蘆第二十八》。

汁藏法等，从方法原理上讲，与上述菹法并无多大差别；所载的"蜜姜法""梅瓜法"等亦复如此。这些情况，除了进一步说明作菹是当时蔬菜加工的主要方法，还暗示当时贮藏蔬菜的方法主要是将蔬菜酿制发酵作菹，而作菹的主要目的之一也是为了贮藏。

当然，此一时期还有一些其他的加工贮藏技术，例如干藏也是经常采用的方法之一，文献中也有不少记载。例如《齐民要术》就曾提到蔓菁叶可以作干菜、芜菁根可以蒸干藏并出售、蜀芥"亦任为干菜"、兰香亦干制取末瓮藏等。① 不过，相比较而言，干藏加工远不及作菹普遍。

（二）果品加工与贮藏

魏晋南北朝时期的果品加工贮藏方法也是多种多样，其中主要有干制、作脯、作油、作䴬、腌渍等；但有时也是几种方法混合使用，难以区分。

明确见于当时文献记载的果品干制方法有"作干枣法""藏干栗法"和"作干蒲萄法"等，干制的目的主要是便于贮藏。《齐民要术》卷四《种枣第三十三》引《食经》的"作干枣法"是："新菰蒋，露于庭，以枣著上，厚三寸，复以新蒋覆之。凡三日三夜，撤覆露之，毕日曝，取干，内屋中。率一石，以酒一升，漱著器中，密泥之，经数年不败坏也"，其中技术要领是：先将枣置于菰叶中晾三日三夜，然后曝晒干；晒干后的枣，每石以酒一升漱酒，密封藏于器物之中。如此处理过的干枣，可藏数年而不坏。《食经》记载有一种栗的干制方法，是取栗穰即栗的总包壳（外层带刺者）烧灰加水淋，以灰汁浇栗，然后曝晒直至栗肉焦燥，经过处理后可藏至来年春夏，不畏虫蛀。② 葡萄干的加工方法比较特别，《齐民要术》"作干蒲萄法"云：（取葡萄之）"极熟者——零叠摘取，刀子切去蒂，勿令汁出。蜜两分，脂一分，和内蒲萄中，煮四五沸，漉出，阴干便成矣。非直滋味倍胜，又得夏暑不败坏也。"③ 其技术特色是在葡萄中拌和一些蜂蜜和动物脂肪，然后煮开四五沸捞出阴干。值得注意的是这些干制方法或以盐水、灰汁浸渍，或洒上酒水，或加蜂蜜和动物脂肪，这些用料在干制过程中起什么作用尚不清楚。此外，《齐民要术》还记载有作白李、白梅和乌梅诸法，大抵亦可归入干制加工之类，其中前二者均以盐渍而后曝干，而乌梅则采用烟熏方法干制，加工后的成品可以下酒或作羹汤的调料。④

以果品作脯，在魏晋南北朝文献中屡有所见，奈、枣、梅、杏等均可作脯。有

① 分见《齐民要术》卷三《蔓菁第十八》《种蜀芥、芸薹、芥子第二十三》《种兰香第二十五》。
② 《齐民要术》卷四《种栗第三十八》引《食经》。
③ 《齐民要术》卷四《种桃奈第三十四》。
④ 《齐民要术》卷四《种李第三十五》《种梅杏第三十六》。

些地方的果脯加工甚为不少，例如郭义恭《广志》即称："奈有白、青、赤三种。张掖有白奈，酒泉有赤奈。西方例多奈，家以为脯，数十百斛以为蓄积，如收藏枣栗。"① 不过文献关于果脯加工方法的记载甚为简略，如《齐民要术》记载"作奈脯法"仅云："奈熟时，中破，曝干，即成矣。"又记"枣脯法"曰："切枣曝之，干如脯也。"② 可能当时的果脯加工方法比较简单。

比较特别的是，当时还将果品加工成"油"。可加工果油的有枣、奈、杏和梅等，其中以枣油为多见。枣油的加工方法，已见于汉代著作，《齐民要术》卷四《种枣第三十三》引"郑玄曰"："枣油，捣枣实，和，以涂缯上，燥而形似油也。"据此，所谓枣油，接近于现今的枣泥。汉魏时代人们以"枣油"为珍食，常用于祭祀。③ 奈油及杏油的做法与枣油大体相同，刘熙《释名》卷四《释饮食》曰："奈油，捣奈实，和以涂缯上，燥而发之，形似油也。杏油亦如之。"应如现今的果酱之类。

另一比较特别的方法是将果品加工成麨。所谓麨，原指炒米粉或炒麦粉，即将米、麦炒熟而后研磨的粉（抑或先磨而后炒），古人以作干粮。干制而成的果品粉末与此相类，故亦称作"麨"，简单地说即是果沙，类似当今市场上的酸梅粉、果珍之类。根据文献记载：当时人们常以酸枣、杏、李、奈、林檎等果品制作这类果沙，《齐民要术》中即专门记载有"作酸枣麨法""作杏、李麨法""作奈麨法""作林檎麨法"等。各种"麨"的做法或有异同，但大抵都是将果肉研烂，取汁去滓，然后将果汁曝干，所留下的果粉末即为"麨"；只有林檎是直接晒干磨粉。这类果沙味甜而酸，可以"和水为浆"作解渴的饮料，亦可与米麨相拌同食，以增进口味。④ 作果沙为饮料冲饮浆水，实在是一项了不起的创造。

---

① 《齐民要术》卷四《奈、林檎第三十九》引。

② 《齐民要术》卷四《奈、林檎第三十九》《种枣第三十三》。

③ 《初学记》卷二〇《枣第五》、《太平御览》卷九六四《果部》二均引《卢谌祭法》曰："春祠用枣油。"

④ 关于果沙的做法，《齐民要术》有较具体的记载，不妨略引如下：卷四《种枣第三十三》云："作酸枣麨法：多收红软者，箔上日曝令干。大釜中煮之，水仅自淹。一沸即漉出，盆研。生布绞取浓汁，涂盘上或盆中。盛暑，日曝使干，渐以手摩挲，散为末。以方寸匕，投一碗水中，酸甜味足，即成好浆。远行用和米麨，饥渴俱当也。"同卷《种梅杏第三十六》云："作杏李麨法：杏李熟时，多收烂者，盆中研之，生布绞取浓汁，涂盘中，日曝干，以手摩刮取之。可和水为浆，及和米麨，所在入意也。"同卷《奈、林檎第三十九》云："作奈麨法：拾烂奈，内瓮中，盆合口，勿令蝇入。六七日许，当大烂，以酒淹，痛拌之，令如粥状。下水，更拌，以罗漉去皮、子。良久，清澄，泻去汁，更下水，复拌如初，嗅看无臭气乃止。泻去汁，置布于上，以灰饮汁，如作米粉法。汁尽，刀（劀）大如梳掌，于日中曝干，研作末，便成。甜酸得所，芳香非常也。"又"作林檎麨法：林檎赤熟时，擘破，去子、心、蒂，日晒令干。或磨或捣，下细绢筛；粗者更磨捣，以细尽为限。以方寸匕投于碗中，即成美浆。不去蒂则大苦，合子则不度夏，留心则大酸。若干啖者，以林檎麨一升，和米麨二升，味正调适。"

　　果品的腌渍，主要用盐和蜜，也有用灰渍。以盐和蜜腌渍果品，主要利用两者所具有的渗透压造成果品的生理脱水，抑制微生物生长，以防止果品腐烂，达到久藏的目的；至于灰渍，则可能是为了清除果品的涩味。

　　梅大概是最早实行腌渍加工的果品，早在《尚书》中就有记载。① 《齐民要术》转引《诗义疏》称梅"亦蜜藏而食"，不过没有谈及具体的方法；但同卷所引《食经》"蜀中藏梅法"则云："取梅极大者，剥皮阴干，勿令得风。经二宿，去盐汁，内蜜中。月许更易蜜。经年如新也。"同时采用了盐和蜜进行腌渍处理，处理之后的梅子能够久藏，"经年如新"。② 另一种常被腌渍加工的果品是木瓜，《齐民要术》转述了前人所记的两种方法：一种出自《诗义疏》，云：木瓜"欲啖者，截著热灰中，令萎蔫，净洗，以苦酒、豉汁、蜜度之，可案酒食。蜜封藏百日，乃食之，甚益人"；另一种出自《食经》，其"藏木瓜法"为："先切去皮，煮令熟，著水中，车轮切，百瓜用三升盐，蜜一斗渍之。昼曝，夜内汁中。取令干，以余汁密藏之。亦用浓杭汁也。"③ 说明当时木瓜加工采用了灰渍、盐腌和蜜渍方法；有时还添加些苦酒（即醋）、豉汁和浓杭汁等以增其味。

　　除上述之外，当时还发明采用了其他一些果品加工方法，比如《齐民要术》卷四《种桃柰第三十四》记载有一种"桃酢法"："桃烂自零者，收取，内之于瓮中，以物盖口。七日之后，既烂，漉去皮核，密封闭之。三七日酢成，香美可食。"实即将烂桃装入瓮中使其发酵变酸。其他果品加工方法，不能一一尽作介绍。

三、畜产和鱼类加工贮藏技术

　　魏晋南北朝时期，动物性食品包括肉类、鱼类和乳类（不包括肉禽鱼类作酱，有关问题安排下节讨论）加工技术，也取得了引人注目的发展。在继承前人经验的基础之上，又发明和采用了许多新的加工处理方法。有关方面最具体的资料仍是出自《齐民要术》，该书卷八《作鱼鲊第七十四》《脯腊第七十五》及卷九《作脽、奥、糟、苞第八十一》集中记载了当时主要的动物性食品加工方法，其中有：鲤鱼鲊、裹鲊法、蒲鲊法、作鱼鲊法、长沙蒲鲊法、夏月鱼鲊法、干鱼鲊法、猪肉鲊法、五味脯法、度夏白脯法、甜脆脯法、鳢鱼脯法、五味腊法、脆腊法、浥鱼法、脽肉法、奥肉法、糟肉法、犬牒法、苞牒法等。根据这些记载，我们可以了解当时鱼、肉类和禽类加工几类主要的技术方法。

---

　　① 《尚书·说命下》有"若作和羹，尔惟盐梅"之句。"盐梅"即指用盐腌渍加工过的梅子。
　　② 《齐民要术》卷四《种梅杏第三十六》。
　　③ 《齐民要术》卷四《种木瓜第四十二》。

大体上说，鱼类加工多用鲊法。所谓"鲊"，主要指用米饭加盐酿制的鱼块，《释名》卷四《释饮食》说："鲊，滓也，以盐、米酿之如菹，熟而食之也。"可见鲊的加工方法与"菹"类同，加盐特别是米（糁、米饭）一起腌渍酿制是其技术关键。专家指出说：

> 鲊和菹同类相似，都是利用乳酸细菌营乳酸发酵作用而产生酸香味，并有抑制腐败微生物干扰的防腐作用。乳酸菌须要有碳水化合物才能生长良好，但只靠鱼肉本身的碳水化合物是不够的，所以须要加入米饭（糁）以补其不足。[1]

《齐民要术》的记载，正体现了鲊法的这一显著特点，所载的每一种"鲊"，都无一例外是加盐和糁酿制而成。当然有时也添加一些其他的香料和调味品，如茱萸子、橘皮、姜等。

鲊法主要用于鱼类加工，故字从"鱼"部；但也可用于其他肉类，《齐民要术》中记载有一种"作猪肉鲊法"，做法与鱼鲊大体相同。不过，畜、禽肉主要还是采用"脯腊法"加工制成"干肉"。相比较而言，它比作鲊出现得更早，在先秦文献中即见有记载，例如孔子授徒收"束脩"当学费是众所熟知的故事，"脩"即是一种干肉。《周礼·天官·腊人》郑玄注云："薄析曰脯。棰之而施姜桂曰锻脩。腊，小物全干。"大概地区分了古代所加工的几种"干肉"，据此可知：干肉之中，"大动物牛猪等肉析成条或片的叫做脯，小动物鸡鸭等整只作的叫做腊，加姜桂等香料并轻捶使干实的叫做锻脩"。[2]《齐民要术》所载之"脯腊法"，正是将大畜肉切片或条加工称为"脯"，而禽类、鱼类及羔羊整只加工则称为"腊"，虽然没有继续沿用"锻脩"之名，却实际记载有"锻脩"的加工方法。这说明至少从郑玄的时代到贾思勰的时代，有关分类方法变化不大。

据《齐民要术》记载：当时的脯腊分为咸、淡两类，加工的方法既有相同之处，也有明显区别。相同之点是两者基本都是采用阴干（风干）方法；区别在于是否用盐腌渍，此外淡制的脯腊比较脆。同是用盐加工的咸脯腊，具体做法也有所不同，有的要添加多种香料调味品（如五味脯和五味腊即添加有葱、椒、姜、橘皮及豉），而另一些则用料较为简单。

虽然用以加工作脯腊的主要是畜禽肉，但有时也用鱼，上述的"鳢鱼脯法"即是一种加工鱼脯的方法，"五味腊"亦可用鱼为原料，只是用来加工作脯的鱼要求个体比较大。中古文献中的"干鱼"或者"枯鱼"，大抵即是采用"脯腊法"加工而成的；当然也不排除将鱼清除内脏后直接晒干者。不过，单就《齐民要术》所载

---

① 缪启愉：《齐民要术校释》，中国农业出版社，2009年，575页。

② 缪启愉：《齐民要术校释》，中国农业出版社，2009年，582页。

之"作泡鱼法"而言，虽列入《脯腊》篇，但从其具体加工方法来看，称作"腌鱼"或者"鲍鱼"似乎更为合适；"腌鱼"或者"鲍鱼"做成鱼脯（或咸鱼干）还需经过晒干、风干或者熏干。

除上述两类主要加工方法，当时的畜肉还可以加工为脺肉、奥肉、糟肉、苞肉等。据研究，它们分别是带骨的肉酱、油煮油藏的油焖白肉、酒糟渍肉和用草包泥封而藏的淡风肉。[①]

值得特别一提的是，《齐民要术》卷八《作酱等法第七十》还专门记载了两种蟹的加工贮藏方法，虽列于作酱篇，实际与酱无多大关系。这两种方法有相同之处，亦有所不同。比如在配料上，两者都用了盐，还用了蓼和姜之类的香辛料（大概由于蟹肉性寒，故加蓼、姜以增其温性）；但其一法采用了薄饧，大概属于所谓"糖蟹"或"蜜蟹"加工之类，而另一种方法则不加饧。

由上可见，魏晋南北朝时期的动物性食品加工技术方法多种多样，比前一时代更加丰富多彩。从有关资料可以看出，无论采用什么方法加工，其目的不外乎两个：一为增味，二为保藏。增味的意图可以从其配料的利用上明显看出，而能否久藏作为加工者所考虑的主要问题，在《齐民要术》也每被加以特别强调。虽然当时畜、禽、鱼类的加工方法多种多样，但在文献之中出现频率最高的还是脯，牛脯、羊脯、獐脯、鹿脯、兔脯、鱼脯（干鱼、枯鱼）等，均屡见于史传、小说所载的生活实例之中，也是国家祭礼的常备之物；可见作脯在当时应是最为常见的肉类加工方法，这可能是因为脯最便于久藏，同时也最便于贩运和携带。

"食肉饮酪"历来被认为是草原游牧民族的一种特殊饮食习惯，中原人民鲜有饮酪者。但在魏晋南北朝时期，由于北方游牧民族的大量涌入，"饮酪"风气在中国社会上一度较为流行，《齐民要术》以相当多的篇幅记载了当时的乳酪和酪酥加工方法，其中包括"作酪法""作干酪法""作漉酪法""作马酪酵法"和"抨酥法"等。[②] 如此详细具体地记载乳类加工方法，至少在现存的古书中不但是首次，而且也是十分罕见的。

奶酪是魏晋南北朝时期主要的畜乳加工制品。据《齐民要术》的记载可知，在魏晋南北朝时期，牛乳和羊乳均可加工成奶酪，书中说："作酪法：牛、羊乳皆得。"并且"别作、和作随人意"，即两种畜乳既可单独制作酪，亦可混合加工成酪；但从该书将作酪法安排在《养羊》篇来看，当时用以制作酪的应主要是羊乳，关于这一点后文还将提及。除了牛、羊乳，马乳和驴乳也可加工成酪，该书中记载有一种将马乳混合驴乳制作马酪酵的方法。

---

① 缪启愉：《齐民要术校释》，中国农业出版社，2009年，629页。

② 《齐民要术》卷六《养羊第五十七》。

《齐民要术》反映：当时取乳做酪的时间主要在三月末、四月初至八月末，其余时间由于天寒草枯、牛羊渐瘦之故，牲畜产乳甚少，所以"止可小小供食，不得多作"。

《齐民要术》的记载表明：当时人们所采用的奶酪加工方法有若干种，做成的酪，以滋味分，有甜酪、酢酪两种，前一种为普通的奶酪，后一种则为发酵变酸的奶酪；根据成酪干湿程度的不同，则有干酪和漉酪之别，等等。做酪时，先将原料乳加热杀菌，冷却，揭去乳皮（留以作酥），过滤之后装入瓶中，添加旧酪或酸浆水饭之类作发酵剂，尔后罨盖瓶口以便保温发酵，最后成酪，其方法与现代牧区奶酪加工法基本相同。为了便于贮存和携带，当时常将普通奶酪复经加工制成干酪和漉酪。干酪即硬酪，一般在七、八月间作之，系将成酪经日晒除去水分并随时掠去乳皮（乳脂），然后于铛中炒少许时，复置于盆中日曝，做成团后复加曝晒，经过如此加工，酪蛋白逐渐凝固成团，乳脂亦被分离除去，形成脱脂干奶酪。据称：这种酪"得经数年不坏，以供远行"；漉酪亦即软酪，"八月中作"，系将好纯酪以生布袋装盛悬挂，沥去水分，然后在铛中稍稍炒之，日中曝晒后做成酪团。漉酪与干酪的区别有两点：一是其含水量较后者为大，实际上是一种湿酪；二是它采用纯酪做成，加工过程中不将乳脂分离脱除，是一种不脱脂的奶酪，故其食用"味胜前者（即脱去乳脂的干酪）"。漉酪"亦数年不坏"，也是一种可以久贮的乳制品。当然，不论是干酪还是漉酪，久贮皆会产生异味，"不如年别新作，岁管用尽"。

另一类主要的乳制品是酥，关于它的加工方法，《齐民要术》也有较详细的记载。根据该书的介绍，酥的制作程序是：聚集乳皮，煎去乳清，加热水研磨，加冷水，收集，最后煎炼成酥。收集乳皮主要采用专门的抨酥法，从乳酪里抨取上浮凝结的乳皮；但作乳酪的过程中自然出现的乳脂皮膜，也可以收集作酥：一是在做酪初煮奶时出现的一层乳皮膜，可掠取"著别器中，以为酥"；二是熟奶冷却时凝结出的一层乳皮，可以掠取供作酥用；三是成酪表面所出现的一层黄皮，亦可揭取作酥。这些自然出现的乳皮，可以掠取作团、与采用抨酥法所获得的大段酥一起煎炼，加工成富集、浓缩的酥油。这些做法，与现代游牧民族传统的黄油加工方法基本相同。① 根据《齐民要术》的记载，当时牛羊乳和马乳均可加工作酪酥；但从其将酪酥加工方法置于《养羊》篇来看，当时用以做酪的应主要是羊乳，这一点有不少文献记载可以作证。②

① 缪启愉：《齐民要术校释》，中国农业出版社，2009 年，438～439 页。
② 王利华：《中古时期的乳品生产与消费》，《中国农史》2000 年 4 期。

四、丰富多样的酿造技术

魏晋南北朝时期，酿造技术的发展取得了突出成就，酿酒、造酱、制醋和做豉，都已经有了相当成熟、实用的技术。

首先是酿酒技术方法有了显著发展。中国古代造酒饮酒的历史非常悠久，但两汉及其以前的历史文献没有留下关于酿酒技术的具体记载，《齐民要术》所留下的丰富资料，使我们可以了解魏晋南北朝时期酿酒技术发展的情况。

《齐民要术》卷七除《货殖》《涂瓮》两个短篇，《造神曲并酒》《白醪曲》《笨曲并酒》《法酒》等篇皆为讨论制曲、酿酒技术方法的内容。为明了起见，先将其中所载的制曲及酿酒方法汇列成表（表2-3）。

表2-3 《齐民要术》所载的制曲酿酒法

篇名	制曲或酿酒法	用料及曲、米配比	酿造时间
造神曲并酒第六十四	神曲粳米醪法	曲、粳米；曲米比：1：24	春季
	作神曲方	小麦，生、炒、蒸麦比：1：1：1	7月
	神曲酒方	曲、黍米；曲米比：春酿1：30，秋酿1：40	春秋冬季
	河东神曲方	小麦、桑叶、苍耳、艾、茱萸或野蓼，炒、蒸、生麦比：6：3：1	7月
	造酒法	曲、黍米；曲米比：1：10*	冬春二季
白醪曲第六十五	作白醪曲法	小麦、胡叶等；生、炒、蒸麦比：1：1：1	7月
	酿白醪法	曲、糯米；曲米比：1：10	4—7月
笨曲并酒第六十六	作秦州春酒曲法	（炒）小麦	7月
	作春酒法	曲、黍米；曲米比：1：7	春季
	作颐曲法	曲、黍米；曲米比：1：7	9月
	作颐酒法	曲、黍米；曲米比：1：7	秋季
	河东颐白酒法	曲、黍米；曲米比：1：7	6—7月
	笨曲桑落酒法	曲、黍米；曲米比：1：6～1：7	9月始作
	笨曲白醪酒法	曲、糯米或粳米，曲米比未载	春季
	蜀人作酴酒法	曲、米；曲米比为曲2斤用米3斗	12月至翌年2月
	粱米酒法	曲、（赤、白）粱米；曲米比：1：6	四季俱宜

（续）

篇名	制作曲或酿酒法	用料及曲、米配比	酿造时间
笨曲并酒第六十六	穄米酎法	曲、穄米；曲米比：1∶6	1—7 月
	黍米酎法	曲（亦可用神曲）、黍米；曲米比：1∶6（用神曲则如神曲酒类之例）	1—7 月
	粟米酒法	曲、粟米；曲米比：1∶10	1 月
	造粟米酒法	曲、粟米；曲米比：1∶10	1 月
	作粟米炉酒法	曲、粟米、春酒糟末、米饭等	5—7 月
	九酝法	笨曲、稻米；曲米比：1∶9	12 月至翌年 1 月
	《食经》作白醪酒法方	方曲、秫米；曲米比：秫米 1 石用方曲 2 斤	9 月半前
	作白醪酒法	方曲、米；曲米比不明	不详
	冬米明酒法	曲、精稻米；曲米比不明	9 月
	夏米明酒法	曲、秫米；曲米比：秫米 1 石用曲 3 斤	不详
	朗陵何公夏封清酒法	曲、黍米；曲米比不明	不详
	愈疟酒法	米、曲；曲米比不明	4 月 8 日
	作酃酒法	曲、秫米；曲米比：米 1 石 6 斗用曲 7 斤	9 月
	作夏鸡鸣酒法	曲、秫米；曲米比：米 2 斗用曲 2 斤	不详
	桧酒法	曲，米，桧花、叶	4 月
	柯柂酒法	曲、秫米	2—3 月
法酒第六十七	黍米法酒	曲、黍米；黍米 1 石 4 斗用曲 3 斤 3 两	3 月
	当梁法酒	曲、黍米；曲米比：1∶5～1∶6	3 月
	粳米法酒	曲、粳米（糯米更佳）；曲米比：约 1∶15	3 月
	《食经》七月七日作法酒方	曲、米	7 月
	法酒方	曲、黍米	2 月
	三九酒法	曲、米	3 月
	大州白堕曲方饼法	谷（即粟）；蒸、生谷之比为 2∶1；另加桑叶、胡菓叶、艾等	不详
	作桑落酒法	曲、米；曲米比：1∶2（?）	冬季
	春（桑落）酒	曲、米；曲米比：1∶2（?）	春季

* 据后文所述，此曲料之比亦当有误。参见缪启愉《齐民要术校释》（中国农业出版社，2009 年，498 页）。

表2-3虽然不能充分表达《齐民要术》关于酿酒的丰富内容，但从中仍可约略看出当时制曲、酿酒技术的梗概：首先，作为黄酒酿造的关键——制曲技术已经发展到了相当高的水平。该书共记载有9种曲制法，其中包括神曲类5种、笨曲类2种、白醪曲1种以及白堕曲1种。作曲的时间很有讲究，主要在七月，个别的在九月。就作曲用料来说，前8种均用小麦加工制成，仅白堕曲1种以粟做成；这说明当时酒曲加工的主要原料是小麦。此外，该书卷九《作菹、藏生菜法第八十八》中还记载有一种"女曲"，系用秫稻米即糯米制成。《齐民要术》又记载，同是麦曲，其做法和成品每有不同，例如神曲基本是以生麦、炒麦和蒸麦按同等量配比制成，成品是一种小型曲；而笨曲则纯以炒麦做成，成品为大型的饼曲，前者的酒化效率远高于后者，这从各种酒的用曲量大小亦即曲米比的高低可以清楚看出。

其次，当时的酿酒方法可谓多种多样，除去若干种香料、药物混合酒，列入表2-3的已达39种，分别可以酿制成不同品目的酒。这些酒所用的原料、曲的种类和用量、酿造时宜及发酵时间以及具体的技术细节，都有不少差别：就酿酒原料而言，表2-3反映当时酿造黄酒的主要原料无一例外均是谷物，但以秫米（即黏性的粟米）和黍米为主；也有若干种以稻米（包括粳米和糯米）为原料酿造，但其方法或多出自南方。此外，上好的粟米如白粱米和赤粱米以及稷米也或用于酿酒；从酿酒时宜来说，当时四季都可酿酒，但不同的酒有不同的酿造时宜，以冬春秋三季酿者为多，桑落之时更是酿酒的最好时节；夏季虽亦可酿酒，但多为速成酒。酿酒发酵的时间长短也不相同，一般来说，重酿酒工序较多，酿造发酵的时间常需数十日乃至数月；而速成酒类则只需几日即可成酒，如"愈疟酒法""三日酒成"，而"作夏鸡鸣酒法"则更快速到"今日作，明旦鸡鸣便熟"。

文献反映：采用不同原料和方法酿造的酒，其颜色、香味、厚薄各不相同，或黄或绿、或清或浊、或浓烈或清幽；醇浓者饮数升即长醉难醒，寡薄者则可一饮数斗。不仅酒的品目众多，可以满足不同口味需要，而且还涌现了一批驰名天下的名酒，例如"九酝酒""桑落酒"等，都是酒精含量较高的重酿酒，驰名天下（图2-16，图2-17）。

此外，此一时期，人们还经常调制药酒，《齐民要术》卷七记载有当时流行的多种药酒调制方法，其中"浸药酒法"谈及一种专门用于浸药的酒的酿造方法；"《博物志》胡椒酒法"用春酒浸干姜、胡椒、石榴等制成药酒，可用以治病，据说这种制药酒的方法亦传自外国，当时胡人称之为"荜拨酒"；"作和酒法"也是在酒中浸泡胡椒、干姜、鸡舌香、荜拨等香药制成一种混合酒——和酒。隋虞世南《北堂书钞》卷一四八《酒食部》七所载的数十种名酒中有胡椒酒、皂荚酒、烛草酒、文草酒、顿逊酒、青田核、天酒、仙酒、玉酒、玉醪、桂酒、椒酒等应属于药酒之类。这些事实，进一步反映当时酒的酿造技术之发达。

图 2-16 四川成都出土酿酒画像石

（引自刘志远：《四川汉代画像砖艺术》，中国
古典艺术出版社，1958 年）

图 2-17 四川新都出土酿酒画像石

（引自高文：《四川汉代画像砖》，上海人民美术出
版社，1987 年）

魏晋南北朝时期，我国的调味品酿造技术也有了显著的发展，《齐民要术》中有相当系统详细的总结，酱、豉、酢（醋）是当时主要酿造和食用的调味品。

魏晋南北朝文献中，曾出现过相当多的酱种名称，初步搜罗一下，即有豆酱、芜荑酱、榆（子）酱、肉酱、卒成肉酱、鱼酱、干鲚鱼酱、麦酱、虾酱、燥脡、生脡①、鳢鲔、芥（子）酱、葫芦酱、爬酱（即葫芦酱）、凫葵酱等，假如将各种鱼肉酱分开来算，并将酱名虽同而实际造法差异较大的酱也算作不同的酱种，则当时酱的种类就更多了。这些酱可以划分为两类，一类是用植物原料制成的，可能即是《四民月令》中所指的"清酱"，另一类则以动物原料制成，也许可以称之为肉酱。单就酱的种类增多这一点来说，这一时期酱的酿造已远胜于两汉。

不过，价廉味美的各种豆酱，应是当时酱的主要种类。当时，豆酱加工自原料处理、制曲到制醪成酱，工序相当复杂，有关的技术已很成熟。《齐民要术》中还专设有《黄衣、黄蒸及蘖》篇，明确提出造酱时起作用的是一种黄色的微生物——"黄衣"或者"黄蒸"，可能即是黄曲霉菌。黄衣和黄蒸，在夏季高温高湿的时候酿造，将原料"于瓮中以水浸之令醋"，产生黄曲霉菌。造酱的过程中，黄曲霉产生蛋白酶和淀粉酶，帮助作酱主料发酵成酱。

值得注意的是，随着豆酱加工的发展，现今比酱更为常用的调味品——酱油开始出现，《齐民要术》中称之为"豆酱清"，是一种从豆酱中提取的清汁。不过，当时文献还没有记载其具体的加工方法。此外，《齐民要术》经常提到"豉汁"，在食品加工、烹饪中应用甚多，其作用类同于后代的酱油。有一点需要指出：上古至魏

---

① 燥脡，据缪启愉的解释，是一种生熟肉相和做成的肉酱；生脡则是一种生肉酱（缪启愉：《齐民要术校释》，中国农业出版社，2009 年，545 页）。

晋南北朝时期的酱，不同于后代主要用作调料，虽然酱在当时也用作加工和烹任食品的调料，但更多是当作一种菜肴来食用。事实上，大量酿造鱼肉酱可以看作当时人们藏鱼肉食品的一种特殊方法，其主要目的与前述作脯、腊及腌藏相同。倒是"豆酱清"和"豉汁"，则完全是当作调味品使用。

中国膳食中主要的酸味调味品是醋，当时文献多称作"酢"，亦或称作"苦酒"。醋系以谷物为主要原料、经过淀粉糖化和醋酸菌发酵酿制而成。醋在历史上虽然出现很早，但在现存的魏晋以前文献中没有关于其酿造方法的具体记载，而《齐民要术》却给我们保存了南北朝时期各种食醋加工的详细资料，反映当时醋的种类很多，而且酿造方法也很成熟。《齐民要术》卷八《作酢法第七十一》共记载有 23 种醋的酿造方法，分别是：作大酢法 3 种、秫米神酢法 1 种、粟米曲作酢法 1 种、秫米酢法 1 种、大麦酢法 1 种、烧饼作酢法 1 种、回酒酢法 1 种、动酒酢法 2 种、神酢法 1 种、作糟糠酢法 1 种、酒糟酢法 1 种、作糟酢法 1 种；还有作大豆千岁苦酒法 1 种、作小豆千岁苦酒法 1 种、作小麦苦酒法 1 种、水苦酒法 1 种、卒成苦酒法 1 种、乌梅苦酒法 1 种、蜜苦酒法 1 种、外国苦酒法 1 种等。作醋原料主要是谷物中的粟米、大小麦面粉、糯米、黍米（也用酒糟、黄衣、烧饼、饭粥，亦属谷物酿制的醋）、大小豆、乌梅和蜜等也用于酿醋。其方法可谓多种多样，令人赞叹，其中有三个方面的技术发展最为值得重视：其一，"当时人们已经学会了固态发酵制曲酿醋法"；其二，人们"已经学会利用各种谷物制曲和使用醋母传醅的科学方法"；其三，当时还开始酿制陈醋，"开创了我国酿造陈醋的历史"。[1] 制醋方面的这些发展，为中国人民改善膳食滋味提供了另一重要技术条件（图2-18）。

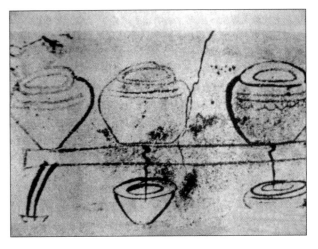

图 2-18　甘肃嘉峪关出土三国魏晋滤醋画像石拓片
（引自甘肃省文物队等：《嘉峪关壁画墓发掘报告》，文物出版社，1985 年）

当时另一类重要调味品是豉。与酱、醋相比，豉的出现似乎较晚，先秦文献

---

① 洪光住：《中国食品科技史稿》上册，中国商业出版社，1984 年，118～119 页。

中不见有记载①，但在两汉时代，豉的酿造和食用已经比较普遍。魏晋南北朝时期，豉的种类和酿造方法已是多种多样，《齐民要术》卷八专设《作豉法》一篇，详细记载了当时流行的几种主要作豉方法，其中记载有"作豉法""《食经》作豉法""作家理食豉法""作麦豉法"等。此外该书卷九《素食第八十七》还记载有所谓"油豉"，用豉、油、酢、姜、橘皮、葱、胡芹、盐合和蒸成。从其记载可知，当时的豉有豆豉和麦豉两种，以前者为主；作豉的方法和工序已相当复杂，在造豉环境与时宜选择、主料和配料挑拣及主配料使用比例、温度控制、成豉曝晒收藏等方面，都有非常严格的要求，处理得也非常精细。不仅如此，当时除了家庭用豉加工，还有规模相当大的专业作豉，"作豉法"说："三间屋，得作百石豆。二十石为一聚。……极少者犹须十石为一聚"，这样大量的加工肯定不只是供自家享用。此外，魏晋时代还传入了一种"外国豉法"：（作豉的豆子）要先"以酒浸，令极干，以麻油蒸之，后曝三日，筛椒屑，以意多少合投之"②，想必是一种味道很美的豉。有趣的是，当时豉主要用作调味品，在菜肴的加工烹饪中被广泛使用，并且常与盐相并提，作为加工烹饪菜肴时的必备调料，《释名·释饮食》也说："豉，嗜也，五味调和须之而成，乃可甘嗜也。"可见它首先是一种调味品。

最后还应提到《齐民要术》所记载的另一种美味调料——"八和齑"。齑是一种辛荤酸味的细碎调味品。③《齐民要术》记载有多种齑，如"蒜齑""飘齑"等，而"八和齑"则是一种混合蒜、生姜、橘皮、白梅、熟栗黄、粳米饭、盐及酢共8种物料酿制而成的多味调料，制作方法也很不简易；大约它在当时是上好的调料，故《齐民要术》卷八专为之列有《八和齑》一篇。由"八和齑"也可以看出，当时调味品的酿造技术是非常复杂讲究的。反映当时我国人民已经验性地掌握了十分丰富的微生物及生物化学知识，并已相当充分运用于改善自己的饮食滋味。

---

① 对此，宋人吴曾在《能改斋漫录》卷一"事始"中做过一番考证，他说先秦文献包括《礼记·内则》《楚辞·招魂》等备论饮食的文献也都未言及豉，他的结论是：豉"盖秦汉已来始为之耳"。

② 《艺文类聚》卷八九《木部》下引《博物志》。《太平御览》卷八五五《饮食部》一三引作："外国有豉法：以苦酒渍豆，暴令极燥，以油麻蒸讫，复暴三过乃止，然后细捣椒屑，筛下，随多少合投之。"

③ 缪启愉：《齐民要术校释》，中国农业出版社，2009年，570页。

第三章 农田水利事业的发展进步

　　农田水利是农业的命脉，是农业生产稳定发展的保证。中国古代社会历来注重农田水利建设，无论统一政权还是割据政权，只要社会稍安，就会大力发展水利事业，以保障农业生产的持续发展，巩固自己政治统治的基础。

　　农田水利是自然环境与社会环境共同作用、交互影响的产物，水土资源的利用方式和农田水利的技术类型，取决于各地区的山川形势和水资源条件。我国幅员辽阔，地形复杂，气候多样，水土资源分布不均，因此各地水利工程的类型、数量和规模差异很大。尤其是我国南北东西，降水总量及其地区差异、季节变率和年变率都很大，造成各地区农田水利建设各有特点。从历代水利工程分布可以看出，在干旱和半干旱地区的水利以保水、蓄水、引水灌溉为主，在半湿润和湿润地区，除灌溉、航运，还必须防洪、排涝。各地区的水利类型又因具体的地形和水源条件不同而呈现出很大差异：在平原地区，由于海拔较低、地势平坦、耕地集中，利于兴建大规模的农田水利工程，因此多以江河为主要水源的水渠引水灌溉为主、以陂塘和井灌为辅，其中有些地区由于地势低洼，不仅多发水涝灾害，而且土壤盐碱化，因此又需注意引泥沙淤灌，改良土壤，发展水田；在丘陵山区，由于海拔高、地势起伏大而形成水低地高、水土流失严重以及地形破碎等现象，多以河流溪涧、泉水等为主要水源，因地制宜，发展多种类型的陂塘堰坝工程；在濒临湖泊地区，人们充分利用丰富的水源，发展以圩田、灌溉、排涝等为代表的湖区水利；在滨海地区，则在与海潮侵袭的斗争中发展海塘工程，保护沿海地区的农业生产。①

　　在漫长的历史进程中，各地区的水资源环境也在不断变迁之中。据研究，在魏

---

　　① 周魁一：《中国科学技术史·水利卷》，科学出版社，2005年；《中国水利史稿》编写组：《中国水利史稿》，水利电力出版社，1979年，13～14页。

晋南北朝时期，华北地区仍具有良好的水资源环境，大小河流在枯水季节亦能维持可观的流量，湖泊沼泽众多，丘陵山地泉水丰富，这就为当时的农田灌溉、内河航运以及水力加工提供了水资源保障，对当时该地区的农田水利建设有很大影响。①

水利建设作为一项社会工程，需要大量的人力、物力和技术支持，各个王朝的中央、地方政权无疑在其中扮演极其重要的角色。在魏晋南北朝长达370年的时间里，除了西晋短暂统一，长期处于分裂和战乱之中，对社会经济造成了极大破坏。然而继承两汉四百余年水利建设成果，各族人民为了生存和发展，仍然顽强地改造着生存环境，水利事业仍在前进；各政权为了稳固统治、加强自身力量，纷纷借助水利建设，以获得胜过其竞争集团的经济优势，这也推动了农田水利事业的发展。例如，魏晋时期，为恢复生产、发展经济、积蓄力量及稳定政局，各国大力发展屯田水利建设，江淮陂塘水利系统以及戾陵堰、天井堰等水利设施相继修建，以至于"黄初以后迄晋，当时能臣皆以通渠积谷为备武之道"②。

农田水利建设的发展对我国古代土地开发、利用、改良以及农作物种植结构的变化，都起了非常积极的促进作用。许多"泽卤之地"通过淤灌而成良田，大片的河湖淤滩随着防洪排涝设施的兴建而被辟为沃土。由于水利灌溉条件的改善和耕作技术的改进，一些高产但对水分需求较高的农作物得以推广种植。如两汉以来大豆、小麦、水稻等种植比重上升，离不开农田水利的发展。③ 魏晋南北朝时期北方的大型农田水利建设，大都有利于发展水稻种植，并取得良好的效果。

总的来说，魏晋南北朝时期农田水利事业仍然取得了很大的发展，其中魏晋时期的屯田水利建设引人瞩目，对北方经济的恢复发展和西晋统一起了重大推动作用。此时，相对稳定的南方地区，由于人口的南迁带来了大量的劳动力、先进的生产技术和巨大的粮食需求，在江南独特的水环境下，以兴建陂塘为主的水利工程建设快速发展，农田垦辟取得显著成效。经过六朝的农田水利建设，长江下游等地区的经济得到极大开发，逐渐成为与中原相抗衡的新兴经济区；与此同时，北方水利工程亦屡废屡兴，只要社会政治局势稍有安定，恢复和兴修水利工程往往成为朝廷和地方官员力图恢复农业生产的首要举措。

第一节　三国时期的屯田水利

东汉末年，外戚、宦官交替专权，政治黑暗、社会动荡、民不聊生，终于爆发

---

① 王利华：《中古华北水资源状况的初步考察》，《南开学报》（哲学社会科学版）2007 年 3 期。
② ［清］康基田：《河渠纪闻》第 4 卷，中国水工程学会，1936 年。
③ 汪家伦、张芳：《中国农田水利史》，农业出版社，1990 年，24～28 页。

了黄巾大起义，继而又有董卓之乱、群雄争霸，经过角逐，最终形成了魏、蜀、吴三国鼎立的局面。长期的战乱，使北方人口锐减、农业经济遭到极大的破坏，以至于"白骨露于野，千里无鸡鸣"①。其间各统治集团为了恢复生产、积聚实力以稳固统治，均在其统治区域兴水利、开屯田，从而兴起了农田水利建设的小高潮，其中以曹魏的屯田水利建设成绩最为显著，而孙吴对长江下游地区的水利开发则具有开拓意义。

一、曹魏屯田与水利建设

汉末战争的破坏造成粮食严重短缺，甚至"袁绍之在河北，军人仰食桑椹；袁术在江淮，取给蒲蠃"②。一些豪强为了解决军粮问题，纷纷仿效前代屯田之法，在所据区域内发展屯田，徐州牧陶谦举荐陈登为典农校尉，陈登"乃巡土田之宜，尽凿溉之利，秔稻丰积"③；其他如傅燮在南阳屯田、公孙瓒在易京屯田等，也取得相当成效④。

这一行之有效的政策，自然也被雄才大略的曹操所注意，曹操于建安元年（196）采纳枣祇、韩浩的建议，使任峻在许昌一带屯田，"引颍水溉田"⑤，当年就"得谷百万斛"⑥，取得很好的效果，便将屯田制进一步推广到所治全国各地。大面积的屯田无疑需要兴修水利，水利的发展又促进屯田的推广；而当时若无屯田的推广，水利也不会有大的发展，可以说屯田与水利二者相辅相成。据统计，从兴平元年至景耀元年（194—258），文献记载的水旱灾害就有 23 次之多⑦，加上战争的破坏使大多数水利设施失去效用，要恢复农业生产，国家组织力量兴水利、广屯田无疑是最有效的方式。曹魏屯田分军屯和民屯两种，军屯大多在东南、东北、西北等边疆地区，其水利灌溉本就落后，故需开发水利以保证屯田效果；民屯多在河南、河北、关中等自古农业发达地区，故重在修复原先的水利设施，以利于恢复农业生产。

（一）江淮屯田与农田水利

江淮地区是曹魏与孙吴接壤之地，属于边疆地区，由于长期的战乱，"徐、泗、

---

① ［汉］曹操：《蒿里行》。

②⑥ 《三国志》卷一《魏书·武帝纪》注引《魏书》。

③ 《三国志》卷七《魏书·吕布传附陈登传》注引《先贤行状》。

④ 《后汉书》卷五八《傅燮传》、卷七三《公孙瓒传》。

⑤ 《三国志》卷一六《魏书·任峻传》。

⑦ 汪家伦、张芳：《中国农田水利史》，农业出版社，1990 年，142 页。

江、淮之地不居者各数百里"①，残破不堪。曹魏为了恢复社会生产、增强经济实力以对抗孙吴，故在此长期兴修水利、发展屯田。该地区屯田不仅开拓早、经营时间长、涉及区域广、投入大，成效也最为显著，为曹魏屯田的重心所在。

早在兴平年间（194—195），夏侯惇"复领陈留、济阴太守，加建武将军，封高安乡侯。时大旱，蝗虫起，惇乃断太寿水作陂，身自负土，率将士劝种稻，民赖其利"②。虽未说屯田，但从内容来看，无疑属于水利营田。

曹魏在江淮地区的大规模屯田，自刘馥开始，《三国志》卷一五《魏书·刘馥传》载："（建安五年，200）太祖方有袁绍之难，谓馥可任以东南之事，遂表为扬州刺史（当时治合肥）。……数年中恩化大行，百姓乐其政，流民越江山而归者以万数。于是聚诸生，立学校，广屯田，兴治芍陂及茹陂、七门、吴塘诸竭以溉稻田，官民有畜。又高为城垒，多积木石，编作草苫数千万枚，益贮鱼膏数千斛，为战守备。"刘馥卒于建安十三年，在此经营了近8年，兴屯田修水利，修建陂塘灌溉稻田，民赖其利，开启了魏晋屯田水利和南方陂塘建设的先河。到建安十四年，曹操又"置扬州郡县长吏，开芍陂屯田"③，建安十七至十八年间，以朱光为庐江太守"屯皖，大开稻田"④。

魏文帝初年，郑浑任阳平、沛郡二郡太守，由于境内水患严重，传统旱地作物歉收，百姓饥馑。因而"于萧、相二县界，兴陂遏，开稻田。郡人皆以为不便，浑曰：'地势洿下，宜溉灌，终有鱼稻经久之利，此丰民之本也。'遂躬率吏民，兴立功夫，一冬间皆成。比年大收，顷亩岁增，租入倍常，民赖其利，刻石颂之，号曰郑陂"。因时因地制宜，兴修陂竭，变水患为水利，发展高产的水稻种植，促进了当地农业经济的恢复和发展。

在豫州，贾逵为豫州刺史，"外修军旅，内治民事，遏鄢、汝，造新陂；又断山溜长溪水，造小弋阳陂；又通运渠二百余里，所谓贾侯渠者也"⑤。《资治通鉴》卷六九《魏纪一》黄初元年（220）下亦载其"兴陂田，通运渠，吏民称之"。可见，贾逵为了开发灌溉和漕运，先后兴建了三项水利工程，其中遏鄢、汝水所修之新陂和小弋阳陂所在难考，但其为灌溉工程无疑。贾侯渠位于淮阳西北庞官陂和沙水之间，长约200里，虽为运渠，亦应有灌溉作用。⑥

江淮农田水利至邓艾屯田而臻于鼎盛。据《三国志·魏书·邓艾传》：曹魏后

---

① 《三国志》卷五一《吴书·孙韶传》。

② 《三国志》卷九《魏书·夏侯惇传》。

③ 《三国志》卷一《魏书·武帝纪》。

④ 《三国志》卷五四《吴书·吕蒙传》。

⑤ 《三国志》卷一五《魏书·贾逵传》。

⑥ 汪家伦、张芳：《中国农田水利史》，农业出版社，1990年，153～154页。

期齐王芳时，"欲广田畜谷，为灭贼资，使艾行陈、项已东至寿春"。邓艾通过实地考察，以为"田良水少，不足以尽地利，宜开河渠，可以引水浇溉，大积军粮，又通运漕之道"，建议在此兴水利、广屯田，"陈、蔡之间，土下田良，可省许昌左右诸稻田，并水东下。令淮北屯二万人，淮南三万人，十二分休，常有四万人，且田且守。水丰常收三倍于西，计除众费，岁完五百万斛以为军资。六七年间，可积三千万斛于淮上，此则十万之众五年食也。以此乘吴，无往而不克矣"①。

这一建议因得到当时主政的司马懿之首肯而得以实施，从正始二年（241）起，邓艾在两淮地区大兴屯田、广修水利，在淮南"遂北临淮水，自钟离而南，横石以西，尽沘水四百余里，五里置一营，营六十人，且佃且守"②；在淮北则广兴陂渠水利，发展灌溉和水运。为了配合屯田，解决灌溉用水，"穿广漕渠，引河入汴，溉东南诸陂"③，"修广淮阳、白尺二渠，上引河流，下通淮颍，大治诸陂于颍南、颍北，穿渠三百余里，溉田二万顷，淮南、淮北皆相连接"④。广漕渠故迹不可考，唯知乃引黄河水以补充颍水流域陂塘水源的不足，据《水经注》记载，上游可能利用汲渠（即汴渠），下游或为沙水之改道及疏浚。淮阳渠大约是修治流经淮阳东北部的沙水而形成的人工渠道。百尺渠抑或《水经注》之百尺沟，亦沙水之分流，经陈城东，南流入颍水。⑤ 邓艾所开广漕渠、淮阳渠、百尺渠，乃引黄河水入颍水、汴水等水，使黄河与淮水两大水系相通，形成一个"上引河流，下通淮颍"的水运网；同时将水源引至东南诸陂塘之中，构成一个完善的陂渠灌溉系统。这一系列的水利建设取得明显的效果，"自寿春到京师，农官兵田，鸡犬之声，阡陌相属"⑥，而且"每东南有事，大军兴众，泛舟而下，达于江、淮，资食有储而无水害"⑦。由于各水系的沟通，陂塘、河渠形成复杂的水网，便于在旱涝时调节水量，防止灾害发生，促进农业生产。同时为沿边戍守和行军提供坚实的经济基础，而且军队乘舟而下直达江淮，军粮运输畅通无阻，取得了很好的政治和军事效果。

清人顾祖禹在论及江淮间水利时说："古人多于川泽之地立塘堰以遏水溉田。在孙氏（孙吴）时尽罢县邑，治以屯田都尉。魏自刘馥、邓艾之后大田淮南，迄南北朝增饰弥广。今舒州有吴陂堰（在今潜山县），庐江有七门堰（在今舒城县），巢县有东兴塘，滁、和州、六合间有涂塘、瓦梁堰（滁州，和州今为县），天长有石

---

① ⑦ 《三国志》卷二八《魏书·邓艾传》。

② ⑥ 《晋书》卷二六《食货志》。

③ 广漕渠，《晋书》卷一《宣帝纪》载为正始三年修，《三国志》卷二八《魏书·邓艾传》载正始二年修。

④ 淮阳渠，《晋书》卷二六《食货志》、《三国志》卷二八《魏书·邓艾传》载正始二年修，《晋书·宣帝纪》载正始四年修。

⑤ 《中国水利史稿》编写组：《中国水利史稿》，水利电力出版社，1979年，221～224页。

梁堰，高邮有白马塘，扬州有邵伯埭、裘塘屯，楚州有石鳖塘（在今宝应县）、射陂（后来的射阳湖，在淮安县东）、洪泽陂（在今淮安县境），淮阴有白水屯，盱眙有破釜塘（后两项都和石鳖相连，后来并入洪泽湖），安丰有芍陂（今寿县南之安丰塘），固始有茹陂。是皆古人屯田遏水之迹，其余不可胜纪。"① 塘、渠、陂、堰遍布江淮各地，可见当时水利之盛，亦可知水利与屯田之密切关系。曹魏和孙吴都曾在此地区大事屯田，相互争夺并破坏对方水利设施，如正始二年，"吴大将全琮数万众寇芍陂，（王）凌率诸军逆讨，与贼争塘（指芍陂），力战连日"②，从中亦可见当时屯田水利设施之战略地位。

（二）黄河南北的水利与屯田

黄河流域自古以来就是重要的农业经济区，虽经战乱破坏，但农田水利仍有相当基础，故水利建设多为修缮性质。曹魏在黄河流域众多地区兴办屯田，故而其水利建设也多与屯田有相当之关联。

220年曹丕称帝，定都洛阳，为恢复、发展因战乱破坏的洛阳地区经济，曹魏在此设典农中郎将，先后派王昶、桓范、司马昭、司马望、侯史光、毋丘俭等主持洛阳屯田。如在黄初年间（220—226），王昶"为洛阳典农，时都畿树木成林，昶斫开荒莱，勤劝百姓，垦田特多"③。据《水经注》卷一六《谷水注》引《洛阳记》云："千金堨旧堰谷水，魏时更修此堰，谓之千金堨。积石为堨，而开沟渠五所，谓之五龙渠。渠上立堨，堨之东首立一石人，石人腹上刻勒云：'太和五年（231）二月八日庚戌，造筑此堨，更开沟渠，此水冲渠，止其水，助其坚也，必经年历世，是故部立石人以记之云尔。'盖魏明帝修王、张故绩也。堨是都水使者陈协所修也。"此处所谓"王、张故绩"，乃指东汉初年王梁修建的"引谷水以溉京都"之洛阳渠和张纯主持的"引洛水为漕"的阳渠。④ 魏明帝时，陈协主持了对这两项工程的改建工作，修千金堨以堰谷水，并开五龙渠引水溉田，取得很大的经济效益，据称"千金堨计其水利，日益千金，因以为名"⑤。

相传古河内地区（今河南省黄河以北部分）自秦代开始就有水利建设，汉代开发沁河水利，曾在今济源县东北修建引沁枢纽工程，史称枋口堰，为重要的农业灌溉区。曹魏在此地区的汲郡、河内、野王等郡设屯区，且汲郡和野王两地设有典农

① 《读史方舆纪要》卷一九《江南一·涂水》，内注参见《中国水利史稿》编写组：《中国水利史稿》，水利电力出版社，1979年，213页。

② 《三国志》卷二八《魏书·王凌传》。

③ 《三国志》卷二七《魏书·王昶传》。

④ 《水经注》卷一六《谷水注》；《后汉书》卷三五《张纯传》。

⑤ 《洛阳伽蓝记》卷四《城西》。

中郎将，可见屯田规模不小。为适应屯田生产，当时曾组织"典农部民"修复水利。据《水经注》卷九《沁水注》记载，魏文帝末年、明帝初年司马孚为野王典农中郎将，奉朝廷旨意"兴河内水利"。经过实地勘察，他发现因枋口堰进水门为木质结构，而沁水坡降陡，洪水暴发时挟卵石而下，常常撞坏易朽的木门，涌入稻田，形成水灾，严重影响了当地的农业生产。于是他建议由大司农府调发人工，取去堰五里外的方石数万枚，"累方石为门，若天亢旱，增堰进水；若天霖雨，陂泽充溢，则闭防断水，空渠衍涝"。他的建议很快得到批准，"于是夹岸累石，结以为门，用代木门枋，故石门旧有枋口之称矣"①。这样就大大提高了枋口堰的工程效益，不仅避免了因洪涝造成的"稻田泛滥"，也保证了平时的灌溉用水。

建安九年（204），曹操败袁尚取邺城，以邺城为"霸府"所在，着力经营。当时的海河流域经过汉末一系列的战乱破坏，已是州里萧条、人民稀少，为此，曹操先后四次向邺城移民，并在魏郡（治邺城）设典农中郎将，先后派裴潜、石苞等主持屯田事务。② 该地区农田水利自古较为发达，在战国初年西门豹就引漳水灌溉，修建了著名的漳水十二渠，东汉时又对其加以修理，故邺城地区一直是我国古代重要的农业灌溉区。面对战乱对农业和水利的破坏，恢复生产的首要任务就是修复灌溉设施。

首先是天井堰的修建，据《水经注》卷一〇《浊漳水注》记载："昔魏文侯以西门豹为邺令也，引漳以溉邺，民赖其用。其后至魏襄王，以史起为邺令，又堰漳水以灌邺田，咸成沃壤，百姓歌之。魏武王又竭漳水，回流东注，号天井堰。二十里中，作十二墱，墱相去三百步，令互相灌注。一源分为十二流，皆悬水门。陆氏《邺中记》云：水所溉之处，名曰晏陂泽。故左思之赋魏都也，谓墱流十二，同源异口者也。"晋人陆翙《邺中记》亦云："西门豹为邺令，堰引漳水，溉邺以富魏之河内。……后废堰田荒。魏时更修通天井堰，邺城西，面漳水，十八里中缅流东注邺城南，二十里中作二十堰。"根据以上记载可知，曹操修建的天井堰主要是对西门豹引漳灌溉工程的修复。天井堰位于古邺城西南漳水上，其最末一堰距邺城 18 里。在 20 里长的河段上每隔 300 步修一墱（即横栏浊漳水的低滚水堰），共 12 墱；并在靠堰的上游南岸开渠引水，各渠首均有引水闸门，共有 12 条渠道，这就是古渠道常用的多渠首引水。③

其次是漳渠堰的修建，《水经注》卷一〇《浊漳水注》："魏武又以郡国之旧，引漳流自城西东入，径铜雀台下，伏流入城东注，谓之长明沟也。渠水又南，径止

---

① 《水经注》卷九《沁水注》。

② 汪家伦、张芳：《中国农田水利史》，农业出版社，1990 年，147 页。

③ 《中国水利史稿》编写组：《中国水利史稿》，水利电力出版社，1979 年，233～235 页。

车门下。魏武封于邺，为北宫，宫有文昌殿。沟水南北夹道，枝流引灌，所在通溉，东出石窦堰下，注之隍水。故魏武《登台赋》曰：引长明，灌街里。谓此渠也。"又西晋张载注《魏都赋》曰："魏武帝时，堰漳水，在邺西十里，名曰漳渠堰，东入邺城。"则长明沟和漳渠堰应为同一水利工程，在城西十里处引漳水东入邺城，并与建安九年（204）曹操开凿的白渠相通，除了供给邺城城市用水和漕运，也有灌溉农田之利。

天井堰和漳渠堰水利系统的修建，极大地促进了邺城地区农业生产的恢复和发展。西晋左思《魏都赋》："西门溉其前，史起灌其后。墱流十二，同源异口。畜为屯云，泄为行雨。水澍粳稄，陆莳稷黍。黝黝桑柘，油油麻纻。均田画畴，蕃庐错列。"展现在我们面前的是一片水绕良田、稻花飘香、桑麻成列的繁荣景象。

复往东北，今北京周围地区在当时也是一个重要的水利兴建区域，其中包括蓟城戾陵堰、车箱渠的兴建和改修。当时东北边境的鲜卑崛起，威胁曹魏东北地区的安宁，刘馥之子刘靖以"镇北将军、假节都督河北诸军事"镇蓟城，他"开拓边守，屯据险要。又修广戾陵渠大堨，水溉灌蓟南北；三更种稻，边民利之"①。据《水经注》卷一四《鲍丘水注》引《刘靖碑》云："登梁山（今石景山、一说狼山）以观源流，相㶟水（今永定河）以度形势，嘉武安之通渠，羡秦民之殷富；乃使帐下丁鸿督军士千人，以嘉平二年（250），立遏于水，导高梁河，造戾陵遏，开车箱渠。"其工程大致是筑堰将㶟水引入车箱渠，渠下游入高梁河，然后再引高梁河通鲍丘水以利灌溉。戾陵堰选址在㶟水出梁山处，此处河面开阔、流势平缓，河流两岸系灰绿岩，地质条件较好；而且堰下即冲积平原，可控制较大的灌溉面积和利用原高梁河道②。对于工程结构、施工，前引《刘靖碑》云："长岸峻固，直截中流，积石笼以为主遏，高一丈，东西长三十丈，南北广七十余步。依北岸立水门，门广四丈，立水遏，长十丈。"大约是以竹笼装石，在河水中间筑成类似都江堰鱼嘴的大坝。③ 在河北岸开水门引水，并设有水门控制水势。戾陵堰建成后，"山水暴发，则乘遏东下，平流守常，则自门北入，灌田岁二千顷"④，取得了良好的经济效益。

戾陵堰建成 12 年后，即景元三年（262），又因"民食转广，陆费不赡，遣遏者樊晨，更制水门"，从高梁河上游将车箱渠向东延伸，东至潞县注入鲍丘水。通过这次改建"凡所润含，四五百里，所灌田万有余顷"，大大增加了戾陵堰水利系统的灌溉面积。⑤戾陵堰、车箱渠的修建不仅保证了蓟城地区的农业灌溉用水，开拓了水稻种植面积，对当地农业的恢复和发展有很大的推动作用，而且对以后该地

① 《三国志》卷一五《魏书·刘馥传附靖传》。
② 《中国水利史稿》编写组：《中国水利史稿》，水利电力出版社，1979 年，236 页。
③ 汪家伦、张芳：《中国农田水利史》，农业出版社，1990 年，149 页。
④⑤ 《水经注》卷一四《鲍丘水注》引《刘靖碑》。

区的水利发展有极大影响。

黄河中上游地区的农田水利建设，在这个阶段也取得了一些新成绩。

关中地区当时是曹魏对蜀汉作战的前线，两国军队对峙于渭河上下，数次交战，以致人口大量减少、土地一片荒芜。为恢复关中的农业生产，解决驻军军粮供给，更好地对蜀作战，曹魏在长安、上邽等地进行屯田，与之配合的是一系列农田水利工程的修建。《晋书·食货志》云："青龙元年（233），开成国渠，自陈仓至槐里，筑临晋陂，引汧、洛溉舄卤之地三千余顷，国以充实焉。"成国渠位于渭北，始建于西汉，其渠原自郿引渭水，东至槐里入渭。这次工程由征蜀将军卫臻主持，主要是对原有工程的大规模扩建。据《水经注》卷一九《渭水注》记载："渭水又东会成国故渠。渠，魏尚书左仆射卫臻征蜀所开也。号成国渠，引以浇田。其渎水上承汧水于陈仓东。东径郿及武功、槐里县北，……又东径汉武帝茂陵南，……又东径姜原北，又东径长陵"，再向东经过周勃、周亚夫父子之家和汉景帝阳陵，注入渭水。据有关方面对成国渠的实地考察，认为曹魏时的成国渠于临河附近引汧水顺周原脚下东流，至阳陵南注入渭水，所经大致与《水经注》描述相同。这次扩建比汉代成国渠东西各延伸了近百里，而且在过漆水后的东段，改向东北，从而增加了自流灌溉的面积。临晋陂，具体工程状况难考，据《元和郡县图志》记载，临晋本大荔戎国，秦更名临晋，汉武帝更名左冯翊，魏时为冯翊郡，当为其境内的一项引洛灌溉工程。①

河西地区气候干燥、降水量较少，要发展农业生产，就必须先解决农业灌溉用水问题。魏明帝太和二年（228），徐邈为凉州刺史，因"河右少雨，常苦乏谷，邈上修武威、酒泉盐池，以收虏谷。又广开水田，募贫民佃之，家家丰足，仓库盈溢"②。嘉平年间（249—254），皇甫隆为敦煌太守，当时"敦煌俗不作耧犁，及不知用水，人牛功力既费，而收谷更少。隆到，乃教作耧犁，又教使灌溉，岁终率记，所省庸力过半，得谷加五，西方以丰"③。为发展农业，不仅修建了许多水利设施，而且输入先进的灌溉技术和耕作方法，对促进西北地区农业发展具有重要意义。

综上所述，曹魏的屯田水利建设不仅从其统治的中心区域向各大水系和边远地区扩展，其水利建设的形式也更加多样化、技术化，在北方农业经济得到恢复和发展的同时，水稻种植面积进一步扩大，提高了作物总产量。总之，屯田的推广不仅使曹操获得充足的军粮，安置了士家、流民和俘虏，而且使长期残破的北方经济得

---

① 汪家伦、张芳：《中国农田水利史》，农业出版社，1990年，143～144页。
② 《三国志》卷二七《魏书·徐邈传》。
③ 《晋书》卷二六《食货志》。

到恢复，为其吞并群雄、统一北方打下了坚实的经济基础，也为西晋统一中国奠定了基础。

二、蜀汉屯田与水利建设

建安十九年（214），刘备取得有"沃野千里，天府之土"之誉的益州，益州偏安西南，受战争破坏远比中原地区小，而且水利本来就很发达，因此蜀汉的水利建设主要是对原有水利设施进行维护和管理。早在战国中期，李冰就在成都平原修建了都江堰，"此渠可行舟，有余则用溉浸"①；汉文帝时，文翁又扩大了都江堰灌溉系统，"穿湔溇以灌溉繁田一千七百顷"②，成为成都平原农业繁荣的保证。"是以蜀人旱则藉以为溉，雨则不遏其流。故《记》（《益州记》）曰：水旱从人，不知饥馑，沃野千里，世号陆海，谓之天府也。俗谓之都安大堰，亦曰湔堰，又谓之金堤。"因此蜀汉政权对此极为重视，"诸葛亮北征，以此堰农本，国之所资，以征丁千二百人主护之，有堰官"③。都江堰在汉代就设有水利专官，但配置专门维护队伍则始于蜀汉。正是由于对都江堰坚持不懈的维护，才保证了蜀汉时期成都平原的农业发展。

为了巩固蜀汉的统治，诸葛亮及其后继者先后数次北伐曹魏，但成都平原毕竟地狭人少，难以维持长期的对外战争；加以巴蜀地区特殊的地理环境，对军队的军需供给也成为一个难题，诸葛亮就曾两次因军粮不继而被迫撤军。为此，蜀汉也仿效曹魏，在军事前线屯田。建安二十三年（218），刘备夺取汉中，但曹操在撤退时将汉中8万余口迁徙至洛阳、邺城，造成汉中空虚，土地荒芜，农业凋敝。汉中不仅是蜀汉北伐的中途站，也是对曹魏作战的前哨基地，战略位置十分重要。为恢复生产、供继军粮，蜀汉首先在此置督农官，发展农业、经营屯田。《水经注》卷二七《沔水注》："黄沙水左注之。水北出远山，山谷邃险，人迹罕交，溪曰五丈溪。水侧有黄沙屯，诸葛亮所开也。"同时赵云也于赤崖屯田。据杨守敬《水经注图》，黄沙屯和赤崖屯均在陕西褒城一带，正是汉代引褒水灌溉的地区。④

为解决军粮不继的问题，以便军队在关中持久作战，诸葛亮于最后一次北伐时曾在渭南屯田。《三国志》卷三五《蜀书·诸葛亮传》："十二年（蜀汉建兴十二年，234）春，亮悉大众由斜谷出，以流马运，据武功五丈原，与司马宣王对于渭南。亮每患粮不继，使己志不申，是以分兵屯田，为久驻之基。耕者杂于渭滨居民之

---

① 《史记》卷二九《河渠书》。

②③ 《水经注》卷三三《江水注》。

④ 汪家伦、张芳：《中国农田水利史》，农业出版社，1990年，169页。

间，而百姓安堵，军无私焉。"可见当时屯田有相当的规模，军民相处融洽，农业生产得到恢复。

总的来说，蜀汉的水利建设主要是对以都江堰为主的水利设施的维护；军事屯田多在汉中、渭南的河流滨岸，"踪迹增筑"，利用原有水利设施进行灌溉，水利开发很少有新建树。

三、孙吴屯田与水利建设

孙权承父兄之业，立国江东，据有江淮地区南部、长江中下游及其以南地区，其政治、经济中心则在江南地区。江南地区的经济，自东汉以来虽有长足的发展，且受战争破坏较小，但较之中原地区仍远为落后。要在三国角逐中生存，就必须大力发展农业和水利，建立雄厚的经济基础。因此，孙吴也在其境内大力发展屯田，以保障军粮供给，增强自身实力。由于其特殊的自然环境，配合屯田建设，该区域以陂塘灌溉为主的水利事业逐步发展起来。

孙吴屯田也分为民屯和军屯两种，民屯主要分布在丹阳郡、吴郡和会稽等腹心地带，设典农校尉、典农都尉、屯田都尉等以掌其事；军屯则主要分布在长江两岸及内地州郡驻军营地附近，《三国志》卷六一《吴书·陆凯传》称："先帝战士，不给他役，使春惟知农，秋惟收稻，江渚有事，责其死效。"从中可见孙吴对屯田的重视，及军屯部队负有且耕且战的双重任务。[1]

孙吴所据之地，虽气候湿润，降水丰沛，多河流湖泊，土地肥沃，利于灌溉农业发展，但由于尚处于开发的初期，土地的开垦、种植等均需大量的人力、物力投入和相应水利设施的支持。汉末大批流民涌入江南，带来了大量的劳动力和先进生产技术，但孙吴之境仍旧地广人稀，为解决所控制人口稀少的问题，孙吴采取了掠劫外人和讨伐山越、强行徙民两种措施，取得一定成效。在这种情况下，高度集中、统一管理的屯田制，无疑是当时进行大规模土地开发和水利建设的最佳形式。因此，在屯田事业的推动下，孙吴的农田水利建设也迅速发展起来。

太湖地区是江南开发最早的地区之一，农田水利建设也有一定的基础，孙吴立国便以此地区为经济重心，大力发展水利营田事业。建安八、九年（203—204）前后，孙权以陆逊为"海昌屯田都尉，并领县事"[2]，在太湖平原东部经营水利屯田，亦为孙吴屯田之滥觞。其后又设屯田都尉于溧阳、典农校尉于毗陵等地，"屯营栉比，廨署棋布"，大事经营。为加快太湖流域的农业开发，"赤乌中，诸郡出部伍，

---

① 汪家伦、张芳：《中国农田水利史》，农业出版社，1990 年，156～157 页。
② 《三国志》卷五八《吴书·陆逊传》。

新都都尉陈表、吴郡都尉顾承各率所领人，会佃毗陵，男女各数万口"①。可见当时屯田规模之大，而如此大规模的农业生产，如果没有农田水利设施的配合是不可能取得较好成效的，只是史载缺焉，难知其详。

丹阳湖地区洼地平坦、土地肥沃，又有湖泽浸润之利，且距吴都建业很近，因而孙吴屯田也以此地为重点地区之一，曾于湖设督农校尉，以经营屯田。②《三国志·吴书·陆逊传》载：孙权派陆逊讨伐费栈，"得精卒数万人，……还屯芜湖"，也应当是有屯田性质的军事驻扎。但由于丹阳湖区洪枯水位差很大，要围垦湖滩并非易事，如永安三年（260），"都尉严密建丹阳湖田，作浦里塘"，虽用功甚多而成效微小，百姓怨之，终未成功。③ 建衡元年（269），奚熙又"建起浦里田，欲复严密故迹"，丞相陆凯力谏止之。④

建业作为京畿重地，其周围地区自然是屯田的重点区域，重要的有大桑蒲屯、牛渚屯、烈州屯、新洲屯、牛屯、华里屯等。在屯田过程中，还修建了一批水利设施，在黄龙二年（230）就"筑东兴堤，遏湖水"⑤。相传娄湖为"吴张昭所创，溉田数千顷，周回七里。昭封娄侯，故谓之娄湖"⑥。著名的赤山塘，据传就建于赤乌年间，在句容县西南30里，引水成湖，下通秦淮河，立斗门以灌溉农田。

武昌作为孙吴政权的上游重镇，其周围地区有很多屯田水利的经营。如《水经注》卷三五《江水注》云："巴水注之……南历蛮中，吴时，旧立屯于水侧，引巴水以溉野。"又云："（富）水之左右，公私裂溉，咸成沃壤，旧吴屯所在也。"

建安十九年（214），孙权征皖，俘虏魏庐江太守朱光以下男女数万人。为对抗曹魏，巩固江北战略基地，孙权以皖口为中心，在江北大兴屯田。嘉禾四年（235），"遣兵数千家，佃于江北"⑦；嘉禾六年，诸葛恪"乞率众佃庐江皖口，因轻兵袭舒，掩得其民而还"⑧。到西晋咸宁四年（278），晋军攻破皖城时，"焚其积谷百八十余万斛，稻苗四千余顷"⑨，可见当时皖城屯田的成效之大及稻作农业之盛。

当时的祖中是著名灌区，为魏、吴交兵争夺之地。据《襄阳记》："祖中在上黄界，去襄阳一百五十里。……土地平敞，宜桑麻，有水陆良田，沔南之膏腴沃壤，

---

① 《三国志》卷五二《吴书·诸葛瑾传附子融传》注引《吴书》。
② 汪家伦、张芳：《中国农田水利史》，农业出版社，1990年，161页。
③ 《三国志》卷六四《吴书·濮阳兴传》。
④ 《三国志》卷六一《吴书·陆凯传》。
⑤⑧ 《三国志》卷六四《吴书·诸葛恪传》。
⑥ 《元和郡县图志》卷二五《江南道一》"润州上元县条"。
⑦ 《三国志》卷二六《魏书·满宠传》。
⑨ 《晋书》卷四二《王浑传》。

谓之柤中。"① 在江陵也有屯田水利的开发,"今江陵有沮、漳二水,溉灌膏腴之田以千数。安陆左右,陂池沃衍"②。大概都建有引沮、漳水进行灌溉的水利设施。

孙吴的屯田水利建设,不仅促进了农业的发展,加强了自身的经济实力,从而能够在江东立国达几十年之久;而且其在农业和水利建设方面多有开拓之功,奠定了江南经济长足发展的基础。

第二节　西晋以后的北方农田水利

249 年,司马懿发动高平陵政变诛杀曹爽等人,自此曹魏政权实际落入司马氏集团手中。263 年,魏灭蜀;265 年司马炎建晋代魏;280 年,西晋灭吴,从而结束了三国时代,实现统一。虽然西晋初年出现了所谓的"太康之治",农田水利事业有所发展,但随即爆发了"八王之乱",打破了安定的局面。不久北方少数民族乘机南下,发生"永嘉之乱",西晋灭亡,中国北方进入最为混乱的十六国时期。各政权之间长期的混战,导致"中原萧条,千里无烟"③,农田荒芜,水利失修,经济残破不堪,水利的兴建更是无从谈起。439 年,北魏统一北方,结束了长达120 余年的混战局面,社会渐趋稳定,为恢复和发展农业生产,农田水利事业也逐步复兴。北魏后来又分裂为东魏和西魏,旋即为北齐和北周取代。其后北周攻灭北齐,统一北方,这是魏晋南北朝的最后一节音符,也预示着大一统局面即将到来。

虽然在曹魏咸熙元年(264),就"罢屯田官以均政役,诸典农皆为太守,都尉皆为令长"④;晋武帝泰始二年(266),又"罢农官为郡县"⑤,基本废止了民屯,但西晋仍继续曹魏屯田水利建设事业,注重对灌溉设施的维修和扩建。特别是西晋初期国家统一、社会安定,农田水利事业取得了长足的发展。如泰始十年(274),"光禄勋夏侯和上修新渠、富寿、游陂三渠,凡溉田千五百顷"⑥。自"八王之乱"至十六国时期,战乱不已,农田水利遭到极大的破坏,水旱灾害频繁发生,土地荒芜,人民饥馑。但这个时期也并非无水利经营,如前燕慕容皝时封裕上谏曰:"水旱之厄,尧、汤所不免,王者宜浚治沟浍,循郑白、西门、史起溉灌之法,旱则决沟为雨,水则入于沟渎,上无《云汉》之忧,下无昏垫之患。"于是慕容皝下令:

---

① 《三国志》卷五六《吴书·朱然传》注引《襄阳记》。
② 《三国志》卷二七《魏书·王基传》。
③ 《晋书》卷一〇九《慕容皝载记》。
④ 《三国志》卷四《魏书·陈留王纪》。
⑤ 《晋书》卷三《武帝纪》。
⑥ 《晋书》卷二六《食货志》。

"沟洫溉灌，有益官私，主者量造，务尽水陆之势。"① 北魏统一北方之后，战乱减少、社会逐渐安定，为恢复和发展农业生产，农田水利建设也受到人们的重视。为推动农田水利事业的发展，增强农业抗御水旱灾害的能力，北魏孝文帝于太和十二年（488），"诏六镇、云中、河西及关内六郡各修水田，通渠溉灌"，次年又"诏诸州镇有水田之处，各通溉灌，遣匠者所在指授"②。在农业生产的需要和国家的推动下，北朝时期不仅对旧有灌溉设施进行维护，而且兴建了一批农田水利设施，北方的农田水利事业逐渐得到恢复和发展。

一、关中和西北内陆的农田水利

（一）关中农田水利

自秦汉以来，关中地区就是著名的农业经济区，水利发达，农业繁盛。但西晋末年以后的长期战乱，使关中经济遭到严重破坏，水利设施也荒废破败。为抵抗水旱灾害，太元二年（377），前秦苻坚对关中郑白渠灌溉工程进行了一次全面修缮。《晋书》卷一一三《苻坚载记上》载："以关中水旱不时，议依郑白故事，发其王侯以下及豪望富室僮隶三万人，开泾水上源，凿山起堤，通渠引渎，以溉冈卤之田。及春而成，百姓赖其利。"即是利用开渠引水入地，以水沤法来降低土地盐碱含量，改盐碱土地为肥沃农田。虽然取得了一定成效，但维护时间不长，效用有限，随即淹没在十六国纷飞的战火之中。北魏郦道元在《水经注》中说："白渠首起谷口、尾入栎阳……今无水"，郑国渠"自浊水以上今无水"，"成国故渠……上承汧水于陈仓东……注于渭，今无水"③。可见当时关中水利之残破。

西魏、北周定都长安，关中为其统治腹心之所在，因而较为重视关中地区的农业和水利建设。西魏大统十三年（547），对引泾工程进行整修，重新"开白渠以溉田"④；同年，在武功附近的漆水河上筑六门堰，"置六斗门节水"⑤，以解决成国渠通过漆水及安全度汛问题，恢复了成国渠的灌溉效益。大统十六年，宇文泰"以泾渭溉灌之处，渠堰废毁，乃命（贺兰）祥修造富平堰，开渠引水，东注于洛。功用既毕，民获其利"⑥。富平堰在今陕西富平县境内，这次在石川河上筑堰，主要是引石川水东注洛水，代替原石川河以东的郑渠，灌溉富平东南的土地。周武帝保

---

① 《晋书》卷一〇九《慕容皝载记》。
② 《魏书》卷七下《高祖纪下》。
③ 《水经注》卷一九《渭水注》、卷一六《沮水注》。
④ 《北史》卷五《西魏文帝纪》。
⑤ 《太平寰宇记》卷二七"雍州武功县条"；《读史方舆纪要》卷五四。
⑥ 《周书》卷二〇《贺兰祥传》。

定二年（562）春，又"于蒲州开河渠，同州开龙首渠，以广灌溉"①。在蒲州开河渠，大概是引黄河水灌溉农田的工程。龙首渠乃汉武帝时所开的引洛灌溉工程，其后未见重修记载，唯一见诸史籍的就是北周的这次修治。从中可见北周对关中水利的重视。②

（二）西北边地的农田水利

北魏道武帝拓跋珪登国九年（394），"使东平公元仪屯田于河北五原至稒阳塞外"。据《水经注》卷三《河水三》："河水又东，径稒阳县故城南，王莽之固阴也。河水决其西南隅，又东南，枝津注焉。水上承大河于临沃县，东流七十里，北溉田，南北二十里，注于河。"《水经注》所述之河水、枝津，大概就是元仪屯田灌溉的水源，属于引黄灌溉工程。

在银川平原，北魏时期最著名的水利工程，莫过于太平真君六年（445）由刁雍主持，经过精心勘察测量、设计改造汉代引黄灌渠工程而兴修的艾山渠。

太平真君五年，刁雍任薄骨律镇（今宁夏吴忠市北侧的故黄河沙洲中）将，"念彼农夫，虽复布野，官渠乏水，不得广殖。乘前以来，功不充课，兵人口累，率皆饥俭。略加检行，知此土稼穑艰难。夫欲育民丰国，事须大田。此土乏雨，正以引河为用"③。制约当地农业发展的最主要因素是缺水，而要改变当地农业缺水现象，就必须引黄河水灌溉农田。刁雍称："富平西南三十里，有艾山，南北二十六里，东西四十五里，凿以通河，似禹旧迹。"④据《水经注》卷三《河水三》载："河水又北，过北地富平县西。河侧有两山相对，水出其间，即上河峡也，世谓之为青山峡。"由此推测，北魏的艾山应该是今青铜峡两侧牛首山、青山的统称。当时虽有旧渠在艾山南，但因年代久远失修以及黄河的下切侵蚀导致河床下降，渠底高出河水平面两丈多，再加上河水流急激射，渠口经常崩颓，很难引水入渠。于是他经过考察，设计了修建新渠、在下游西汉河引水的方案："今艾山北，河中有洲渚，水分为二。西河小狭，水广百四十步。臣今求入来年正月，于河西高渠之北八里、分河之下五里，平地凿渠，广十五步，深五尺，筑其两岸，令高一丈。北行四十里，还入古高渠，即循高渠而北，复八十里，合百二十里，大有良田。计用四千人，四十日功，渠得成讫。所欲凿新渠口，河下五尺，水不得入。今求从小河东南岸斜断到西北岸，计长二百七十步，广十步，高二丈，绝断小河。二十日功，计得成毕，合计用功六十日。小河之水，尽入新渠，水则充足，溉官私田四万余顷（当

---

① 《周书》卷五《武帝纪上》。

② 汪家伦、张芳：《中国农田水利史》，农业出版社，1990年，186～187页。

③④ 《魏书》卷三八《刁雍传》。

为四千余顷之误①）。一旬之间，则水一遍；水凡四溉，谷得成实。官课常充，民亦丰赡。"② 由于其方案设计周密、切实可行，而且预计效益很大，很快得到朝廷的批准，皇帝诏曰："卿忧国爱民，知欲更引河水，劝课大田。宜便兴立，以克就为功，何必限其日数也。"③ 于是，次年春艾山渠正式施工，先建干渠，后修渠首坝，很快将工程完成并投入使用。艾山渠的修建使银川平原的农业得到迅速恢复和发展，成为北魏西北边镇的重要产粮基地。在此基础之上，刁雍在黄河造船运粮，开创了该区大规模的水运交通。

无论渠口的选址还是渠首坝的建筑，艾山渠的引水技术都相当合理、先进；可惜没有泄洪设施，不能有效抵御洪水，故而此工程的寿命和功能都受到很大的制约。④数十年后郦道元《水经注》竟对这项工程只字未提，原因未明。艾山渠对银川平原的农田水利发展起了极大的促进作用，直到唐代，李吉甫《元和郡县图志》卷四"灵州回乐县条"仍有"薄骨律渠在县南六十里，灌田一千余顷"的记载，只是灌溉面积已经大为缩小。

河西地区还有以渠引雪水灌溉的水利工程，《魏书》卷三五《崔浩传》云："尚书古弼、李顺之徒皆曰：'自温圉河以西，至于姑臧城南，天梯山上冬有积雪，深一丈余，至春夏消液，下流成川，引以溉灌。'"此虽古弼、李顺之徒耸听之言，但河西地区以消之雪水灌溉农田应该是存在的。

新疆地区的农田水利，随着两汉对西域的经营已有所发展。魏晋承袭汉代在西域的统治，设西域长史，驻海头（今罗布泊楼兰遗址一带）；置戊己校尉，驻高昌（今吐鲁番东 20 公里处）。为保证粮食供给，在两地进行军事屯田，发展灌溉水利，修筑防止塔里木河泛滥的河堤，并引进新式的牛耕技术以促进农业生产。永嘉之后，该区先后经历五凉、北魏等政权的统治，其中吐鲁番地区由于大批内地流民的迁入，农田水利获得较大发展，一些地区有较大面积的水稻种植；但此时期罗布泊北面屯田区已被废弃，可能与当地环境变迁有关。⑤

二、东部平原地区的农田水利

（一）海河流域

海河流域的农田水利事业，自汉魏以来有相当的发展，如引漳溉邺工程、戾陵堰、督亢陂等，但经过战乱破坏，大多废毁，要想恢复当地农业生产，对这些水利

---

① ④ 李令福：《论北魏艾山渠的引水技术与经济效益》，《中国农史》2007 年 3 期。
② ③ 《魏书》卷三八《刁雍传》。
⑤ 钮仲勋：《魏晋南北朝时期新疆的水利开发》，《西域研究》1999 年 1 期。

设施进行修复势在必行。

　　早在西晋元康五年（295）六月，由刘靖主持修建的戾陵堰水利工程就在一次洪水中遭到严重破坏，"洪水暴出，毁损四分之三，剩北岸七十余丈，上渠，车箱所在漫溢"。其后，刘靖之子刘弘又亲自指挥修复，"命司马、关内侯逄恽内外将士二千人，起长岸，立石渠，修主遏，治水门，门广四丈，立水五尺。兴复载利，通塞之宜，准遵旧制。凡用功四万有余焉"①。不仅修复了水门和水坝，而且修建了"长岸"，大概是在北岸修建了护岸和堤防，以增强该工程的抗洪水能力。

　　经过长期的战乱，到北魏时，戾陵堰等水利设施早已毁弃多时，故时人称："范阳郡有旧督亢渠，径五十里；渔阳燕郡有故戾陵诸堰，广袤三十里。皆废毁多时，莫能修复。"② 而当时水旱不调，连年灾荒，人民饥馑。为此，神龟二年（519），幽州刺史裴延儁接受卢文伟的建议，对戾陵堰和督亢陂进行修复③。裴延儁"遂躬自履行，相度水形，随力分督，未几而就。溉田百万余亩，为利十倍，百姓至今（北齐时）赖之"④。孝昌时（525—527），卢文伟积稻谷于范阳城，以赈赡饥民，可见当时督亢陂灌区的水稻生产较为兴盛，这与水利设施的修复是分不开的。

　　北齐时期，又对戾陵堰、督亢陂水利系统进行了维护和扩充。"孝昭皇建中（560—561），平州刺史嵇晔建议，开幽州督亢旧陂，长城左右营屯，岁收稻粟数十万石，北境得以周赡。"⑤ 北齐后主天统元年（565），幽州刺史斛律羡"导高梁水北合易京，东会于潞，因以灌田。边储岁积，转漕用省，公私获利焉"⑥。经过这两次修建，不仅扩大了稻作生产，而且使戾陵堰灌区向东北扩展，促进了该地区的农业发展。

　　邺城地区自古以来就是著名的水利区，但自曹操修天井堰后，三百余年未见水利兴修的文献记载，直到东魏、北齐建都邺城，才重新重视当地的水利建设。东魏天平年间（534—537），决漳水为万金渠，又名天平渠，其前身是曹魏时的天井堰。作为引漳水利工程的总干渠，其总长近百里，不仅用于农田灌溉，还提供邺城居民用水。兴和三年（541）冬，"发夫五万人筑漳滨堰，三十五日罢"⑦，其工程之浩大可见一斑。漳滨堰可能就是曹操所筑漳渠堰的重建。在天平初年，为了"防泛滥

---

　　① 《水经注》卷一四《鲍丘水注》。
　　②④　《魏书》卷六九《裴延儁传》。
　　③ 《北齐书》卷二二《卢文伟传》。
　　⑤ 《隋书》卷二四《食货志》。
　　⑥ 《北齐书》卷七《斛律金传附子羡传》。
　　⑦ 《魏书》卷一二《孝静帝纪》。

之患"①，由营构大将高隆之主持，在邺城西北，沿漳河东岸修筑防洪长堤。虽属于城市防洪系统，但对漳河地区的农业生产抵御水害还是有所帮助的。总之，以上三项水利工程的修建对邺城地区的灌溉农业发展有很大的帮助。特别是天平渠对后世影响较大，唐代以其为骨干进行分引扩建，形成了著名的天平渠灌区。

（二）淮汉地区

两淮地区经过曹魏时期的屯田建设，水利事业大为发展，西晋承其遗绪，对该地区的水利设施进行了维护。芍陂位于安徽寿春南 80 里，周约 120 里，陂水来源为肥水、沘水，下游又排回二水，陂有 5 门以控制蓄泄、引灌。据说芍陂为春秋时楚相孙叔敖所建，东汉王景重修，灌田万顷。曹魏时刘馥、邓艾在两淮大兴屯田，芍陂均是其重点经营的水利工程。西晋很重视对芍陂的修护，"旧修芍陂，年用数万人"②；但其中也有很大的弊端，"豪强兼并，孤贫失业"，即平民百姓出钱出力，而豪强独占其利。这种不合理现象严重影响了芍陂的维修质量和灌溉效益，不利于经济发展。晋武帝太康年间（280—289），刘颂任淮南相，对豪强肆意兼并加以抑制，"使大小戮力，计功受分，百姓歌其平惠"，维护了岁修制度的公平性，以使芍陂发挥其最大效用，促进当地农业发展。

南阳地区自两汉以来亦是水利发达地区。西汉时，召信臣为南阳太守，"行视郡中水泉，开通沟渎，起水门提阀凡数十处，以广溉灌，岁岁增加，多至三万顷。民得其利，蓄积有余。信臣为民作均水约束，刻石立于田畔，以防分争"③。东汉时，杜诗"又修治陂池，广拓土田"④。太康元年（280），杜预平吴后还镇襄阳，"修召信臣遗迹，激用滍淯诸水以浸原田万余顷，分疆刊石，使有定分，公私同利。众庶赖之，号曰'杜父'"⑤。这些兴修活动，均不仅对原有水利设施进行修复，而且重新确定了灌溉用水的使用分配，以利于农业生产的正常发展。另据《水经注·淯水注》载："杜预继信臣之业，复六门陂，遏六门之水，下结二十九陂，诸陂散流，咸入朝水。"可见，杜预不是简单对召信臣遗迹进行修复，而是建立了一种类似长藤结瓜式的灌溉系统，既扩大了灌溉面积，又提高了灌溉效率。⑥

自西晋以后，此地区大部分区域长期处于东晋南朝政权掌握之中，北方政权虽渐次侵食，但对该地区的农田水利建设投入不大，且多为屯田性质的水土利用。如

---

① 《北齐书》卷一八《高隆之传》。
② 本段所引俱出自《晋书》卷四六《刘颂传》。
③ 《汉书》卷八九《召信臣传》。
④ 《后汉书》卷三一《杜诗传》。
⑤ 《晋书》卷三四《杜预传》。
⑥ 汪家伦、张芳：《中国农田水利史》，农业出版社，1990 年，173 页。

孝文帝太和四年（480），薛虎子任徐州刺史，上表称："徐州左右，水陆壤沃，清、汴通流，足盈激灌。其中良田十万余顷。若以兵绢市牛，分减戍卒，计其牛数，足得万头。兴力公田，必当大获粟稻。一岁之中，且给官食，半兵耘植，余兵尚众，且耕且守，不妨捍边。"① 这一建议得到批准，薛虎子屯田的主要依据就是利用汴水等河流的丰富水源进行灌溉，这必然要进行一定水利开发或者对原有水利设施的修复。北魏末年，李愍为南荆州刺史，"于州内开立陂梁，溉稻千余顷，公私赖之"②。大概也是对原有水利设施的修复，以恢复农业生产。

（三）平原低湿地区的排涝问题

农业生产一个重大的威胁就是水涝灾害，魏晋南北朝时期，虽然江、汉、河、济都有泛滥，但水灾记载以渍涝为多，洪水为灾的记载较前后时期为少。这固然与东汉以来黄河长达近八百年的安流局面有关，但当时华北地区河流湖泽众多，蓄水能力强，也减少了洪水暴发的可能性。正因如此，当霖雨不解、洪水泛滥之后，一些低洼地区就会形成渍涝沼泽，从而影响正常的农业生产。这样，当社会稳定、人口增多时，就有排涝、垦田增产的必要。③

随着时代的变迁，水利设施也可能由有利变为有害。比如在一些地区，由于陂塘过多，蓄水过量，一旦暴雨成灾或洪水激荡，陂塘反由水利变为水害。另一个原因就是随着人口的增加、经济开发的加速，对土地的需求增加，而在地广人稀时代修建的陂塘等水工程，反因占据了大片土地而成为农业开发的障碍，这就需要对陂塘进行全局的规划整治。

此问题以西晋时期的淮河流域最为突出。

当时，淮河流域经刘馥、邓艾等长达五六十年的经营，陂塘数量过多，且缺乏统一管理和有效的维护，以至一旦雨水较多就易形成水灾。从泰始四年到咸宁四年（268—278）的 10 年间，黄淮地区连年大水，如泰始四年九月、咸宁三年九月、咸宁四年七月先后暴发大水，给当地人们的生产、生活带来很大破坏。

为此，咸宁四年（278）④，杜预上书认为："今者水灾东南特剧，非但五稼不收，居业并损，下田所在停汙，高地皆多硗埆，此即百姓困穷方在来年"，而要解决这一问题，就需"大坏兖、豫州东界诸陂，随其所归而宣导之"。对此，杜预提出三个理由：第一，决陂塘之后，"交令饥者尽得水产之饶，百姓不出境界之内，旦暮野食，此目下日给之益也"，可解决灾民的食物来源，避免灾民成为流民。第

---

① 《魏书》卷四四《薛野（賭）附子虎子传》。
② 《北齐书》卷二二《李元忠传附族人愍传》。
③ 《中国水利史稿》编写组：《中国水利史稿》，水利电力出版社，1979年，242~260页。
④ 据《晋书》卷三《武帝纪》。《晋书》卷二六《食货志》作咸宁三年，误。

二，"水去之后，填淤之田，亩收数钟。至春大种五谷，五谷必丰，此又明年益也"，可以增加肥沃的耕地以为长久之计。第三，"往者东南草创人稀，故得火田之利。自顷户口日增，而陂竭岁决，良田变生蒲苇，人居沮泽之际，水陆失宜，放牧绝种，树木立枯，皆陂之害也。陂多则土薄水浅，潦不下润。故每有水雨，辄复横流，延及陆田"。杜预对今昔形势不同、陂塘的作用由利转害进行了深入的分析，认为要解决问题就必须决坏部分陂塘，做到蓄泄得宜。当时胡威、应遵等人均附和此议，并以泗陂占地13 000余顷"伤败成业"为证据。当时，他们主张解决问题的原则，当对汉魏所修陂塘分做处理，"汉氏旧陂旧竭及山谷私家小陂，皆当修缮以积水。其诸魏氏以来所造立，及诸因雨决溢蒲苇马肠陂之类，皆决沥之"。又"其旧陂竭沟渠当有所补塞者，皆寻求微迹，一如汉时故事"。这样就既解决了"陂竭岁决"所带来的水害，又保证了农田灌溉的用水。坏陂为田之后，将田地分佃给将吏士庶，并"分种牛三万五千头，以付二州将吏士庶，使及春耕。谷登之后，头责三百斛。是为化无用之费，得运水次成谷七百万斛，此又数年后之益也"①。

在黄河和海河流域也存在类似问题。西晋初期，朝廷欲大兴农田，束皙建议"州司十郡，土狭人繁，三魏尤甚，而猪羊马牧，布其境内，宜悉破废，以供无业"；并指出："汲郡之吴泽，良田数千顷，泞水停洿，人不垦植。闻其国人，皆谓通泄之功不足为难；舄卤成原，其利甚重。而豪强大族，惜其鱼捕之饶，构说官长，终于不破。"② 可见当时河内地区沼泽散布、荒地连片，为了适应人口增加对土地的需求，就要采取排灌措施，开陂泽为沃壤，垦牧地成良田。

北魏孝明帝初年，冀州、定州、幽州等地，"频年淫雨，长河激浪，洪波汨流，川陆连涛，原隰通望，弥漫不已，泛滥为灾"③。崔楷根据调查上疏认为：水灾"良由水大渠狭，更不开泻，众流壅塞，曲直乘之所致也"。河渠狭小、河道弯曲以至水流不畅，要疏泄洪水，就必须建造新的排水系统。他建议在冬季农闲施工之前，由地方主持对工程进行勘测、绘图和规划，估算出用工多少以便实行。"至若量其逶迤，穿凿涓浍，分立堤竭，所在疏通，预决其路，令无停蹙。随其高下，必得地形，土木参功，务从便省。使地有金堤之坚，水有非常之备。钩连相注，多置水口，从河入海，远迩径通，泄其硗泄，泄此陂泽。"根据地形修建水渠、堤堰，形成一个相互贯通的排水网，这样不仅避免了水患发生，而且排干沼泽、冲洗盐碱地还可增加垦地。崔楷建议根据地形高下来开发水田和旱地，"水种杭稻，陆艺桑

---

① 本段引文俱出自《晋书》卷二六《食货志》。
② 《晋书》卷五一《束皙传》。
③ 本段所引俱出自《魏书》卷五六《崔辩传附模第楷传》。

麻"，以获取最大的经济效益。他还把这一带和江淮相比，指出江淮以南地区，虽然地势洼下，霖雨连月，但农业开发却很好，证明其计划具有可行性。从中我们也可看出，当时海河流域沼泽湖泊之多堪与江淮相比。这一建议得到批准，并由崔楷主持施工，可惜随后朝廷又追回了成命，有关工作亦中途作罢。

第三节　东晋南朝的农田水利

317 年，司马睿在王导等人的拥护下，在建康称帝，延续司马氏政权，史称东晋。420 年，刘裕夺取东晋政权，建国号为宋。在此后的 160 年里，南方经历了宋、齐、梁、陈 4 个朝代，史称南朝。自西晋末年以来，北方战乱不已，而南方则相对安定，北方人民大量向南方迁徙。随着南方人口的激增，开垦更多土地的要求变得越来越迫切，发展农田水利事业相应地成为一个时代需要。

东晋南朝均定都建康，统治区域大体相同，即淮河、汉水以南的广大地区。由于该区域丘陵山地多，湖沼洼地多，降水量时空分配亦颇不均。因此，农田水利建设因自然条件不同而各有特点：沿江滨湖地区以水网圩田为主，丘陵山地则以陂塘堰坝为主。① 淮汉地区作为对抗北方政权的前沿阵地，为了保障军粮供给，军事屯田在这一地区继续发展，农田水利建设也多是对原有设施进行修复和维护。

一、三吴②圩田水利的发展

三吴地区处长江下游，经济最为发达，是东晋南朝的主要经济基地。史称："晋都建康，粮道皆仰三吴"③，"江左以来，树根本于扬越"④。因此，历朝政权为了维系统治，均比较重视三吴地区的开发，以圩田灌溉排涝为主的水利事业得到很大发展。

吴郡、吴兴郡位于太湖东、南地区，又濒临大海，因地势低洼，要发展农业，既需修筑太湖圩塘以挡洪水泛滥，还要修筑海塘以防咸潮侵袭。太湖东南的海塘，最早为东汉华信所建的钱塘江海塘，孙吴时在金山建有咸潮塘。东晋成帝咸和年间（326—334），虞潭在当时的松江海口"修沪渎垒，以防海抄，百姓赖之"⑤。隆安四年（400），袁山松又进一步加以修筑。沪渎垒的修建对阻遏海潮侵袭、促进当地

---

① 汪家伦、张芳：《中国农田水利史》，农业出版社，1990 年，190 页。
② 依《水经注》，以吴郡、吴兴、会稽为三吴。
③ 《资治通鉴》卷九〇胡三省注。
④ 《宋书》卷六六《何尚之传》"史臣曰"。
⑤ 《晋书》卷七六《虞潭传》。

农业发展无疑具有重要作用。

南朝时期，太湖下游地区还出现了因排水不畅而形成渍涝问题。吴兴郡"衿带重山，地多汙泽，泉流归集，疏决迟壅，时雨未过，已至漂没。或方春辍耕，或开秋沈稼，田家徒苦，防遏无方。彼邦奥区，地沃民阜，一岁称稔，则穰被京城；时或水潦，则数郡为灾"。刘宋时，州民姚峤就"自去践行量度，二十许载"，可见此问题之严重。后来会同官方人员"准望地势，格评高下，其川源由历，莫不践校，图画形便，详加算考，如所较量，决谓可立"。元嘉二十年（443），他通过刘浚上疏："比通便宜，以为二吴、晋陵、义兴四郡，同注太湖，而松江沪渎壅噎不利，故处处涌溢，浸渍成灾。欲从武康纻溪开漕谷湖，直出海口，一百余里，穿渠洽，必无阂滞。"其计划开凿的排水渠道大概是从今德清苎溪向东开河，接通谷水，经三泖循东江古道出海。为了慎重起见，"今欲且开小漕，观试流势，辄差乌程、武康、东迁三县近民，即时营作"。虽然工程最终没有成功，亦可见时人排除水涝之努力。①

这一问题在梁中大通二年（530）再次被提起，当时"吴兴郡屡以水灾失收"，有人建议"当漕大渎，以泻浙江"②。为此，朝廷计划派王弁等组织吴、吴兴、义兴三郡兵丁，"开漕沟渠，导泻震泽（即太湖）"。但因昭明太子萧统的反对而作罢。

当时号称最富庶、湖塘山池之利最多的是今钱塘江南岸的会稽郡，所谓："会土带海旁湖，良畴亦数十万顷。膏腴上地，亩直一金。"③ 东汉永和五年（140），马臻为会稽太守，始立镜湖（即鉴湖），筑塘周回三百余里，灌溉农田九千余顷，这一水利设施到六朝时仍发挥作用。郦道元《水经注·渐水注》载："（鉴湖）广五里，东西百三十里，沿湖开水门六十九所，下溉田万顷，北泄长江。"湖水高田丈余，田又高海丈余，如天旱则泄湖水以灌田，如天雨则关闭沿堤水门不使湖水下泄，以防洪涝。当时"会土边带湖海，民丁无士庶皆保塘役"，由民间出钱役专为疏浚陂湖、修路筑桥之用，并且"塘丁所上，本不入官"④。但南齐永明二年（484）时，王敬则为会稽太守，"以功力有余，悉评敛为钱，送台库以为便宜"，无端增加一项税收，影响了陂塘的正常维护。竟陵王萧子良上书反对此事，认为"良由陂湖宜壅，桥路须通，均夫订直，民自为用。若甲分毁坏，则年一修改；若乙限坚完，则终岁无役"，不应多加税收以至百姓疲敝，但未被采纳。⑤

会稽郡东部地区的水利建设也有所成就，东晋时孔愉为会稽内史，"句章县有

---

① 《宋书》卷九九《二凶传·始兴王浚传》。

② 《梁书》卷八《昭明太子传》。

③ 《宋书》卷五四《孔季恭、羊玄保、沈昙庆传》"史臣曰"。

④⑤ 《南齐书》卷二六《王敬则传》。

汉时旧陂，毁废数百年。愉白巡行，修复故堰，溉田二百余顷，皆成良业"①。上虞县西30余里有白马潭，潭之南有曹娥江渡口，附近常有水患。刘宋大明年间（457—464），"太守孔灵符遏蜂山前湖以为埭。埭下开渎，直指南津。又作水楗二所，以舍此江，得无淹溃之害"②。水楗应该是用木或竹编筐，内填草土或石块而做成的挑水坝一类的建筑物。③

当时会稽郡东部地区，湖沼密布，人口也相对较少，为缓解中部地区地少人多的矛盾，曾向东部移民，以开发当地水土资源。宋孝武帝大明初，孔灵符为丹阳尹，"山阴县土境编狭，民多田少，灵符表徙无赀之家于余姚、鄞、鄮三县界，垦起湖田"④。虽然朝廷官员多数反对，但依旧实施，结果"并成良业"。这是历史上垦湖为田最早的一次成功记录。

由于湖田土地肥沃，一经开垦便成良田，因而一些湖陂成为豪强士族争夺的对象。如谢灵运曾两次向会稽太守孟顗请求决湖为田，但均遭拒绝。"会稽东郭有回踵湖，灵运求决以为田，太祖令州郡履行。此湖去郭近，水物所出，百姓惜之，顗坚执不与。灵运既不得回踵，又求始宁岯崲湖为田，顗又固执"⑤。这也反映了当时由于人口增长，对土地的需求增加，决湖垦田成为人们获取肥沃土地的便捷方式。

二、丹阳、晋陵地区的农田水利

丹阳、晋陵两郡，地形以丘陵山地和高亢平原为主。在丘陵山区，地势起伏较大，溪河源短流急，一经暴雨，山洪暴发，易成洪灾，洪水退后又出现旱情；高亢平原则因水源缺乏，干旱时间较多。因此，农田水利建设的主要任务是修筑陂塘堰坝，拦洪蓄水，以供灌溉之用。⑥

西晋末年，陈敏据有江东，令其弟陈谐在丹阳县北，利用天然地形拦遏马林溪水，建成周长40里、蓄水面积两万余亩的练湖（又称练塘、曲阿后湖），拦蓄山洪，使丹阳、延陵、金坛一带八九千顷良田免受洪水侵袭，并灌溉农田数百顷。练湖是继后汉余杭南湖创建后在江南兴建的第二座大型水库工程。⑦练湖水利系统的建成，极大地促进了当地农业的发展。

新丰塘是东晋时兴建的一项蓄水灌溉工程，在今丹阳县东北，又名新丰湖。东

---

① 《晋书》卷七八《孔愉传》。
② 《水经注》卷四〇《渐江水注》。
③⑥⑦ 张芳：《六朝时期的农田水利》，《古今农业》1988年2期。
④ 《宋书》卷五四《孔季恭传附子灵符传》。
⑤ 《宋书》卷六七《谢灵运传》。

晋大兴四年（321），张闿为晋陵内史，因"所部四县并以旱失田"，"立曲阿新丰塘，溉田八百余顷，每岁丰稔。葛洪为其颂"①。但因用工 20 余万而被以"擅兴造"之罪名罢官，后来公卿大臣均认为他"兴陂溉田，可谓益国"，才被起用为大司农。从用工 20 余万亦可见其工程规模之大，工程建成后，每年可以灌溉土地达 800 余顷，极大地促进了当地灌溉农业的发展。唐代李吉甫《元和郡县志》说："旧晋陵地广人稀，且少陂渠，田多恶秽，闿创湖成灌溉之利。"

南朝时期还对孙吴所建的赤山塘进行了数次修治：一次是在南齐明帝时（494—498），由沈瑀主持修筑赤山塘；另一次在陈朝时期。赤山塘在今江苏句容县西南，主要是利用环山抱洼的有利地势，修筑长堤，围成陂湖，以调蓄东南诸山溪之水，下通秦淮河，泻入长江，周长 120 里，设有两斗门以控制蓄泄。以后历代加以修治，管理制度日趋完善，所灌溉田地号称万顷之多。元代以后，因泥沙淤积，湖面逐渐缩小。

南齐建元三年（481），竟陵王萧子良任丹阳尹，提出："（丹阳郡）旧遏古塘，非唯一所。而民贫业废，地利久芜。近启遣五官殷沵、典签刘僧瑗到诸县循履，得丹阳、溧阳、永世等四县解，并村耆辞列，堪垦之田，合计荒熟有八千五百五十四顷；修治塘遏，可用十一万八千余夫，一春就功，便可成立。"② 当时虽被批准，由于迁官而未实施，但可略见当时水利陂塘之规模。陂塘为农业开发之保障，只要加以修治，便可开垦大量耕地。

这一地区也出现了垦湖为田现象。如娄湖，相传为东吴张昭所开；到了刘宋中期，沈庆之"有园舍在娄湖，……广开田园之业"，并"悉移亲戚中表于娄湖，列门同闬焉"③。可见当时娄湖至少有一部分已经被开垦为田地，而田园、别墅则是东晋南朝士族占据、开发山泽的重要形式。

三、淮汉地区的农田水利

淮河至汉水一线是东晋南朝政权对抗北方政权的前沿阵地，具有极其重要的战略地位。正如后人所说："六朝之所以能保有江左者，以强兵巨镇，尽在淮南、荆襄间。"④ 为解决军粮供给问题，各地驻军在其驻地广兴屯田，"缓则躬耕，急则从战"⑤。而这一地区的农田水利，经历代经营，已经有很好的基础，只是战争使其

---

① 《晋书》卷七六《张闿传》。
② 《南齐书》卷四〇《竟陵王子良传》。
③ 《宋书》卷七七《沈庆之传》。
④ 《宋史》卷三五九《李纲传下》。
⑤ 《南齐书》卷四四《徐孝嗣、沈文季传》"史臣曰"。

效用难以正常发挥。为此，当地农田水利建设的主要任务就是修复和发展原有灌溉设施。

著名的芍陂灌区就是当时军事屯田的重要区域之一。芍陂灌区自春秋以来即为重要农业区域，以后历代均曾对其加以修治，但因地处南北战略必争之地，也常常成为攻略对象。自永嘉以后，虽受战争破坏而有所毁坏，但一直是东晋南朝政权北征的重要粮食补给基地。东晋永和八年（352），殷浩率军镇寿阳，"开江西壄田千余顷，以为军储"，准备北伐。① "江西"，当时指长江下游北岸、淮河以南地区。据唐代何超《晋书音义》，壄田即通流灌溉的水利田。则殷浩所开田，应是在芍陂灌区修复水利，发展灌溉农业。

东晋末年，刘裕伐后秦，命毛修之"复芍陂，起田数千顷"，但修复得并不彻底。② 南朝宋元嘉七年（430），刘义欣为豫州刺史镇寿阳，"芍陂良田万余顷，堤堨久坏，秋夏常苦旱。义欣遣咨议参军殷肃循行修理。有旧沟引淠水入陂，不治积久，树木榛塞。肃伐木开榛，水得通注，旱患由是得除"③。随着芍陂水利系统的修复疏通，该地区的水稻种植也得到恢复推广。元嘉二十一年，宋文帝下诏："徐、豫土多稻田，而民间专务陆作，可符二镇，履行旧陂，相率修立，并课垦辟，使及来年。"④

南齐建元二年（480），为应对北魏南侵，齐高帝萧道成命垣崇祖"修治芍陂田"，并对他说："卿视吾是守江东而已邪？所少者食，卿但努力营田，自然平殄残丑。"⑤ 可见芍陂屯田对南朝政权的重要性。

南齐后期，淮河以北相继被北魏占领，淮南屯田对梁朝来说就更加重要。梁武帝普通四年（523），裴邃为豫州刺史，屯兵寿阳，修治芍陂，积蓄军粮以抗击北魏。⑥ 史载，其兄子裴之横率"僮属数百人，于芍陂大营田墅，遂致殷积"⑦。中大通六年（534），夏侯夔为豫州刺史镇寿阳，以"豫州积岁寇戎，人颇失业"，于是"帅军人于苍陵立堰，溉田千余顷。岁收谷百余万石，以充储备，兼赡贫人，境内赖之"⑧。苍陵在今寿县西，是芍陂灌区的一部分。总之，南朝政权为经略北方，对芍陂水利是极其重视的，促进了屯区灌溉农业的发展，保证了军粮供应，对维护

① 《晋书》卷七七《殷浩传》。
② 《宋书》卷四八《毛修之传》。
③ 《宋书》卷五一《宗室传·长沙景王道怜传附子义欣传》。
④ 《宋书》卷五《文帝纪》。
⑤ 《南齐书》卷二五《垣崇祖传》。
⑥ 《梁书》卷二八《裴邃传》。
⑦ 《梁书》卷二八《裴邃传附兄子之横传》。
⑧ 《梁书》卷二八《夏侯亶传附弟夔传》。

东晋南朝统治有重要的战略意义。

淮河流域另一个重要的水利屯田区域是淮阴地区，其中以石鳖屯最为著名。东晋永和五年（349），徐州刺史荀羡"北镇淮阴，屯田于东阳之石鳖"①。其屯田用水就是相传为邓艾所立之白水塘。后来北齐占淮南，于乾明元年（560）修复石鳖屯，岁收数十万石，淮南充足。陈宣帝太建五年（573），大将吴明彻攻取淮南，次年皇帝下诏："石鳖等屯，适意修垦。"② 到太建十年，陈军兵败，退回江南，屯田宣告结束。

荆襄地区作为东晋南朝的上游军事重地，也是重要的水利屯田区域。宋元嘉五年（428），张邵镇襄阳，修筑了襄阳长围。据载：张邵"筑长围，修立堤堰，开田数千顷，郡人赖之富赡"③。元嘉二十二年，刘骏镇襄阳，以刘秀之为抚军录事参军、襄阳令。襄阳有召信臣所修六门堰，可以灌溉良田数千顷，但"堰久决坏，公私废业"④，于是命刘秀之修复六门堰，当地农业由此获得大丰收。同年，沈亮任南阳太守，因"北洛侵羌，南宛凋毁"，组织军民重修马仁陂，以灌溉公私田地。

荆州地区的水利建设也很有成就。东晋义熙八年（412），朱龄石随刘裕讨伐刘毅至江陵，为充实军粮，在上明（今湖北松滋县附近）开凿三条引江水灌溉的渠道，灌溉稻田，百姓大获其利。⑤ 宋元徽初（475年左右），"沈攸之为荆州刺史，堰湖开渎，通引江水，田多收获"⑥，进行了对湖灌区的水利开发。

为了保护荆州农业经济的发展，东晋时期，桓温镇江陵，因城东南地势低，命陈遵修筑荆江大堤。梁天监元年（502），萧憺为荆州刺史镇江陵，"厉精为治，广辟屯田"⑦。天监六年，荆州大水，"江溢堤坏"，萧憺又亲率将士抢修江堤，保护了荆州百姓的安全，也使农田免遭破坏。⑧

第四节　农田水利的管理及运渠的开凿

一、农田水利的管理

魏晋南北朝时期承袭秦汉，均有专门官员负责水利的管理。曹魏以水衡都尉主

① 《晋书》卷七五《荀崧传附子羡传》。
② 《陈书》卷五《宣帝纪》。
③ 《宋书》卷四六《张邵传》。
④ 《宋书》卷八一《刘秀之传》。
⑤ 汪家伦、张芳：《中国农田水利史》，农业出版社，1990年，207页。
⑥ 《太平寰宇记》卷一四六"荆州枝江县条"。
⑦⑧ 《梁书》卷二二《太祖五王传·始兴王憺传》。

天下水军舟船器械,又因汉设河堤谒者。晋武帝时,省水衡,置都水使者一人,以河堤谒者为都水官属。傅玄曾上书:"以魏初未留意于水事,先帝统百揆,分河堤为四部,并本凡五谒者,以水功至大,与农事并兴,非一人所周故也。今谒者一人之力,行天下诸水,无时得遍。伏见河堤谒者车谊不知水势,转为他职,更选知水者代之。可分为五部,使各精其方宜。"① 东晋时,"省河堤谒者,置谒者六人,诸州置都水从事各一人。宋孝武帝复立都水台,置都水使者官,有参军二人。南齐有都水台使者一人,有官船参军。梁初亦有都水台使者一人,后改为大舟卿,主舟航河堤,并有丞和主簿。陈因梁制。北魏、北齐有水部,属都官尚书,掌舟船津梁之事,并设都水台二使者,有参军。北周有司水中大夫,小司水上士,小司舟中士"②。由于农田水利建设和农业发展息息相关,因而大司农也是农田水利开发的重要管理机构,主要调集各方面的人力、物力支持水利建设。

除了中央性质的水利管理机构和官员,重要的水利设施也常设专人管理和维护。如蜀汉时,在都江堰就有专门的堰官主持维护工作,《水经注》卷三三《江水注》:"诸葛亮北征,以此堰农本,国之所资,以征丁千二百人主护之,有堰官。"据《晋书》卷一〇《安帝纪》载:隆安二年(398),刘牢之败兖州刺史王恭,"恭奔曲阿长塘湖,湖尉收送京师,斩之"。此处的湖尉也是管理水利的专职官员,类似的还有埭吏、竭主、征丁等。③ 这些官吏都有机构和属员,以处理维护、管理水利设施的日常事务。

当时水利设施都有一套管理办法。在维护方面,虽然一般都有专门的岁修制度,如上述诸葛亮专门以1 200人维护都江堰,又据《洛阳伽蓝记》记载千金堨"昔都水使者陈勰所造,令备夫一千,岁恒修之"。但日常的维护还要靠当地百姓出钱出力,如芍陂的维护就是"大小戮力,计功受分";会稽一带更是"民丁无士庶皆保塘役"。在使用方面,有对公私用水等的限制约束,如杜预在襄阳修复召信臣遗迹,刊石立碑,约束用水,以发挥最大效益。

农田水利的管理不仅是对水利设施的维护,同时对一些有害于农田水利的设施也予以拆除。特别是一些水碓磨坊,阻遏了水流、水量、水势,不利于水利设施功能的正常发挥。为了维护正常的农业生产就必须将其拆除,对此类事件的记载也不少。如晋武帝时刘颂为河内太守,"郡界多公主水碓,遏塞流水,转为浸害,颂表罢之,百姓获其便利"④。

水利工程的建设,主要有三种组织方式:中央政府调集人力、物力,派专员或

---

① 《晋书》卷四七《傅玄传》。
② 郑肇经:《中国水利史》,上海书店,1984 年,326～327 页。
③ 高敏:《魏晋南北朝经济史》下册,上海人民出版社,1996 年,743 页。
④ 《晋书》卷四六《刘颂传》。

委任地方长官主持修建；地方军政长官或驻军统领组织当地军队进行修建；地方长官组织当地吏民自力建设。但一般较大的水利工程，由于动用人力物力较多，均需提前向中央政府提出修建方案以待批准。如果擅自动用大量民役则会受到处罚，如东晋张闿修新丰塘，用工20余万，被以"擅兴造"之罪名罢官。

在农田水利建设过程中，人们因地制宜开发了多种灌溉工程类型，主要有：引水渠道，主要修建于北方平原地区；陂塘堰坝，主要建于南方丘陵山区；陂渠串联工程，多建于淮河、汉水流域；圩垸水利工程，主要分布在南方沿江平原、湖区、下游三角洲及滨海地区。[①] 水利形式的多样化，反映了这一时期传统灌溉工程技术的进步。

二、运渠的开凿及其对农业的影响

魏晋南北朝时期，各政权都很重视内河航运事业，开凿运渠，疏通河道，虽然这些努力大多出于军事活动和国家漕运的需要，但对于农业生产及其产品流通也具有重要的意义。自古以来，很多河渠的开凿都兼有航运和灌溉两种功能，如李冰修都江堰，便以"此渠可行舟，有余则灌溉"，后来成为著名的水利灌溉工程。而且运渠的开凿，连通各水系，便于各地区水流的调节，有利于疏壅泄洪和引水灌溉。魏晋南北朝时期，华北地区的众多河流水量仍然丰富且较为稳定，许多河流都可以通航，这也为北方运渠的发展提供了必要的自然基础。通过努力，这一时期初步形成了沟通江、淮、黄、海四大水系的运河网，不仅对军事活动产生了重要影响，对漕运和灌溉事业发展也有很大的推动作用。

（一）黄河、海河水系的运渠

建安七年（202），曹操疏通汴渠（淮阳渠），西通黄河。建安九年，为北征袁尚，在淇水入黄河口处筑枋头堰，遏淇水入白沟。建安十一年，复凿渠引滹沱水入泒水，名平虏渠；从泃河口凿入潞河，以通海，名泉州渠；还挖凿一条新河，引鲍丘水自雍奴县界出，历盐关口，至东亭附近注入濡水。这样，西南起自淇水、白沟，东北下经清水，渡平虏渠，入泒水、潞水、鲍丘水，在经泉州渠、新河两条人工河渠，直抵濡水，沟通黄、海水系，形成了一条贯通河北大平原、直抵今长城附近的水上运输线。[②]

---

① 张芳：《中国传统灌溉工程及技术的传承和发展》，《中国农史》2003年4期。
② 王利华：《魏晋南北朝时期华北内河航运与军事活动的关系》，《社会科学战线》2008年9期。

在邺城附近，曹操于建安十八年凿"利漕渠"引漳水入白沟，将清漳水、白沟、淇水等水连通。其后，于太和年间（227—232）凿白马渠，沟通滹沱河和衡漳水；景初二年（238），司马懿征公孙渊，凿鲁口渠，沟通滹沱河和泒水。北魏时，李阿难又开凿了一条连接白沟和漳水的运渠，"以利衡渎"，被称为"阿难渠"，后来亦有灌溉之利。①

北方地区经曹魏的开发，形成了以邺城为中心，沟通黄河、海河水系，河渠相连的复杂水网。随着历史的变迁，曹魏故渠虽或湮废，但其后各朝代均以曹魏所开发的运渠体系为主，进行疏浚、修治，以发展漕运、灌溉等水利事业。

砥柱之险历来是黄河漕运的最大困难，据《水经注》记载，魏晋时派有专官率领工匠修治河滩，以便于行船。西晋泰始十年（274），为方便关中和洛阳之间的运输，在砥柱上游"凿陕南山，决河东注洛，以通运漕"，从而避开了砥柱之险②。这也是历史上唯一一次沟通黄河和洛水上游的记录。

洛阳地区的漕运也较为发达，东汉时就有引洛通漕的阳渠。曹魏时，陈协主持修建了千金堨，并开五龙渠。西晋泰始七年（271），因堨被大水冲毁，在五龙渠口上游修筑新堨，新渠称代龙堨。晋怀帝永嘉元年（307），又派李矩、袁孚"率众修洛阳千金堨，以利运漕"③。北魏太和二十年（496），又凿渠引洛水入谷水，孝文帝亲临观看，可见对此事的重视。④

（二）沟通江、淮、河、济的运渠

此时期沟通江、淮、河、济的水道可分为东西两路。东路为邗沟，北接淮水，溯淮水干流西接汝、颍；由淮入泗，至彭城西上，经汴渠入黄河；若溯泗水北上，则通于河、济。西路自濡须水经巢湖、肥水北入淮水，可通颍水、涡水，由广漕渠等入黄河。两路皆由天然水道和人工运渠交互衔接而成。⑤

其中邗沟原经博支湖、射阳湖再向东北出末口入淮河，有些迂曲。为便利漕运，三国时已改由樊梁湖北经津湖（又作精湖）、白马湖入淮。东晋永和时，因江都水断，改由其西五六十里处的欧阳埭引江水入邗沟。

由淮入泗，是东晋南朝北上用兵的常经之路。东晋永和十二年（356），荀羡为攻燕将慕容兰，开渠自洸水引汶水通于泗水，至于东阿。太和四年（369），桓温北伐，六月率水军溯泗水进至金乡，因大旱而水道不通。于是命毛穆之在巨野泽凿渠

---

① 《水经注》卷九《淇水注》。
② 《晋书》卷三《武帝纪》。
③ 《晋书》卷六三《李矩传》。
④ 《魏书》卷七下《孝文帝纪下》。
⑤ 《中国水利史稿》编写组：《中国水利史稿》，水利电力出版社，1979 年，277 页。

300 里，利用巨野泽水沟通泗、汶、济，自济水入黄河，从而向西到达河内地区。这条渠就是桓公沟，又称洪水。后来刘裕两次北伐，水军走的就是这条路，并加以疏浚。东晋太元九年（384），谢玄认为由淮入泗的运渠"患水道险涩，粮运艰难，用督护闻人奭谋，堰吕梁水，树栅，立七埭为派，拥二岸之流，以利运漕，自此公私利便。又进伐青州，故谓之'青州派'"①。

汴渠是沟通黄河、淮泗的重要水道。建安七年（202），曹操在浚仪所修睢阳渠，应是浚仪到睢阳间的汴渠。后来邓艾在两淮大兴屯田水利，重修汴口石门，并开广漕、淮阳、百尺等渠，引黄河水入颍、汴等水，使黄河与淮水两大水系相通。曹魏时，该地区还修建了贾侯渠、讨虏渠等，这些水利设施都兼有漕运和灌溉两种功能，也奠定了这一地区运渠系统的基础。西晋时，大水冲毁汴口石门，傅祗修沉莱堰，以控制水势，避免水患。东晋义熙十三年（417），刘裕灭姚秦，回师时曾对汴渠进行疏浚。北魏迁都洛阳后，为对南朝用兵，由崔亮主持，"修汴蔡二渠，以通边运"②。

（三）长江水系的运渠

长江流域的水运在这一时期也有很大发展，形成以建康为中心的水运网。此地区天然河道、湖泊众多，相互接接，因而水运建设以整理水道和修筑堰埭为主，人工运渠较少。

孙吴时，为了加强建业与东南诸郡的联系，孙权派陈勋率将士 3 万人开凿句容中道，即有名的破岗渎。大致起于小其，向东穿过山岗，越镇江南境，到今丹阳境内的云阳西城，总长四五十里。因河道纵坡较陡，于沿途修建了 14 个埭，以蓄水、平水，保证通航。由于渠身狭小，不便在冬春季节行船，到了梁朝便在其南另修"上容渎"以代之。该运河起自句容县东南 5 里，采取"顶上分流"，一支东南流，一支西南流，沿程均筑有埭以利漕运。出句容县，西流入秦淮河，转入长江。到了陈朝，上容渎也湮塞，转而修复破岗渎。隋朝平陈后，因建康城被平毁，二渎也随之毁废。③

荆襄地区水道纵横，湖泊众多，但西晋以前由汉水通荆州的航道要顺汉水入长江，再溯江而上，较为迂曲。西晋灭吴后，杜预镇襄阳，大兴农田水利，"开杨口，起夏水，达巴陵千余里，内泻长江之险，外通零桂之漕"④。这条运渠自汉水南通江陵、东到巴陵，避免了荆江及汉水下游的迂远和风险。据《水经注》记载：刘宋

---

① 《晋书》卷七九《谢安传附奕子玄传》。

② 《魏书》卷六六《崔亮传》。

③ 《中国水利史稿》编写组：《中国水利史稿》，水利电力出版社，1979 年，285 页。

④ 《晋书》卷三四《杜预传》。

元嘉时期，开凿运渠沟通路白湖和扬水，扬水东经华容县，汇合灵溪、柞溪等水，又北流到竟陵县西，汇合巾水北入汉水。也许元嘉时开凿的运渠就是对杜预所开渠道的改建或疏浚。①

---

① 《中国水利史稿》编写组：《中国水利史稿》，水利电力出版社，1979年，288页。

第四章 农业生产结构与地理布局

魏晋南北朝时期，我国农业生产结构发生了重大调整，农业经济的地理布局也发生了显著改变，与前一个时期相比，呈现出了颇不相同的局面。毋庸置疑，种植业仍是这一时期农业生产的主体，但种植业结构和主要作物的地理分布则与秦汉时代有着显著不同。同一时期，由于游牧民族大量内迁并在中原地区取得了政治上的统治权，畜牧区域曾经一度向内地明显扩张，畜牧业在整个社会经济中的比重有较大提高，是战国以后内地畜牧经济最为彰显的一个时期。畜产结构也相应地发生了较大变化。本章对有关情况进行概述。

第一节 粮食生产及其地理布局

魏晋南北朝是我国粮食种植结构和地理布局发生重要调整的一个时期。就北方传统农区而言，虽然当时所栽培的旱粮作物仍主要是粟类、黍穄、麦类、豆类等，但不同作物地位的升降则相当引人注目。随着南方水田农业的迅速发展，水稻栽培在全国粮食生产中的地位显著提高。为方便起见，以下对几类主要粮食作物的生产情况分别略作介绍，具体说明其变化调整情况。

一、粟的主粮地位及其动摇

粟在先秦文献多称为"稷"①，为我国原产和最早栽培的粮食作物之一。两汉时期，粟在"五谷"中处于主粮的地位，被誉为"五谷之长"②。魏晋南北朝时期，粮食作物及其禾苗的通称——"谷"与"禾"，在时俗中乃为粟的代名词。《齐民要术·种谷》云："谷，稷也，名粟。谷者，五谷之总名，非止谓粟也。然今人专以稷为谷，望俗名之耳。"这一通俗叫法的出现，本身即已说明粟类在当时人们心目中的地位之高。当时，粟类种植广泛，品种众多。郭义恭《广志》已记载有粟的品种11个，《齐民要术》又增加了86个；如再加上优质粟类——粱的品种4个、黏性粟类品种6个，则当时北方地区的粟类品种至少有107个之多，超出了诸书所见其他谷类作物品种数量的总和！这些品种，有的早熟，有的晚成，或高产，或耐旱、耐湿，或抗虫灾雀暴，或易春、味美，等等，形成了十分完整的品系，反映了这一时期粟作高度发达的事实，也证明粟在当时北方地区仍是最主要的粮食作物。正因为如此，北朝时期国家征租以粟为准，比如北魏制度规定："其民调：一夫一妇帛一匹，粟二石。"③而当时人们论及粮食问题时，也总是将粟放在首位。

此一时期，粟类作物生产的主要区域，仍是黄河中下游地区。综合各类文献的零星记载可以判断：当时西自河陇，东至青冀，北起长城两侧，南至淮河沿岸，都有大面积粟类栽培。南方的一些地方也种植有粟类，例如谢灵运《山居赋》就曾经提到，其山里庄园中的粮食作物，除水田种稻，还在陵陆之地种植旱作，其中就包括有粟。④ 不过，尚未发现关于南方大面积种植粟类的记载。

二、麦作的进一步发展推广

自两汉以降，随着水平旋转石磨等工具的发明和推广，以及饼食（面食）的日

---

① 关于粟与稷的关系，自古以来一直有两种不同看法。夏纬瑛《管子地员篇校释》（中华书局，1958年，89～90页）云："谷名中的稷，向有二说：汉人经注多以稷为粟，是现在谷中产小米的一种；本草家多以稷为穄，是现在黍中不黏的一种。"以稷为穄，出自唐代本草书，可能因二字同音而致。目前，国内农史学者基本同意稷即是粟（参见梁家勉：《中国农业科学技术史稿》，农业出版社，1989年，56～57页；缪启愉：《齐民要术校释》，中国农业出版社，2009年，64～65页）。兹采用国内农史界比较公认的说法。

② 应劭《风俗通义》卷八引《孝经（神援契）》。

③ 《魏书》卷一一〇《食货志》。

④ 《宋书》卷六七《谢灵运传》引《山居赋》云："兼有陵陆，麻麦粟菽，候时觇节，递艺递熟。"

益普及，麦作一直呈上升趋势。魏晋南北朝时期，麦类作物不但在黄河中下游地区日益广泛种植，同时还向淮河以南、长江流域大幅度推广。

《齐民要术》卷二有专篇讨论麦类生产技术，记载的麦类作物有大麦、小麦、穬麦和瞿麦等，有十多个品种。其中穬麦是裸大麦，亦即元麦；瞿麦即雀麦，亦即燕麦。诸麦之中，以小麦尤其是宿麦即冬小麦为主。由于小麦在生长过程中需水量较大，一般为粟类作物的两倍，故当时通常高地种粟类，低地种小麦，民间流行的一首歌谣唱道："高田种小麦，稴穆不成穗。男儿在他乡，那得不憔悴?"① 说明当时普遍认为在高亢之地种植的小麦如同异乡游子，不得安然生长，故多苗而不实。由此推测：当时北方已逐步形成了高低地分种粟麦的生产格局。

魏晋南北朝时期，北方地区的麦作分布相当广泛。且以晋代的情况为例：《晋书》卷三《武帝纪》称：太康九年（288）"郡国三十二大旱，伤麦"，虽然我们不能确知这 32 郡国具体所指，但由此可以推知当时麦类栽培相当广泛，并且冬小麦生产在许多地区相当重要，否则就不会成为灾情报告的内容。该书同卷特别提到"三河、魏郡、弘农雨雹，伤宿麦""齐国、天水陨霜，伤麦""陇西陨霜，伤宿麦"等。此外，晋代麦类种植较多的地区，还有沛国、东海、任城、梁国、义阳、南阳、巨鹿、魏郡、汲郡、广平、陈留、荥阳、河东、高平、河南、河内、弘农、东平、平阳、上党、雁门、济南、琅邪、城阳、章武，齐郡临淄、长广、不其等 4 县，乐安郡的梁、邹等 8 县，琅邪郡的临沂等 8 县，河间郡的易城等 6 县，高阳郡北新城等 4 县。②

除上述地区，徐州一带早在三国时代已是麦产区。③ 至北魏时期，青、齐、冀、殷、雍、河等州亦见有麦类分布。④ 大体上，魏晋南北朝时期的华北平原及黄土高原，西起陇西，东极于海，北起上党、雁门，南至淮河的广大地区，都有麦作生产；虽然我们难以估计当时的种麦面积，但据这些出自灾情报告的资料，可以想见种植面积应相当可观。

随着麦作特别是冬小麦种植的日益扩展，其在北方粮食生产中的地位，较之前代有了较大提高。在两汉文献中，我们很少看到将麦与粟并提，而此一时期则较为多见。如南燕慕容超曾说：他所占据的五州之地（今山东半岛地区），"拥富庶之民，铁骑万群，麦禾布野"⑤；北魏时期继续重视麦作的推广，宣武帝正始元年（504），朝廷下令所在镇戍"皆令及秋播麦，春种粟、稻，随其土宜，水陆兼用，

---

① 《齐民要术》卷二《大小麦第十》。
② 分见《晋书》卷四《惠帝纪》、卷二六《食货志》、卷二九《五行志》。
③ 《三国志》卷一《魏书·武帝纪》注引《魏书》、卷一〇《荀彧攸贾诩传》。
④ 《魏书》卷一一二上《灵徵志上》。
⑤ 《资治通鉴》卷一一五《晋纪》安帝义熙五年。

必使地无遗利"①。北周武帝建德三年（574）正月，皇帝"诏以往岁年谷不登，民多乏绝，令公私道俗，凡有贮积粟麦者，皆准口听留，以外尽粜"②。均将麦与粟相提并论，说明麦类在此时的地位已经相当重要。我们知道，冬小麦一般中、晚秋播种，次年年初、仲夏成熟收获，当时文献将麦熟收获称为"麦秋"，与粟类为主的秋收相对而言，进一步说明了冬小麦生产的重要性。

同一时期，由于北方人口南迁和朝廷积极提倡，麦类生产不断向南扩展，在江淮地区的粮食生产构成中占有一席之地，长江以南地区也开始有麦类栽培。早在三国时期，东吴境内似乎已经有了麦类种植，据《三国志·吴书·诸葛恪传》注引《诸葛恪别传》记载：孙权曾宴请蜀国使臣费祎，宴食中有用面粉做的饼，费祎与诸葛恪于席间分别创作了《麦赋》和《磨赋》。如果东吴境内没有麦作，这个故事是不能出现的。

永嘉乱后，南渡建立的晋朝大力提倡推广麦作，大兴元年（318），皇帝即下诏："徐、扬二州，土宜三麦（大麦、小麦和元麦），可督令旱地投秋下种……勿令后晚。"③ 东晋时期的麦作推广似颇有成效，"其后频年麦虽有旱蝗，而为益犹多"④。在长江以南的三吴地区，麦作也成为重要的生产项目，麦子的丰歉直接影响到民食襄饥。大兴二年，"吴郡、吴兴、东阳无麦禾"，其年境内因此"大饥"⑤。

刘宋时期，朝廷继续采取措施在江淮地区推广和督促麦类生产。元嘉二十一年（444），宋文帝下诏称："比年谷稼伤损，淫亢成灾，亦由播殖之宜，尚有未尽。"因此要求："南徐、兖、豫及扬州、浙江西属郡，自今悉督种麦，以助阙乏。速运彭城、下邳郡见种，委刺史贷给……不得但奉公文而已。"⑥ 大明七年（463），孝武帝亦以"近炎精亢序，苗稼多伤"，而"二麦未晚，甘泽频降"，下诏："可下东境郡勤课垦殖，尤弊之家，量贷麦种。"⑦ 均将推广种麦作为补救旱灾损失的重要措施。

由于国家力量的推动，麦作在淮河以南、长江下游两岸不少地方取得了发展，尤其在淮南地区取得了显著成绩。晋安帝义熙十四年（418），三吴水灾，谷贵民饥，而缘淮地区则"邑富地穰，麦既已登，黍粟行就"。于是政府从江淮间调集粮食赈济三吴，可以相信当时所调集的主要是麦子。⑧ 南齐时期的徐孝嗣曾上表提到

---

① 《魏书》卷八《世宗宣武帝纪》。
② 《周书》卷五《武帝纪上》。
③④ 《晋书》卷二六《食货志》。
⑤ 《晋书》卷二九《五行志》。
⑥ 《宋书》卷五《文帝纪》。
⑦ 《宋书》卷六《孝武帝纪》。
⑧ 《宋书》卷一〇〇《自序》。

淮南的粮食生产情况，称："今水田虽晚，方事菽麦。菽麦二种，盖是北土所宜。彼人便之，不减粳稻。"① 可见，当时麦类种植在淮南地区应是相当普遍的。在我国粮食生产史上，麦作向南方地区的推广是一件值得重视的大事，对于当地粮食结构的调整和种植制度的发展有着深远的意义。

三、水稻种植的显著发展

就全国范围而言，魏晋南北朝时期粮食生产结构的最大调整是水稻生产的显著发展。这一时期，曾是地广人稀、火耕水耨的南方地区，由于中原人口大量南迁，农业资源得到了前所未有的大规模开发，随着土地不断垦殖和农田水利建设规模日益扩大，以水稻生产为中心的南方水田农业迅速发展，淮河以南、长江中下游地区成为最大的水稻生产区，特别是地处江南的三吴、会稽地区，更是稻作生产的中心区域。刘宋史学家沈约曾这样概括说："江南之为国盛矣！……自晋氏迁流，迄于太元（晋武帝年号）之世，百许年中，无风尘之警，区域之内宴如也。……自此以至大明（宋武帝年号）之季，年逾六纪，民户繁育。……地广野丰，民勤本业，一岁或稔，则数郡忘饥。会土带海傍湖，良畴亦数十万顷，膏腴上地，亩值一金，鄠杜之间，不能比也。"② 这种繁荣的经济面貌，正是以水稻生产发展为基础的。

岭南、西南地区也有大面积的水稻种植。东晋俞益期《与韩康伯书》称：九真地区"知耕以来，六百余年。火耨耕艺，法与华同。名白田种白谷，七月火作，十月登熟；名赤田种赤谷，十二月作，四月登熟。所谓两熟之稻也"③。说明当时两广及其以南地区已实行了一年两熟制水稻种植。在某些地方，由于水热条件特别，还出现了一年三熟制，《水经注·耒水》记载：位于湘江的支流耒水附近的便县（今湖南永兴县）界有一处温泉："左右有田数千亩，资之以溉。常以十二月下种，明年三月谷熟。……岁可三登。"刘宋盛弘之《荆州记》亦称："桂阳郡西北接耒阳县，有温泉，其下流百里，恒资以灌溉，常十二月一日种，至明年三月新谷便登，重种。一年三熟。"④ 又据郭义恭《广志》记载：当时南方除出现了双季稻和三熟稻栽培，还有再生稻的生产。其称："南方……有盖下白稻。正月种，五月获；获讫，其茎根复生，九月熟。"⑤ 但这些都属于个别特殊现象。

同一时期，北方地区虽以旱粮作物种植为主，但在水源较为充足的地区，水稻种

---

① 《南齐书》卷四四《徐孝嗣传》。

② 《宋书》卷五四《孔季恭、羊玄保、沈昙庆传》"史臣曰"。

③ 《水经注》卷三六《温水注》引。

④ 《太平御览》卷三七《百谷部》。

⑤ 《齐民要术》卷二《水稻第十一》引。

植面积亦相当可观，与前代相比似有较大发展。由于当时黄河中下游地区尚有较良好的水文环境，区域内湖沼陂泽众多，河流水流量也比较大，发展水稻生产的自然条件远比现代要好。从历史文献记载来看，当时北方地区有若干个成片的水稻生产区，栽培面积都相当可观。需要提出的是，当时文献关于屯田和水利工程兴修的记载，常常与水稻生产联系在一起。

自先秦至两汉时代，关中地区的水稻生产一向较为发达。东汉末年以后，由于军阀混战和水利工程破坏，水稻生产一度受到严重影响。曹魏以后，历代王朝又努力恢复水利，发展稻作。魏明帝青龙元年（233），朝廷组织扩建成国渠，将渠道向东西两个方向延伸二百里，"溉舄卤之地三千余顷"，显然是为了种植水稻。① 前秦时期，重修郑白渠，"以溉冈卤之田"，恢复水稻生产。② 但终究未能恢复到两汉时期的水平。

顺黄河东下，在今豫西伊洛河盆地和洛阳附近，自先秦以来亦是稻作相当发达的地区。至魏晋南北朝时期，这一地区的水稻生产取得了显著发展。曹魏时期，位于洛阳西南的新城出产很精美的粳稻，曹丕曾夸耀说："江表唯长沙名有好米，何得比新城粳稻耶？上风吹之，五里闻香。"③ 与之前后的袁准、桓彦林也对新城香稻大为赞美。④

由此复往东南，淮河及其支流汝水、颍水、涡水、濉水、汴水流经地区，河流交错，湖陂众多，灌溉条件良好，是当时的重要稻作区，历代王朝都曾在这一带大开屯田，种植水稻。如东汉末年曹操下屯田令，首先在许昌屯田种稻，一年得谷百万斛⑤；其后邓艾在淮、颍之间大兴屯田，修建陂塘，溉田二万顷，亦主要种植水稻。史称"自是淮北仓庾相望"⑥，可见效益不错。同一时期，夏侯惇在襄邑（今河南睢县），郑浑等在萧、相（今安徽萧县、濉溪县）等地，亦兴修陂塘、开垦稻田。⑦ 南北朝时期，刘宋及北魏均先后在徐州一带修陂垦田，种植水稻。⑧

黄河以北地区也形成了幽蓟、河内两个水稻生产地带。幽蓟地区，早在东汉时

① 《晋书》卷二六《食货志》。

② 《晋书》卷一一一《苻坚载记》。

③ 《艺文类聚》卷八五引曹丕《与朝臣书》。

④ 《北堂书钞》卷一四二《酒食部》引桓彦林《七设》云："新城之粳，既滑且香。"又引袁准《招公子》云："新城白粳，濡滑通芬。"可见当地稻米品质确实不错。

⑤ 《三国志》卷一《魏书·武帝纪》注引《魏书》。据同书卷二八《魏书·邓艾传》载："陈、蔡之间，土下田良，可省许昌左右诸稻田，并水东下"之语可知，当时许昌屯田主要种稻。

⑥ 《三国志》卷二八《魏书·邓艾传》。

⑦ 《三国志》卷九《魏书·诸夏侯曹传》、卷一六《魏书·郑浑传》。

⑧ 《宋书》卷五《文帝纪》；《魏书》卷四四《薛野（䐗）传附薛虎子传》、卷八《世宗纪》。

期，渔阳太守张堪即在狐奴开治稻田八千余顷，"教民种田，百姓以殷富"①；曹魏时期，镇北将军刘靖又在蓟城（今北京城西南部）附近兴修水利，开稻田两千顷；随后不久，樊晨又对其进行扩建、改造，使灌田面积增至万余顷。② 此后，西晋、北魏和北齐都以此为基础加以修复和改建，发展水稻生产。北魏时期，卢文伟主持整修督亢陂，灌田万余顷，积稻谷于范阳城。③ 北齐平州刺史嵇晔重修该陂，扩大灌溉，"岁收稻粟数十万石，北境得以周赡"④。以邺城为中心的漳水一带，稻作也很发达，左思《魏都赋》曾有记颂，其中邺西的"清流之稻"最负盛名，常以上贡。

魏晋南北朝时期，历代王朝均积极鼓励在适宜地区扩大水稻生产。如北魏孝文帝太和十二年（488），曾诏"六镇、云中、河西及关内六郡，各修水田，通渠溉灌"；十三年，又"诏诸州镇有水田之处，各通溉灌，遣匠者所在指授"。这些对于当时北方稻作发展具有一定推动作用。⑤ 由此看来，《齐民要术》设立专篇讨论水稻生产并不是偶然的。该书的记载表明，当时不但在本区东南部的平原地带有水稻种植，在西北高原水资源比较充足的地方也有水稻栽培，有关技术已经发展到了一定的高度，生产经营也相当精细。⑥

根据《齐民要术》记载：当时北方一些地方还栽培旱稻，所以该书也专门讨论了旱稻的栽培技术方法，附记于此。

四、黍类种植的特殊性

黍是黄土地带最早驯化栽培的粮食作物之一。先秦时代，黍与稷并列为最重要的粮食作物。黍类具有耐干旱、对杂草的竞争能力强等优点，故古代常将其作为新垦荒地的先锋作物加以种植。但它的产量比其他谷物要低，而且不易加工处理，所以当土地经过长期耕种、改良肥熟之后，黍在与其他粮食作物的竞争中不易占据优势。

随着北方旱作农业进一步发展，比较高产的粟类以及其他粮食作物生产发展较快，而黍在五谷之中的地位则逐渐下降，至两汉时代已无足轻重了。但在魏晋南北朝时期，由于北方地区长期战乱，土地时荒时垦，黍作为新垦和复垦耕地先锋作物

---

① 《艺文类聚》卷五〇引《东观汉记》。
② 《三国志》卷一五《魏书·刘司马梁张温贾传》；《水经注》卷一四《鲍丘水注》。
③ 《北齐书》卷二二《卢文伟传》。
④ 《隋书》卷二四《食货志》。
⑤ 《魏书》卷七下《高祖纪下》。
⑥ 《齐民要术》卷二《水稻第十一》。

的意义又显示出来。从《齐民要术》的记载来看，当时黍仍主要用作新垦荒地的先锋作物，如该书卷一《耕田第一》云："耕荒毕……漫掷黍穄……，明年，乃中为谷田"，好像种黍是为了给后茬种谷做准备；另外卷二《黍穄第四》亦称："凡黍穄田，新开荒为上，大豆底为次，谷底为下。"文献记载表明：在北朝时期，黍仍具有一定的重要性。皇帝在籍田时象征性地播种的若干重要作物，其中就有黍。① 或许这可以被理解为遵从礼制旧规，不能说明黍具有什么重要经济意义。但是，《齐民要术》中专门设有一篇讨论黍穄的种植，还记载了近20个黍的品种（包括所引《广志》的记载）。当然，并没有文献资料表明黍恢复了其在先秦时代的荣耀，从总体上说，它的地位远不及稷（即粟），所以当时黍的品种与粟相比要少得多，也没有发现关于大面积种黍的记载。

五、豆类和其他粮食作物

中国豆类栽培的历史十分悠久，在先秦时代，"菽"作为重要粮食作物被列入"五谷"之中；秦汉时代菽豆仍为主粮之一，常常与粟并提。至魏晋南北朝时期，豆类种植较之前代有一定发展，表现之一是豆类品种比以前有所增加。据《齐民要术》等书记载，当时北方栽培的大豆品种有11种，小豆也有绿豆、赤豆、豌豆等10个品种。大豆品种中有黄高丽豆、黑高丽豆，从其名字来看，当系从朝鲜半岛传入的良种。另外，这一时期还栽种从西域引进的胡豆，也有青色、黄色两个不同品种。《齐民要术》卷二专设两篇，分别论述大豆和小豆的栽培技术。文献记载表明，这一时期豆类种植分布十分广泛，基本各州郡县都有栽培；在灾害年份，豆类受损也是地方向中央上报灾情的重要内容之一。② 不过，这个时期的豆类，一般不再作主种作物，而多是在主谷栽培的间隙充当轮作、间作、混种和套种作物，这一点与汉代《氾胜之书》所反映的情况很不相同。从《齐民要术》中可以看到，当时北方地区谷豆、麦豆轮作是一种广泛推行的农作制度，谷豆、豆菜、豆桑的间作、混播和套种也十分普遍，其目的在于利用豆类作物根瘤菌的固氮作用，保持和增进地力；有时播种某些豆类，并不是为了收获籽实，而是不待其成熟即行收割，积为"青荚"或"荚草"（即豆禾），供作家畜饲料；或者直接掩杀于地中当作绿肥。尽管如此，豆类在当时仍不失为重要粮食作物之一，平民百姓常以豆糜、豆粥为口食，饥馑之年尤其如此。

---

① 《隋书》卷七《礼仪》二载："北齐藉于帝城东南千亩内，种赤粱、白谷、大豆、赤黍、黑穄、麻子、小麦，色别一顷。"

② 《晋书》卷二九《五行志》；《魏书》卷一一二《灵徵志》等。

关于此一时期豆类作物在南方的生产情况，文献记载甚少，不知其详。但南方某些地区肯定已有豆类栽培。前引谢灵运《山居赋》就曾明确地提到，在他的山居田庄中就栽培有这类作物。

曾经作为重要粮食作物、并且位列五谷之一的麻子，自秦汉以后地位不断下降，到了魏晋南北朝时期，虽然《齐民要术》中仍然有专篇谈论其栽培技术，但种植范围和面积已经相当有限。不过，据《魏书》卷一〇三《蠕蠕传》记载：北魏时期，蠕蠕首领阿那瑰曾"请给朔州麻子干饭二千斛"，可见麻子也并未完全退出历史舞台，至少西北地区仍有一定的生产规模。

除以上所述，这一时期还有两类粮食作物值得一提。一是历来争议较多的高粱，在这一时期的文献中开始有较为明确的记载，曹魏时期张揖《广雅》称之为"藋梁""木稷"，魏晋之际的张华《博物志》称之为"蜀黍"。关于这种作物，郭义恭《广志》有较具体的形态描述，称："扬禾，似藋，粒细，左折右炊，停则牙（引按：即芽）生。此中国巴禾、木稷也。"① 《齐民要术》将其列为非中原所产的一种作物。从诸书所载的名称来看，这种作物可能起源和最早种植于巴蜀地区。

另一类作物是芋。《齐民要术》卷二《种芋第十六》专门记载了芋的栽培方法，但基本是因袭汉代旧文，据贾思勰的注文可知，当时中原地区芋的栽培不多。他说："按芋可以救饥馑，度凶年。今中国多不以此为意，后至有耳目所不闻见者。及水、旱、风、虫、霜、雹之灾，便能饿死满道，白骨交横。知而不种，坐致泯灭，悲夫！人君者，安可不督课之哉？"在他看来，芋是救灾度荒的重要作物，应该督促百姓多加种植。但在蜀汉地区，芋却是种植相当普遍的一种作物。《广志》称："蜀汉既繁芋，民以为资。"当地所种植的芋有 10 多种，其中包括君子芋、车毂芋、锯子芋、青边芋、谈善芋、蔓芋、鸡子芋、百果芋、早芋、九面芋、象空芋、青芋、素芋、百子芋、魁芋等，这些品种的芋各有特点，有的产量高、有的早熟、有的个儿大、有的味道美、有的可作干贮藏备荒、有的可为菹佐餐，等等。此外，该书又记载：华北的范阳、新郑等地出产一种重可达 2 斤的大芋；至于江南地区，则有一种"博士芋，蔓生，根如鹅鸭卵"②。

第二节　蔬菜和油料作物生产概况

魏晋南北朝时期，我国蔬菜生产也取得一些新的发展，具体表现在两个方面：一是蔬菜种类较之两汉明显增多，二是涌现了一批种植地域相当广泛的重要当家蔬

---

① 《齐民要术》卷一〇《五谷、果蓏、菜菇非中国物产者》；《太平御览》卷八三九引。
② 《齐民要术》卷二《种芋第十六》引周处《风土记》。

菜。与此同时，随着压油技术的出现，我国开始利用食用植物油料，从此油料作物的栽培种植也开始发展起来。

一、蔬菜种类的增加

首先看看蔬菜种类增加的情况。

在我国历史上，粮食种植和蔬菜栽培几乎是同时起步和并行发展的。根据《诗经》等文献记载，早在先秦时代，我国已开始出现了专种蔬果的"园圃"，蔬菜生产成为食物生产体系中的一个专门项目。但在当时野外可供采集的野蔬还很多，而栽培蔬菜的种类则相当有限，明确见于记载的仅有瓜、瓠、芸、韭、菁、葵、姜、葱、蒜等几种。① 到了汉代，蔬菜种类有了较大增加，学者曾根据《氾胜之书》《四民月令》及张衡《南都赋》等文献进行过不完全统计：当时可以确定为人工栽培的蔬菜已有 20 多种，其中包括葵、韭、瓜、瓠、芜菁、芥、大葱、小葱、胡葱、胡蒜、小蒜、杂蒜、薤、蓼、苏、蕺、荠、蘘荷、苜蓿、芋、蒲笋、芸薹及若干种豆类，已远多于先秦时代。② 到了魏晋南北朝时期，仅《齐民要术》一书中明确记载有栽培方法的北方蔬菜即达 30 余种，其中包括葵（多个品种）、冬瓜、越瓜、胡瓜（黄瓜）、茄子、瓠（葫芦）、芋（品种甚多，其中有的适合作蔬菜）、蔓菁（芜菁）、菘菜（多个品种）、芦菔（萝卜）、蒜（包括胡蒜、小蒜、黄蒜、泽蒜等）、薤、葱（包括胡葱、小葱等）、韭、芸薹、蜀芥、小芥（芥子）、胡荽（芫荽）、兰香（罗勒）、荏（白苏）、蓼、姜、蘘荷、苦荬菜、白苣、芹（水芹）、马芹子（野茴香）、堇、胡葈（苍耳）、莼菜、藕、苜蓿（紫花苜蓿）、芡实（鸡头）、芰（菱）等；此外还记载有凫茈、藻、菰蒋（茭白）、茅、笋、青蒿、蒲、菰菌（蕈）、堥淡（木耳）、紫菜、竹菜、蕺菜、蕨菜、荇菜等水生和陆地蔬菜。

这一时期蔬菜种类的增加，主要通过三种途径：一是人们继续努力将野菜驯化成为栽培蔬菜。举例来说，苦荬菜在先秦时代已被采集食用，当时称为"苣"，《诗经·小雅》即有《采苣》一篇，言及当时采集这种野蔬的情形，直到两汉时代还没有被人工栽培，而到魏晋南北朝时则肯定已成为栽培菜种；多种水生种类在这一时期也由野生走向人工栽培，如莲藕、菱、芡实、莼菜等即是，《齐民要术》在卷六《养鱼》篇中附记了它们的栽培方法。不过由于水生蔬菜一般对水温、水质的要求较高，所以主要栽培于南方水域，北方地区相对较少。二是由于不断栽培选育而产

---

① 梁家勉：《中国农业科学技术史稿》，农业出版社，1989 年，142～143 页。
② 梁家勉：《中国农业科学技术史稿》，农业出版社，1989 年，214 页。

生新的蔬菜变种。例如瓜菜类中即有从甜瓜演变来的越瓜，甜瓜一向只作水果生食，而由之产生的变种越瓜，则是佐餐的蔬菜；先秦文献中多次出现的"葑"，后来逐步分化出蔓菁、芥和芦菔等若干个变种，均为当时重要的栽培蔬菜，而长期作为我国当家蔬菜之一的"菘"（即白菜），亦是"葑"的后代变种。三是异地菜种不断传入，使当时蔬菜种类显著增加。自西汉以后，中亚各国的许多新奇农产，通过"丝绸之路"陆续传入中原，其中包括有不少蔬菜。汉代已经传入的苜蓿、胡葱和胡蒜等，这时均已成为中原农民菜园里的新成员。魏晋以后，来自异国的菜种更不断增添，其中比较重要的有胡瓜（即黄瓜）、胡荽（又名芫荽）、莴苣等。黄瓜、莴苣至今仍是我国人民的家常菜，胡荽则是一种具有特殊香气的香菜，既可生吃，也煮食或腌食，种子则可作调味香料；原本作为马饲料的苜蓿，《齐民要术》亦将其列入菜类。[1]因此，这一时期我国蔬菜种类和品种明显增加，一方面是由于广大农民不断辛勤培育的结果，另一方面也由于中外经济文化交流的发展促进了异国蔬菜的传入（图4-1）。

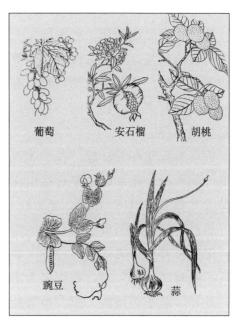

图4-1　引进植物图
（取自清吴其濬《植物名实图考》）

二、若干主要菜种的生产情况

虽然魏晋南北朝时期的蔬菜可谓种类众多，但其中有若干种类较为常食。通过全面检索这一时期的文献记载，我们可知当时最重要的当家菜种是锦葵科的葵菜（古时又叫滑菜、又名冬寒菜），葵菜在当时文献中出现的频率最高，品种甚多，北朝时期已有紫茎、白茎二种，分别又有大、小之分；还有一种鸭脚葵，大约其叶形似鸭脚；如按栽培季节分，又有春葵、秋葵和冬葵之别。因此，《齐民要术》将其列为蔬菜第一种，栽培方法记载最为详细。该书提到，为了经营葵菜园，要专门凿井、置办桔槔和辘轳等浇园设施，同时还要置一辆车专供运粪、运菜之用，这反映了当时葵菜生产甚受重视，并且经营栽种的规模相当可观。[2]

---

① 《齐民要术》卷三《种苜蓿第二十九》。
② 《齐民要术》卷三《种葵第十七》。

除了葵菜，十字花科的蔓菁、萝卜、芸薹、芥菜等，也是当时的重要菜种。蔓菁（又称芜菁）肉质根肥大，根和叶供鲜食，也可腌渍作干菜供食，在当时被大量栽培。根据《广志》和《齐民要术》记载：当时芜菁有紫花、白花等不同品种，还有一种叶根粗大的"九英"芜菁。芜菁在当时北方地区栽培面积颇广，它既可干藏或者作菹食用，亦作家畜饲料，此外还被认为是重要的救荒作物，《齐民要术》认为：芜菁"可以度凶年，救饥馑"，"若值凶年，一顷乃活百人耳"。[①] 同科别种萝卜（时多称芦菔，或俗名雹突）及芥菜（有蜀芥、小芥诸种）、芸薹，在当时也相当普遍地种植。萝卜根叶均可食；芥菜除茎叶供作菜蔬，还取籽作芥子酱；芸薹在当时主要作蔬菜，但其中的一种后世被定向选育，专供作榨油原料，成为今天所谓油菜中的一种。

香辛类蔬菜有姜、葱、蒜、韭等，均各有不同品种，前几种主要作为菜肴和饼食烹饪的香料，韭菜则主要直接供作菜食。北魏孝文帝曾在蔚州兴唐县（唐地名）广种大叶韭菜"以济军需"，至唐代当地尚有其遗种。[②]

葫芦科的瓠、胡瓜也是当时的常见蔬菜。瓠，古代又或称壶楼，包括葫芦和瓠子，形细长者称为瓠子，约颈圆腹者则为葫芦。当时，瓠或蒸食，或制作干脯；胡瓜，石勒时讳"胡"字，曾更名为王瓜，即今常食的黄瓜。

此外，茄子、莴苣、蓼、菫等蔬菜在当时文献中也经常被提起。其中菫菜，当时可能刚刚开始栽培。《齐民要术》卷三记载了有关技术方法，称："菫及胡葸，子熟时收子，冬初畦种之。开春早得，美于野生。"但其时嗜食之者已不少。《北史》卷四四《崔亮传》载："（崔）僧深从弟和，位平昌太守。家巨富而性吝，埋钱数百斛，其母李春思菫，惜钱不买。"又，崔鸿《十六国春秋·前赵录》曰："刘殷七岁丧父，哀毁过礼。曾祖母王氏盛冬思菫，殷年九岁，乃于泽中恸哭，收泪视地，见有菫生焉。得斛余而归，食而不减，至菫生乃尽。"大概这是一种味道不错的菜，所以人们编造了不少相关故事。但菫菜究竟为何物，尚不能肯定。[③] 其他菜种不一一做介绍。

值得一提的是，当时有些栽培植物虽本非当作蔬菜种植，但实际上常供蔬食佐餐，比如苜蓿就是一种。比苜蓿更常见食用的是豆类的苗叶，古称为藿，自先秦时代即经常采以作羹，魏晋南北朝时期仍然如此。甚至某些树木的嫩叶苗也常被北方人作菜用，例如河北一带多榆树，当地人常采嫩叶做羹，还常因此被其他地方的人

---

① 《齐民要术》卷三《蔓菁第十八》。
② 《元和郡县志》卷一四《河东道三·蔚州》。
③ 缪启愉先生认为是菫菜科的菫菜（见《齐民要术校释》，中国农业出版社，2009 年，223 页）。

取笑。① 据《齐民要术》卷五《种榆、白杨》记载：当时人们不仅采榆叶为蔬，而且还采榆荚为酱，称为"榆酱"。

从《齐民要术》的记载来看，蔬菜栽培在当时不仅是为了满足自家消费的需要，同时也是农家经营谋利的重要项目，主要蔬菜的生产目标常常是瞄准市场需求，特别是城市附近有条件的人家，蔬菜栽种的面积和所获得的经济收益均相当可观。例如该书卷三《种葵第十七》"冬种葵法"提到，以"近州郡都邑有市之处，负郭良田三十亩"种植葵菜，随时摘卖。至次年三月初，拔菜卖之，"一升葵，还得一升米"，"一亩得葵三载，合收米九十车。车准二十斛，为米一千八百石"。又至九月，"指地卖，两亩得绢一匹"。再如《蔓菁第十八》"多种芜菁法"称：以"近市良田一顷，七月初种之。""一顷收叶三十载。正月、二月，卖作酝菹，三载得一奴。收根依埒法，一顷收二百载。二十载得一婢。"又"种菘、芦菔法"称："秋中卖银，十亩得钱一万。"又如《种胡荽第二十四》云："种法：近市负郭田，一亩用子二升……卖供生菜也。""一亩收十石，都邑粜卖，石堪一匹绢。""作菹者，十月足霜乃收之。一亩两载，载直绢三匹。"诸如此类，不一一引录。其中虽不免有些夸大的成分，但当时北方地区农民（特别是地主）通过较大面积地种植蔬菜以谋取利润的情况，应是可信的。否则《齐民要术》不会如此不厌其烦地计算讨论。

南方一些地方也有较大面积的蔬菜栽培。例如谢灵运《山居赋》曾描绘了大地主庄园中蔬菜种类众多，生产旺盛的情况。其称："畦町所艺，含蕊藉芳。蓼蕺葱荠，薝菲苏姜。绿葵眷节以怀露，白薤感时而负霜。寒葱摽倩以陵阴，春藿吐苕以近阳。"② 这种蔬菜经营，可能亦含有谋取商利的目标。而据当时文献记载，南朝时期颇有些以种菜鬻蔬为生的人士，例如梁代范元琰，"家贫，唯以园蔬为业"。陈朝褚玠"种蔬菜以自给"③。这些都反映当时存在商品性蔬菜生产经营的事实。

三、油料作物的种植

魏晋南北朝时期农作结构的一个引人注目的发展变化，是油料作物栽培开始兴起。我们知道，在两汉及其以前，食用油来自动物脂肪，植物食用油的利用似乎尚未开始，东汉崔寔的《四民月令》中虽然记载了胡麻和荏子种植，但前者主要作粮

---

① 如《魏书》卷一四《神元平文诸帝子孙列传》载："所在流人（河北流民）先为土人凌忽，闻（邢）杲起逆，率来从之，旬朔之间，众逾十万。劫掠村坞，毒害民人，齐人号之为'舐榆贼'。先是，河南人常笑河北人好食榆叶，故因以号之。"

② 《宋书》卷六七《谢灵运传》。

③ 《梁书》卷五一《处士·范元琰传》；《陈书》卷三四《文学·褚玠传》。

用，后者则种作调料，并未大量取其籽实压油。至魏晋南北朝时期，至少胡麻、荏苏、大麻和芜菁的籽实被大量用于压油，这在《齐民要术》中有明确记载。该书卷三《荏、蓼第二十六》说："收子压取油，可以煮饼。为帛，煎油弥佳。"又自注云："荏油色绿可爱，其气香美，煮饼亚胡麻油，而胜麻子、脂膏。麻子、脂膏，并有腥气。然荏油不可为泽，焦人发……荏油性淳，涂帛胜麻油。"明确地提到了4种食用油，即荏油、胡麻油、麻子油以及动物脂肪。同卷《蔓菁第十八》又说："（芜菁）一顷收子二百石，输与压油家，三量成米，此为收粟米六百石，亦胜谷田十顷。"说明当时种植芜菁，收子卖给压油之家，是一件获利甚厚的事情。不过，应该指出的是，在中古时代，上述植物油料虽均可食用，但并不限于食用，它们还被用于"涂帛"作雨衣、作"车脂"（相当于润滑油）、调漆和作润发油（时称"泽发"）等，这些在《齐民要术》中都明确提到了。油料作物栽培的出现，是中国农业史上的一件大事，它使传统农作结构发生了重大改变，对中国人民的饮食生活产生了非常深远的影响。

第三节 果树的构成及其地区分布

魏晋南北朝时期，我国果品生产发展显著，与前代相比，果树的种类和生产区域都发生了不少值得注意的变化：见于明确记载的栽培果品种类明显增多，单是郭义恭《广志》即记载有南北果品达40余种，传统果树的品种数量也大幅度增加[1]；除黄河中下游地区这个传统的果品产区，长江中下游、巴蜀和闽广几大果树生产区域相继形成，并在种类构成方面具有各自鲜明的特色。

一、黄河中下游的果树和产区

黄河中下游地区仍是这一时期最重要的果品产区，主要果树种类与前代相较变化不大，自上古继承下来的枣、栗、桃、李、梨、杏、柿等，仍是当地栽培最普遍的几种果树。但自汉代以后陆续传入内地的葡萄、核桃和安石榴等西域果品，这一时期逐渐得到推广种植，日益成为常见的果树，并对当地人民的饮食生活产生了实际影响。因此，就总体来看，当时北方地区的果树种类比前代有所增加，《齐民要术》共记载有枣、桃、李、杏、梅、梨、柰、栗、林檎、柿、石榴、樱桃、葡萄、榛、软枣、酸枣、桑椹、木瓜等19种果树，并记载了其中绝大部分果树的栽培生产方法。最值得注意的是，这一时期黄河中下游果树品种增加明显，分布区域也比

---

① 王利华：《〈广志〉辑校（一）——果品部分》，《中国农史》1993年4期。

前代有了一定扩展，并涌现了一批优质名产以及著名的果品产区。以下对当地主要果树、品种及其分布情况分别略作介绍。

枣是古代华北的当家果品之一，早在先秦时代就有栽培和收获的记载；司马迁《史记·货殖列传》称："安邑（今山西夏县、运城一带）千树枣，……此其人皆与千户侯等"，可见在汉代这一地区栽培甚多。

至魏晋南北朝时期，黄河中下游地区涌现了众多名枣。郭义恭《广志》记载当时北方枣的品种 20 余个，其中包括河东安邑枣、东郡谷城紫枣、西王母枣、安平信都枣、河内汲郡枣（一名墟枣）、东海蒸枣、洛阳夏白枣、梁国夫人枣、大白枣（名曰"蹙咨"，小核多肌）、三星枣、骈白枣、灌枣，又有狗牙、鸡心、牛头、羊矢、猕猴、细腰、氏枣、木枣、崎廉枣、桂枣、夕枣等不同名目。

河东安邑一带是重要的枣产区，曹魏时安邑枣是进贡朝廷的"御枣"，时人称其味美，龙眼、荔枝不能与之相比。① 直到唐代，该地所产的干枣仍为贡品。②《齐民要术》卷四《种枣第三十三》引《尔雅》郭璞注称："今河东猗氏县出大枣，子如鸡卵。"洛阳、邺城也是重要的枣产地，所产西王母枣亦甚著名，《艺文类聚》卷八七《果部》下引《晋宫阁名》称："华林园枣六十二株，王母枣十四株。"《齐民要术》卷四《种枣第三十三》引《邺中记》载："石虎苑中有西王母枣，冬夏有叶，九月生花，十二月乃熟，三子一尺。"可见该枣在皇家内苑颇有种植。北魏时期，该枣又名"仙人枣"，北魏时洛阳景阳山南百果园内有之，"长五寸，把之两头俱出，核细如针。霜降乃熟，食之甚美。俗传云出昆仑山，一曰西王母枣"③；另一重要枣产区是安平信都（今河北冀县一带），所产之枣史书记载甚多，如《艺文类聚》卷八六《果部》上引何晏《九州论》、《太平御览》卷九六五《果部》二引卢毓《冀州论》均称赞"安平好枣"，左思《魏都赋》也颂及"信都之枣"。此外，《太平御览》卷九六五《果部》二引隋代杜宝《大业拾遗录》记有一种"仲思枣"，枣长四寸、围五寸，紫色细文，文绉核肥，有味，胜于青州枣，据说是北齐时一位名叫仲思的仙人得此枣种之，故亦名"仙枣"，"海内惟有数树"。从文献反映的情况来看，这一地区种枣的历史悠久，枣产量大、品质佳美，《元和郡县志》卷一七《河北道》二"冀州"载：当地有"煮枣故城"，"在（信都）县东北五十里。汉煮枣侯国城，六国时于此煮枣油，后魏及齐以为故事，每煮枣油，即于此城"。今山东省境内，也有不少地方出产名枣，其中东郡谷城（今山东东阿一带）产有粒长二

① 《艺文类聚》卷八七《果部》下引"魏文诏群臣曰"；关于河东安邑的枣，《艺文类聚》卷八七《果部》下引梁简文帝赋咏枣曰："风摇羊角树，日映鸡心枝，已闻安邑美，永茂玉门垂"，可见该地的枣在全国负有盛名。

② 李吉甫：《元和郡县图志》卷一二《河东道》一"河中府"。

③ 《洛阳伽蓝记》卷一《城内》。

寸的紫枣；青州齐郡西安、广饶二县所产的乐氏枣，"丰肌细核，多膏肥美，为天下第一"，相传该枣是乐毅破齐时从燕地带来的良种。①

当时北方地区枣树种植甚为普遍。晋傅玄《枣赋》称："北阴塞门，南临三江，或布燕赵，或广河东"，处处"离离朱实，脆若离雪，甘如含蜜，脆者宜新，当夏之珍，坚者宜干，荐羞天人，有枣若瓜，出自海滨，全生益气，服之如神。"② 由于枣在中古时代不仅是果品，而且还常作粮食，故朝廷对枣树栽培特别重视，北魏"均田制"规定：受田民户要种植一定数量的桑、枣及其他杂树果木。③

栗子向为北方地区的重要果品，魏晋南北朝时期仍是当家果品之一，《齐民要术》卷四有专篇讨论栗子的种植与加工。其时，燕赵地区和关中一带产栗甚丰，是两个最大的产区，所出栗子的品质也最好。郭璞《毛诗疏义》说："五方皆有栗，周秦、吴杨（当作扬）特饶，唯渔阳、范阳栗甜美长味"；卢毓《冀州论》也称："中山好栗，地产不为无珍。"④ 《广志》记载：关中有一种大栗，"如鸡子大"⑤。古代栗子不仅作果品，出产丰富的地区亦以充粮。此外，当时北方地区还出产榛栗（即榛子），《太平御览》卷九七三《果部》十引《诗义疏》说："榛，栗属，有两种。其一种大小皮叶皆如栗，其子小形似杼子，味亦如栗，所谓'树之榛栗'者也；其一种枝茎如木蓼，生高丈余，作胡桃味，辽、代、上党皆饶。"不过，榛子自古即以野生为多，魏晋南北朝时期，遇到饥荒乏食，人们常采以充粮。

桃亦是我国最古老的果树之一，先秦时代已被人工种植。魏晋南北朝时期，北方桃子的生产又有了一定发展，据《广志》的记载：当时有冬桃、夏白桃、秋白桃、襄桃、秋赤桃等，其中秋赤桃品质甚美。⑥ 声名最著的品种当数邺城的勾鼻桃，栽种于石虎的苑内，据称这种桃大可重至三斤或二斤半。⑦

又有樱桃，一名含桃，亦名楔桃，先秦时代也已经种植。西晋时期，宫廷内苑种植很多，《晋宫阁名》称："式乾殿前，樱桃二株，含章殿前，樱桃一株，华林园樱桃二百七十株。"⑧ 根据《广志》记载：当时的樱桃，"大者如弹丸，子有长八分者，有白色肥者：凡三种"⑨。不过，樱桃虽名为桃，其实并非桃子的一个品种，而是樱属水果。

---

① 《齐民要术》卷四《种枣第三十三》。
② 《初学记》卷二八《果木部·枣》第五引。
③ 《魏书》卷一一〇《食货志》。
④ 《太平御览》卷九六四《果部》一引。
⑤ 《齐民要术》卷四《种栗第三十八》。
⑥ 《齐民要术》卷四《种桃柰第三十四》引。
⑦ 《艺文类聚》卷八六《果部》上引《邺中记》。
⑧ 《艺文类聚》卷八六《果部》上引。
⑨ 《齐民要术》卷四《种桃柰第三十四》。

同样古老而且栽种广泛的果树还有李。魏晋南北朝时期，李的品种增加了不少，《广志》记载有赤李、麦李、黄建李、青皮李、马肝李、赤（当作房）陵李、糕李、奈李、劈李、经李、杏李、黄扁李、夏李、冬李、春季李等 15 个品种，贾思勰又增记了木李和中植李两个品种。① 魏晋时期人们对李似乎很重视，有的人家有好李，只因怕别人得到其种，竟然在卖李时总把李核钻破，以防别人栽种。②

杏也是一种栽植甚为广泛的果树，涌现了一些著名品种和产区。如《广志》记载："荥阳有白杏，邺中有赤杏、有黄杏、有奈杏。"③ 魏郡也出好杏，时人甚为称赞，何晏《九州论》称："魏郡好杏"；卢毓《冀州论》也说："魏郡好杏，地产不为无珍。"④ 有些地方还有大片的野杏林分布，《齐民要术》卷四《种梅杏第三十六》引《嵩高山记》说："东北有牛山，其山多杏。至五月，烂然黄茂。自中国丧乱，百姓饥饿，皆资此为命，人人充饱。"

梨树栽培，早在先秦时代就已见于《诗经》等文献⑤，据载汉代皇家园囿中栽种有不少良种梨树。⑥ 到了中古时代，北方地区梨的品种更多，产地也更广泛了，这从《广志》等书的记载就可以看出。《齐民要术》卷四《插梨第三十七》引《广志》称当时的梨有："洛阳北邙张公夏梨，海内唯有一树。常山真定⑦，山阳巨野，梁国睢阳，齐国临淄、巨鹿，并出梨。上党榇梨，小而加甘。广都梨——又云巨鹿豪梨——重六斤，数人分食之。新丰箭谷梨，弘农、京兆、右扶风郡界诸谷中梨，多供御。阳城秋梨、夏梨。"此外，《齐民要术》还记载齐郡出产的胸山梨和另一种别名为"糜雀梨"的张公大谷梨（卷四《插梨第三十七》）；一种在汉武帝时即开始栽培的美梨——"含消梨"（可能即是上面的张公大谷梨），在北魏时期仍然栽种于洛阳城南的劝学里，据说这种梨"重十斤，（梨）从树着地，尽化为水"⑧。可见是一种十分松脆的好梨。由这些记载可知：在魏晋南北朝时期，北方各地均产梨，其

---

① 《齐民要术》卷四《种李第三十五》。

② 《世说新语》卷下《俭啬》第二十九曰："王戎有好李，卖之恐人得其种，恒钻其核。"

③ 《齐民要术》卷四《种梅杏第三十六》引。

④ 《艺文类聚》卷八六《果部》上、卷八七《果部》下引。

⑤ 如《诗经·秦风·晨风》有"隰有树檖"，檖即梨；《韩非子·外储说左下》有"夫树檖、柤、梨、橘、柚者，食之则甘"。按：今本《韩非子》作"夫树桔柚者，食之则甘"。兹据《初学记》卷二八引。

⑥ 《齐民要术》卷四《插梨第三十七》引《西京杂记》载有：紫梨、芳梨、青梨、大谷梨、细叶梨、紫条梨、瀚海梨、东王梨等。

⑦ 真定在今河北正定一带，中古时期这一地区的梨名气甚响，文人记载很多。如何晏《九州论》（《艺文类聚》卷八六《果部》上引）、卢毓《冀州论》（《太平御览》卷九六九《果部》六引）均提到真定的好梨；又曹魏文帝曾诏曰："真定郡梨，甘若蜜，脆若凌（即冰），可以解烦饴。"（《艺文类聚》卷八六《果部》上引）

⑧ 《洛阳伽蓝记》卷三《城南》。

中今河南洛阳、商丘、登封、灵宝，河北正定、平乡，山东巨野、临淄，以及山西东南部和陕西关中一带，乃为著名的梨产区。

果树生产发展最值得注意的方面是多种外来果树的推广种植，其中最重要的是葡萄、核桃和石榴种植的推广。这三种果树虽然在汉代即已陆续传入了中原内地，但在当时还栽种得很少，直到魏晋时代它们方始真正成为内地果树中的重要成员，并在人民的饮食生活中扮演较重要的角色。

葡萄，汉唐文献中多称"蒲陶""蒲桃"或"蒲萄"，原产于地中海及里海地区，远古至上古时代随着中西亚各民族的活动和迁徙逐渐东传。[①]《史记》卷一二三《大宛列传》记载：汉时"（大）宛左右以蒲陶为酒，富人藏酒至万余石，久者数十岁不败。俗嗜酒，马嗜苜蓿。汉使取其实来，于是天子始种苜蓿、蒲陶肥饶地。及天马多，外国使来众，则离宫别观旁尽种蒲萄、苜蓿极望"。这是我们现今所能掌握的有关西域果品内传的最早文字记载，其中唯一提到的水果就是葡萄，但并未明载是张骞本人带回的。然而自魏晋时起，人们多将西域物产的传入附会于张骞，以至于以讹传讹、贻误后人。[②] 在汉代，葡萄主要种植在皇家苑囿，并未见有广泛推广栽培的记载。

魏晋时期，葡萄仍是皇家园囿中的宠物之一。《艺文类聚》卷六五《产业部》上引《晋宫阙名》曰："邺有鸣鹄园、蒲萄园、华林园。"又同书卷八七《果树》下引《晋宫阁名》（按：与前者当系同一书）曰："华林园蒲萄百七十八株。"可见这时内苑葡萄种植甚多。但在这一时期，葡萄已不再局限于皇家园林，它的藤蔓已开始伸出了禁苑墙外，社会上也有人栽种葡萄了。有关的记载颇为不少，如《太平御览》卷九七二《果部》九引有《秦州记》曰："秦野多蒲萄"，可见当时秦州一带多有种植；又引《本草经》（按：疑为陶弘景《神农本草经注》）曰："蒲萄生五原、陇西、敦煌，益气强志，令人肥健延年轻身。"则魏晋之际这些地区都有出产；又引钟会《蒲萄赋》曰："余植蒲萄于堂前，嘉而赋之，命荀勖并作应祯。"是则早在曹魏时期内地达官贵人也开始种植葡萄了。其后，潘岳《闲居赋》（《晋书》卷五五《潘岳传》引）、杨衒之《洛阳伽蓝记》也都有关于栽种葡萄的记载。北魏、北周时期，庾信称葡萄"乃园种户植，接荫连架"[③]。由此看来，《齐民要术》记载有葡萄的种植方法，即不足为奇了。[④]《齐民要术》还引《广志》说：葡萄有黄、白、黑

---

① 关于葡萄的传播，可参见〔美〕劳费尔《中国伊朗编》（商务印书馆，2001年）之"葡萄树"一节。

② 这一错误的始作俑者可能就是西晋的张华，他在《博物志》中说："张骞使西域还，得安石榴、胡桃、蒲桃。"（《齐民要术》卷一〇引）后来他的说法被人广泛引用。

③ 〔唐〕段成式：《酉阳杂俎》前集卷一八《广动植之三·木篇》引。

④ 《齐民要术》卷四《种桃柰第三十四》。

三种，郭氏是说当时华北所种的有三种，抑或是说葡萄总共有三种，不得而知。不过，虽然魏晋时期已有人将葡萄列为南方所无的"中国珍果"之一①，但总体上说，在当时的社会心理中，这种果品究竟还是一种新奇之物，不像中国本地所产的寻常果品那样轻易可得一食。

另一种外来果品——核桃，中古文献一般称作"胡桃"，又或作"羌桃"，即从胡羌地区传入的一种"桃"，实际上这种果子与通常所说的桃毫无亲缘关系。关于它的传入，除了从张华《博物志》延续下来的附会之说，我们没有找到任何新线索。《西京杂记》中记载汉代上林苑中有"胡桃"，云是出自西域，是否即为核桃不得而知。② 但自曹魏以后，有关胡桃的记载逐渐多了起来，根据《艺文类聚》的引载可知，当时好友之间有互赠胡桃者，胡桃已经作为祭礼物品，而晋朝内苑华林园中则种有胡桃 84 株。③ 至北魏时期，郭义恭则记载陈仓和阴平两地出产好胡桃，《太平御览》卷九七一《果部》八引《广志》曰："陈仓胡桃，皮薄多肌；阴平胡桃，大而皮脆，急捉则破。"然而，此后文献中关于胡桃的记载又很少见了，《齐民要术》也没有记载这种果树的栽培方法。

相比起来，关于石榴的记载要丰富得多。石榴，文献多称为"安石榴"，又或称之为"涂林"。关于石榴的传入，历史文献也是语焉不详，我们所知道的关于石榴的最早记载，出自西晋时代陆机的《与弟云书》和张华的《博物志》④，但从汉代史书中我们找不到关于张骞或其追随者引进石榴的记载。根据我们所掌握的资料，魏晋南北朝时期，安石榴在内地一些地方已有种植，《太平御览》九七〇《果部》七引《邺中记》曰："石虎苑中有安石榴，子（按：指果实）大如碗盏，其味不酸。"又引《襄国记》曰："龙岗县⑤有好石榴。"而同时代的缪袭祭仪称："秋尝果以梨、枣、奈、安石榴"，可见当时石榴已用于祭祀。北魏洛阳城中也种植有这种果树，并且似乎颇受时人珍爱，故有"白马甜榴，一实直牛"之语。⑥ 这一时期

---

① 《太平御览》卷九七二《果部》九引魏文帝《与群臣诏》。

② 梁家勉《中国农业科学技术史稿》（农业出版社，1989 年，213 页）认为"是桃的一种，非核桃"。待考。

③ 《艺文类聚》卷八七引《后汉孔融与诸卿书》《荀氏春秋祠制》和《晋宫阁名》。

④ 《太平御览》卷九七〇引陆机《与弟云书》曰："张骞为汉使外国十八年，得涂林安石榴也。"《博物志》的记载亦如上引。

⑤ 未详其地，缪启愉先生认为在今河北邢台一带（《齐民要术校释》，中国农业出版社，2009 年，305～306 页）。

⑥ 《洛阳伽蓝记》卷四《城西》载："白马寺……浮屠前奈林、蒲萄异于余处，枝叶繁衍，子实甚大。奈林实重七斤，蒲萄实伟于枣，味并殊美，冠于中京。帝至熟时，常诣取之，或复赐宫人。宫人得之，转饷亲戚，以为奇味，得者不敢辄食，乃历数家。京师语曰：'白马甜榴，一实直牛。'"文中"奈林"，系"涂林"之误。

安石榴已栽种较多的事实，还可以从《齐民要术》有《安石榴》专篇讨论其栽种方法得到证明。①

除上述之外，这一时期北方地区还有一些其他果品。比较重要的有瓜，即甜瓜。② 根据《齐民要术》引载诸种文献，当时全国各地瓜的品种很多，仅《广志》即记载有10余个品种，该书还称："瓜之所出，以辽东、庐江、敦煌之种为美。"可见此三个地区是当时人们心目中盛产甜瓜之区域。③《齐民要术》记载瓜的栽培技术甚为详细，说明当时瓜的地位相当重要。梅子虽系南方果树，但在先秦时代的中原地区也有种植。至魏晋南北朝时期，由于生态的变迁特别是气候转冷，华北地区已不太适合栽种梅树了，但至少在宫廷内苑仍有种植，社会也可能有栽培者，否则《齐民要术》中不可能有关于种梅和加工梅子的讨论。另一种果品虽然名气不大，但却是一种值得提及的果品，这就是柿。当时文献关于柿的记载不多，我们只从《广志》记载得知：小型品种的柿，果实如小杏一样大，在晋阳一带出产一种"晋阳软，肌细而厚，以供御（即上贡给皇帝）"。《齐民要术》虽然记载了它的栽培方法，但只有寥寥数语。④ 最后还有奈和林檎，前者是绵苹果，后者则是沙果、也叫花红，古时常被混为一谈。奈在河西地区出产甚多，《广志》说："奈有白、青、赤三种。张掖有白奈，酒泉有赤奈。西方例多奈，家以为脯，数十百斛以为蓄积，如收藏枣栗。"⑤ 可见，在今甘肃地区这两种果品种植甚多。既然《齐民要术》有专门的篇章谈到了它们的栽培和果品加工方法，说明在内地也有栽种。

综上所述，魏晋南北朝时期，北方地区的果品生产，在前代的基础上有明显发展，种类和品种显著增多，产地也有较大扩展。

二、南方主要果树及其产区

同一时期，南方地区包括长江流域和华南地区的果树生产也有了显著发展，栽培果树种类比之北方犹显繁众，并且亦形成了不少著名品种和名果产区。由于南北自然条件的差异，南方果树的种类构成与北方地区明显不同；同是南方地区，长江流域与华南地区亦迥然有别，果树生产体系各具特色。

六朝时期，随着长江流域农业资源迅速得到开发，果树生产作为重要的农业项目之一也受到高度重视，特别是世家大族广占山泽，其山庄田园中往往辟有大片果

---

① 《齐民要术》卷四《安石榴第四十一》。虽然记载甚为简略，但毕竟设立了专篇。

② 唐代以前，文献中的瓜除特别指明为何瓜，一般均指作果品食用的甜瓜。

③ 《齐民要术》卷二《种瓜第十四》。

④ 《齐民要术》卷四《种柿第四十》。

⑤ 《齐民要术》卷四《奈、林檎第三十九》引。

园，栽植着数量众多的果树。例如刘宋时期的谢灵运曾有"北山二园，南山三苑"，其中"百果备列，乍近乍远"。有"杏坛柰园，橘林栗圃。桃李多品，梨枣殊所。枇杷林檎，带谷映渚。椹梅流芳于回峦，楟柿被实于长浦"①。普通农户也以种植果树为重要的经济补充，在某些地方甚至成为一些农民的主要生业。

从当时文献记载来看，长江流域的果树以芸香科诸种果树如柑橘、柚、橙等种植最广，生产规模最为可观。众所周知，早在先秦时代，南方的柑橘之类即已闻名于中原，《吕氏春秋》即载果之美者有"江浦之橘""云梦之柚"；汉代司马迁更称"蜀、汉、江陵千树橘"等为"富家之资"，家有千树柑橘富裕程度"与千户侯等"②。魏晋南北朝时期，这些地区的柑橘生产规模进一步有所扩大，涌现了一批著名的品种和产地。

巴蜀地区有"给客橙"（又名卢橘、金橙）、平蒂甘等盛名于世。关于"给客橙"，晋人郭璞称："蜀中有给客橙，似橘而非，若柚而芳香。夏秋华实相继，或如弹丸，或如手指。通岁食之。亦名卢橘。"③ 张华《博物志》亦称："成都、广都、郫、繁、江原、临邛六县，生金橙，似橘而非，若柚而芳香。夏秋冬，或花或实，大如樱桃，小者或如弹丸。或有年，春秋冬夏，华实竟岁。"据《广志》记载：成都出产一种平蒂甘，"大如升，色苍黄"。此外，犍为、南安等地也出好黄甘。同书又载"成都有柚，大如斗"。可见巴蜀西南在当时是芸香类果树的重要产区。

在长江中游，此类果树的种植也相当普遍。据《异苑》记载：当时南康（在今江西南部）有萦石山，山中"有甘、橘、橙、柚。就食其实，任意取足；持归家人啖，辄病，或颠仆失径"④。虽系传闻，而且有点迷信的味道，但当时这些果品出产较多是可以肯定的。今湖北枝江、宜都一带出产的甘子甚为有名，《荆州记》称："枝江有名甘。宜都郡旧江北有甘园，名宜都甘。"⑤ 在一些地方，有人大面积栽种柑橘以谋取利润，从事商品性果树生产。汉魏之际，李衡在武陵龙阳沙洲建宅，"种甘橘千树"，临死之时对其子说："吾州里有千头木奴，不责汝衣食，岁上一匹绢，亦可足用矣。"到了东吴末年，柑橘成林，"岁得绢数千匹"。⑥ 李衡所经营的柑橘林，显然是商品生产性质。

至于长江下游的吴、会地区，柑橘之类的果树种植同样很普遍，专门记载江南风土物产的周处《风土记》曾多次提到了有关情况，如其中说："甘橘之属，滋味甜美特异也。有黄者，有赪者，谓之壶甘。"又说："柚，大橘也，色黄而味酢。"

---

① 《宋书》卷六七《谢灵运传》引《山居赋》。
② 《史记》卷一二九《货殖列传》。
③④⑤ 《齐民要术》卷一〇引。
⑥ 这一故事甚为有名，不少文献都有引述。兹据《齐民要术·序》引。

而佚名《广州记》在记载岭南"卢橘"时也称："……其类有十八种，不如吴、会橘。"① 可见这个地区所产的柑橘品种不少，品质佳美，为岭南所不及。

枇杷也是长江流域的重要果品。根据《广志》《荆州记》等书记载，当时南安（不详所指，应在秦岭以南的蜀汉地区）、犍为（今川南、黔西北、滇东北一带）、宜都（今湖北宜都县）等地，是远近闻名的著名枇杷产地；而《风土记》等书的记载表明，长江下游地区也有不少枇杷。

梅子、杨梅等也是长江流域的重要果品，一些盛产于北方的果类如桃、李、杏、柰、栗、林檎、柿、枣、梨等，在该区也有种植，前引谢灵运《山居赋》即有所反映。实际上，长江流域也形成了一些著名品种和重要产地。比如魏晋南北朝时期最著名的李子是"房陵李"，即产于本区的房陵（今湖北房县）；又如椑，据《太平御览》卷九七一引《荆州土地记》称"宜都出大椑"，可见荆襄地区的宜都所产柿子颇为著名。

古代归入果品类的甜瓜、甘蔗，在长江流域广泛栽培，文献之中时见记载。郭义恭《广志》说："瓜之所出，以辽东、庐江、敦煌之种为美。……蜀地温良，瓜至冬熟。有春白瓜，细小，小瓣，宜藏，正月种，三月成。有秋泉瓜，秋种，十月熟，形如羊角，色黄黑。"② 可见当时长江下游和巴蜀地区都栽培瓜类，并且各有佳种。甘蔗广泛分布于长江南北各地，其中江南出产甚盛，为时人所称。《太平御览》卷九七四《果部》十一引张载诗赞称："江南都蔗，酿液丰沛，三巴黄甘，瓜州秦柰，凡此数品，殊美绝快，渴者所思"；梁代陶弘景《名医别录》则称："蔗出江南为盛"；又称甘蔗"今出江东为胜，庐陵亦有好者"，其中雩都县（今江西于都一带）因"土壤肥沃，偏宜甘蔗"，成为当时著名甘蔗产区，所产"味及采色，余县所无，一节数寸长"，曾为上献朝廷的贡品。③ 长江中游的荆襄地区自战国秦汉以来一直是甘蔗重要产区，巴蜀地区亦颇有栽培。南方的甘蔗甚至引种到北方，三国时期，曹丕即曾从荆州引种植于庭中。④

岭南闽广长夏无冬，更是佳果众多，名品层出不穷。在两汉及其以前，这些地区的热带水果即已声闻北土，甚至不断有人试图向北方引种，虽然均未能成功，却反映了北方人士对这些珍美果品的企求心理。不过，总体来说，直到东汉末期杨孚著《异物志》以前，文献对于岭南水果生产的记载仍相当有限。魏晋南北朝时期，随着各种地记、地志和异物志书大量涌现，有关岭南水果生产的文献记载急剧增加，为我们了解当地果树生产提供了丰富资料。

----

① 均据《齐民要术》卷一〇引。
② 《齐民要术》卷二引。
③ 《齐民要术》卷一〇"甘蔗"条。
④ 《艺文类聚》卷三四引曹丕《感物赋》。

　　盛产于长江流域的芸香科果树在岭南地区也广泛分布，并且有一些本地的特产品种。见于当时文献记载的有橘、卢橘（壶橘）、雷柚、枸橼等。如裴渊《广州记》载："罗浮山有橘，夏熟，实大如李；剥皮啖则酢，合食极甘。又有壶橘，形色都是甘，但皮厚气臭，味亦不劣。"《南中八郡志》称："交趾特出好橘，大且甘；而不可多啖，令人下痢。"裴渊《广州记》亦称："广州别有柚，号曰雷柚，实如升大。"又称："枸橼，树似橘，实如柚大而倍长，味奇酢。皮以蜜煮为糁。"① 郭义恭《广志》认为："荔枝、壶橘，南珍之上。"② 又据上引佚名《广州记》：当时广州境内卢橘之类的果树品种，达七八种之多，反映种植甚为普遍。

　　为数众多的岭南特有热带水果，此时亦大量种植并见诸文献记载。其中包括了至今仍为当时特产的许多种类，如椰子、槟榔、橄榄、龙眼、荔枝、益智、香蕉等。

　　椰子是当时岭南地区最为广泛种植的名果之一。郭义恭《广志》称交趾一带"家家种之"③。《广志》之外，《异物志》《南方草物状》《南州异物志》《交州记》《南越志》等许多文献对其树、果形态和滋味品质都有详细记载。如《异物志》称：其"核内有肤，白如雪，厚半寸，如猪肤，食之美于胡桃味也。肤里有汁升余，其清如水，其味美于蜜。食其肤，可以不饥；食其汁，则愈渴"。槟榔是同样广泛种植并为当地人民所珍爱的果品，据称此果以扶留、古贲灰并食，有"下气及宿食、白虫、消谷"的功效，是人们饭后喜食的佳果。④ 关于荔枝及其种植，《广志》有如下记载，称："荔支，树高五六丈，如桂树，绿叶蓬蓬，冬夏郁茂。青华朱实，实大如鸡子，核黄黑，似熟莲子，实白如肪，甘而多汁，似安石榴，有甜酢者。夏至日将已时，翕然俱赤，则可食也。一树下子百斛。犍为棘道、南广荔支熟时，百鸟肥。其名之曰'焦核'，小次曰'春花'，次曰'胡偈'：此三种为美。似'鳖卵'，大而酸，以为醢和。率生稻田间。"又称："荔支、壶橘，南珍之上。"⑤ 由此可见，当时岭南不少地区荔枝种植甚盛，并培育了若干个良种。香蕉，当时文献又称"芭蕉""芭苴""甘蕉"等，也是当时文献频繁记载的热带水果，据《南方异物志》载：当时香蕉有三种，"一种子大如拇指，长而锐，有似羊角，名'羊角蕉'，味最甘好；一种子大如鸡卵，有似牛乳，味微减羊角

---

① 均据《齐民要术》卷一〇引。

② 《太平御览》卷九七一引。

③ 《齐民要术》卷一〇引。

④ 见《齐民要术》卷一〇引俞益期《与韩康伯笺》《南方草物状》《异物志》《南州八郡志》《广州记》等。

⑤ 《齐民要术》卷一〇；《太平御览》卷九七一《果部》八引。

蕉。一种蕉大如藕，长六七寸，形正方，名'方蕉'，少甘，味最弱"。① 香蕉的种植区域相当广泛，据当时文献所反映的情况，在今福建、两广地区都有大量种植。不过，其时人们香蕉种植并不完全为了果实，取其茎叶纤维、纺绩"蕉葛"也是一个重要的生产目标。

此一时期，岭南地区的甘蔗栽培也相当广泛，其中交趾一带最为有名，我国早期的蔗糖生产即起源于岭南地区。《齐民要术》卷一〇引佚名《异物志》载："甘蔗，远近皆有。交趾所产甘蔗特醇好，本末无薄厚，其味至均。围数寸，长丈余，颇似竹。斩而食之，既甘；迮取汁为饴饧，名之曰'糖'，益复珍也。又煎而曝之，既凝，如冰，破如博棋，食之，入口消释，时人谓之'石蜜'者也。"

除以上诸果，当时文献还记载有余甘、豆蔻、蒟子、桷子、鬼目、廉姜、刘等众多或知名或不知名、或栽培或野生的南方热带、亚热带水果，单是沈莹《临海水土异物志》一书，即记载有今浙东至福建沿海各地所产果树如多感子、多南子、蔗子、弥子等，达数十种之多，反映这些地区果树资源十分丰富。

第四节　衣料生产结构及其地理布局

魏晋南北朝时期的衣料生产，主要包括三个部分：一是栽桑养蚕，二是纤维作物种植，三是染料作物栽培，生产结构与前一历史时代基本相同，但具体内容却发生了较大改变，出现了一些非常值得注意的新现象，在中国农业史上亦具有重要意义。

一、蚕桑丝织业生产

魏晋南北朝时期，北方地区的蚕桑生产曾因战乱影响而遭到严重的破坏，但随着社会局势走向安定，又逐渐得到恢复；长江流域的蚕桑业则得到了前所未有的发展。因此，从总体上说，这一时期蚕桑生产区域较之前代有所扩展。

当时蚕桑生产的中心区域仍在北方黄河中下游地区，在当地衣料生产中，蚕桑业仍处于支配地位。正因为如此，自曹魏至北朝时期，历代王朝的赋税制度所规定的衣料征取，仍均以丝和丝织品为主要内容。例如曹魏户调制度规定："户出绢二匹，绵二斤。"② 西晋时期的"户调式"亦规定："丁男之户，岁输绢三匹，绵三

---

① 《齐民要术》卷一〇引。
② 《三国志》卷一《魏书·武帝纪》注引《魏书》。

斤。女及次丁男为户者，半输。"① 至北魏以后，北方王朝在户调征收上仍以丝织品为准，只有在那些没有蚕桑生产的地区才征取麻布。北魏"均田制"规定："其民调，一夫一妇帛一匹，粟二石。民年十五以上未娶者，四人出一夫一妇之调；奴任耕、婢任绩者，八口当未娶者四；耕牛二十头当奴婢八。其麻布之乡，一夫一妇布一匹，下至牛，以此为降。"② 北齐和北周的制度亦大体相类。例如北齐"河清三年（564）令：率人一床（即一夫一妇）调绢一匹，绵八两，凡十斤绵中折一斤作丝"；而北周法令规定："有室者岁不过绢一匹，绵八两……其非桑土，有室者布一匹，麻十斤。"③ 这些制度规定均以丝织品作为征收的基准，麻布征纳则为变通和权宜，这是根据当时北方地区蚕桑业生产的实际情况而制定的，反映了这一地区衣料生产以蚕桑业为主这个基本事实。另一方面，这些赋税制度，对于蚕桑业的发展也具有一定促进作用，因为国家征调既以丝织品为主，农民就不得不勉力栽桑养蚕以完赋。事实上，北朝实行"均田制"对桑树种植做出了明确的强制性规定，从北魏"均田制"对"桑田"和种植桑树的种种要求，我们可以清楚地看到国家对于蚕桑生产的重视。④ 这在一定程度上有利于推动北方蚕桑业生产的恢复和发展。

正因为如此，在这个时期，今山东、河南、河北地区仍在两汉基础上继续保持着全国最大的蚕桑生产区的地位。西晋时期的左思在《魏都赋》中称道："锦绣襄邑，罗绮朝歌，绵纩房子，缣总清河"，盛赞当地丝织业之发达⑤；同一时代的石崇也在《奴券》中提到了当时几处有名的蚕桑丝织品产地及其著名产品，其中包括"常山细缣，赵国之编"、"许昌之总，沙房之绵"⑥。而南朝刘宋时期的周朗则称："自淮以北，万匹为市。"⑦ 可见，由于蚕桑丝织业生产相当繁荣，故丝织品贸易也相当活跃。在黄河以北地区，蚕桑业较之前代甚至还有所发展，史称北魏"国之资储，唯藉河北"，国家在冀、定二州曾一年即征发绢30万匹；又据《魏书·食货志》记载：当时司、冀、雍、华、定、相、秦、洛、豫、怀、兖、陕、徐、青、齐、济、南豫、东兖、东徐等十九州"贡绵绢及丝"，这些地区既以丝及丝织品交纳赋税，说明当地衣料生产当以蚕桑业为主；北齐曾在二州设立绫局染署，并于定

① 《晋书》卷二六《食货志》。
② 《魏书》卷一一〇《食货志》。
③ 《隋书》卷二四《食货志》。
④ 《魏书》卷一一〇《食货志》载：当时不仅规定"诸桑田皆为世业，身终不还"，还规定"诸初受田者，男夫一人给田二十亩，课莳余，种桑五十树。……限三年种毕，不毕，夺其不毕之地"。
⑤ 《文选》卷六引左思《魏都赋》。
⑥ 《全晋文》卷三三引。
⑦ 《宋书》卷八二《周朗传》。

州设桑园部丞,规定:"桑蚕之月,妇女年十五以上,皆营蚕桑。"① 可见,蚕桑业在北朝经济中具有重要的地位。又据《齐民要术》卷五《种桑、柘第四十五》记载:由于河北地区桑树种植甚盛,收贮桑椹乃成为防灾救荒的重要措施。其书称:"今自河以北,大家收百石,少者尚数十斛。故杜、葛乱后,饥馑荐臻,唯仰以全躯命,数州之内,民死而生者,干椹之力也。"这从一个特殊侧面反映了当地桑树种植的盛况和蚕桑业之发达。

同一时期,长江流域的蚕桑丝织业生产更较前代取得了较大的发展,成都平原成为著名的蚕桑丝织业生产区,长江中下游特别是三吴地区的蚕桑生产也逐渐兴起。

巴蜀地区的蚕业生产起源很早。据学者研究,"蜀"字的本义即为野蚕,而在历史传说中,蜀山国的创始人是"蚕丛",暗示当地曾活跃着一个善于养蚕的远古部族,蚕桑生产具有非常悠久的历史渊源。② 三国蜀汉时期,当地已经发展成为蚕桑丝织业生产的繁盛之区,精美的蜀锦闻名遐迩,蚕业生产成为当地经济的一大支柱,故蜀相诸葛亮曾称:"今民贫国虚,决敌之资,唯仰锦耳。"③ 对于当地里邑之间家家以丝织为业的盛况,左思《蜀都赋》颂称:"阛阓之里,伎巧之家,百室离房,机杼相和;贝锦斐成,濯色江波;黄润比筒,籯金所过。"④ 由此可以推知成都平原蚕业发达的情况。正因为如此,这一时期,精美的丝织品乃是川蜀与中原和江东地区商业贸易的主要输出物资。刘宋山谦之《丹阳记》称:"江东历代尚未有锦,而成都独称妙,故三国时,魏则布于蜀,而吴亦资西道。"⑤ 在整个魏晋南北朝时期,蜀地的丝织业持续居于领先地位,直到隋唐之际人们仍称蜀地"人多工巧,绫锦雕镂之妙,殆侔于上国"⑥。这显然是以魏晋南北朝以来发达的蚕桑生产为基础的。

长江中下游地区的蚕桑业原本较为落后,六朝时期,由于北方人口的大量南迁,中原地区先进的蚕桑生产技术逐渐南传,为南方蚕桑丝织业发展提供了新的技术条件,而南逃士族权贵对丝织品的追逐,则为当地蚕桑丝织业发展提供了强烈的需求,因之,这一时期蚕桑业在一些地方得到了显著的发展。早在孙吴时期,官府

---

① 《隋书》卷二四《食货志》。

② 周晦若:《四川蚕丝业概况》,《蚕桑通报》1982 年 1 期;蒋猷龙:《就家蚕的起源和分化答日本学者并海内诸公》,《农业考古》1984 年 1 期;杨宗万:《从"乡贡八蚕之绵"探索我国南方蚕业的起源》,《农史研究》1982 年 2 辑。

③ 《诸葛亮集》卷二《教》。

④ 《文选》卷四引左思《蜀都赋》。

⑤ 《太平御览》卷八一五《布帛部》二引《丹阳记》。

⑥ 《隋书》卷三一《地理志》。

即有推动桑蚕生产之举，孙吴末期的华覈曾说："大皇帝（孙权）……广开农桑之业，积不訾之储"①，著名将军陆逊担任海昌屯田都尉时，曾督劝农民蚕织，"使官私兼得其利"②。《太平御览》卷八一四引《陆凯奏事》称："诸暨、永安出御丝。"是则其时浙东的诸暨、永安等地已成为官府丝织作坊的原料供给地。而西晋左思在《吴都赋》中"国税再熟之稻，乡贡八蚕之绵"之语，更为人所习知。

东晋南朝时期，朝廷继续提倡栽桑养蚕，长江中下游地区的蚕桑业取得新的发展，生产区域逐渐扩大。浙东的蚕业在孙吴时期的基础上继续进步，成为当时江南蚕桑业生产的重要地区，永嘉郡一带已形成了相当成熟的"八辈蚕"饲养技术。③ 吴中的蚕桑业也逐渐发展，东晋时期当地已有桑树传种远方。据《晋书·慕容宝载记》称："辽川无桑，及廆通于晋，求种江南，平州桑悉由吴来。"在今江西南昌一带，栽桑养蚕也相当普遍，《隋书·地理志》称："豫章之俗，颇同吴中……一年蚕四、五熟，勤于纺绩。"荆襄地区则培育了一种被称为"荆桑"的知名桑树品种。④

由于蚕桑业的发展，当时许多地区的丝织业也相应发展起来，建康周围地区在南朝时期是国营丝织业中心⑤，民间丝织业也取得了较大发展。齐武帝永明六年（488），南齐朝廷曾在建康、南豫州（今安徽寿县）、荆州（今湖北江陵）、郢州（今湖北武昌）、司州（今河南信阳）、西豫州（今安徽和县）、南兖州（今江苏扬州）、雍州（今湖北襄阳）等地，大量收购丝、绢、绫、绵等；史书也一再论及当时荆、扬地区丝织业的发达。如《宋书》卷五四《孔季恭、羊玄保、沈昙庆传》"史臣曰"："荆城跨南楚之富，扬部有全吴之沃。……丝绵布帛之饶，覆衣天下。"反映长江中下游各地的蚕桑业生产均逐步发展起来。

同一时期，岭南的一些地区例如日南、九真等郡，也有少量蚕桑生产。《齐民要术》卷五《种桑、柘第四十五》引《俞益期笺》称："日南蚕八熟，茧软而薄，椹采少多。"《太平御览》卷八二五引《资产部》五《林邑记》亦载："九真郡，蚕年八熟，茧小轻薄，丝弱绵细。"反映这一时期，北起辽东，南至岭南，均有蚕桑生产分布。

随着南方蚕桑业和丝织业的发展，在黄河中下游和成都平原之外，形成了新的蚕桑丝织业生产区，这一重要产业原有的地理布局因此得到了显著改变，为后代的

---

① 《三国志》卷六五《吴书·华覈传》。
② 《三国志》卷五八《吴书·陆逊传》。
③ 见本卷第二章第三节所述。
④ 《齐民要术》卷五《种桑、柘第四十五》。
⑤ 六朝时期江南官营丝织业情况，参见高敏《魏晋南北朝经济史》（上海人民出版社，1996年，845～849页）有关叙述。

继续发展和最终凌驾于北方之上，打下了良好的基础。

二、麻类栽培和麻布生产

麻类生产是魏晋南北朝时期衣料生产的另一重要组成部分，分布区域也相当广泛。古时麻类织品一般通称为布，用大麻、苎麻纤维绩成的称为麻布或苎布，其中精细薄软者称为细布；以类纤维绩成者叫葛布，其中粗葛布称为绤，细葛布则称为绤，绤中之更精细者又称为绉。①

文献记载表明，魏晋南北朝时期，麻类种植也是北方衣料生产的重要内容，《齐民要术》卷二《种麻第八》专门讨论以获得纤维为目标的麻类种植方法。从该书的记载来看，当时北方地区所种植的应主要是大麻。

虽然魏晋北朝时期历代王朝的赋税制度都以丝织品为正纳，但都同时规定不出丝帛而产麻布的地区可以输纳麻布，因而北朝实行"均田制"时，对这些地区的民户也授予一定数量的麻田。如北魏制度规定："诸麻布之土，男夫及课，别给麻田十亩，妇人五亩，奴婢依良，皆从还受之法。"② 表明当时北方有不少地区种麻和出产麻布。

由于史料缺乏，北方麻类种植和麻布生产分布的具体情况不详。但《魏书》关于各地贡赋的一段记载，可以反映北魏时期丝麻生产的大体格局。其称：

> 先是，天下户以九品混通，户调帛二匹、絮二斤、丝一斤、粟二十石；又入帛一匹二丈，委之州库，以供调外之费。至是（太和八年），户增帛三匹，粟二石九斗，以为官司之禄。后增调外帛满二匹。所谓各随其土所出。……幽、平、并、肆、岐、泾、荆、凉、梁、汾、秦、安、营、齐、夏、光、郢、东秦，司州万年、雁门、上谷、灵丘、广宁、平凉郡，怀州邵上郡之长平、白水县，青州北海郡之胶东县、平昌郡之东武平昌县、高密郡之昌安高密夷安黔陬县，泰州河东之蒲坂、汾阴县，东徐州东莞郡之莒、诸、东莞县，雍州冯翊郡之莲芳县、咸阳郡之宁夷县、北地郡之三原云阳铜官宜君县，华州华山郡之夏阳县、徐州北济阴郡之离狐丰县、东海郡之赣榆襄贲县，皆以麻布充税。③

另外，其他零碎记载也可以说明一些问题，比如上党及其周围地区的麻类生产曾相当发达。《太平御览》卷八二〇《布帛部》七引《曹植表》曰："欲遣人到邺市

---

① 《说文》曰："绤，粗葛也；绤，细葛也，绉，绤之细者也。"又参见高敏：《魏晋南北朝经济史》，上海人民出版社，1996年，872页。

②③ 《魏书》卷一一〇《食货志》。

上党布五十匹，作车上小帐帷，谒者不听。"可见在曹魏时期邺都市场上的布多出自上党；同书卷九九五《百卉部》二引《晋令》曰："其上党及平阳，输上麻二十二斤，下麻三十六斤，当绢一匹，课应田者，枲麻加半亩。"又引《晋中兴书》曰："石勒（上党人）昔居，与李阳相近，阳性刚愎，每岁与争沤麻池，共相打扑。"这些都是上党为麻布重要产区的证据。此外，曹魏文帝在一篇诏令中，提到了当时各地所产的几种著名纺织品，其中除了"乐浪练""江东太末布"和"白叠"，还提到了"代郡黄布"，其布以细而见称。

与北方地区不同，南方所栽培的麻类主要是苎麻和葛，其中长江中下游地区主要是苎麻，岭南则多以产葛布著称。关于长江中下游地区苎麻种植的情况，文献中只有一些零星的记载，如陆玑《诗草木鸟兽虫鱼疏》云："苎，一科数十茎。宿根在地中，至春自生，不须别种。荆、扬间，岁三刈。官令诸园种之，剥取其皮，以竹刮其表，厚处自脱，得里如筋者，煮之用缉。"至于不同分区的苎麻栽培种植情况，则不得其详。可以肯定的是，比起北方来说，在当时南方的衣料生产中，麻类生产比蚕桑生产具有更高的地位。

两个方面的情况可以证明这一事实：一是与北方政权征收丝织品为主不同，六朝时期南方政权的赋税征纳，则"随土所出"，主要征收麻布。例如，孙吴时期，户调征收"惟输租布于郡耳"①。至刘宋时期，虽然南方的蚕桑业已较前有所发展，但仍"制天下民户岁输布四匹"②，显然是以麻布为正纳；二是这一时期关于南方纺织品的记载，显然以麻织品居于大多数。东晋的情况，《晋书·苏峻传》有一处记载颇能说明问题。其称："峻陷宫城，……时官有布三十万匹，金银五千斤，钱亿万，绢数万匹。"足见当时官库所藏织物，麻布远多于绢。当时朝廷赐予大臣的织物每多用布，例如谢安、温峤去世，朝廷分别赠布千匹，桓豁、桓冲去世，各赐布 500 匹，赐绢者则甚少见。至于南朝的情况，有研究者对《宋书》《南齐书》《梁书》和《陈书》中相关赙赐记载做了搜检统计，四书共记载有关实例 69 例，其中赐布占了 55 例，布绢兼赐 5 例，而赐绢只有 9 例。关于当时官民衣着原料的记载亦是布多绢少。③ 这些情况，显然是与当时南方地区麻类生产重于蚕桑的实际情况相适应的。

从文献的记载来看，当时南方形成了一些著名的麻布产区，各出产有品质精良的麻、葛织品。吴会地区的苎布在前代即已有名，这一时期的出产更为精美。《太平御览》卷八二○《布帛部》七引夏侯开国《吴郡赋》称赞说："金玉星烦，明当

---

① 《三国志》卷四九《吴书·太史慈传》注引《江表传》。
② 《宋书》卷一《孝武帝纪》。
③ 高敏：《魏晋南北朝经济史》，上海人民出版社，1996 年，873 页。

霞聚，纤绤细越，青笈白苎，名练夺乎乐浪，英葛光乎三辅。"当时文献中最常见的产品有"筒中布"和"越布"等，文人常常颂及，或作为礼物互相馈赠。例如曹魏时期，南郡太守刘肇曾赠给时任侍中的王戎"筒中布五十端"①；张载《拟四愁诗》称："佳人遗我筒中布，何以报之流黄素。"左思《蜀都赋》则有"黄润比筒"之句，据唐人李善的注解，黄润即是筒中细布。② 而关于"越布"，左思《吴都赋》赞称："蕉葛升越，弱于罗纨"，即"蕉葛"和"升越"这两种麻葛织品比罗纨还要细软，其中的"升越"即是产于吴、会的越布。

左思赋中提及的"蕉葛"，是取芭蕉茎中纤维织成的衣料，产于岭南地区。《齐民要术》卷一〇引《异物志》曰："芭蕉，叶大如筵席。其茎如芋，取，濩而煮之，则如丝，可纺绩，女工以为绤绤，则今交趾葛也。"同处引《广志》亦云："芭蕉，……其茎解散如丝，织以为葛，谓之蕉葛。虽脆而好，色黄白，不如葛色。出交趾、建安。"此外，当时岭南人民还取竹、木纤维为布，《太平御览》卷八二〇《布帛部》七引顾微《广州记》曰："阿林县有勾芒木，俚人斫其大树半断，新条更生，取其皮绩以为布，软滑甚好。"又引裴氏《广州记》曰："蛮夷不蚕，采木绵为絮，皮员当竹，剥古缘（终？）藤，绩以为布。"其中，"皮员当竹"即是取行将成竹的老笋纤维织成竹布，魏晋隋唐文献中时见关于"竹布"的记载。

三、棉花种植与棉织业生产

除了丝、麻，甚受当时人士关注的纤维作物和纺织品还有棉花和棉布。

棉花并非中国原产，而是通过不同途径从异国传入的。虽然中国人民大量种植棉花获取纺织原料是宋元以后的事情，但早在汉代及其以前的文献中，就已经出现了关于棉花和棉织品的记载。

西南和岭南地区是我国最早从事棉业生产的地区之一。《尚书·禹贡》曾有"岛夷卉服，厥篚织贝"之说，所谓"卉服"可能即是木棉纤维织布缝制的衣服。③ 但比较明确的记载始于汉代，《史记·货殖列传》和《汉书·货殖列传》中记载有当时市场上所流通的"榻布"和"荅布"；《太平御览》卷八二〇引华峤《后汉书》更具体记载说："哀牢夷知染彩绸布织成，文章如绫绢。有梧木华，绩以为布，幅广五尺，洁白不受垢污。先以覆亡人，然后服之。"其后，常璩《华阳国志》亦记载哀牢夷以梧桐木花纺绩织布，称：永昌郡（今云南保山一带）"有梧桐木，其花

---

① 《太平御览》卷八二〇《布帛部》七引《竹林七贤论》。
② 《文选》卷四引。
③ 有关讨论，参见梁家勉《中国农业科学技术史稿》（农业出版社，1989 年）262 页脚注。

柔如丝，民绩以为布，幅广五尺以还，洁白不受污，俗名桐华布，以覆亡人，然后服之，及卖与人"。郭义恭《广志》亦载："梧桐有白者，剽国有白桐木，其叶（叶疑为误字）有白毳，取其毳淹渍，缉绩，织以为布。"[1] 由此可见，活动于澜沧江流域特别是云南保山一带的哀牢夷等西南少数民族，自汉代以来已取多年生木棉花纺纱织布，所取资的"梧木"系人工栽培还是野生不详。

魏晋南北朝时期，不只是西南夷地区种植棉花和从事棉织业，两广一带也有不少采木棉花纺织的记载。兹举数例：

《齐民要术》卷一〇引《吴录·地理志》曰："交趾安定县有木棉，树高丈。实如酒杯，口有绵，如蚕之绵也。又可作布，名曰'白緤'，一名'毛布'。"

《太平御览》卷八一九引裴渊《广州记》曰："蛮夷不蚕，采木绵为絮。"

同书卷八二〇《布帛部》七引裴氏《广州记》曰："蛮夷不蚕，采木绵为絮，皮员当竹，剥古缘（终？）藤，绩以为布。"又引《南州异物志》曰："五色班（同斑）布，以（应作似）丝布，古贝木所作。此木熟时，状如鹅毳，中有核如珠珣，细过丝绵，人将用之，则治出其核，但纺不绩，在意小抽相牵引，无有断绝。欲为班布，则染之五色，织以为布，弱软厚致，上毳毛外，徼人以班布文最烦缛多巧者，名曰□城，其次小粗者名曰文辱，又次粗者名曰乌骍"。

又同书卷九六〇《木部》九引《罗浮山记》曰："木棉，正月则花，大如芙蓉，花落结子，方生绵与叶耳，子内有绵，甚白，蚕成则熟，南人以为缊絮。"

以上资料表明，当时我国岭南和西南地区，已有许多地方大量利用木本树棉花纺织棉布了。若如《南州异物志》记载，则当时以棉花织成斑布，要经过多道技术工序：先将棉花去核，然后再行抽纱，将纱染成五色，织成色彩斑斓、质地柔软的花布，并且以织工精粗程度的不同，分为多个棉布品种，反映当时岭南地区的棉布织染技术已经达到了相当高的水平。不过，当时文献中尚未见有关于木棉种植的记载。

同一时期，我国新疆地区也种植棉花和生产棉布。考古资料显示：东汉时期，塔里木盆地已开始生产和使用棉布，1959 年，考古工作者从民丰县北的东汉墓中发掘出了大批织物，其中即有食单（桌布）、白棉布裤和棉手帕。[2] 传世汉文文献中关于当地棉业生产的最早记载则出自《梁书·西北诸戎传》。其称："高昌国（今新疆吐鲁番地区）……多草木，草实如茧，茧中丝如细纩，名为白叠子，国人多取织以为布，布甚软白，交市用焉。"出土文书也证实，魏晋南北朝时期当地有较大

---

① 兹据《太平御览》卷九五六《木部》五引。"叶"疑为"花"之误。
② 新疆博物馆：《新疆民丰县北大沙漠中古遗址墓葬区东汉合葬墓清理简报》，《文物》1960 年6 期。

规模的棉花纺织业。例如，吐鲁番阿斯塔那墓即出土有高昌国和平元年（西魏大统十七年，551）的叠布（即棉布）借贷契约，所载借贷量达 60 匹之多。① 考古发掘出土的不少棉制品为文献关于该区棉业生产的记载提供了有力佐证。除吐鲁番地区，于田一带也有棉花织染业生产。根据对出土实物的鉴定研究，当时新疆地区的棉花当属非洲草棉，不同于岭南和西南地区的多年生木棉。

虽然这一时期的棉业生产仍局限于西南、岭南和新疆地区，但其产品自汉代以来已通过进贡、商业贸易等途径不断流入内地，《汉书·货殖列传》中早已有"荅布皮革千石，……比千乘之家"之说，社会上层已有人开始享用棉布。值得注意的是《太平御览》卷八二〇《布帛部》七引《晋令》中的一条文字，其称："士卒百工，不得服越叠。"这似乎暗示：尽管维护封建等级制度的国家法令禁止普通民众对精美物品的僭越消费，但随着棉布流通量的扩大，穿着棉布衣服在晋代已不只是达官贵人的专利了。在中国衣料生产和中国人民的物质生活史上，棉业生产发展无疑是一件意义非常重大的事件。

四、染料作物种植

魏晋南北朝时期，染料作物生产也继续取得进步。《齐民要术》设有若干专篇讨论了染料作物栽培，该书所提及的染料作物有红蓝花、栀子、蓝、紫草等多种，其中蓝有马蓝、木蓝、菱赫蓝等，紫草则多引前人著述，还专门提到了陇西蓝草和平氏山阳所产的紫草。

从该书的论说可以看出，当时农家对这一生产项目是相当重视的，种植面积可观，给农民带来了重要经济效益。如谈及种红蓝花时，《齐民要术》说："负郭良田种一顷者，岁收绢三百匹。一顷收子二百斛，与麻子同价，既任车脂，亦堪为烛，即是直头成米。"与种粮食相比，"二百石米（指红蓝子），已当谷田；三百匹绢，超然在外"。当然，大面积种植红蓝花需要投入较多人力，如果小家庭种植较多，则须合理安排劳动力。所以它又说："一顷花，日须百人摘，以一家手力，十不充一。但驾车地头，每旦当有小儿僮女十百为群，自来分摘，正须平量，中半分取。是以单夫只妇，亦得多种。"② 种蓝的效率亦不低，"种蓝十亩，敌谷田一顷。能自染者，其利又倍矣"③。南方地区的染料生产，文献缺少记载，但可以肯定，那里也种植和利用了多种植物染料。

---

① 吴震：《介绍八件高昌契约》，《文物》1962 年 7、8 期合刊。
② 《齐民要术》卷五《种红蓝花、栀子第五十二》。
③ 《齐民要术》卷五《种蓝第五十三》。

第五节　畜牧养殖经济的发展变化

魏晋南北朝时期，我国畜牧业生产发生了一些引人注目的变化，特别是黄河中下游地区游牧、半游牧区域由西北朝东南方向明显推进，国营和私营畜牧生产规模都有所扩大，畜产构成也发生了一些重要的变化调整。与前代相比，畜牧业在整个社会经济中所占比重有了相当明显的上升。这是魏晋南北朝时期中国社会经济变动中的一个最为引人注目的方面。这些发展变化，是此一时期多种历史因素共同作用的结果，长期剧烈的战争动荡及由此导致的人口密度的严重下降、游牧民族人口的大量内徙、中原人口的大量南迁，乃至此期气候转向寒冷等，都对我国特别是北方地区畜牧业生产的发展调整，产生了这样或者那样的影响。[①] 同一时期，南方地区的禽畜饲养业也取得了一些发展，只是文献史料极其缺乏，对有关历史情况我们所知甚少。因此，本节的叙述，主要以黄河中下游地区为重点。

一、畜牧经济区域的阶段性扩展

自战国以来，由于人口增长和农业生产力发展，农耕种植在整个社会经济中逐渐取得了绝对支配地位。与此同时，随着草莱不断被垦辟为农田，野外放牧由于草场减少而逐渐萎缩，大型畜牧业因受到排挤而不断向西北边地退缩，自原始社会末期至商周时代所曾有过的"农牧交错"局面逐渐消失，长城以南区域农耕与畜牧处于畸轻畸重的"跛足状态"[②]。

然而，自东汉末期开始，北方经济发生巨大的变化：由于旷日持久的战争动荡，人口急剧下降，农耕经济十分萧条，大片的农田废为蒿莱丛生的荒原；特别是永嘉之乱后，草原游牧民族乘虚大量涌入了中原内地，同时带来了他们以畜牧为主业的生产习惯、他们的畜群以及"食肉饮酪"的生活习惯。这两者相结合，给魏晋南北朝时期农牧经济结构的调整提供了一个特殊契机：一方面，长期战乱造成的地旷人稀的局面客观上给畜群放牧提供了较为充裕的草场；另一方面，由于中原内地习惯于"食肉饮酪"的少数民族人口显著增加，对畜产品的需求量也相应增加，也为畜牧业的发展提供了动力。在这一特定的历史背景下，战国以后被排挤到长城以北的大型畜牧业得到了扩张其空间的机会，致使黄河中下游地区在某种程度上又恢复到战国以前的"农牧交错"的局面，农牧经济的布局和比重发生了重大变化。

---

① 详参王利华：《中古北方地区畜牧业的变动》，《历史研究》2001 年 4 期。
② 中国农业遗产研究室：《中国农学史》上册，科学出版社，1984 年，56、75 页。

魏晋南北朝时期北方农牧经济布局的变化，首先表现为黄河中游畜牧区域的扩展，这一扩展过程始自东汉、迄至唐初，以十六国及北朝前期为最盛期。

从自然条件而言，冀晋山地和关中盆地以西、以北均为农牧兼宜地区，秦至西汉时期，由于国家通过徙民实边及实行屯田等方式大力经营，农耕区域一直扩展到了阴山脚下，自秦长城以南处处阡陌相连、村落相望，其中"河南地"（指关中盆地往北的黄河以南地区）的新兴农业尤为繁荣，堪与关中地区相媲美，故被称为"新秦中"。但到了东汉后期，可能由于气候转冷的关系，西北边境的匈奴、羌、胡、休屠、乌桓等少数民族的东南向运动逐渐活跃起来，加以东汉王朝绥抚失当，边境冲突不断加剧，农耕区域逐渐向南退缩，至东汉末年以后，"黄河中游大致即东以云中山、吕梁山，南以陕北高原南缘山脉与泾水为界，形成了两个不同区域。此线以东、以南，基本上是农区；此线以西、以北，基本上是牧区"①。历十六国至于唐初，黄土高原地带一直是胡、汉混杂居处、而以少数民族为主体，其经济生产也以畜牧业为重。与秦汉时期相比，畜牧区域向南有了明显的扩张，农牧分界线大大南移了。

当然，自北魏中期以后，上述地区由于国家力量的推动及少数民族逐渐汉化，又开始出现了由牧转农的迹象，不过其转变过程却是十分缓慢的。在长达数个世纪中，这些地区的畜牧业均甚为发达。例如陇右地区，直至隋代当地人民仍"以畜牧为事"，不便定居屯聚②；直到唐代，黄河中游、黄土高原的畜牧经济仍相当繁荣，是国家大型畜牧业的主要分布区域。

这一时期畜牧区域的扩展并不局限于黄河中游的黄土高原，中原腹地也有不少一向以农耕经济繁盛而著称的州郡，在此一时期曾大片地沦为牧场。例如，曹魏时期曾在号称为农田沃野的"三魏近甸"设立"典牧"，大片土地被规占为养牛牧场，至西晋初年尚有牛45 000余头③；西晋的京畿之地——司州（辖今山西南部、河南北部、东接河北南部及山东西境），在两汉时期乃为人口最密、农桑最盛之区，此时却是牧苑广阔，"猪羊马牧，布其境内"④。与司州相邻的冀州平原郡界，十六国时期亦有马牧苑的设置，羯人石勒起兵时，即利用了当时牧苑的马匹。⑤ 北魏迁洛之后，更辟"石济以西、河内以东，拒黄河南北千里为牧地"，设立河阳牧场，"恒

① 谭其骧：《长水集》下，人民出版社，1987年，22页；史念海：《黄土高原及其农林牧分布地区的变迁》，《河山集》三集，人民出版社，1988年，55～75页。

② 《北史》卷七三《贺娄子干传》。

③ 《晋书》卷二六《食货志》引杜预上疏。

④ 《晋书》卷五一《束晳传》。

⑤ 《晋书》卷一〇四《石勒载记》上。

置戎马十万匹"①。在华北大平原上，内徙游牧民族聚居之地，往往都曾有过大片农田被规占为牧场的情况，少数民族贵族、官僚往往霸占大片土地，役使大量"牧子"为之放牧。在一段时期里，不仅黄土高原地带曾以牧为主，而且中下游平原地带也在一定程度上复归于战国以前的"夷夏杂处""农牧交错"的局面。这在战国以后的中国农业历史上，乃是绝无仅有的。

二、国营和私营畜牧规模的扩大

魏晋南北朝特别是北朝时期，畜牧经济回升的另一重要标志是畜牧生产规模的扩大，不仅表现在国营畜牧经济规模的扩大，也表现在私营畜牧业生产规模的扩大，聚居于黄土高原地区的各少数民族的畜牧生产规模更是相当可观。

首先看看国营畜牧业的情况。

这一时期，北方地区政局纷乱扰攘，国营经济也遭到了严重破坏，但出于军事和经济双重需要，历代胡汉政权对国营畜牧经济都给予了较大关注，生产规模相当可观。曹魏、西晋的国营畜牧业已见上述。十六国时期，各民族政权也都有相应的官牧场，例如前赵时期曾在京城平阳附近设有较大规模的官牧场，317 年，赵固等攻河东郡，右司隶部人一次即盗取官牧马达 3 万余匹。其后，前赵官牧西迁河套地区，更有较大发展，323 年，后赵将军石他自雁门出上郡（郡治在今陕西榆林东南），掠获其马牛羊百余万头，被前赵刘岳截回，可见前赵在河套地区的官牧经营规模之大。② 其他如后赵在朔州（治今内蒙古和林格尔县西北）、前燕在辽东龙城、前秦在秦州陇东郡和关东地区以及陇西凉州的几个政权，都曾建有官营牧场，设置牧官经营畜牧业。③

国营畜牧业的繁盛以北魏时期为最，应该说，北魏是中国历史上国营畜牧业最为繁盛的一个朝代。拓跋魏氏起于畜猎，对于官牧经营十分重视，曾先后设立了 4 处大型官牧场。早在道武帝天兴二年（399）即在平城附近地区开鹿苑牧场，至明元帝泰常六年（421），又"发京师六千人筑苑，起自旧苑，东包白登，周回三十余里"④，对旧牧场进行扩建；若干年后，太武帝拓跋焘又在鄂尔多斯以南地区大兴官牧，《魏书》卷一一〇《食货志》称："世祖之平统万，定秦陇，以河西⑤水草

---

① 《魏书》卷四四《宇文福传》、卷一一〇《食货志》。

② 《晋书》卷一〇三《刘曜载记》。

③ 详细叙述参见朱大渭、张泽咸《中国封建社会经济史》（齐鲁书社，1996 年）第二卷第一章第三节。

④ 《魏书》卷三《太宗纪》。

⑤ 此处"河西"是指自今山西渡黄河而西的鄂尔多斯东南地区，非指河西走廊。

善，乃以为牧地。畜产滋息，马至二百余万匹，橐驼将半之，牛羊则无数。"其后复于漠南建立牧场。及孝文帝迁都洛阳以后，复有宇文福主持兴建河阳牧场，《魏书》卷四四《宇文福传》载称："时仍迁洛，敕（宇文）福检行牧马之所。福规石济以西、河内以东，拒黄河南北千里为牧地。事寻施行，今之马场是也。及从代移杂畜于牧所，福善于将养，并无损耗。"这个牧场"恒置戎马十万匹，以拟京师军警之备。每岁自河西徙牧于并州，以渐南转，欲其习水土而无死伤也"①。

这些大型牧场，不仅为国家提供了以军马为主的役畜，而且提供了大量肉、乳和毛皮，是当时国营经济的重要组成部分。从历史文献的记载来看，几大国营牧场对北魏王朝的物资供应特别是军马、肉类和乳品供应发挥了很大作用，对国家财政经济具有重要影响。北魏晚期，由于诸官牧相继丧失，"而关西丧失尤甚，帑藏益以空竭"，于是不得不将内外百官及诸蕃客的廪食和肉料减少一半。②

这一时期，私营畜牧业生产规模也相当之大，当时史书中记载有不少经营大型私营畜牧业的牧场主。西晋时期，凉州金城郡麹、游两家均有大规模的私营畜牧业，当地谚语说："麹与游，牛羊不数头。南开朱门，北望青楼。"③北魏时期，领民酋长、官僚贵族往往规占广袤土地经营畜牧，尔朱羽健、越豆眷、提雄杰等人所占有的牧场面积，多达方百里乃至三百里，在这些牧场上为之放牧的"牧子"以千数计，所牧养的家畜则难以计数。例如尔朱氏世居水草丰美的秀容川④以畜牧为业，其"牛、羊、驼、马，色别为群，谷量而已"⑤。孝明帝时，元渊为恒州刺史，"在州多所受纳，政以贿成，私家有马千匹者，必取百匹，以此为恒"⑥。可以想见当地牧马千匹的私人畜牧主不在少数。北齐时期，贵族娄提一家也是拥有"家童千数，牛马以谷量"⑦。这些事实充分说明，当时黄土高原地区私人畜牧业的规模是相当大的。

不仅黄土高原存在大型私营畜牧业，中原农耕地区的农家家畜饲养规模似乎也有所扩大。当时，不少地主、官僚以牧养为重要经营内容，牧养数量可观的畜禽，以图谋利。比如西晋时期以豪奢著称的石崇，在其河南金谷庄园中"有田十顷，羊

---

① 《魏书》卷一一〇《食货志》。

② 《魏书》卷一一〇《食货志》载：当时群牧相继遭破坏，"而关西丧失尤甚，帑藏益以空竭。有司又奏内外百官及诸蕃客廪食及肉悉二分减一，计终岁省肉百五十九万九千八百五十六斤，米五万三千九百三十二石"。说明北魏时期朝廷肉料供应主要仰赖于官牧。

③ 《晋书》卷八九《麹允传》。

④ 据《魏书》卷一〇六上《地形志》上记载，当时秀容为郡，辖秀容、石城、肆卢、敷城四县，在今山西忻州市、原平县一带。

⑤ 《魏书》卷七四《尔朱荣传》。

⑥ 《魏书》卷一八《广阳王元深传》。

⑦ 《北齐书》卷一五《娄提传》。

二百口，鸡猪鹅鸭之属，莫不毕备"①。农学家贾思勰亦称自己曾养有 200 口羊，因为没有准备足够的过冬荚豆，而致群羊饥死过半②；他在《齐民要术》中讨论养羊经营每以千口为言，比如《齐民要术》卷六《养羊第五十七》云："羊一千口者，三四月中，种大豆一顷杂谷，并草留之，不须锄治，八九月中，刈作青荚。"又说："一岁之中，牛马驴得两番，羊得四倍。羊羔腊月正月生者，留以作种；余月生者剩而卖之。用二万钱为羊本，必岁收千口。"石崇的金谷园和贾思勰的生活区域都在农耕地带，而他们家养的畜禽，单羊即达二百口，已是很不小的畜群了；如据《齐民要术》所述，当时似乎还有养羊千口之家，否则贾思勰不会屡以千口为言，以单个家庭而论，在游牧区域，这样的家畜饲养规模也是不小的。即使《齐民要术》的议论有夸大成分，当时北方农区曾有过不少规模较大的家庭养羊经营，应是可信的。

相比起来，边境地区各游牧民族的畜牧经济更为发达，当时文献经常提到他们拥有庞大的畜产，其中关于战争掠夺畜产数量，文献记载一般比较具体，为我们了解当时西北边境地区的畜牧经济状况提供了有力证明。为明了起见，兹将当时史书所载一次战争掠获牲畜匹头数达十万以上者制成表 4-1。

表 4-1　魏晋北朝时期战争掠夺的畜产数量

掠夺者	掠夺对象	掠夺数量	资料出处
曹魏	河西叛胡	羊一百一十一万口，牛八万头	《三国志·文帝纪》裴注
前燕（358 年）	塞北丁零敕勒	马十三万匹，牛羊亿万头	《晋书·慕容隽载记》
代国（363 年）	高车	马牛羊百余万头	《魏书·序纪》
代国（364 年）	没歌部	牛马羊一百万头	《魏书·序纪》
代国（367 年）	卫辰	马牛羊数十万	《魏书·序纪》
北魏（388 年）	库莫奚	杂畜十余万	《魏书·太祖纪》
北魏（388 年）	解如部	杂畜十数万	《魏书·太祖纪》
北魏（390 年）	高车袁纥部	马牛羊二十余万	《魏书·太祖纪》
北魏（391 年）	刘卫辰部	牛羊二十余万	《魏书·太祖纪》
北魏（391 年）	刘卫辰部	马三十万匹，牛羊四百余万头	《魏书·太祖纪》
北魏（391 年）	刘卫辰余部	马五万余匹，牛羊二十余万	《魏书·太祖纪》
北魏（399 年）	高车	马三十余万匹，牛羊百四十余万	《魏书·太祖纪》
北魏（399 年）	高车遗迸七部	马五万余匹，牛羊二十余万头	《魏书·太祖纪》
北魏（399 年）	莫侯陈部	马牛羊十余万头	《魏书·太祖纪》

---

① 《太平御览》卷九一九《羽族部》六引石崇《金谷诗序》。
② 《齐民要术》卷六《养羊第五十七》。

（续）

掠夺者	掠夺对象	掠夺数量	资料出处
北魏（402 年）	刘卫辰等	马、驼、牦牛、牛羊等十万余	《魏书·太祖纪》
北魏（402 年）	没弈干部	马四万余匹，杂畜九万余口	《资治通鉴》卷一一二
夏国（407 年）	南凉	牛马羊数十万	《晋书·赫连勃勃传》
北魏（408 年）	越勤倍泥部落	马五万匹，牛二十万头	《魏书·太宗纪》
北魏（427 年）	夏	马三十余万匹，牛羊数千万	《魏书·世祖纪》
北魏（429 年）	蠕蠕	戎马百余万	《魏书·蠕蠕传》
北魏（429 年）	高车	马牛羊百余万	《魏书·高车传》
北魏世祖时	蠕蠕	马羊一百余万	《魏书·高车传》
北魏世祖时	焉耆	橐驼马牛杂畜巨万	《魏书·西域传》
北魏（460 年）	什寅	畜二十余万	《魏书·高宗纪》
北齐（553 年）	契丹	杂畜数十万头	《北齐书·文宣纪》
北齐（554 年）	山胡	杂畜十余万	《北齐书·文宣纪》
北齐（555 年）	茹茹	牛羊数十万头	《北齐书·文宣纪》

通过表 4-1，我们可以看到：历代战争均以畜产为重要掠夺内容，其中北魏前期从西北各游牧民族那里掠获来的牲畜数量最为惊人，曾给以平城（今山西大同）为政治中心的北魏政权带来了巨额财富。史书记载称：在攻破高车获得了大量畜产后，"国家马、牛、羊遂至于贱，毡皮委积"[①]。边境草原游牧民族畜牧业规模之大，由此可以概见。

三、牧养结构的变化和南北差异

根据历史文献所透露的信息，我们可以了解到：战国以后至秦汉时代，中原地区的畜牧生产日益局限于家庭小型畜禽饲养，饲养对象除了耕垦种植所需的耕牛，主要为鸡、猪、狗等畜、禽，羊、马等需大片草场的家畜牧养，虽然文献中亦不乏记载，但生产规模呈逐渐缩小之势，与精耕细作农业的不断扩展相适应。以汉代为例，《齐民要术》在卷首序中列举了多位汉代循吏教民治生、督导百姓饲养家畜的事迹，其中黄霸在颍川（今河南禹县等地）时，令"邮亭、乡官，皆畜鸡、豚，以赡鳏、寡、贫穷者"；龚遂在渤海（今河北沿渤海湾地区），令"家二母彘、五鸡"；僮种在不其"率民养一猪、雌鸡四头，以供祭祀，死买棺木"；颜斐在京兆"课民

---

① 《魏书》卷一○三《高车传》。

无牛者，令畜猪，投贵时卖，以买牛"；杜畿在河东"课民畜字牛、草马，下逮鸡、豚，皆有章程，家家丰实"等。值得注意的是，其中所提到的家畜主要是猪、鸡和牛，仅一处提到马，羊则没有提到。反映有关地区所饲养的主要是那些对草场要求不严格的禽畜。

但是，到了魏晋南北朝时期，伴随着游牧民族涌入内地的畜群，不仅改善了中原内地的家畜品种，同时也改变了当地的畜产结构，家畜构成发生了相当明显的变化。《齐民要术》记载：当时北方地区所饲养的家畜有马、牛、驴、骡、羊、猪等，其种类与过去没有什么变化。但值得注意的是，除了马、牛等大型役畜，养羊受到了前所未有的特殊重视，该书对养羊技术的讨论最为详细，其内容篇幅超过了养猪、鸡、鹅、鸭等篇之和不少，反映当时即使是在农耕地区，羊的地位也有了明显提高。结合同一时期其他文献的记载，可以认为：当时羊在北方地区已经取代了猪的地位，成为最主要的肉畜。养猪虽然继续存在，在《齐民要术》中也列有专篇，但与两汉相比则地位明显下降，不成规模——与羊的百十成群不能相比，与黄土高原畜牧地带的大规模养羊更无法同日而语。当时文献记载羊的数量常以百、千、万乃至十万、百万计，有关养猪的数字记载则非常之小。

当时文献关于食用羊肉和猪肉的记载进一步说明了上述事实。关于食羊肉，魏晋文献中的记载尚较少，但自十六国之后则迅速增多。北朝社会是胡人占上风，羊肉当然是主要肉食，"羊肉酪浆"是经常享用并特受喜爱的美食。反映在礼俗上，北齐时期聘礼所用的肉料主要是羊，其次是牛犊和雁，但没有猪[①]；此外，北齐制度规定百姓家"生两男者，赏羊五口"[②]。这些都反映了当时人们对羊的重视。正因为如此，这个时代有人将羊称为"陆产之最"[③]。

北朝时期，皇帝常将数目可观的羊和其他畜产赐予大臣以示褒宠。比如北魏时期王建因战功受赐"奴婢数十口，杂畜数千"[④]。北齐时期高欢曾一次赐予司马子如羊五百口[⑤]、高洋曾一次赐予平鉴羊二百口[⑥]，北周时期元景山因从周武帝平齐有功而受到重赏，赐物中有"牛羊数千"[⑦]。作为肉畜（不包括马、牛等役畜）的羊成为当时皇帝的重要赐物，进一步说明当时人们对羊的重视。而从当时文献中并没有发现关于赐猪的记载，说明羊的地位比猪更为重要，是当时主要的和更受珍重

---

① 《隋书》卷九《礼仪志》四。
② 《北史》卷四三《邢峦传》。
③ 《洛阳伽蓝记》卷三。
④ 《魏书》卷三〇《王建传》。
⑤ 《北史》卷五四《司马子如传》。
⑥ 《北史》卷五五《平鉴传》。
⑦ 《隋书》卷三九《元景山传》。

的肉畜。

我们知道，早在新石器时代，猪在黄河中下游地区就已经成为主要的肉用饲养家畜，并且自古以来我国农耕地区的生产传统都是以养猪与种地相结合，养羊甚少——战国至秦汉是如此，近几个世纪以来更是如此。但魏晋南北朝时期猪和羊的地位却发生了非常有意思的转换，即草食性的羊取代杂食性的猪而成为北方地区主要的肉用家畜。这一方面是由于当时喜食"羊肉酪浆"的游牧民族大量南迁，带来了他们长期养成的生活习惯；另一方面也由于当时北方人口大量减少，土地草场较为充裕，存在大规模发展养羊的空间条件。这在中国内地畜牧业发展史上，是一个非常值得注意的变化。

家禽饲养方面，鸡是这一时期南北各地都普遍饲养的家禽，《齐民要术》有专篇讨论其饲养技术。据《广志》以及同时代其他文献记载，当时南北各地出现了众多地方良种，如胡髯、五指、金骹、反翅、蜀、荆、吴中长鸣鸡等。[1]《齐民要术》也设立了专门的篇章讨论此一时期的鸭鹅饲养，据此则当时北方地区应有不少农户饲养了这两种水禽，比如石崇的金谷园中，即是"鸡猪鹅鸭之属，莫不毕备"[2]。但从各种文献的零星记载来看，鸭和鹅这两大传统水禽在南方水乡更普遍地饲养，晋人沈充有一篇《鹅赋》，其序称当时南方地区"绿眼黄喙，家家有焉"[3]。反映了南方农家养鸭、养鹅之普遍。

关于南方地区的养殖业，这里应略作说明。无论从自然环境条件还从现有的文献记载来看，南方地区的畜禽饲养与北方地区的差异是十分显著的。与北方地区利用草场大量牧养牛、马、羊等不同，南方地区的饲养规模比较有限，家畜饲养只有少量的马、驴和羊，牛的饲养时见记载，但品种多为适应南方湿热环境的水牛；家庭养猪较多见，但也不能说十分普遍；鸡是较普遍饲养的一种家禽。但南方地区的更大特色是鹅、鸭等水禽的饲养，无论是在当时的诗文咏颂还是在关于饮食物品的记载中，这两种家禽都很常见，应是当时南方农家饲养最多的畜物。

这个时期，南方获取动物性食料的主要途径是鱼类水产捕捞。南方地区河湖众多，处处水乡泽国，鱼类资源极其丰富，种类十分繁多。自古以来，水产捕捞就是当地人民的重要生计来源之一，史书反复提到南方"饭稻羹鱼"的饮食特色，正是对这种经济生产结构的直接反映。值得注意的是，贾思勰在《齐民要术》中专门设有"养鱼"一目，尽管全部引自托名而作的《陶朱公养鱼经》，但亦反映这个时期的人们特别是南方人民已有这个生产项目。由于这是关于古代养鱼技术的最早记

---

① 参见本卷第二章第四节相关叙述。
② 《太平御览》卷九一九引石崇《金谷诗序》。
③ 兹据《艺文类聚》卷九一《鸟部》中引。

录，十分稀有，兹将其主要内容抄录如下：

> 夫治生之法有五，水畜第一。水畜，所谓鱼池也。以六亩地为池，池中有九洲。求怀子鲤鱼长三尺者二十头，牡鲤鱼长三尺者四头，以二月上庚日内池中，令水无声，鱼必生。至四月，内一神守；六月，内二神守；八月，内三神守。"神守"者，鳖也。所以内鳖者，鱼满三百六十，则蛟龙为之长，而将鱼飞去；内鳖，则鱼不复去，在池中，周绕九洲无穷，自谓江湖也。

> 至来年二月，得鲤鱼长一尺者一万五千枚，三尺者四万五千枚，二尺者万枚。枚直五十，得钱一百二十五万。至明年，得长一尺者十万枚，长二尺者五万枚，长三尺者五万枚，长四尺者四万枚。留长二尺者二千枚作种。所余皆货，得钱五百一十五万钱。候至明年，不可胜计也。

> 又作鱼池法：三尺大鲤，非近江湖，仓卒难求；若养小鱼，积年不大。欲令生大鱼法：要须载取薮泽陂湖饶大鱼之处、近水际土十数载，以布池底。二年之内，即生大鱼。盖由土中先有大鱼子，得水即生也。①

从这些记载来看，当时人们已经知道选地掘池养鱼，注意鱼种选留、搭配，讲究通过养鱼谋取经济收益。我们不能肯定这些文字是以南方抑或北方的养鱼经验为基础而记述下来的，但至少反映出这个时代已经开始尝试、积累养鱼的经验和技术了。

综上所述，魏晋南北朝是我国农业经济结构和地理布局发生了显著调整和变化的时期。概括地说，农业生产结构的调整，主要表现在以下几个方面：其一，这一时期，特别是在北方地区，畜牧生产在社会经济中所占的比重曾有明显提高，农牧经济经历了一个彼此消长的过程；其二，农作物的构成更加丰富，不同作物的地位或升或降；其三，畜产结构的变化十分引人注目。农业生产地理布局的变化，则主要表现为：其一，随着南方农业资源不断得到开发，长江流域及其以南逐步形成了一些新的重要农业经济区；其二，就北方地区而言，随着游牧民族内迁，畜牧区域朝东南方向一度显著扩张，曾改变了农牧业的空间布局；其三，主要农作物（特别是麦类）的分布区域也发生了较大变化。

具体而言，种植业经济的调整和变化，可以概括为以下几个方面：一是粮食作物生产出现了较大的变化和调整，以旱粮特别是粟类种植为主体的粮食生产体系开始受到挑战：从全国范围来看，由于南方地区开始进行大规模农业开发，水稻生产取得了显著发展，北方地区也曾出现过相当可观的水稻栽培，水稻生产的比重和地位都有了较大提高；随着生产加工技术条件的发展和饮食习惯的变化，麦作不仅在

---

① 《齐民要术》卷六《养鱼第六十一》引《陶朱公养鱼经》。

北方地区取得进一步发展，在当地粮食生产体系中的地位有了较大提高，而且随着北方人口大量南迁，北方旱地作物不断向南方推广，其中以麦类作物推广成绩最为显著。与此同时，另一些粮食作物的地位，特别是黍、麻、豆类则逐渐丧失了作为主粮作物的地位。二是南北各地的蔬菜生产取得较大发展，蔬菜种类和品种都有了明显增加，多种外来蔬菜作物得到了推广和种植，成为蔬菜生产的重要内容。三是果树种类和品种数量都有了明显增多，并涌现了不少著名的果树品种，南北各地形成了各具特色的温带、亚热带和热带水果产区，出现了诸多著名的果品产地。汉代以来陆续传入的多种果树，逐渐得到推广种植，成为内地常见的果树。作为果品和糖料作物的甘蔗，生产区域与前代相比也有了一定扩展。四是衣料作物生产发生了重要的调整变化：南北地区的蚕桑和麻类生产均取得了新的发展，特别是南方地区苎麻种植相当普遍，栽桑养蚕也逐步兴起。与此同时，新疆、岭南和西南地区的棉花生产取得了初步发展，染料作物的种类也有所增加。五是随着压油技术出现，苴、胡麻、芜菁子等，在这个时期始作为专门油料作物被大量栽培。

畜牧饲养经济的调整和变化则主要表现为：典型的游牧生产曾在黄河中游的黄土高原地区占据主导地位，华北平原也曾出现了一些占地广袤的大型牧场，国营和私营畜牧业生产规模曾经明显扩大；即使在典型的农耕地区，家畜饲养规模亦相当可观。这些发展使当时的黄河中下游地区在一定程度上重现了"农牧交错"局面。从畜产结构来说，当时北方马、牛饲养取得了较大发展，而且养羊业取代了养猪业的主导地位，羊罕见地成为主要肉畜。

魏晋南北朝农业经济的上述种种变动，一方面是由于农业自身的发展所致，另一方面更与当时独特的历史条件有关，是多种自然因素和社会政治、经济与文化因素共同影响的结果。

第五章 土地制度和国营农牧经济

　　土地是农业生产所必需的生产资料之一。因此，土地所有制便成为生产资料所有制的重要组成部分，也是影响农业生产发展最重要的制度性因素之一。魏晋南北朝时期，政权更迭频繁，社会变动剧烈，各个政权为了巩固自身统治的需要，不得不顺应社会经济形势的变化，在继承前代土地制度的基础上，不断地调整、改革土地分配、占有和使用制度及其经营方式，显示出了诸多显著的时代特色。

　　中国古代的土地，根据土地所有权的性质不同，可分为国有土地和私有土地两种。魏晋南北朝时期的国有土地制度，根据使用和经营方式不同，前后出现过屯田制、州郡公田制、计口受田制、国有牧场制、均田制等多种形式。其中，屯田制贯穿于整个魏晋南北朝时期的各个朝代，州郡公田制仅存在于两晋南朝，北魏的国有土地制度多样，除屯田制，还有前期的计口授田制、国有牧场制①，后期则在国家掌握大量无主荒地的基础上推行"均田制"，建立了一套新型的土地分配制度，以实现劳动力与土地的结合。均田制确立之后，为东魏、北齐与西魏、北周所承袭，并且一直实行到隋唐时期。

---

　　① 国有牧场制是北魏前期的一种带有游牧部落性质的土地国有制度。在北魏北方广袤的国有牧场上，主要经营的是畜牧业。由于本章讨论的内容主要是与农耕经济相关的土地制度，故对国有牧场制不作详细介绍。

第一节　屯田制度和屯田经营

一、三国时期的屯田农业经营

屯田制是国家按照一定的组织系统和编制方式，组织农民和士兵耕种国有土地的一种土地制度。三国时期，它曾是魏、蜀、吴政权普遍实行的一种土地国有制度，其中以曹魏的屯田最为突出。但是，屯田并不是起源于三国，早在秦汉时期就已有屯田的先例，例如汉文帝就曾接受晁错的建议，"募民徙塞下"①，从此开始实行一种屯田与戍边相结合的军屯制度。屯田刚刚兴起之时，屯垦地区仅局限于西北的边疆地带，从汉宣帝时开始，军屯逐渐向内地拓展。民屯的出现虽晚于军屯，但至晚在汉武帝时就已现端倪，也是从边疆逐渐向内地推广。汉代出现的民屯和军屯两种屯田形式，遂成为三国时代屯田制度的直接渊源。

东汉末年的社会政治动荡及其造成的经济后果，是曹魏实行屯田的直接动因。东汉末年，天下大乱，诸侯混战，民不聊生，土地大量荒芜，人口大量流徙死亡。由于农业生产遭受严重的破坏，粮食供应也出现了问题。特别在战争年代，军粮匮乏是每个割据政权所面临的最大困扰和威胁。面对这些社会现实，恢复和发展农业生产，解决粮食和人口流亡问题，便成为它们都必须要解决的最大问题。农业生产离不开土地和劳动者，当时大量无主荒田的存在，正好为官府直接参与农业生产经营，推行土地国有制提供了客观条件，正所谓"大乱之后，民人分散，土业无主，皆为公田"②，国家则根据"其地有草者，尽曰官田"③ 的原则，大力扩充国有土地；大量流亡人口的存在，又为国家提供了大量流散的劳动力，不论从政治还是经济角度考虑，都必须加强对这些人口的组织和控制。在这种特殊的历史背景下，屯田作为一种通过国家力量进行组织，实现劳动者与土地结合以恢复农业经济生产的有效制度，便应运而生。

率先大力推行屯田制度的是曹魏。

曹魏屯田早在献帝初平三年（192）便已显露端倪。曹操在占据兖州并收编了青州兵后，毛玠曾提出过关于屯田的初步设想。初平四年和兴平元年（194），韩浩和枣祗也都向曹操提出了实行屯田的建议。但这项制度的正式确立和推行，则是在

---

① 《汉书》卷四九《晁错传》。
② 《三国志》卷一五《魏书·司马朗传》。
③ 《后汉书》卷四九《仲长统传》。

建安元年（196）。这一年，曹操接受了枣祗、韩浩等人的建议，"募民屯田许下，得谷百万斛。于是州郡例置田官，所在积谷。征伐四方，无运粮之劳，遂兼灭群贼，克平天下"①。

曹魏屯田分为民屯和军屯两种形式。

民屯是把农民编制在土地上进行农业生产，以使失去土地的农民重新回到土地上。参加屯田的农民主要被称为"屯田客""屯田民"等，曹操对屯田客和编户齐民采取两种不同的管理方法。屯田客由在地方上设置的各级农官进行管理。对于当时仍然普遍存在的编户齐民，则继续归郡县管理。在屯田制推行之初，屯田客的来源主要是投降曹操的黄巾起义农民。曹操通过所谓的"募民"形式，将这些农民编制起来，强迫他们从事农业生产。由于不是自愿，便出现了"新募民开屯田，民不乐，多逃亡"②的现象。此后，随着屯田的逐渐展开，招募形式也从强迫转变为自愿，从而得到了农民的支持。

屯田农民对土地的占有方式是在地方各级典农官的管理下，采用军事编制形式耕种国有土地，开展农业生产活动。与自耕农民相比，屯田农民的一个重要特征就是对国家的依附性显著增强。屯田农民虽然重新回到了土地上，但仅仅是获得了对土地的耕种权而并不享有对土地的所有权，他们与国家之间形成了一种具有很强依附性的租佃关系。晋人应詹曾说："魏氏故事，一年中与百姓，二年分税，三年计赋税以使之，公私兼济"③，说明屯田农民不仅要向官府上交地租，还要承担一些杂役。在建安元年之前，缴纳地租的数额和比例与屯田民是否租用国家所提供的耕牛有密切的关系，国家按照农民租用的耕牛数量计算所应缴纳的地租数额，即所谓的"计牛输谷"或"傜牛输谷"④，"持官牛田者官得六分，百姓得四分，私牛而官田者与官中分"⑤，基本是劳动所得的 50%～60%；如遇水旱灾害，可以减免地租。应当说，这是一种相当沉重的经济负担。根据制度规定，屯田农民没有服兵役的义务，但由于屯田农民本身就是采用军事编制组织起来的，所以平时还要接受军事训练，如果遇到特殊情况，仍需接受调遣充任兵士。总体来说，在当时的历史条件下，实行屯田制具有其合理性和必要性，它为破产流亡的自耕农提供了重新回到土地上开展农业生产的机会，在战乱流徙之中重获一线生机，但另一方面也使广大屯田农民对国家的人身依附关系显著增强，屯田农民失去了自由生产者的地位，社会政治和经济地位亦因此明显地下降了。

---

① 《三国志》卷一《魏书·武帝纪》注引《魏书》。
② 《三国志》卷一一《魏书·袁涣传》。
③ 《晋书》卷二六《食货志》。
④ 《三国志》卷一六《任峻传》注引《魏武故事》。
⑤ 《晋书》卷一〇九《慕容皝载记》。

屯田的另一种形式——军屯，晚于民屯实行。建安十八年（213）后，司马懿曾向曹操建议："昔箕子陈谋，以食为首。今天下不耕者盖二十余万，非经国远筹也。虽戎甲未卷，自宜且耕且守。"曹操采纳了他的建议，"于是务农积谷，国用丰赡"①。可见，建安十八年后，军屯才正式逐步推广。军屯的主要形式是"带甲之士""随宜开垦""且耕且守"，即军屯主要是由士兵参加，在战争相持阶段，平时从事农业生产，战时出征。这些从事军屯的士兵主要被称为"田兵""屯兵"或"佃兵"，他们不仅要服沉重的兵役，同时还要被强制集体耕种国有土地，家属不得随军，劳动生产所需的农具、耕牛等生产资料全部由官府提供，其口粮也由官府廪给，劳动成果还要全部上缴国家。这些士兵的来源主要也是破产流亡的农民，他们在被招募进入军队之后，在曹魏士家制度的约束下，被编入"士籍"，父死子继，兄终弟及，世代为兵，成为无法脱离军籍的世袭兵。他们的家属则成为"士家"，其妻子儿女也相应成为"士妻""士女"及"士息"。士家制度是一种人身依附性很强的世兵制度。曹魏为了确保兵源，防止士兵逃亡，颁布了"重士亡之法"，还规定士家不准改行转业，士死，其寡妻遗女也要配士家。士如果逃亡，其家属也要受到严酷的惩罚。这些士兵不仅要作战耕地，同时还要受士家制度的严格控制，所以他们的地位不仅低于编户齐民，而且比民屯的屯田户还要低，对国家具有很强的人身依附性。

在曹魏屯田的历史上，民屯的比重要大于军屯，军屯则是在魏文帝之后才较快地发展起来的。民屯主要集中在洛阳、颍川、弘农、魏郡、汲县及河内等地区，军屯则多集中于青州、徐州、淮南、淮北以及关中地区。为了切实有效地对地方民屯事务进行管理，曹操在屯田制实行之初即设立专门机构和职官，定制：民屯的基层组织为"屯"，每屯50人，设置司马一职管理基层民屯事务。其上，则于县设置典农都尉，于郡设置典农中郎将和典农校尉等各级农官，管理相应的民屯事务。典农都尉，秩六百石或四百石，地位相当于县令、长；典农中郎将，秩二千石，典农校尉，秩比二千石，其地位相当于郡太守。典农中郎将和典农校尉下置校尉丞。各级农官皆统属于中央的大司农。在曹魏，典农都尉、典农校尉及典农中郎将既与各级地方官地位相当，他们与县令长及郡太守的关系也是平行的，分别为两套互不统属的地方官系统，这是曹魏在民屯管理制度上的一个特色。虽然也有郡级地方官兼任郡级农官的情况，但这仅仅是一些个别现象。各级农官主管民屯事务，地方行政长官则主持地方政务，各司其职。如在对农民的管辖上，各级农官负责对屯田民的管理，而地方官则负责地方的编户齐民。军屯一般按照军队原有的编制进行管理。军屯的基层组织为"屯"或"营"，

① 《晋书》卷一《宣帝纪》。

魏文帝黄初四年（223），在中央正式设置了秩比二千石的司农度支校尉，负责军屯事务。

曹魏屯田，一方面使军粮供应得到保障，在确保曹操集团立足、继而统一北方中起到了重要的支持保障作用；另一方面，屯田使失去土地的农民和荒芜的土地重新结合起来，对北方地区农业生产的恢复和发展具有一定的积极意义。但在这一制度下，屯田民和屯田兵丧失了人身自由和对土地的所有权，对国家的人身依附性大大地加强了，农业生产的积极性无疑也受到了明显的影响。

曹魏后期至西晋初年，屯田制开始发生崩坏。曹魏咸熙元年（264），"罢屯田官以均政役，诸典农皆为太守，都尉皆为令长"①。西晋泰始二年（266）十二月，又"罢农官为郡县"②。经过这两次废除屯田令的下达，屯田制主要是民屯被正式废止了，屯田客中的大部分又恢复了编户齐民的身份。与此同时，军屯依然存续，至东晋南朝开始衰落。此外，在西晋初年废止民屯之后，还出现了一种租佃型军屯制，这种军屯制区别于传统的"且耕且守"军屯，而单纯以租佃方式经营军队屯田。③屯田民中的一部分转化成了租佃型军屯制下的田兵。这种新型的租佃型军屯制与昔日的民屯相类似，那些"带甲之士"不再"出战入耕""且耕且守"，而是变成了单纯耕种屯田的兵士。同时，这些兵士也成为国有土地的租佃者，和昔日的屯田民一样要缴纳地租。进入东晋后，随着这种租佃型军屯的衰落，在此制度下的田兵也随之转化为编户齐民。

东吴屯田始于建安初年，略晚于曹操实行屯田的时间，规模和数量亦次于曹魏。当时，孙策已经剿灭了一批敌对的势力，平定了江东。在获得了稳固的根据地后，恢复和发展农业生产便成为当务之急。于是，孙策仿效曹操的做法，着手推行屯田之制，采用强制手段将农民和兵士附着在土地上，从事农业生产。孙策在收服太史慈之后，曾任命他为建昌都尉。据学者考证，太史慈担任的这个建昌都尉，有可能是建昌屯田都尉的省略，是主管当地屯田事务的官员。④可见，东吴屯田的开始时间约为孙策执掌江东政权的建安四年。孙策死后，建安五年（200），孙权任讨虏将军。其时，陆逊"年二十一，始仕幕府，历东西曹令史，出为海昌屯田都尉，并领县事"⑤。陆逊所担任的海昌屯田都尉与上述太史慈担任的建昌屯田都尉一样，也是东吴管理地方屯田事务的官员。黄武五年（226）春，孙权曾下令称："军兴日久，民离农畔，父子夫妇，不听相恤，孤甚愍之。今北虏缩窜，方外无事，其下州

① 《三国志》卷四《魏书·陈留王纪》。
② 《晋书》卷四《武帝纪》。
③ 高敏：《〈晋书·傅玄传〉中所见军屯制度辨析》，《信阳师范学院学报》1984年3期。
④ 高敏：《魏晋南北朝社会经济史探讨》，人民出版社，1987年，81～83页。
⑤ 《三国志》卷五八《吴书·陆逊传》。

郡，有以宽息。"孙权力图寻求一种在战乱之后恢复农业生产的方法。当时，陆逊"以所在少谷，表令诸将增广农亩"。陆逊建议的核心是"增广农亩"4字。说明在此之前，东吴在各地已设屯田从事农业生产。为了恢复农业生产，增加粮食产量，陆逊才提出了在过去已有屯田的基础上继续扩大屯田规模的建议。孙权认为陆逊的建议很合时宜，便回答说："甚善。今孤父子亲自受田，车中八牛以为四耦，虽未及古人，亦欲与众均等其劳也。"① 孙权所说的"亲自受田"，就是由统治者将国有土地分给农民耕种的民屯形式。可见，从黄武五年开始，屯田在东吴得到了推广。东吴末年，陆凯在给孙皓进谏的二十事中说："先帝战士，不给他役，使春惟知农，秋惟收稻，江渚有事，责其死效。今之战士，供给众役，廪赐不赡，是不遵先帝十五也。"② 说明直到东吴末年，屯田一直在实行。

东吴的屯田也分为民屯和军屯两种形式，屯田的基层组织也是"屯"，屯田民的来源主要是被征服的山越人。从事民屯的农民，也称为"屯田客"或"屯田户"。上述太史慈和陆逊所担任的屯田都尉就是管理民屯事务的官员。永安六年（263），丞相濮阳兴建议"取屯田万人以为兵"③，这里的"屯田"即为"屯田客"的简称，证明了当时民屯形式的存在。关于军屯，曹魏明帝青龙三年（235），孙权曾"遣兵数千家佃于江北"，这些佃于江北的数千家兵士便是东吴实行军屯的明证。此后八月，魏将满宠认为东吴"田向收熟，男女布野，其屯卫兵去城远者数百里，可掩击也。遣长吏督三军循江东下，摧破诸屯，焚烧谷物而还"④。这里又有"屯卫兵"和"诸屯"，亦证明东吴曾有过大规模的军屯。

在屯田官员的设置上，东吴在中央设置了监农御使一职，独立负责屯田的事务，不在大司农的管辖之下，这与曹魏民屯事务受大司农管辖的体制不同。在地方，孙吴基本效仿曹魏的做法，设置负责管理民屯事务的典农校尉与典农都尉，只是没有像曹魏那样还设有典农中郎将一职。东吴在郡设置典农校尉，又称督农校尉，其下又有郡屯田掾；在县设置典农都尉，又称屯田都尉。东吴郡县两级管理民屯的官员往往兼任同一级别的地方官员，如郡的典农校尉兼任太守，县的典农都尉则兼任令长，这些都与曹魏制度不同。如陆逊曾任海昌屯田都尉兼领县事，华覈以上虞尉兼任典农都尉，都是东吴地方官兼任农官的例子。在军屯管理方面，东吴设置了屯田司马、督军粮都尉、军粮都尉、节度府、典军营史、监运掾曹、督军司马、楼船仓书掾等官吏管理相关军屯事务。⑤

---

① 《三国志》卷四七《吴书·孙权传》。
② 《三国志》卷六一《吴书·陆凯传》。
③ 《三国志》卷四八《吴书·孙休传》。
④ 《三国志》卷二六《魏书·满宠传》。
⑤ 高敏：《长沙走马楼三国吴简中所见孙吴的屯田制度》，《中国史研究》，2007年2期。

屯田客在各级农官的管理下从事农业生产。与曹魏一样，东吴的屯田客也要向国家缴纳地租，但与曹魏不同的是，东吴兵士的家属一般随军，因此从事军屯的士兵是租佃国有土地，采取一家一户的形式进行农业生产，同时也要向国家缴纳地租。曹魏屯田地租采取的是分成制，而东吴的地租则是定额制。虽然从事民屯的农民主要任务是种地，而从事军屯的兵士主要任务则是"且耕且战"，但他们所承担的劳役负担都要比曹魏重得多。如赤乌八年（245）八月，孙权"遣校尉陈勋将屯田及作士三万人凿句容中道，自小其至云阳西城，通会市，作邸阁"。赤乌十年三月，"改作太初宫，诸将及州郡皆义作"。赤乌十三年十一月，"遣军十万，作营邑涂塘以淹北道"①。永安三年（260），"都尉严密建丹杨湖田，作浦里塘。诏百官会议，咸以为用功多而田不保成，唯（濮阳）兴以为可成。遂会诸兵民就作，功佣之费不可胜数，士卒死亡，或自贼杀，百姓大怨之"②。孙皓即位后经常大兴土木，百姓徭役负担极其沉重。可见，屯田民和兵士们经常被征调从事一些临时性的繁重劳役。同时，东吴还实行了复客制度，屯田民经常以"赐民""复客"或"守冢户"的名义被赏赐给有功的将领。在这种制度下，这些原本属于国家的屯田客便转化成为私家的佃客，他们不再向政府交纳租税和承担劳役，而是向他们的新主人纳课服役。在复客制度下，这些私家屯田客的身份被大大地降低了。

东吴末年，田兵"供给众役，禀赐不赡"③，更有甚者，"前后出为兵者，生则困苦无有温饱，死则委弃骸骨不反……每有征发，羸谨居家重累者先见输送。小有财货，倾居行赂，不顾穷尽。轻剽者则进入险阻，党就群恶。百姓虚竭，嗷然愁扰……民间，非居处小能自供，生产儿子，多不起养；屯田贫兵，亦多弃子"④。可见，东吴末年，屯田兵民在沉重的劳役负担下，不堪重负，生活极端贫苦。同时，在东吴所实行的"复客制"下，耕种国有土地的屯田客还不断转变为功臣地主的私人佃客，影响了国家的正常农业生产和租赋收入。由此，东吴屯田制亦逐渐崩坏解体。随着西晋灭吴和占田令的颁布，东吴的屯田制寿终正寝。

在蜀国，屯田制并不占据主要地位，所以西蜀的屯田在三国中规模最小、数量最少。西蜀的屯田约开始于建兴十年（232），即诸葛亮在汉中所实行的屯田。在连年的北伐战争中，蜀军曾多次因军粮不给而被迫撤兵。为了解决军粮供应问题，建

① 《三国志》卷四七《吴书·孙权传》。
② 《三国志》卷六四《吴书·濮阳兴传》。
③ 《三国志》卷六一《吴书·陆凯传》。
④ 《三国志》卷五七《吴书·骆统传》。

兴十年，"亮休士劝农于黄沙，作流马木牛毕，教兵讲武"①。这里的"休士劝农"即为军屯之始。同时，又任命吕乂为汉中太守，"兼领督农，供继军粮"②。吕乂所任的督农，即为主管当地民屯的农官，这可视为汉中民屯之始。可见，汉中屯田收入是诸葛亮北伐的重要军粮供应来源。但是，汉中的军屯和民屯是在战争中陆续进行的，随意性较大，为了解决军粮辎重的运输问题，诸葛亮发明了"木牛""流马"，为战争提供了高效快捷的后援补给。但这些仍然只是一时之计，摆在蜀军面前的一个迫切问题是建立稳固的军粮供应基地。建兴十二年，"亮悉大众由斜谷出，以流马运，据武功五丈原，与司马宣王对于渭南。亮每患粮不继，使己志不申，是以分兵屯田，为久驻之基。耕者杂于渭滨居民之间，而百姓安堵，军无私焉"③。这里提到了"分兵屯田，为久驻之基"，可见诸葛亮在进入渭南地区后，终于找到了进行屯田的理想区域。诸葛亮在渭南屯田采取"十二更下，在者八万"④的做法，即士兵在一年中每个月都会轮流休息一次，但要保证始终有 8 万人从事作战和屯田，这显然是一种军屯的做法。正当蜀、魏在渭水南岸持续对峙，且实行了较有成效的军屯之时，诸葛亮由于过度劳累，身体每况愈下，终于病倒在前线，病逝于五丈原（今陕西眉县西南），渭南屯田也随着蜀军的撤退而不复存在。蜀军虽然失去了渭南屯田区，却没有放弃汉中屯田，直到延熙五年（242），姜维才"督偏军，自汉中还屯涪县"⑤，蜀国屯田区域才由汉中转移到涪县。在蜀汉灭亡之前，姜维还曾"求沓中种麦"⑥，可见，西蜀还在沓中实行了军屯。

西蜀不仅在北方实施过屯田，在南中地区也有过屯田的举动。南中屯田主要集中在庲降地区。诸葛亮死后，霍弋曾任"参军、庲降屯副贰都督"⑦，《水经注》卷三三《江水一》云："仆水又径宁州建宁郡，州故庲降都督屯，故南人谓之屯下。刘禅建兴三年（225）分益州郡置。"可见蜀国曾在南中地区的庲降一带实施了军屯，并设置都督统领其事，故当地人称所在之地为"屯下"。

二、两晋南朝的屯田生产经营

两晋南朝时期，国有土地主要有两种形式，一是国家屯田，二是州郡公田。两者在经营方式上存在某些相似之处，但后者主要作为官员生活补贴或者俸禄的一个

①⑤ 《三国志》卷三三《蜀书·后主传》。
② 《三国志》卷三九《蜀书·吕乂传》。
③ 《三国志》卷三五《蜀书·诸葛亮传》。
④ 《三国志》卷三五《蜀书·诸葛亮传》注引郭冲《五事》。
⑥ 《三国志》卷四四《蜀书·姜维传》注引《华阳国志》。
⑦ 《三国志》卷四一《蜀书·霍峻附子弋传》。

来源。以下分述之。

随着魏末晋初两次颁布废除民屯令，民屯即告寿终正寝。但在整个两晋南朝时期，军屯却依然一直存续，只是随着时代的发展，在总体上亦呈逐渐衰落之势。

西晋时期，"且耕且战"的传统军屯仍然集中在江淮地区，但由于农田水利兴修维护不力，屯田区域逐渐缩小。泰始四年（268），傅玄上"便宜五事"，其一曰："耕夫务多种而耕暵不熟，徒丧功力而无收。又旧兵持官牛者，官得六分，士得四分；自持私牛者，与官中分，施行来久，众心安之。今一朝减持官牛者，官得八分，士得二分；持私牛及无牛者，官得七分，士得三分，人失其所，必不欢乐。"[①]从傅玄的这个条陈，我们可以看到两个事实：一是佃种国有土地的兵家屯田，或者说租佃型的军屯，当时依然存在；更重要的是，国家对屯田兵士的剥削较之过去明显加重。原来，屯田士家的地租缴纳是"持官牛者，官得六分，士得四分；自持私牛者，与官中分"，与屯田民所要缴纳的地租基本一致。但到了西晋初年，已经变成"持官牛者，官得八分，士得二分；持私牛及无牛者，官得七分，士得三分"[②]，地租率由原来的50％～60％增加到70％～80％。

史书中关于西晋和东晋南朝时期仍实行军屯的记载时有所见。西晋初年，司马骏任都督期间，"善抚御，有威恩，劝督农桑，与士卒分役，己及僚佐并将帅兵士等人限田十亩，具以表闻。诏遣普下州县，使各务农事"[③]；羊祜任荆州都督时，采取"戍逻减半，分以垦田八百余顷"[④]的军屯制度，其中戍卒与田兵的职责具有明显的区分，戍卒负责戍守，而田兵则专门耕种屯田。

晋室南渡之后，为了解决粮食问题，皇帝要求："课督农功，诏二千石长吏以入谷多少为殿最。其非宿卫要任，皆宜赴农，使军各自佃作，即以为廪。"[⑤]不少官员相继提出建议，力图恢复此前的军屯。大兴二年（319），应詹针对当时江南"僮仆不亲农桑，而游食者以十万计"的情况，建议仿效"魏武皇帝用枣祗、韩浩之议，广建屯田，又于征伐之中，分带甲之士，随宜开垦，故下不甚劳，而大功克举也"[⑥]，恢复过去的民屯和军屯，主张民屯"宜简流人，兴复农官，功劳报赏，皆如魏氏故事，一年中与百姓，二年分税，三年计赋税以使之。公私兼济则仓盈庾亿，可计日而待也"；军屯则"宜选都督有文武经略者，远以振河洛之形势，近以为徐豫之藩镇，绥集流散，使人有攸依，专委农功，令事有所局。……今诸军自不

---

① ② 《晋书》卷四七《傅玄传》。

③ 《晋书》卷三八《宣五王·扶风王骏传》。

④ 《晋书》卷三四《羊祜传》。

⑤ ⑥ 《晋书》卷二六《食货志》。

对敌，皆宜齐课"①。但此议似乎未被采纳。明帝时，温峤又建议："诸外州郡将兵者及都督府非临敌之军，且田且守。又先朝使五校出田，今四军五校有兵者，及护军所统外军，可分遣二军出，并屯要处。缘江上下，皆有良田，开荒须一年之后即易。"② 温峤的建议多被明帝所采纳，说明"且耕且战"的军屯在东晋时期仍然维持。当时有许多驻守边境的将领，为了获得足够的军粮而在其所统辖的地区实行军屯。如祖逖为了北伐，曾督劝"子弟耕耘"③，并且命令士兵："佃于（谯）城北，虑贼来攻，因以为资，故豫安军屯，以御其外。谷将熟，贼果至，丁夫战于外，老弱获于内，多持火炬，急则烧谷而走。"④ 甘卓在襄阳，"散兵使大佃"⑤。成帝时，庾翼为北伐，"请据乐乡，广农稽谷"，其后还督江州，"缮修军器，大佃积谷，欲图后举"⑥。穆帝时，殷浩在北伐中，"以淮南太守陈逵、兖州刺史蔡裔为前锋，安西将军谢尚、北中郎将荀羡为督统，开江西嚝田千余顷，以为军储"⑦。安帝义熙年间，刘裕北伐后秦，遣毛修之先行修复淮南芍陂，屯田数千亩以积蓄军粮。⑧ 进入南朝以后，在北边前线地区间或有些临时性的小规模军屯出现，但军屯在整体上已经衰落了，如宋文帝元嘉五年（428），张邵时任雍州刺史，"及至襄阳，筑长围，修立堤堰，创田数千顷，公私充给"⑨。南齐高帝时，垣崇祖镇守寿春，曾在芍陂一带屯田，受到高帝的鼓励："卿视吾长江东西已耶？所少者食，卿但努力营田，自然平殄残丑。"⑩ 梁武帝天监元年（502），荆州刺史萧憺由于当时"军旅之后，公私空乏"，乃"励精为治，广辟屯田"⑪。天监年间（502—519），裴邃为竟陵太守，在其所辖地区"开置屯田，公私便之"。后来任"北梁、秦二州刺史，复开创屯田数千顷，仓廪盈实，省息边运，民吏获安"⑫。夏侯夔为豫州刺史时，曾"帅军人于苍陵立堰，溉田千余顷，岁收谷百余万石，以充储备"⑬。在此期间，曾有一些人屡次建议扩大军屯，但均未被当权者所采纳。如刘宋尚书右丞徐爰认为"方镇所

---

① 《晋书》卷二六《食货志》。
② 《晋书》卷六七《温峤传》。
③ 《晋书》卷六二《祖逖传》。
④ 《晋书》卷七七《蔡谟传》。
⑤ 《晋书》卷七〇《甘卓传》。
⑥ 《晋书》卷七三《庾亮附弟翼传》。
⑦ 《晋书》卷七七《殷浩传》。
⑧ 《宋书》卷四八《毛修之传》。
⑨ 《南史》卷三二《张邵传》。
⑩ 《南齐书》卷二五《垣崇祖传》。
⑪ 《梁书》卷二二《太祖五王·始兴忠武王憺传》。
⑫ 《梁书》卷二八《裴邃传》。
⑬ 《梁书》卷二八《夏侯亶附弟夔传》。

资，实宜且田且守"，建议"缘边诸戍，练卒严城，凡诸督统，聚粮蓄田"①，但他的建议并没有被孝武帝采用。直至南齐高帝建元年间（479—482），崔祖思又建议"广田以实廪"，并认为："近代魏置典农，而中都足食；晋开汝、颍，而汴河委储。今将扫辟咸、华，题镂龙漠，宜简役敦农，开田广稼。时罢山池之威禁，深抑豪右之兼擅，则兵民优赡，可以出师。"② 但是高帝仅"优诏报答"，并未见其实行。南齐明帝时（494—498），尚书令徐孝嗣建议立屯田："缘淮诸镇，皆取给京师，费引既殷，漕运艰涩。聚粮待敌，每苦不周，利害之基，莫此为急。臣比访之故老及经彼宰守，淮南旧田，触处极目，陂遏不修，咸成茂草。平原陆地，弥望尤多。今边备既严，戍卒增众，远资馈运，近废良畴，士多饥色，可为嗟叹。"建议："使刺史二千石躬自履行，随地垦辟。精寻灌溉之源，善商肥确之异。州郡县戍主帅以下，悉分番附农。今水田虽晚，方事菽麦，菽麦二种，益是北土所宜，彼人便之，不减粳稻。开创之利，宜在及时。所启允合，请即使至徐、兖、司、豫，爰及荆、雍，各当境规度，勿有所遗。别立主曹，专司其事。田器耕牛，台详所给。岁终言殿最，明其刑赏。此功克举，庶有弘益。"然而其结果也是"兵事未已，竟不施行"。③ 萧梁郭祖琛也曾向梁武帝提出"广兴屯田"之议，但同样没有得到采纳。以上的这些屯田之议，并没有引起各朝统治者的重视，因此只限于纸上谈兵，而无具体实施的举措。

三、两晋南朝的州郡公田经营

两晋南朝时期的国有土地，除了屯田，各地例皆有一些由州郡掌控经营的公田。在不同时期，根据土地用途的不同，这类土地被称作"菜田""采田""禄田""官地""脂泽田"等。州郡公田是国有土地，不允许私人占有。它可以上溯至汉代，国家通过接受、没收、开辟等方式获得了大量国有的"公田"。到东汉时期，各个郡国都有数量不等的公田，由地方官负责经营管理。三国时，出现了地方公田由吏职进行耕种的形式。如魏文帝时，"吏士小大，并勤稼穑，止则成井里于广野，动则成校队于六军"④。东吴永安元年（258）曾下诏："诸吏家有五人三人兼重为役，父兄在都，子弟给郡县吏，既出限米，军出又从，至于家事无经护者，朕甚愍之。其有五人三人为役，听其父兄所欲留，为留一人，除其米限，军出不从。"⑤

---

① 《宋书》卷九四《徐爰传》。
② 《南齐书》卷二八《崔祖思传》。
③ 《南齐书》卷四四《徐孝嗣传》。
④ 《三国志》卷一三《魏书·王朗传》注引《魏名臣奏》。
⑤ 《三国志》卷四八《吴书·孙休传》。

可知，东吴时这种以吏职耕种公田的形式已然制度化，当时这种缴纳地租的方式被称作"出限米"，耕种公田的吏不仅在平时要出限米，在战争时还要服兵役，其租役负担相当沉重。刘宋元嘉初，始兴太守徐豁进言："郡大田，武吏年满十六，便课米六十斛，十五以下至十三，皆课米三十斛，一户内随丁多少，悉皆输米。且十三岁儿，未堪田作，或是单迥，无相兼通，年及应输，便自逃逸，既逼接蛮、俚，去就益易。或乃断截支体，产子不养，户口岁减，实此之由。谓宜更量课限，使得存立。今若减其米课，虽有交损，考之将来，理有深益。"① 根据徐豁的建议，可知至刘宋时各郡县都有被称作"大田"的公田，且由武吏租佃耕种，缴纳的地租称为课米，缴纳的数量则根据年龄不同而有所区别。在建议中，徐豁也指出了这些武吏租役负担沉重的事实。无论是东吴的"限米"，还是刘宋的"课米"，其在形式上都是相同的，可见这种由吏职耕种国家公田且缴纳地租的形式从三国一直延续至南朝。当时，由地方州郡控制的公田数量是相当大的。由于这些公田由地方官负责管理经营，所以难免会出现将公田收入纳为私有的情况。而且随着公田数量的扩大，这种情况亦呈逐渐扩大之势。东晋初年，应詹曾建议："都督可课佃二十顷，州十顷，郡五顷，县三顷。皆取文武吏、医卜，不得挠乱百姓。"② 说明当时都督府以及州郡县都拥有一定数量的公田，应詹虽然建议限制其数量，但收效甚微。如朱序曾"表求故荆州刺史桓石生府田百顷，并谷八万斛，给之"③。东晋末年，刘裕曾规定："州郡县屯、田、池、塞，诸非军国所资，利入守宰者，今一切除之。"④ 但是，这项旨在防止地方官私人占有公田收入的措施，似乎执行得并不尽如人意。到了南朝，公田数量逐年扩大，并超出了规定的限额，"作田不登公格"的现象也十分普遍。同时，南朝各个政权也都在不断地颁布维护公田的法令以保障地方官的权益，以此维持中央与地方的权力平衡。

两晋南朝时期，公田收入主要是作为官员的俸禄，所以这部分公田便被称为"禄田"。这种制度可以上溯至东汉，汉献帝就曾以三辅公田收入作为官员的俸禄，但此后并没有将这种制度正式施行下去。

三国时期并无禄田之制。西晋元康元年（291），朝廷进行了俸禄制度改革，规定："诸公及开府位从公者，品秩第一，食奉日五斛。太康二年，又给绢，春百匹，秋绢二百匹，绵二百斤。元康元年，给菜田十顷，田驺十人，立夏后不及田者，食奉一年。……特进品秩第二，位次诸公，在开府骠骑上……食奉日四斛。太康二年，始赐春服绢五十匹，秋绢百五十匹，绵一百五十斤。元康元年，给菜田八顷，

---

① 《宋书》卷九二《良吏·徐豁传》。
② 《晋书》卷七〇《应詹传》。
③ 《晋书》卷八一《朱序传》。
④ 《宋书》卷二《武帝纪中》。

田驺八人，立夏后不及田者，食奉一年。……光禄大夫与卿同秩中二千石……食奉日三斛。太康二年，始给春赐绢五十匹，秋绢百匹，绵百斤。惠帝元康元年，始给菜田六顷，田驺六人……三品将军秩中二千石者……食奉、春秋赐绵绢、菜田、田驺如光禄大夫诸卿制。……尚书令，秩千石……食奉月五十斛。……太康二年，始给赐绢，春三十匹，秋七十匹。绵七十斤。元康元年，始给菜田六顷，田驺六人，立夏后不及田者，食奉一年。"① 可知，在元康元年俸禄改革之前，官员的俸禄由粮食、绢、绵等实物组成，而在这次改革中，变为赐公卿以"菜田"和"田驺"。"菜田"即种菜的田地，但虽名为菜田，而实际上就是"禄田"。而"田驺"虽名为种菜之人，实则耕种禄田、地位较低的吏职。可见，从西晋开始，朝廷正式实行了以公田收入作为官员俸禄的"禄田"制度，只不过这一俸禄规定当时只涉及一些高级官员，并未将制度推广。

东晋时期，禄田制度开始普遍化，地方官员已拥有具有禄田性质的公田。如陶渊明曾任彭泽县令，他在其《归去来兮辞并序》中说道："予家贫，耕殖不足以自给，幼稚盈室，瓶无储粟，亲故多劝予为长吏。……家叔以予贫苦，遂见用于小邑。于时风波未静，心惮远役。彭泽去家百里，公田之利，足以为酒，故便求之。"可见，陶渊明已将公田之利作为自己的俸禄来源，说明此时公田已然具有禄田的性质。

刘宋时期，曾几次颁布兴废郡县禄田的诏令。如文帝元嘉二十七年（450）曾下诏"减百官俸三分之一……州及郡县丞尉，并悉同减"②，在这些减少的官俸之中，自然包括禄田。孝武帝大明二年（458）正月又下诏"复郡县田秩"③，这里的"田秩"即为"禄田"。前废帝永光元年（465）二月，下诏"减州郡县田禄之半"④，明帝泰始三年（467）十月又"复郡县公田"⑤，其中自然包括禄田。此后，泰始四年四月，下诏"复减郡县田禄之半"⑥，顺帝昇明元年（477），又下诏"复郡县禄田"⑦。上述刘宋禄田之制几经兴废的事实，说明禄田之制在刘宋确曾实行。南齐依然实行禄田之制，齐武帝永明元年（483）曾下诏："守宰俸禄，盖有恒准……郡县丞尉，可还田秩。"⑧ 梁陈两朝也继续施行禄田之制。如梁初义兴太守

① 《晋书》卷二四《职官志》。
② 《宋书》卷六《文帝纪》。
③ 《宋书》卷六《孝武帝纪》。
④ 《宋书》卷七《前废帝纪》。
⑤⑥ 《宋书》卷八《明帝纪》。
⑦ 《宋书》卷一〇《顺帝纪》。
⑧ 《南齐书》卷三《武帝纪》。

任昉"在郡所得公田奉秩八百余石，昉五分督一，余者悉原，儿妾食麦而已"[1]。伏暅任新安太守时，"民赋税不登者，辄以太守田米助之"[2]。陈宣帝时，南康内史宗元饶"以秩米三千余斛助民租课，存问高年，拯救乏绝，百姓甚赖焉"[3]。这里的"公田奉秩""太守田米"及"秩米"都是地方官的禄田收入。由此可见，在两晋南朝，禄田之制始终存在。

自西晋开始实行禄田之制，地方官收取禄田收入的时间是以每年的芒种为限，在此之前离任者，禄田收入归后任官员，反之则归前任官员所有。至宋文帝元嘉末年，则改为"计月分禄"的收取方法。[4] 据考证，禄田的地租率是，西晋菜田每亩平均纳租 1.8 斛，南朝的州郡禄田，每亩平均纳租 1.6 斛。[5]

大体而言，东晋南朝时期，州郡公田发展的趋势是数量不断增强，并且逐渐被官员侵占作为私人土地，这一趋势显示出土地国有制度渐遭破坏，以及土地私有制度不断发展的时代特色。在北方地区，西晋灭亡后，州郡公田在十六国时期的情形无法查证，但北魏在实行均田制的同时，对官员的职分公田做了一些具体规定。

四、十六国时期的屯田经营

西晋后期，政治昏暗，诸王混战，政权危如累卵。此时，东汉以来相继内迁的少数民族纷纷崛起，扩充势力，相互攻杀，西晋王朝危机四伏。从 304 年到 439 年，在黄河流域和四川地区相继建立了十几个地方政权，史称十六国。而实际上并不仅仅是 16 个国家，除了汉族建立的前凉、西凉、北燕、冉魏以及巴人建立的成汉，其他政权分别由匈奴、鲜卑、羯、氐、羌五族建立。它们分别是匈奴族建立的前赵（汉）、北凉、夏，鲜卑族建立的前燕、后燕、西秦、南凉、南燕，羯族建立的后赵，氐族建立的前秦、后凉，羌族建立的后秦。在这段时期内，各政权连年混战，"或篡通都之乡，或拥数州之地，雄图内卷，师旅外并，穷兵凶于胜负，尽人命于锋镝"[6]，使黄河流域的社会经济、文化遭到严重破坏。但与此同时，各民族政权在先进的汉族文化影响下，也采取了吸收汉族文化的政策，在保留自己某些民族传统的同时，大量吸收汉族先进的生产方式、统治政策和思想文化，使得黄河流域的政治、经济和文化得到了一定程度的恢复，更重要的是促进了少数民族与汉族

---

① 《南史》卷五九《任昉传》。

② 《梁书》卷五三《良吏·伏暅传》。

③ 《陈书》卷二九《宗元饶传》。

④ 《宋书》卷九二《阮长之传》。

⑤ 李文澜：《两晋南朝禄田制度初探》，《武汉大学学报》1980 年 4 期。

⑥ 《晋书》卷一〇一《载记序》。

的大融合。

在这些割据政权中，后赵、前燕与前秦在中原地区的统治相对比较稳固，因此有条件在一定范围内推行屯田。

东晋元帝大兴二年（319），匈奴汉国刘曜迁都长安，改国号为赵，史称前赵。此时，石勒的势力已开始崛起。在此之前，石勒已仿效匈奴汉政权胡、汉分治的办法，争取到了部分汉人的支持。在张宾的策划下，石勒占据了襄国（今河北邢台），作为立足之处，割据今河北、山东的大部。又趁汉国靳准之乱之机，率军攻破汉都平阳。刘曜自立为帝后，石勒正式脱离前赵，自称大单于、赵王，定都襄国，史称后赵。此后，石勒又与并州刺史刘琨相结，消灭了幽州刺史王浚，逼走刘琨，又灭掉了幽州的鲜卑段氏，进据河南、皖北、鲁北，势力逐渐增强。咸和四年（329），后赵攻破长安，灭前赵，占有关陇。至此，中国北方除辽东慕容氏和河西张氏，皆为石勒所统一，以淮水与东晋为界，初步形成南北对峙的局面。咸和五年，石勒改称赵天王，行皇帝事，同年又改称皇帝。石勒在中原站稳脚跟后，曾"以右常侍霍皓为劝课大夫，与典农使者朱表、典劝都尉陆充等循行州郡，核定户籍，劝课农桑。农桑最修者赐爵五大夫"[①]。这里出现了类似曹魏在地方上设置的管理民屯事务的"典农使者"与"典劝都尉"，说明后赵已在其所统治的范围内实行了民屯制度。关于军屯的实行情况，史载咸康四年（338），石虎"谋伐昌黎，遣渡辽曹伏将青州之众渡海，戍蹋顿城，无水而还，因戍于海岛，运谷三百万斛以给之。又以船三百艘运谷三十万斛诣高句丽，使典农中郎将王典率众万余屯田于海滨。又令青州造船千艘，使石宣率步骑二万击朔方鲜卑斛摩头破之，斩首四万余级"[②]。这是关于后赵实施军屯的明确记载。在这段记载中，还出现了"典农中郎将"一职，显然是沿用曹魏农官的名称。但曹魏设置典农中郎将主管的是郡一级的民屯事务，而后赵的典农中郎将则是负责军屯事务。此后，石虎又"自幽州东至白狼，大兴屯田"，继续将屯田推广。可见，后赵自石勒开始实施屯田，其间又经石虎继续扩大规模。后赵屯田也分为民屯和军屯，在军粮补给方面发挥了重要作用。

前燕的建立者是慕容皝，其父慕容廆统治部落时，率部迁至大棘城（今辽宁义县西北），逐渐汉化。晋怀帝永嘉元年（307），慕容廆乘西晋动乱之时，自称鲜卑大单于。西晋灭亡后，慕容廆又被东晋朝廷任命为都督幽、平二州、东夷诸军事、车骑将军、平州牧，封辽东公。慕容廆去世后，其子慕容皝继承父业，统领部落，统治辽东地区。咸康三年（337）十月，慕容皝自称燕王，建立了燕国，史称前燕。

---

① 《晋书》卷一○五《石勒载记下》。

② 《晋书》卷一○六《石季龙载记上》。

此后，前燕迁都龙城（今辽宁朝阳），击败周围势力，成为当时东北地区最强大的国家。慕容皝在位期间，十分重视农业生产，曾"躬巡郡县，劝课农桑"①，并于咸康七年正式实行了屯田制。这一制度的初步设想是："以牧牛给贫家，田于苑中，公收其八，二分入私。有牛而无地者，亦田苑中，公收其七，三分入私。"②具体做法是：国家将禁苑土地租佃给无地农民耕种，农民要向国家缴纳地租；地租的缴纳比例是，无牛的贫农，由国家提供耕牛，劳动所得的80%要上缴国家；有牛的农民，地租的比例稍低，是劳动所得的70%。这实际上是沿袭曹魏末西晋初租佃型军屯制的地租比例，在这种屯田制度下，农民的负担是相当沉重的。为此，记室参军封裕提出了反对意见，建议实行曹魏初期民屯的"持官牛田者官得六分，百姓得四分，私牛而官田者，与官中分"的地租标准。慕容皝采纳了封裕的意见，下令："苑囿悉可罢之，以给百姓无田业者。贫者全无资产，不能自存，各赐牧牛一头。若私有余力，乐取官牛垦官田者，其依魏、晋旧法。"③即将国家苑囿的土地分给无地农民耕种，对于贫穷无牛的农民，国家还赐予耕牛一头。如果私家有余力而愿意使用官牛，交租比例按照曹魏旧制。可见，前燕在慕容皝统治期间，可能曾仿照曹魏旧制实施了民屯。

前秦是氐族苻氏所建立的政权，一度统一了北方地区，然终因淝水之战惨败而土崩瓦解。前秦政权经过苻洪、苻健父子的苦心经营，到了苻坚即位时，国力逐渐增强，社会生产、人民生活状况都得到了不同程度的改善。苻坚打破种族界限，大胆起用汉族士人为其统治服务。例如他重用汉人王猛，采取了一系列巩固政治、经济的措施。在王猛的辅佐下，倡儒学，兴学校，培养人才，注重发展农业生产，扶助农桑，兴修水利，并且鼓励发展工商业。前秦在十六国的乱世中竟然出现了"小康"景象，这不能不归功于苻坚的治国方略。以此为基础，前秦开始了统一黄河流域的战争行动，于太和五年（370）灭前燕，咸安元年（371）灭仇池氐族杨氏，宁康元年（373）夺取了东晋的梁、益二州，太元元年（376）灭前凉，太元七年又命吕光率军进驻西域。至此，前秦统一了中国北方，与东晋形成了南北对峙的局面。在前秦与东晋对峙的前沿区域上，前秦曾经实行过屯田，史载东晋将军朱绰曾"焚践沔北屯田，掠六百余户而还"④一事可以证明。此事也成为苻坚发动淝水之战的导火索。沔北屯田只是前秦屯田中的一部分，估计当时屯田规模相当可观，而且可能是在全境推广。淝水之战后，前秦遭到严重挫折，国力逐渐衰弱，国内被征服的各族开始纷纷反叛，屯田自然也无法推行下去。

①②③　《晋书》卷一〇九《慕容皝载记》。

④　《晋书》卷一一四《苻坚载记下》。

此外，后燕也曾经在五原一带推行过屯田。前秦灭掉前燕后，将4万多户鲜卑民众迁到了长安以及近畿各地，鲜卑民众由于不满奴役，渴望东归，因此鲜卑族趁"淝水之战"前秦大败之机恢复势力。慕容暐的叔父慕容垂在河北起兵反抗前秦，于太元九年（384）建立了后燕政权。慕容垂势力强大，不仅夺取了河北地区，还消灭了割据河南的丁零族翟魏政权和西燕政权，基本包括了前燕的版图。后燕在政权稳定后又开始大举讨伐北魏，双方有胜有败。就在后燕与北魏对峙期间，后燕曾经在河套的北套地区进行过屯田。北魏登国六年（391）秋，拓跋珪"袭五原，屠之。收其积谷，还纽垤川"①。这次北魏袭击后燕五原地区的战果是"收其积谷"，可见后燕在五原一带曾经实行过屯田，否则不会在这个游牧地区出现大量的积谷。后燕在五原的屯田也为后来北魏在此地实行屯田奠定了基础。

五、北魏时期的屯田农业经营

北魏是鲜卑拓跋氏建立的政权。鲜卑族是我国北方的一个古老民族，经东汉、三国时期的发展，至十六国时，鲜卑慕容氏建立了前燕、后燕、南燕和西燕，陇西的乞伏氏建立了西秦，河西的秃发氏则建立了南凉，鲜卑民族逐渐强大起来。拓跋氏是鲜卑的一个族属，发源于大兴安岭的北部山麓，长期过着"畜牧迁徙，射猎为业"②的游牧生活，不属于以定居为主要特征的农耕经济，屯田更是无从谈起。

随着拓跋鲜卑与中原农业区域的接触逐渐频繁，其汉化程度也日益加深，从而为游牧经济向农耕经济的转化提供了条件。拓跋部的统治者什翼犍曾在后赵当了10年的质子，因此受到了汉文化的熏陶。建国元年（338），什翼犍在繁峙（今山西浑源西）即代王位，建立了代政权。他仿照汉族制度设官分职，以汉人燕凤为长史，许谦为郎中令，并制定了法律，下令发展农业生产，农耕经济逐渐发展起来。此时，拓跋鲜卑政权正式具有了国家的规模。建国四年，什翼犍在盛乐故城南面修筑新城，作为代国的国都。定居下来之后，什翼犍又下令种植穄田，着手发展农业生产。在什翼犍的治理下，代国持续发展了将近40年的时间。此时，氐人苻氏的前秦政权强大起来，建国三十九年，前秦主苻坚出兵20万对代发起了强大攻势，什翼犍大败，逃往阴山以北地区，前秦"散其部落于汉鄣边故地，立尉、监行事，官僚领押，课之治业营生，三五取丁，优复三年无税租。其渠帅岁终令朝献，出入

---

① 《魏书》卷二《太祖纪》。
② 《魏书》卷一《序纪》。

行来为之制限"①。苻坚的这种遣散部落的做法，客观上也为当地部民发展农耕经济创造了条件。不久，拓跋部又遭到了高车的骚扰，什翼犍被迫退回到漠南。在云中，什翼犍被其子寔君所杀，代国由此灭亡。代国灭亡后，拓跋余众分别由铁弗部首领刘卫辰和刘库仁统领。淝水战后，前秦衰弱下去，拓跋部重获生机。登国元年（386），什翼犍之孙拓跋珪召集旧部在牛川（今内蒙古锡拉木林河）召开部落大会，即代王位。同年，拓跋珪又将国号改为魏，史称北魏。此后，拓跋珪在后燕国主慕容垂的帮助下，先后扫灭了独孤、贺兰二部。由此，拓跋魏成为当时塞外唯一的强大政权。

北魏的农耕经济也是在拓跋珪复国建魏之后才正式发展起来的。登国元年二月，拓跋珪"幸定襄之盛乐（今内蒙古和林格尔一带），息众课农"②。这里的"息众课农"是北魏从游牧经济发展为农耕经济的重要标志。北魏屯田，史书首载发生于登国九年。是年春，"帝北巡。使东平公元仪屯田于河北五原，至于椆杨塞外"③。这次屯田应是在登国元年"息众课农"政策的指导下，以后燕五原屯田为基础所实施的一次有组织的屯田行动。元仪的这次屯田属于民屯，地租的缴纳比例是"分农稼"④，即国家与屯田农民平均分配劳动成果，这种地租缴纳比例是模仿曹魏屯田初期"私牛而官田者与官中分"之制而来。由于这种地租率在当时来说是比较低的，所以当时的屯田农民的负担相对较轻，因此这次屯田"大得人心"⑤，取得了很好的效果。登国十年，"五月，甲戌，燕主垂遣太子宝、辽西王农、赵王麟帅众八万，自五原伐魏……秋，七月……燕军至五原，降魏别部三万余家，收穄田百余万斛，置黑城，进军临河，造船为济具"⑥。也就是说，元仪在五原实行屯田一年后，后燕就派兵来抢夺屯田收获的粮食，获穄达到百余万斛，可见登国九年屯田的规模相当大，且收获甚丰。

随着屯田的进一步扩大，北魏又出现了军屯。史载："自太祖平中山，多置军府，以相威慑。凡有八军，军各配兵五千，食禄主帅军各四十六人。……州有宗子稻田，屯兵八百户，年常发夫三千，草三百车，修补畦堰。"⑦ 这里所说的是定州的情况。后燕慕容宝即位后，北魏对后燕展开了强大攻势，后燕损失惨重，北魏占领了后燕都城中山（今河北定州）。可见在拓跋珪平定中山后即设置了军府，同时还实行了军屯。与前代军屯一样，军屯的基层组织也称为"屯"，屯田兵士被称为"屯兵"。但北魏军屯的管理机构多样，如各地军府、都尉、镇将、都督、刺史等都

---

① 《晋书》卷一一三《苻坚载记上》。

②③ 《魏书》卷二《太祖纪》。

④⑤ 《北史》卷一五《魏诸宗室·秦王翰附卫王仪传》。

⑥ 《资治通鉴》卷一〇八《晋纪三十·孝武帝太元二十年》。

⑦ 《魏书》卷五八《杨播附弟椿传》。

可在特定区域主管兵屯事宜。皇始二年（397）"夏四月，帝以军粮未继，乃诏征东大将军东平公元仪罢邺围，徙屯巨鹿，积租杨城。普邻出步卒六千余人，伺间犯诸屯兵"①，这是元仪在巨鹿所实行的军屯。此后还在大宁川（今张家口一带）和薄骨律镇（今宁夏回族自治区）等北方边境地带进行过屯田，规模都很大。

在孝文帝实行"均田制"之后，北魏的民屯依然存在，并且更加制度化，屯田逐渐从边境向内地发展，其标志是太和十二年（488）李彪关于屯田制改革的建议。具体内容是："别立农官，取州郡户十分之一以为屯民，相水陆之宜，料顷亩之数，以赃赎杂物余财市牛科给，令其肆力。一夫之田，岁责六十斛，蠲其正课并征戍杂役。"② 这一建议得到了孝文帝的赞许，并付诸实施。这一建议主要是规定了专门设置农官对民屯事务进行管理，还规定了民屯农民在全国民户中所占的比例、所处区域以及需要缴纳的地租数量，特别是地租数量规定每年缴纳 60 斛，成为定额地租，国家还会为那些贫苦农民配给耕牛并减免其他的租调力役等，这一切都表明屯田农民的负担在进一步减轻。这次屯田改革发生在"均田制"实施之后，可见北魏后期屯田制与均田制两种土地国有制度同时存在。

北魏军队屯田则发生了一些变化，主要是屯田区域发生了转移。献文帝时，源贺曾提出过恢复边镇军屯的建议，但并没有被皇帝采纳③，说明当时北方边镇的屯田已然遭受破坏。至孝文帝、宣武帝时，北方边镇的屯田继续衰落。与此相反，中原和江淮地区的屯田却得到了一定的发展。在中原地区，孝文帝时，范绍曾任西道六州营田大使，在六州境内"勤于劝课，频岁大获"④；宋弁奉诏"于豫州都督所部及东荆领叶，皆减戍士营农，水陆兼作"⑤。宣武帝时，杜纂"诣赭阳、武阴二郡，课种公田，随供军费"⑥。这些都表明北魏后期中原地区的屯田有所发展。江淮地区的军屯发展主要是适应对南朝作战的需要。太和十六年之后，"值朝廷有南讨之计，发河北数州田兵二万五千人，通缘淮戍兵合五万余人，广开屯田"⑦，说明北魏后期河北地区的大量屯田兵士开始向江淮地区调动，如当时定州军府的"八军之兵，渐割南戍"；至宣武帝时，杨椿还曾建议"罢四军，减其帅百八十四人"，同时建议废除定州原有耕种宗子稻田的屯兵⑧，这都说明河北的军屯呈减少之势。北魏后期还有延兴年间（471—476）和太和四年（480）崔鉴与薛虎子在徐州一带

---

① 《魏书》卷二《太祖纪》。

② 《魏书》卷六二《李彪传》。

③ 《魏书》卷四一《源贺传》。

④⑦ 《魏书》卷七九《范绍传》。

⑤ 《魏书》卷六三《宋弁传》。

⑥ 《魏书》卷八八《良吏·杜纂传》。

⑧ 《魏书》卷五八《杨播附弟椿传》。

的屯田，正始元年（504）九月，又下诏："缘淮南北所在镇戍，皆令及秋播麦，春种粟稻，随其土宜，水陆兼用，必使地无遗利，兵无余力，比及来稔，令公私俱济也。"① 这一系列举措，反映了江淮屯田的重要性及其成效，使得江淮地区成为北魏对南朝作战的军粮供应基地。

六、东西魏和北齐、北周的屯田

与北魏一样，东魏、北齐与西魏、北周除实行均田制，也都实行屯田制。北齐废帝乾明年间（560），"尚书左丞苏珍芝，议修石鳖等屯，岁收数万石。自是淮南军防，粮廪充足"；孝昭帝皇建中（560—561），"平州刺史嵇晔建议，开幽州督亢旧陂，长城左右营屯，岁收稻粟数十万石，北境得以周赡。又于河内置怀义等屯，以给河南之费。自是稍止转输之劳"②。可见北齐确曾实行过屯田。这些屯田均属于军屯，在一定程度上解决了北齐军粮供给问题。为了更有效地实施屯田，北齐还设置了一系列主管屯田事务的机构，如在尚书省祠部设有专门"掌藉田、诸州屯田等事"③ 的屯田曹，在司农寺下设置"典农署"，"别领山阳、平头、督亢等三部丞"④，专掌地方屯田事务。同时，"缘边城守之地，堪垦食者，皆营屯田，置都使、子使以统之。一子使当田五十顷，岁终考其所入，以论褒贬"⑤。可见，北齐还设置了"都使"、"子使"等官职专门负责边疆地带的屯田，并以完成屯田的数量作为考课依据。

北周屯田史实，有宇文贵"表请于梁州置屯田，数州丰足"⑥；李贤任河州总管期间，"大营屯田，以省运漕"⑦；苏绰、韦孝宽也都曾提出过兴置屯田的建议。此外，为了广置屯田以供军费，北周曾任命薛善为司农少卿，"领同州夏阳县二十屯监"⑧。可见，北周对屯田亦曾相当重视，屯田事务由中央司农统一管理，地方上则设屯监负责相应的屯田事务。

十六国与北朝时期的屯田制度，参加屯田的劳动者与三国时期一样，也都丧失了自耕农的身份，成为国家的佃农。但从十六国到北朝，由于少数民族统治者为了稳固在汉族地区的统治，获取更多的劳动力，以加速政权的汉化速度，所以他们对屯田农民的地租征收数量一般都相对比较轻，而且屯田农民的劳动负担也呈逐渐减少的趋势。

---

① 《魏书》卷八《世宗纪》。
②⑤ 《隋书》卷二四《食货志》。
③④ 《隋书》卷二七《百官志中》。
⑥ 《周书》卷一九《宇文贵传》。
⑦ 《周书》卷二五《李贤传》。
⑧ 《周书》卷三五《周善传》。

第二节　北朝的均田制

一、北魏的计口授田制与均田制

北魏孝文帝太和九年（485）正式发布了"均田令"，开始实行均田制。所谓"均田制"，实质上是国家将土地分授给劳动生产者耕种的一种国有土地制度。受田农民拥有制度规定的土地使用权和部分占有权、转让权，在理论上并非土地的真正所有者。不过，均田制度下的农民，却属于自耕农范畴，拥有独立的家庭经济。换句话说，均田制虽是国有土地制度的一种变体，却造就了大量的自耕农。这里只就制度层面的问题略作讨论，北朝自耕农经济问题则留待下一章再作叙述。

北魏初期曾实行"计口授田"制，这是均田制的重要渊源之一。例如史载北魏占领后燕的都城中山之后，于天兴元年（398）正月，"徙山东六州民吏及徒何、高丽杂夷三十六万，百工伎巧十万余口，以充京师"。二月，"诏给内徙新民耕牛，计口受（授）田"[1]，正式实行了"计口授田"制。此次"计口授田"的对象是山东6州民吏、徒何高丽杂夷以及百工伎巧，即所谓"内徙新民"。北魏将这些新民迁徙至京师平城，按户口给予耕牛和土地，令其从事农业生产。史书又载："天兴初，制定京邑，东至代郡（今山西大同、左云县一带），西及善无（今山西右玉县），南极阴馆（今山西代县），北尽参合（今山西阳高县），为畿内之田；其外四方四维置八部帅以监之，劝课农耕，量校收入，以为殿最。又躬耕籍田，率先百姓。自后比岁大熟，匹中八十余斛。"[2] 这里的"畿内之田"便是天兴初年北魏"计口授田"制下的农耕区域，设有8部帅官职管理相应的事务，可见此时北魏的土地国有制度开始走上制度化的轨道。

太平真君五年（444），太武帝拓跋焘西征凉州，命其子拓跋晃监国。在监国期间，拓跋晃对原有"计口授田"制度进行了改革。具体内容是："其制有司课畿内之民，使无牛家以人牛力相贸，垦殖锄耨。其有牛家与无牛家一人种田二十二亩，偿以私锄功七亩，如是为差。至与小、老无牛家种田七亩，小、老者偿以锄功二亩。皆以五口下贫家为率。各列家别口数，所劝种顷亩，明立簿目。所种者于地首

---

① 《魏书》卷二《太祖纪》。
② 《魏书》卷一一〇《食货志》。

标题姓名，以辨播殖之功。"① 关于这一改革，《资治通鉴》做出了简明的解释："太子课民稼穑，使无牛者借人牛以耕种，而为之芸田以偿之，凡耕种二十二亩而芸七亩，大略以是为率。"② 可见，这一改革的核心是以人力换牛力。为了提高生产效率，无牛之家可以向有牛之家租借耕牛，而作为租借的条件，无牛之家要替有牛之家锄耘部分土地，这一改革可以视为天兴初年"计口授田"的后续行动，目的在于促进农业生产发展。"计口授田"制度不断发展演变，就产生了在历史上影响巨大的均田制。

北魏孝文帝统治时期，国家面临着一系列亟待解决的社会问题。长年的战乱，使得无数农民贫困流亡，社会经济萧条，大量被荒废的土地无人耕种。虽然经过前期的屯田和计口授田，内徙民族逐渐由畜牧经济向农耕经济转变，但从整体上看，北魏农业经济还不甚发达，政权缺乏稳定的农业经济基础。另一方面，从十六国末期开始，一些地方豪强地主大量吸纳流亡人口，将其置于自己的庇荫之下。这些豪强地主被称作"宗主"，而依附于他们的各类民户则成为宗主的"包荫户"。宗主与包荫户之间是一种主人与佃客的关系，包荫户的人身依附性极强。北魏统一之初，对当时普遍存在的宗主无法一时根除，于是便采取了妥协政策，承认宗主对于包荫户的控制和奴役，并且以宗主对包荫户的控制作为地方统治的基础，从而形成了"宗主督护制"。在宗主控制下的包荫户多数没有户籍，国家对地方的户籍、田亩无从掌握，徭役、赋税也无从征调，国家财政收入得不到稳定的保障。

为了使大量的荒废耕地得到开垦，解决农民的贫困流亡，安定社会秩序，发展农业生产，收回豪强地主隐匿的户口，保证国家赋税和徭役的正常征发，同时也为了适应土地私有制度日益发展的需要，以便巩固自身的政权，强化对地方的政治与经济统治，孝文帝颁布了"均田令"。

据《魏书》卷一一〇《食货志》记载，"均田令"全文共计15条，主要规定了土地类型、授田对象、授田数量、授田方法、还田方法等内容。在"均田制"下，土地被划分为两个部分进行分授，即"露田"和"桑田"。

"露田"是用于种植一般农作物的土地，分授的对象是年满15岁的成年男女，其中还包括奴隶，如果家中有耕牛，同样可以依数授田。授田的数量是：凡年满15岁的男子，受露田40亩；年满15岁的女子，受露田20亩；奴婢也可受同等数量的露田；家中有耕牛1头，也可分得露田30亩，但以4头牛为限。以上这些土地分配数额，是针对"不易田"，即每年都要耕种的露田所讲的，如果土质较差、需要休耕，并且土地充足，还可以加倍受田。"露田"需要按期还受，老迈及身殁

① 《魏书》卷四《世祖附恭宗纪》。
② 《资治通鉴》卷一二四《宋纪四·太祖文皇帝元嘉二十一年》。

者即还田，奴婢及耕牛受的田，则随奴婢及耕牛的丧失而归还。可见，露田受田者只享有土地使用权，而没有土地所有权。对于家口尽为老幼病残之民户，则年满11岁的正常男子及残疾之人，亦各授予一定数量的露田，数额是成年男子的一半。年过70岁的人，可不必还田；寡妇虽然不用纳租调，但也可被授田。土地还受的时间定在每年正月，如果出现受田后即死亡，以及购买、出售了奴婢、耕牛等情况，都要等到来年正月再办理还受手续。

此外，均田令中还有对"桑田"和"麻田"的规定。"桑田"是指已经种植或允许种植桑、榆、枣等果木的土地，属于私有土地。男子初受田时，可被授予桑田20亩；奴婢也可被授予同样数量的桑田。除耕种露田，必须在这20亩桑田上种植桑树50株、枣树5株、榆树3株，如果当地不适于种桑，只授男子桑田1亩，只种枣树5株、榆树3株即可。这些规定的株数，必须在3年内种植完毕，否则国家将收回未种的那部分土地。此外，在规定的树种和株数外，多种者不加限制。对于在均田令颁布之前就拥有"桑田"的人，其桑田数量的计算方法是，首先按男子每人桑田定额20亩的数量计算，如果有多余的部分，则按照"倍田"40亩来计算。如果除去定额桑田，多余的部分不足"倍田"之数时，则可以用露田的一部分加以补足。如果在除去定额桑田及倍田、桑田的数量后，还有多余的部分，则这部分也不能视为"露田"，仍然属于桑田。桑田属于私有土地，可以终身不还。如果家中有人死亡，桑田可由家人继承。如果超过了20亩，多余的那部分桑田仍属私有土地，可以出卖。如果少于20亩，则可以买入。但都不得超过多余和不足的那部分限额。同时，为了防止有人将"露田"变为"桑田"，规定露田上不得种桑、榆、枣、果。所谓"麻田"，是指适宜种麻的田地，规定年满15岁的男子可受麻田10亩，年满15岁的女子，受麻田5亩，奴婢也可受同等数量的麻田。但"麻田"的还受方法与露田相同。

均田令还规定：地方官员根据品阶的高低被授予不同数量的"公田"。分配的数量是，刺史15顷，太守10顷，治中、别驾各8顷，县令、郡丞6顷。在官员交接之时，公田也相应交付给下任官员，严禁出售公田。

由于不同地区的人口密度、土地状况不同，一些地方人口多、土地少，而另一些地区则人少地多，在土地分授数量上必须做一定的变通。所以均田令又规定了"宽乡"（土地充裕之乡）与"狭乡"（土地不足之乡）不同的土地授受方法。此外，对民户获得宅地、菜地的数量，以及各种特殊情况下的土地处理方法等，也都做了相应的规定。

北魏的均田制是一种土地国有制与土地私有制相结合的土地制度，在当时具有创新性。均田制的实施具有一定的积极意义。如规定每户占有土地的数量，规定不准买卖，在一定程度上限制了土地兼并。国家公开授田，可以招徕流民和豪强大族控制下的依附民户，有利于鼓励开垦荒地，发展农业生产。自耕农增多，户口增殖，又有利于国家征收赋税和调发徭役。但是，均田制并没有触动拓跋贵族和地主阶层的私有土地制度。如奴隶和耕牛均可受田，无疑可以保证其主人拥有大量的土地。比如，原先就拥有大量私有土地的地主，其桑田的数量由 20 亩定额、40 亩倍田以及多余部分组成，在整体上仍然是私有的桑田性质，不在还受的范围内，私人经济利益得到了保障。同时，拥有桑田者死后可由其家人继承，超过 20 亩的多余桑田仍是私有土地，且可以买卖多余和不足的土地，这些都是在维护地主的既得利益。

为了使均田制得以顺利推行，太和十年（486），冯太后采纳给事中李冲的建议，实行了"三长制"和新的租调制。规定五家立一邻长，五邻立一里长，五里立一党长，称为三长。三长必须由乡中能办事而又谨守法令的人担任，其职责是掌握乡里人家的田地、户口数量，征收赋税，调发徭役，维持社会治安。新的租调制是一种定额租税制，规定一夫一妇的家庭要缴纳户调，每年出帛 1 匹、粟 2 石。15 岁以上的未婚男女、奴婢 8 人、耕牛 20 头，分别按照一夫一妇的标准缴纳租调。随着三长制和新租调制的实行，北魏初年的"宗主督护制"和"九品混通制"被逐渐废除，从而建立起了新的地方基层政权组织，加强了对户籍和人口的控制。总之，三长制和新租调制既是建立在均田制基础之上而实行的配套制度，也是均田制能够顺利实施的重要保证。北魏的均田制对后世影响深远，其后，东魏、北齐、西魏、北周、隋、唐均采取了这种土地制度，至唐建中元年（780）才被废除。

二、东西魏和北齐、北周的均田制

北魏末年，高欢控制了朝廷的大权。永熙三年（534）七月，孝武帝被迫从洛阳出逃，至长安依附宇文泰。至十月，高欢则另立 11 岁的元善见为帝，是为孝静帝，迁都于邺，史称东魏。孝武帝逃到长安后，受制于宇文泰。同年十二月，宇文泰毒杀孝武帝，另立元宝炬为帝，是为文帝，建都长安，史称西魏。至此，北魏王朝分裂为东魏和西魏两个政权。东魏武定八年（550）五月，高欢之子高洋废掉孝静帝，自立为皇帝，建立了北齐政权。西魏恭帝三年（556）十二月，恭帝又被迫禅位于宇文泰之子宇文觉，西魏灭亡。次年，宇文觉称天王，建立了北周政权。自北魏分裂之后，东魏、北齐与西魏、北周政权又开始了对峙斗争。

东魏、北齐和西魏、北周一方面承袭北魏继续实行均田制，但随着时代条件的变化以及政权本身的特点，均田制出现了一些不同于北魏的新变化。

东魏初年至北齐武成帝河清三年（564），均田制从整体上基本沿袭北魏。天平年间（534—537），高欢曾实行过"初给民田"的均田政策，但其结果是"贵势皆占良美，贫弱咸受瘠薄"①，没有收到很好的效果。北齐建立后，继续"给授田令，仍依魏朝。每年十月普令转授，成丁而授，丁老而退，不听卖易"②。但随着形势的发展，东魏、北齐分别对均田制的一些内容进行了调整改变。如关于"职分公田"的规定，北魏均田令中规定地方官员可根据品阶的高低被授予不同数量的"公田"，且不准买卖。北魏的这部分公田就应当属于职分公田，而东魏、北齐的职分公田则"不问贵贱，一人一顷，以供刍秣。自宣武出猎以来，始以永赐，得听卖买。迁邺之始，滥职众多，所得公田，悉从货易"③，此时职分公田的数量不仅增多了，而且逐渐成为永业，被私自买卖。对于"露田"，制度规定"虽复不听卖买，卖买亦无重责"④，这实际上是对买卖露田的默许。此外"口分田"也出现了买卖的情况。从这些变化中可以看出，在东魏、北齐均田制下，土地私有化的趋势逐渐明显。

至河清三年，北齐颁布了一个十分详细的"均田令"，北齐的均田制由此进入了一个新阶段。根据《隋书》卷二四《食货志》所载，北齐河清三年均田令有许多不同于北魏太和九年均田令的内容。在土地类型的划分上，出现了"永业田"。所谓"永业田"，是指"职事及百姓请垦田者"，意即只要请求开垦，官府即认可为"永业田"，成为私人拥有的私有土地。关于授予的条件，均田令中并没有提及。对于桑田的规定，北魏对于在均田令实施之前即拥有桑田和初受田者两种情况，分别予以对待；而北齐对于作为永业田的桑田20亩，则没有这些限制。关于麻田，北魏的麻田仍属于露田的性质，有受有还。北齐的麻田则"如桑田法"，不在还受之限。关于受田的年龄，北魏为15岁，北齐改为18岁。关于受田的数量，北魏为男子受露田40亩，女子20亩，此为正田，在正田之外授予"倍田"或"再倍田"。北齐时期则没有正田与倍田之分，而是男子受露田80亩，女子40亩，是将正田与倍田的数量相加统一授予。麻田的数量也有所增加，北魏男子10亩，女子5亩，北齐则授予男子麻田20亩，与桑田相同。关于公田的规定亦有所不同，公田的范围是"京城四面，诸坊之外三十里内为公田"。公田的授予对象，在北魏时期仅为一些地方官员，而北齐则扩大到"三县代迁户、执事官一品已下，逮于羽林武贲，各有差。其外畿郡，华人官第一品已下，羽林武贲已上，各有差"。此外还对奴婢受田的人数进行了限制。总体来说，东魏、北齐均田制变化的一个突出特征就是土地私有化程度有所加深。

西魏、北周均田制的发展可以恭帝三年（556）为界。西魏大统十三年（547）

---

① 《北齐书》卷一八《高隆之传》。

②③④ 《通典》卷二《食货·田制下》。

《邓延天富等户户籍计帐残卷》(S.0613) 中详细记载了各户的户口数、人口年龄、身份、需要交纳的租调数量、应受田亩数及田地类别等。其中，关于授田的对象、授田的类型及数量等，与北魏均田令的规定基本一致。可见在恭帝三年之前，西魏基本沿袭北魏均田旧制。从这份敦煌文书中还可看出，在西魏前期均田令颁布之后，可供授田的土地已经严重不足，其中有许多民户所受之田并未足额，但他们所要缴纳的田租、户调却仍按照足额授田的标准计算，这显然加重了当时农民的负担。恭帝三年，西魏亦颁布了新的均田令，规定："凡人口十已上，宅五亩；口九已上，宅四亩，口五已下，宅三亩。有室者，田百四十亩。丁者田百亩。"[①] 这一均田令中，既没有了"露田"与"桑田"的划分，也没有了"正田"与"倍田"的区别，受田的对象被称为"有室者"及"丁者"，强化了住宅地的授予，还取消了奴婢与耕牛受田。此后，北周沿用此制。西魏恭帝三年的均田令，无论是内容还是形式，都比北魏、东魏、北齐的均田令简化了许多。但隋唐的均田制却大体上沿袭了北齐，北周的这种过于简化的均田制，则随着其政权灭亡而消逝了。

第三节　国有牧场和国营畜牧生产

魏晋南北朝是一个前所未有的动荡分裂时期，各军事集团或国家为了战争的需要，都非常重视畜牧业特别是养马业。十六国北朝时期北方各政权又大都是北方游牧民族南下建立的国家，尽管这些少数民族后来逐渐接受了农耕生产，但其原有的畜牧生产方式曾在相当长的一段时间持续保留，而当时北方地区人少地多的局面，也使他们有条件在黄河中下游地区建立许多国营牧场，因此公私畜牧业一度相当兴旺。

一、历代牧政管理机构

魏晋南北朝时期，各个政权都设立了马政或牧政的专门机构，以管理国营畜牧业。比如三国时期的魏、蜀、吴都分别设立了太仆卿。以魏国为例，魏太仆卿下有典虞都尉一人，主田猎；又承汉的牧师令，设左、右中牧官都尉三人，主边郡苑马；车府令一人，主乘舆诸车；典牧令一人，主牧马；又改汉未央厩令及长乐厩丞为乘舆署，设令一人，另置骅骝厩令一人，皆主乘舆及厩中诸马。西晋也有太仆寺统管马政、牧政。据《晋书》记载："太仆统典农，典虞都尉，典虞丞，左、右、

①　《隋书》卷二四《食货志》。

中典牧都尉、车府、典牧、乘黄厩、骅骝厩、龙马厩等令。典牧又别置羊牧丞。"①东晋和南朝由于地处江南，不适宜养马，故太仆寺和太仆卿不常设置。北朝疆域在淮河以北，适宜养马。特别是北魏时期，对养马业十分重视，太仆卿的职能受到特别的重视，官从二品以上，太和年间又添设少卿。"后魏，太仆卿第二品上，又置少卿"②，此外还有驾部尚书、外牧官、监御曹、都牧、典牧都尉、龙牧曹等。朝廷对相关职官要求严格，如任职期间"牧产不滋"，或者私占牧田，都要被免官，重则被判刑、流放。北齐的畜牧官制亦较全面，太仆卿统管马、羊、驼、驴等畜牧政事。在太仆寺下设有"骅骝署掌御马及各种鞍乘，左右牧署主牧养各种差役的骆驼和马；驼牛署掌饲养驼、牛、骡、驴骡；司羊署主牧羊"③。北周则仿《周官》，"有左右厩上各一人，掌乘舆；又有典牝上、中士，典牛、典羊中士，以承北齐各署局之政"④。

二、国营牧场经营简况

三国时期，曹魏除了设置马政经营养马业，还特别重视养牛业，以便为屯田户提供更多的畜力。为此，曹魏专门在荒废的土地上设置养牛场，饲养大群耕牛，并设"典牧"以司牧放饲养之事。至西晋初年，至少有存栏种牛数万头，西晋王朝为了促进南方农业开发，还特地把北方的牛犊分给荆、扬二州的人民，供其耕作使用，而于收获时征取其谷粟收入，以为偿还之资。《晋书》卷二六《食货志》称："东南以水田为业，人无牛犊，今既坏陂，可分种牛三万五千头以付（荆、扬）二州将吏士庶，使及春耕。谷登之后，头责三百斛，是为化无用之费，得运水次，成谷七百万斛……其所留好种万头，可即令右典牧都尉官属养之。人多畜少，可并佃牧地，明其考课，此又三魏近甸，岁当复入数千万斛谷，牛又皆当调习，动可驾用。"

曹魏时还把部分荒废土地圈为鹿场，以供统治者射猎休闲，从魏明帝时高柔疏谏养鹿行猎之事，可知当时荥阳周围千余里耕地沦为禽兽生息之地，而且其中的鹿群数量相当可观。⑤不过，在高柔看来，这种养鹿场有害于农业生产。

---

① 《晋书》卷二四《职官志》。
②③ 《隋书》卷二七《百官志》。
④ 《通典》卷二五《职官典》。
⑤ 《三国志·魏志》卷二四《高柔传》注引其疏曰："今禁地广轮且千余里，臣下计，无虑其中有虎大小六百头，狼五百头，狐万头。使大虎一头三日食一鹿，一虎一岁百二十鹿，是为六百头虎一岁食七万二千鹿也；使十狼日共食一鹿，是为五百头狼一岁共食万八千头鹿；鹿子始生，未能善走，使十狐一日共食一子，比至健走一月之间，是为万狐一月共食鹿子三万头也。大凡一岁所食十二万头，其雕、鹗所害，臣置不计，以此推之，终无从得多，不如早取之为便也。"

西晋"永嘉之乱"以后，北方地区陷入战乱分裂状态，各个割据政权为了壮大军事实力，都十分重视畜牧业。其中，北魏时期北方的畜牧业得到了空前发展。

北魏统治者出自鲜卑拓跋部，原本就是一个马背上民族，游牧射猎是他们的主要生业。早在前秦时，它的畜牧业就很繁盛，从史料中苻坚与燕凤的对问可以看出这一盛况："坚曰：'彼国之马实为多少？'凤曰：'空弦之士数十万，马百万匹……云中川自东山至西河二百里，北山至南山百有余里，每岁孟秋，马常大集，略为满川。'"① 随着势力逐渐壮大，北魏不断地开疆拓土，获得了数以千万计的牲畜、广袤的牧场和众多的劳动力，促进国家畜牧经济不断发展。为了发展畜牧，北魏将原属各民族部落的草场大量收为国有牧场，将俘获或者归降的敕勒、蠕蠕等各族人民，作为"新民""牧子"，强行地安置于大漠南北国营牧场上实行放牧，形成了庞大的国营畜牧经济。例如神䴥二年（429）十月，拓跋焘征蠕蠕还，俘获了大量的蠕蠕人，遂"列置新民于漠南，东至濡陈，西暨五原、阴山，竟三千里"②。太平真君六年（445）八月，"又迁徙诸种杂人五千余家于北边，令民北徙畜牧于广漠，以饵蠕蠕"③。

由于国营畜牧经济发达，历史文献所载当时牧场之辽阔、牲畜数字之庞大，往往非常惊人，从陇右、河西到并州牧场广袤，牲畜无数，牧场甚至扩张到了黄河下游的内地平原地带。《魏书·食货志》称："世祖之平统万，定秦陇，以河西水草善，乃以为牧地，畜产滋息，马至二百余万匹，橐驼将半之，牛羊则无数。高祖即位之后，复以河阳为牧场，恒置戎马十万匹，以拟京师军警之备。每岁自河西徙牧于并州，以渐南转，欲其习水土而无伤也，而河西之牧弥滋矣。"当时主持经营河阳牧场的宇文福是一位擅长牧场经营的官员，他受命担任"都牧给事"，奉敕"检行牧马之所"，"规石济以西、河内以东，拒黄河南北千里为牧地。事寻施行，今之马场是也。及从代移杂畜于牧所，福善于将养，并无损耗，高祖嘉之"④。

在中国古代历史上，北魏国营畜牧经济规模之大，马牛羊牧养之盛，是非常罕见的，后世只有唐代差可一比。不过，到了北魏末期，由于边镇动乱，国营畜牧经济遭到了极其严重的破坏，畜产被盗窃殆尽。所以后来东、西魏和北齐、北周的国营畜牧生产规模明显缩小。

---

① 《魏书》卷一一〇《食货志》。
②③ 《魏书》卷四《高祖纪上》。
④ 《魏书》卷四四《宇文福传》。

第六章 私有土地上的农业生产经营

魏晋南北朝时期，虽然国营农牧经济取得了超乎寻常的发展，但并未改变私有制农业生产的主导地位。当时，与各种国有土地经营相并存的，还有各种形式的私有土地，这些土地的占有者和经营者主要是地主与自耕农。魏晋南北朝的地主阶层具有鲜明的时代特色，主要分为士族地主、庶族地主与僧侣地主，在特定的历史条件下，大土地所有制和地主庄园、坞堡农业经济显著发展，自耕农经济则由于战争摧残和地主侵夺长期难以振兴。直到北魏实行均田制之后，才在中原地区首先得到明显的恢复，并取得一定发展。

第一节 国家对地主的经济政策

与魏晋南北朝特有的时代特色相适应，当时的地主阶层主要分为士族地主、庶族地主以及僧侣地主等。随着这些地主阶层的出现及其对土地和劳动力需求的不断扩大，便形成了相应的地主土地私有制。魏晋南北朝的各个政权一方面采取各种措施以确保地主土地私有制的正常发展，与此同时，面对日益严重的土地兼并和劳动力的流失，统治者们也在不断地寻求公与私之间的一种平衡点，既不损害地主阶层的既得利益，同时还要保证国家拥有正常的土地和民户数量。

一、三国时期国家对地主经济的优容

三国时期，新兴的士族地主阶层正处于逐步成长之中。士族，又称门阀士族、世家大族，是魏晋南北朝时期一个特殊的地主阶层，发端于东汉中后期，基本形成于魏晋，在南北朝达到极盛。随着士族的形成，士族土地私有制和士族地主经济也

随之发展起来。国家通过一系列制度与措施，对士族地主经济特别是对他们占有土地、役使依附农民的特权予以了承认甚至保护。由于三国时期社会长期处于战乱状态，人口锐减，土地大量荒废，能否拥有大量土地并不是主要问题，而享有大量庇荫和役使依附农民的特权，则是士族地主经济发展的最重要保证。因此，这个时期国家对官僚贵族地主的优裕政策，也主要表现在这个方面。

（一）曹魏的给客制

曹魏时期，为了满足士族地主的经济利益，除了对官僚贵族大量庇荫人口和广占土地予以默许，到了曹魏末期，国家又实行了"给客"制度。所谓给客，就是"给公卿已下租牛客户数各有差"①，这里的"租牛客户"就是原先那些耕种国有土地的屯田农民，这一制度是规定由国家将一定数量的屯田农民赏赐给各级官员。于是，这些农民便成为士族地主的私人部曲、佃客，其赋税和徭役也被免除。当时，司马氏便实行了"募取屯田，加其复赏"②的政策，即招募屯田农民，免除徭役与租税。给客制度实施后，"小人惮役，多乐为之，贵势之门动有百数"③。一方面扩大了士族地主可使用的劳动力数量，促进了士族地主土地私有制的发展。另一方面，也造成了大批原先由国家控制的农民成为士族地主的部曲、佃客，使国家的户口极大流失，不利于国家对人口的控制。

（二）东吴的领兵制与复客、复田制

同一时期，南方的孙吴政权也采取了多种有利于维护和保障官僚贵族地主经济利益的措施，其中最主要的制度保障是领兵制与复客、复田制。东吴的士族地主一般都拥有一定数量的兵卒，在领兵制下，这些兵可以世袭，同时还被赐予奉邑，奉邑的长官则由领兵士族地主自行任命。如孙坚之侄孙瑜，"以恭义校尉始领兵众。是时宾客诸将多江西人，瑜虚心绥抚，得其欢心。建安九年（204），领丹杨太守，为众所附，至万余人"。孙瑜之弟孙皎，"始拜护军校尉，领众二千余人。……黄盖及兄瑜卒，又并其军。赐沙羡、云杜、南新市、竟陵为奉邑，自置长吏"。孙皎之弟孙奂，"兄皎既卒，代统其众，以扬武中郎将领江夏太守。……嘉禾三年（234）卒。子承嗣，以昭武中郎将代统兵，领郡。赤乌六年卒，无子，封承庶弟壹奉奂后，袭业为将"④。这些关于孙瑜兄弟父子之间世袭领兵的史料，充分说明了东吴领兵制的实际执行情况。世袭的兵卒虽然名义上为国家所有，但实际上已成为供士

---

① ③ 《晋书》卷九三《外戚·王恂传》。
② 《三国志》卷二八《魏书·毌丘俭传》注引"俭、钦等表"。
④ 《三国志》卷五一《吴书·宗室传》。

族地主私人使用的劳动力，因此东吴的领兵制实际上是为士族地主占有劳动力大开了方便之门。在领兵制的基础上，东吴还实行了复客与复田制度，进一步从制度上满足士族地主对劳动力与土地的需求。所谓复客，是指朝廷将屯田民中的一部分或者是一般民户赐予士族地主，这些被赐的人便称为复客。此外，复客中还有一部分是士族地主私自招纳的流民，这些人是官府控制之外的隐户。之所以称其为"复"，是说这些人一旦成为士族地主的复客，他们的赋税和徭役便均被免除，变为士族地主的私人佃客。所谓复田，是指朝廷将国有土地赐予士族地主后，这些土地的租税便被免除。如吕蒙死后，"子霸袭爵，与守冢三百家，复田五十顷"①。又如潘璋死后，"妻居建业，赐田宅，复客五十家"②。在复客、复田制度下，士族地主既获得了私属性质的免除赋税徭役的劳动力，又获得了免税的土地，进一步促进了东吴地主土地私有制的发展。

（三）西蜀对地主私有土地的维护

相比而言，西蜀在有关方面的制度性规定不很清楚，但是，实际上国家对于地主的私有土地亦是明确地予以承认和保护的。刘备入川平定益州之初，一些人认为应该将成都的屋舍及城外园地桑田分赐诸将，这实际上是要剥夺当地人的私人土地和财产。赵云听说了这件事，急忙劝阻说："霍去病以匈奴未灭，无用家为，今国贼非但匈奴，未可求安也。须天下都定，各反桑梓，归耕本土，乃其宜耳。益州人民，初罹兵革，田宅皆可归还，今安居复业，然后可役调，得其欢心。"③刘备觉得有理，便听从了赵云的建议，承认了益州地区的土地私有权。在土地私有权得到承认后，土地买卖也随之得到了法律的保障。如张裔就曾"买田宅产业"④，反映了土地私有和土地买卖在蜀汉普遍存在。

二、西晋时期的"占田""荫客"法令

曹魏后期，全国趋于统一，中原地区农业生产复苏，生产力获得了一定的发展，使得军事性较强的屯田制已不能在全国范围内继续推行。同时，在屯田制实行的过程中，国家不断将国有土地和屯田民作为赏赐的对象，地主豪强对屯田的侵占也非常严重，这些也都促使屯田制逐渐走向衰亡。因此在魏末晋初，民屯被正式废除了。然而在此之后，地主豪强对土地和劳动力大肆兼并的局面并没有好转，反而

---

① 《三国志》卷五四《吴书·吕蒙传》。
② 《三国志》卷五五《吴书·潘璋传》。
③ 《三国志》卷三六《蜀书·赵云传》注引《云别传》。
④ 《三国志》卷四一《蜀书·张裔传》。

愈演愈烈。淮南豪强为了兼并水田而使"孤贫失业"，汲郡豪强为了得到渔蒲之饶而使吴泽不能通泄，造成数十万亩良田变成湖沼。① 魏末甚至有"贵族之门"把惧怕服役的"小民"变成佃客，太原诸郡还将匈奴胡人招为"田客"，且人数"动有百数""多者数千"。为此，在国有土地日益减少的情况下，西晋王朝一度颁布了禁止私自侵占国有土地及私自招纳佃客的法令，以限制地主豪强对土地与劳动力的无休止的需求。泰始三年（267）李憙上书告发刘友、山涛等人"各占官三更稻田"，晋武帝于是下诏："法者，天下取正，不避亲贵，然后行耳，吾岂将枉纵其间哉！"② 此外，裴秀亦有侵占国有土地之意，李憙也曾依法检举。由这两事可知，武帝在即位之初，的确颁布过禁止将国有土地据为私有的诏令。同时，武帝泰始初年，亦颁布了禁止募客的法令，泰始五年，"敕诫郡国计吏、诸郡国守相、令长，务尽地利，禁除游食商贩。其休假者，令与父兄同其勤劳，豪势不得侵役寡弱，私相置名"③。然而，尽管武帝一再重申禁止占田募客，但这在当时已经成为一种普遍现象，屡禁不止。

面对着占田、占客现象客观存在的事实，西晋王朝也必须考虑实行一种新的土地制度，既对占田的合法性加以承认又可适当加以限制，同时还要兼顾士族地主与由屯田民转换而来的自耕农的利益。在这种情况下，占田制便应运而生了。西晋太康元年（280）平吴之后，即颁布了"占田法令"。这里的占田二字，并非是授权占有田地之意，而是承认对原先占有的国有土地为私人占有。占田法令的主要内容包括占田课田制、户调制以及品官占田、荫族荫客制。占田对象分为自耕农与官员。其中，品官占田制与荫族荫客制是对于包括士族地主等特权阶层占有土地的规定。具体规定是：

> 其官品第一至于第九，各以贵贱占田，品第一者占五十顷，第二品四十五顷，第三品四十顷，第四品三十五顷，第五品三十顷，第六品二十五顷，第七品二十顷，第八品十五顷，第九品十顷。而又各以品之高卑荫其亲属，多者及九族，少者三世。宗室、国宾、先贤之后及士人子孙亦如之。而又得荫人以为衣食客及佃客，品第六已上得衣食客三人，第七第八品二人，第九品及舆辇、迹禽、前驱、由基、强弩、司马、羽林郎、殿中冗从武贲、殿中、武贲、持椎斧武骑武贲、持钑冗从武贲、命中武贲武骑一人。其应有佃客者，官品第一第二者佃客无过五十户，第三品十户，第四品七户，第五品五户，第六品三户，第七品二户，第八品第九品一户。④

---

① 《晋书》卷四六《刘颂传》；《晋书》卷五一《束皙传》。
② 《晋书》卷四一《李憙传》。
③④ 《晋书》卷二六《食货志》。

根据规定，王公贵族按照等级高低占田不等，官员则按照官品高低占田，从第一品占 50 顷，至第九品占 10 顷，每品之间递减 5 顷。同时，品官占田还与荫族荫客制相结合，体现了国家是将土地与劳动力相结合进行占田规定的分配原则，使士族土地私有和私占劳动力合法化。从制度的规定上看，品官占田制是对特权阶层土地兼并的一种限制，在客观上具有一定积极意义。如在西晋占田法令颁布之后，由于它承认了自耕农私人占有土地的合法性，自耕小农的劳动生产积极性得到提高，大量荒地得以开垦，国家能够控制的户数也不断增加，从而促进了自耕农土地私有制的发展。但是，在制度的具体实施过程中，品官占田制中规定的占田数量，并非士族地主可占有土地的限额，而是国家根据品阶的高低新给予他们的土地数量，因此，所谓"各以贵贱占田"的规定并不能真正生效，国家亦无法严格地控制权势之家的占田额度，以致出现了"人之田宅，既无定限"[①] 的现象，也就是说，实际情形与占田法令中按限额占田的规定从一开始就发生了明显偏离。同时，对占客、荫客所作的限制也无法按照规定真正执行。总之，占田法令在士族地主面前基本是形同虚设，却是国家向农民征收田课、户调的一种依据。

三、东晋南朝对士族地主的纵容和限制

从东吴时期开始，江南地区的士族地主势力就在不断发展膨胀，尤其在领兵制及复田复客制的推动下，"势力倾于邦国，储积富于公室"[②] 的士族地主迅速发展起来。西晋平吴之后，江南的士族地主仍然受到朝廷优待，保存了原有的势力，而其后实行占田、荫客制度，江南地主也得到同样特权。西晋末年战乱后，许多北方士族迁至南方，更使江南地区的士族地主数量大为增加，他们是东晋南朝赖以维持的政治基础。为了保障巩固政权的社会政治基础，历代王朝都尽力保障士族地主的经济利益，采取了一系列措施满足他们对土地的欲望。

国家专门设立侨州郡县以保持南下北方士族的郡望，为他们设立区别于江南土著户籍"黄籍"的"白籍"，赋予他们不缴纳赋税、不服徭役的特权，以维护士族地主的权益不受损害。这一制度为南迁的中原士族地主迅速重建其经济基础起到了巨大的作用。

东晋南朝，士族地主对劳动力的争夺相当激烈，他们大量收留流亡人户，使之成为私人佃客。面对这种情况，朝廷不但不加制止，反而还制定政策对这种行为进行保护。史载"晋元帝过江，……时百姓遭难，流移此境，流民多庇大姓以为客。

① 《晋书》卷四六《李重传》。
② 《抱朴子外篇》卷三四《吴失篇》。

元帝大兴四年（321），诏以流民失籍，使条名上有司，为给客制度，而江北荒残，不可检实"①。可见，晋元帝实行了给客制度，对士族地主的隐匿人口招募私属的现象予以承认，使之合法化。这种情况一直持续至南朝时期。东晋王朝在建立之初也继承了西晋的占田法令中关于士族地主占田、占客的规定，到南朝，这一规定又进一步扩大化。《隋书》卷二四《食货志》载称：

> 都下人多为诸王公贵人左右、佃客、典计、衣食客之类，皆无课役。官品第一第二，佃客无过四十户。第三品三十五户。第四品三十户。第五品二十五户。第六品二十户。第七品十五户。第八品十户。第九品五户。其佃谷皆与大家量分。其典计，官品第一第二，置三人。第三第四，置二人。第五第六及公府参军、殿中监、监军、长史、司马、部曲督、关外侯、材官、议郎已上，一人。皆通在佃客数中。官品第六已上，并得衣食客三人。第七第八二人。第九品及舆辇、迹禽、前驱、由基强弩司马、羽林郎、殿中冗从武贲、殿中武贲、持椎斧武骑武贲、持钑冗从武贲、命中武贲武骑，一人。客皆注家籍。

在关于占客的规定中，官员按照官品占客的种类、占客的数量以及左右、佃客、典计、衣食客的依附性都出现了增加。说明在南朝，士族地主的权益仍然获得了国家的保障，士族地主土地私有制得到了进一步发展。

江南地区有着丰富的山林川泽资源，秦汉以来，山林川泽理论上属于国有财产，但所在地方的平民百姓可以进入其中樵采渔猎以贴补生计。自汉武帝推行盐铁官营之后，朝廷对山林川泽的禁令渐趋严峻。总体来看，在东晋南朝之前，除了有时为缓和经济矛盾或度过灾荒而短时间开放山林川泽，多数时期还是以禁止为主。建武元年（317）七月，司马睿在称帝之后不久，即下诏"弛山泽之禁"②，允许民众进入山林川泽樵采渔猎，或者开垦田地。这个政令的颁布，是为了使南来的大量中原流民得以通过樵采渔猎暂时维持生活，安定社会秩序，避免其流离失所成为社会动荡因素；同时也是为了使南迁的士族得以开垦荒田，重建田庄，以安身立命，以满足他们对土地占有的欲望和要求。然而这一政令的颁布，却直接导致豪强士族掀起了封山固泽、将山林据为私有的狂潮。山林川泽是当地士族地主土地占有的重要来源，谢灵运、孔灵符等人就曾大量侵占山林川泽营建山庄别墅。

东晋政权的维护和巩固，必须依靠南下的北方士族与南方土著士族的联合支持与拥护，而取得他们的支持和拥护，最有效的方法就是满足其对土地的占有和经营

---

① 《南齐书》卷一四《州郡志上》。

② 《晋书》卷六《元帝纪》。

庄园的需求。但随着形势的发展，士族豪门占有土地的欲望和要求，逐渐超过了国家所能承受的限度，并严重影响到国家的财政收入，因此对于士族地主的这种侵占山林川泽的行为，朝廷也曾经采取过一些制止措施，如东晋咸康二年（336）曾颁布"壬辰之科"，规定："占山护泽，强盗律论，赃一丈以上，皆弃市。"① 该项法令严厉禁止侵占山林川泽，但在实行之后非但没有遏制士族地主封山占水的浪潮，反而使百姓的生计遭受严重影响。时人称："此间万顷江湖，挠之不浊，澄之不清，而百姓投一纶，下一筌者，皆夺其鱼器，不输十匹，则不得放。"② 可见，这条禁令实际上只是对普通百姓起到了约束作用，但对士族豪强并没有产生相应的约束效力，正如刘子尚所说："山湖之禁，虽有旧科，民俗相因，替而不奉，炕山封水，保为家利。自顷以来，颓迟日甚，富强者兼岭而占，贫弱者薪苏无托，至渔采之地，亦又如兹。"③ 因此，法令虽然非常严酷，但对限制士族地主对山林川泽的侵占却不起什么作用。义熙八年（412），孙恩、卢循起义爆发，为了缓和社会矛盾，当时主政的刘裕又不得不承认私占山泽的合法化，下令："州郡县屯田池塞，诸非军国所资，利入守宰者，今一切除之。"④ 但此时几乎所有的山湖川泽"皆为豪强所专"⑤，于是在义熙九年，国家不得不再次颁布禁令。

刘宋建立之后，对山林川泽时禁时弛政策反复摇摆。元嘉九年（432），刘宋文帝颁下禁令，仍无法改变"富强者兼岭而占，贫弱者薪苏无托"的局面；元嘉十七年，又颁布诏令，规定："山泽之利，犹或禁断。役召之品，遂及稚弱。诸如此比，伤治害民。自今咸依法令，务尽优允。"⑥ 宋孝武帝在即位之初，又有"其江海田池公家规固者，详所开弛。贵戚竞利，悉皆禁绝"⑦ 的诏令颁布；至孝建二年（455）又下诏："诸苑禁制绵远，有妨肆业，可详所开弛，假与贫民。"⑧ 但均未能解决围绕山林川泽禁放和资源开发利用之中的各种矛盾，所以诏令频频颁发而收效甚微。

直到大明年间（457—464），宋孝武帝采纳羊希的建议，针对山林川泽的占有问题，颁布了官品"占山格"，第一次对私占山泽问题进行了系统的规定。占山格与西晋的官品占田一样，也规定官员可以按照官品高低占有山林川泽。具体规定是：第一、二品占山 3 顷，第三、四品 2 顷 50 亩，第五、六品 2 顷，第七、八品 1 顷 50 亩，第九品及百姓 1 顷。规定要严格按照限额占山，并登录在册。如已占足，便不得再占，未占的可占，少占的可占足，只要不是前人旧业，便可以占，不得禁止。违反上述规定的，要依法追究相应的法律责任。占山格实际上是从法律上

①③ 《宋书》卷五四《羊玄保附兄子希传》。

② 《太平御览》卷八三四《资产部·筌》引王朝之《与庾安笺》。

④⑤ 《宋书》卷二《武帝纪中》。

⑥ 《宋书》卷五《文帝纪》。

⑦⑧ 《宋书》卷六《孝武帝纪》。

承认了作为公共资源的山林川泽从此归私人所有，而且虽然有"若先已占山，不得更占"的规定，但同时还规定："凡是山泽，先常炊爨种养竹木杂果为林芿，及陂湖江海鱼梁鳅鳖场，常加功修作者，听不追夺。"① 这条规定实际上是对士族地主原先占有的山林川泽的默认，是通过法律的形式使士族占有土地权力合法化。此后，士族地主对山泽的侵占仍屡限不止，依然出现"名山大川，往往占固"的情况。对此，大明七年（463）七月，朝廷再次下令"有司严加检纠，申明旧制"。此后，南齐、萧梁也都出台了一系列限制占山护泽的禁令。但是"又复公私传、屯、邸、冶，爰及僧尼，当其地界，止应依限守视，乃至广加封固，越界分断水陆采捕及以樵苏，遂使细民措手无所"② 的情况依然存在。这些法令实际上是国家对特权阶层占有土地的一种"欲抑实扬"的策略，从而促进了士族地主土地私有制的进一步发展。

在东晋南朝时期，庶族地主土地所有制也取得了一定的发展。

我们知道，庶族或者寒门地主是作为士族对应面而存在的。在士族地主占垄断地位的时代，庶族地主的经济、政治、文化地位都非常低。当时，士族与庶族之间有着天壤之别，正所谓"士庶之际，实自天隔"。在一整套维护士族地主利益的制度与措施保障下，士、庶之别越来越趋于固定化，形成了"上品无寒门，下品无势族"的局面。

士族垄断格局的松动出现在东晋后期。东晋建立后，很快出现了"王敦之乱"，"王与马，共天下"的格局开始动摇。王氏衰落后，又相继出现了颍川庾氏、谯国桓氏、陈郡谢氏等士族掌权的局面，形成了庾与马、桓与马、谢与马共天下的格局，门阀政治仍然存续。淝水之战后，由士族掌权执政的局面遭到破坏，东晋王朝陷入了严重的内忧外患之中。与此同时，士族地主内部也开始腐化堕落，加速了士族统治势力的瓦解。元熙二年（420）六月，出身低级士族的刘裕接受了晋恭帝的禅让，登上了帝位，建立了刘宋王朝，结束了西晋、东晋150余年的历史。刘宋建立后，一方面依然对士族的经济、社会地位予以承认，同时继续实行"土断"，排查出士族所私藏隐匿的大量人户，削弱了士族的势力。另一方面打击士族的政治势力。国家的掌权者不再是士族，而是经过选拔的具有真才实学的庶族寒人。同时，以寒人任典签，"威行州郡，权重藩君"。特别在军事方面，均由王室宗亲担任重要军将，驻守军事要地。所以时人称此时的政治格局为"寒门掌机要"。由此，士族与皇权共治的门阀政治寿终正寝。同时，一些寒门庶族为了摆脱窘境，千方百计通过与士族联姻、建立军功、改变籍贯等方法，加入士族行列，使得寒门庶族地主开始崛起，士庶天隔的局面逐渐被打破。在此过程中，庶族地主土地私有制无疑也逐

① 《宋书》卷五四《羊玄保附兄子希传》。
② 《梁书》卷三《武帝纪》。

渐发展了起来。

东晋南朝时期，国家并未采取一些直接鼓励庶族地主经济发展的措施和政策，不过，一些政策导向对于庶族地主经济的发展还是比较有利的。比如史载："晋自过江，凡货卖奴婢、马牛、田宅，有文券，率钱一万，输估四百入官，卖者三百，买者一百。无文券者，随物所堪，亦百分收四，名为散估。历宋齐梁陈，如此以为常。"① 可见，在东晋初年，朝廷便颁布了承认土地、住宅买卖合法性的诏令，这种规定一直沿用到了南朝。虽然规定土地买卖双方要向官府缴纳一定数量的税额，但承认土地买卖，实际上也有利于对庶族土地私有制的认可和保护。

四、北朝对地主经济利益的承认和袒护

在北方，北魏太和九年的均田令，无论是对士族地主还是对庶族地主来讲，都对其土地私有权给予了承认和维护。在均田令中，有"露田"与"桑田"的区分，"露田"是指种植作物的土地，属于国有土地。"桑田"则是指已经种植或允许种植桑、榆、枣等果木的土地，属于私有土地，既可以终身不还，还可以在法律允许的范围内自由买卖。对于原先没有土地的自耕农，均田令规定男子可被授予的桑田数量是20亩。而对于那些在均田令颁布之前就拥有"桑田"的人，其桑田数量首先按男子每人受20亩桑田计算，如果有多余部分，则按照"倍田"40亩计算。如果除去20亩桑田之后，多余的部分不足"倍田"之数时，则可以用露田的一部分加以补足。如果除去20亩桑田、40亩倍田之外还有多余的部分，则这部分也不能视为"露田"，仍然属于桑田。无论用何种计算方法，均田令都承认原先就拥有私有桑田的地主的土地私有权。更重要的是，奴婢和耕牛均可以受田，拥有奴婢和耕牛的数量越多，所能拥有的土地也就越多，这显然对权贵殷实之家特别有利，保障了他们的经济利益。北魏自建国到孝文帝改革时，君主时常赐予功臣贵戚奴婢与牲口，这使得许多拓跋贵族都拥有大量的奴婢和牲口。随着均田令的推行，奴隶可以获得官府授予的田地，而奴隶又是拓跋贵族的私有财产，这势必使得这些贵族拥有大量的土地。因此，在均田令实行之后，大量的拓跋贵族转化为士族地主，北朝士族土地私有制非但没有削弱，反而取得了进一步的发展。

在均田制推行以后，赏赐土地之风逐渐盛行。如北魏孝文帝曾经赏赐给仆射李冲一块土地，因此这块土地便被称为仆射陂。② 又如北周高宾在"世宗初，除

---

① 《隋书》卷二四《食货志》。
② 《太平寰宇记》卷九《郑州·管城县》。

咸阳郡守。政存简惠，甚得民和。世宗闻其能，赐田园于郡境。宾既羁旅归国，亲属在齐，常虑见疑，无以取信。乃于所赐田内，多莳竹木，盛构堂宇，并凿池沼以环之，有终焉之志"①。可见，北周统治者也时常以土地赐予臣子。东魏、北齐的赐田之事更多，当时"其赐田者，谓公田及诸横赐之田"，"横赐诸贵及外戚佞宠之家，亦以尽矣"②。这种赏赐之风在一定程度上加速了地主土地私有制的发展。地主在获取大量赏赐土地的同时，也侵占公田并兼并土地。《洛阳伽蓝记》卷四《城西·法云寺》载："帝族王侯、外戚公主，擅山海之富，居川林之饶，争修园宅，互相竞夸。"这说明北朝贵族地主侵占山林川泽并以田庄形式加以经营。到了北齐，甚至"强弱相凌，恃势侵夺，富有连畛亘陌，贫无立锥之地"③，其土地兼并的程度可见一斑。以上种种说明北朝地主土地私有制发展之迅速。可见，均田制不仅没有阻碍地主土地私有制的发展，反而起到了推波助澜的作用。

第二节　地主庄园的农业经营

一、士族地主庄园的农业经营

魏晋南北朝时期，随着地主大土地所有制的发展，各地不断兴起了众多的田庄或者庄园，庄园地主役使大量依附农民，开展农业生产经营，成为这个时代农业生产经营的主要方式之一。

早在三国时期，东吴境内的庄园经济已经开始发展，当时江东世家大族的庄园，"僮仆成军，闭门为市，牛羊掩原隰，田池布千里……金玉满堂，妓妾溢房，商贩千艘，腐谷万庾，园囿拟上林，馆第僭太极，梁肉余于犬马，

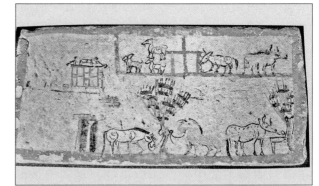

图 6 - 1　甘肃嘉峪关出土三国魏晋坞堡画像砖
（引自甘肃省文物队等：《嘉峪关壁画墓发掘报告》），文物出版社，1985 年

---

① 《周书》卷三七《裴文举附高宾传》。
②③ 《通典》卷二《食货·田制》。

积珍陷于帑藏"①，说明这些士族的经济实力很强。曹魏时期，由于受到战争的影响，北方的一些庄园具有武装性质，多有坞堡（图6-1）之称，如河间太守陈延的坞堡、杜恕在宜阳的一泉坞以及许褚的坞堡都是这种庄园的代表。陈延的坞堡在张杨的围困下，竟然能够坚守60余日不垮，这一方面表明坞堡武装力量的坚固，同时也说明坞堡具有自给自足性质，拥有丰足的物资储备，经济实力强大。

西晋建立后，军事性较强的坞堡逐渐减少，但是即使在占田法颁布之后，亦并未抑制士族地主大肆私占土地的风气，反而使私有土地恶性膨胀，导致北方世家大族的庄园经济获得了发展。如王戎"广收八方园田、水碓，周遍天下"②；巨富石崇拥有"水碓三十余区，苍头八百余人，他珍宝货贿田宅称是"③，他还在河南的金谷涧专门为宠妾绿珠建造了一处极为奢华的别业——"金谷园"，并以此招致杀身之祸。石崇在《金谷诗序》中这样描写金谷园："有清泉茂林，众果竹柏草药之属。金田十顷，羊二百口，鸡猪鹅鸭之类，莫不毕备。又有水碓鱼池土窟。其为娱目欢心之物备矣。"④潘岳在《闲居赋》序中也描写自己的庄园："筑室种树，逍遥自得。池沼足以渔钓，春税足以代耕。灌园鬻蔬，供朝夕之膳；牧羊酤酪，俟伏腊之费。"⑤这些官僚士族所经营的庄园，由大量衣食客和佃客所组成的劳动力从事各种农业生产，主要以增殖财货、牟利积聚为目的，正如江统所言："秦汉以来，风俗转薄，公侯之尊，莫不殖园圃之田，而收市井之利"，甚至连皇太子所有的西园也出售其中的农产品。⑥

东晋南朝是士族地主庄园经济发展的高峰期，最具代表性的是谢灵运承祖父之业在会稽始宁县（今浙江上虞西南）经营的大型山庄，谢灵运在其《山居赋》⑦中对山庄进行了详细的描写。根据赋中的描述可知：这个庄园规模巨大，连山带水，野生经济动物和植物资源非常丰富，其间田畴广阔，"田连冈而盈畛，岭枕水而通阡"。谢氏家族在庄园中开展包括农、林、牧、副、渔、工、商在内的综合经营。关于种植业，其云："阡陌纵横，塍埒交经。导渠引流，脉散沟并。蔚蔚丰秫，苾苾香秔。送夏蚤秀，迎秋晚成。兼有陵陆，麻麦粟菽。候时觇节，递艺递孰。供粒食与浆饮，谢工商与衡牧。生何待于多资，理取足于满腹。"可见其中有相当良好的水利条件，水田大量种植水稻，陆地则种植麻麦粟菽等多种粮食作物；关于蔬果

---

① 《抱朴子外篇》卷三四《吴失篇》。
② 《晋书》卷四三《王戎传》。
③ 《晋书》卷三三《石苞附子崇传》。
④ 《全晋文》卷三三。
⑤ 《晋书》卷五五《潘岳传》。
⑥ 《晋书》卷五六《江统传》。
⑦ 《宋书》卷六七《谢灵运传》。

生产，则云："北山二园，南山三苑。百果备列，乍近乍远。罗行布株，迎早候晚。猗蔚溪涧，森疏崖巘。杏坛、柰园，橘林、栗圃。桃李多品，梨枣殊所。枇杷林檎，带谷映渚。椹梅流芬于回峦，楟柿被实于长浦。""畦町所艺，含蕊藉芳，蓼蕺葼荠，葑菲苏姜。绿葵眷节以怀露，白薤感时而负霜。寒葱摽倩以陵阴，春藿吐苕以近阳。"可见所种植的果树和蔬菜品种众多；关于樵采和加工业，则云："山作水役，不以一牧。资待各徒，随节竞逐。陟岭刊木，除榛伐竹。抽笋自篁，摘篛于谷。杨胜所拮，秋冬蕰获。野有蔓草，猎涉蔓荑。亦醖山清，介尔景福。苦以术成，甘以捊熟。慕椹高林，剥芰岩椒。掘蒨阳崖，摘擀阴摽。昼见搴茅，宵见索綯。芰菰蒭蒲，以荐以茭。既埏既埏，品收不一。其灰其炭，咸各有律。六月采蜜，八月朴栗。备物为繁，略载靡悉。""春秋有待，朝夕须资。既耕以饭，亦桑贸衣。艺菜当肴，采药救颓。自外何事，顺性靡违。"由此可见，其生产经营是综合性的，不仅包含了粮食种植，还包括了果树、蔬菜种植、林木樵采、产品加工和商品贸易等各种项目。这可以视为当时大地主庄园经济的一个典型代表。

不仅谢氏庄园是这样，当时还有众多的大地主庄园，其经济规模都相当大，其中役使着大量的依附农民为其开展各种生产经营。如渤海刁逵"以货殖为务，有田万顷，奴婢数千人，余资称是"[1]，不仅拥有数量巨大的田产，而且还使用奴婢用于农业生产。又如会稽孔灵符在永兴（今浙江萧山县）的别墅，"周回三十三里，水陆地二百六十五顷，含带二山，又有果园九处"[2]，其他如王穆之、王敬弘、沈庆之、谢混、王骞等人经营的庄园规模也很大。当然，当时也有一些小型庄园，如韦载"有田十余顷，在江乘县（今江苏句容县北）之白山"[3]，颜之推"常以二十口家，奴婢盛多，不可出二十人，良田十顷，堂室才蔽风雨，车马仅代杖策，蓄财数万，以拟吉凶急速"[4]，这些都是小规模庄园的代表。

十六国和北朝前期的士族地主庄园，出于军事需要，仍然是以坞堡为主要形式。为了统治需要，十六国和北魏初期的统治实行了"宗主督护制"，承认宗主对其依附民的控制权，并且以宗主对于依附民的统治作为地方基层政权，以世家大族为宗主，督护百姓，维持地方秩序。在"宗主督护制"的维护下，士族地主庄园获得了迅速发展。北魏中期以后，由于社会趋于安定，地主田庄的坞堡军事性质逐渐消失。

从文献记载来看，北朝士族庄园也是相当普遍的，其生产经营亦多具有自给自足的经济特征，许多田庄的规模相当可观。例如赵郡李显甫在殷州西山，"开李鱼

---

① 《晋书》卷六九《刁协附孙逵传》。
② 《宋书》卷五四《孔季恭附弟灵符传》。
③ 《陈书》卷一八《韦载传》。
④ 《颜氏家训·止足》。

川方五六十里居之"①；北齐高洋赏赐给陆法和"田一百顷、奴婢二百人，生资什物称是"②；北周明帝赐裴侠"良田十顷，奴隶、耕牛、粮粟，莫不备足"③。更大的田庄，则如东魏祖鸿勋在范阳有雕山庄，"其处闲远，水石清丽，高岩四匝，良田万顷"，又"即石成基，凭林起栋。萝生映宇，泉流绕阶"④。这一时期北方地主田庄的经营情形，可以从北周萧大圜自述中窥其大略。萧大圜自称：

> 岂如知足知止，萧然无累。北山之北，弃绝人间；南山之南，超逾世网。面修原而带流水，倚郊甸而枕平皋。筑蜗舍于丛林，构环堵于幽薄。近瞻烟雾，远睇风云。藉纤草以荫长松，结幽兰而援芳桂。仰翔禽于百仞，俯泳鳞于千寻。果园在后，开窗以临花卉。蔬圃居前，坐檐而看灌畦。二顷以供饘粥，十亩以给丝麻。侍儿五三，可充纴织；家僮数四，足代耕耘。沽酪牧羊，协潘生之志；畜鸡种黍，应庄叟之言。获菽寻氾氏之书，露葵征尹君之录。烹羔豚而介春酒，迎伏腊而候岁时。披良书，探至赜。歌纂纂，唱乌乌。可以娱神，可以散虑。有朋自远，扬榷古今；田畯相过，剧谈稼穑。斯亦足矣，乐不可支！⑤

根据他的描述，其田庄中有耕地、果园与菜圃，也有桑麻之种植，还有家畜之饲养，乃至花木栽培，应有尽有，是个比较完足的自给自足的自然经济单元。虽然这些描述的文学特色比较重，但亦必有其现实的根据，多少可以反映出北朝大地主庄园的一般经营状况。不过，从总体上说，北朝士族地主庄园经济的规模，较之东晋南朝仍较逊色，大体以中小规模田庄地产经营居多。

二、庶族地主的农业生产经营

庶族地主一般是中小地主，也有一些大地主，他们中的一部分来源于富商，一部分来自地方豪强。庶族地主获得土地的方式主要是购买。从东汉末年到三国时期，已经出现了"田无常主，民无常居"⑥ 的趋势，土地买卖逐渐盛行，但由于当时社会动荡，战乱频仍，庶族地主很难通过购买的方式获得稳固的土地，因此庶族地主土地私有制的发展在这个时期受到了一定限制。西晋统一之后，随着社会的稳定和国家经济的复苏，商品经济获得了发展，土地买卖也随之活跃起来，庶族地主的土地

---

① 《北史》卷三三《李灵传》。
② 《北齐书》卷三二《陆法和传》。
③ 《周书》卷三五《裴侠传》。
④ 《北齐书》卷四五《祖鸿勋传》。
⑤ 《周书》卷四二《萧大圜传》。
⑥ 《后汉书》卷四九《仲长统传》。

私有制开始发展起来。到东晋南朝，土地买卖之风达到极盛。如梁徐勉"中年聊于东田间营小园者，非在播艺，以要利入，正欲穿池种树，少寄情赏。……近营东边儿孙二宅，乃藉十住南还之资，其中所须，犹为不少，既牵挽不至，又不可中涂而辍，郊间之园，遂不办保，货与韦黯，乃获百金，成就两宅，已消其半"[①]；宋颜延之因"坐启买人田，不肯还直"[②] 被免官。由于当时土地买卖风行，导致江南一带的土地价格也随之飙升，以致在经济发达、人口密集地区土地价格昂贵，局部地区"膏腴上地，亩直一金"，堪与西汉时期的长安附近相比。[③] 魏晋南北朝时期，随着土地兼并的加剧和地方势力的发展，各地都出现了不少经济富裕土豪和大族，他们虽然并非士族，但却拥有相当雄厚的经济实力，例如永嘉安固人张进之"为郡大族……家世富足，经荒年散其财，救赡乡里"[④]；临海郡刘瑱为郡土豪，"资财巨万"[⑤]，由此可以想见他们所占有的土地数量应当不在少数。但是，由于当时严格的士庶之隔，庶族地主无论多么富有，也难以享有士族所拥有的各项特权。其中一个明显之处就是庶族地主必须承担国家的赋役。他们的既得利益得不到国家的保障，既要负担大量的地租，又经常被繁重的职役所困扰，所以他们经常是特权阶层排挤的对象。如果他们有突出事迹，如好善乐施，赈济灾民等，往往会得到皇帝的特诏，减免其部分赋役负担，但这仅仅是个别或临时现象，无法改变庶族地主的地位。

需要特别说明的是，由于时代的特殊性，魏晋南北朝时期并不是严格按照土地的多寡，对士族和庶族地主阶层进行大、中、小地主的划分。一般来讲，士族应该都是大土地所有者，但由于士族家族内部往往支系繁茂，成员众多，大部分家族自魏晋形成世家大族后，都经历了一个盛衰交替、反复的历史过程。自西晋以后，八王之乱、永嘉之乱、南北分裂、东西魏分裂、隋朝灭陈，这些政治巨变都曾对士族造成了一定的冲击，许多家族成员在此期间落魄穷困，当然更称不上什么大地主了。还有一些士族家族的土地并不多，只能称得上是中、小地主。在庶族地主内部，一般都为中小地主，但一些地方豪强也拥有相当数量的田产，称得上是大地主。所以，在魏晋南北朝，区分士庶的主要因素不是经济地位，而是政治、社会、文化地位。

三、寺院地主的农业生产经营

寺院地主经济迅速兴起和发展，是这个时期农业经济发展中的一个突出新现

---

① 《梁书》卷二五《徐勉传》。
② 《宋书》卷七三《颜延之传》。
③ 《宋书》卷五四《孔季恭、羊玄保、沈昙庆传》"史臣曰"。
④ 《宋书》卷九一《孝义·张进之传》。
⑤ 《陈书》卷三三《儒林·王元规传》。

象，随着佛、道特别是佛教的迅速传播和发展，寺院地主经济迅速成长和发展，成为前所未有、并且非常重要的一种新经济成分。

魏晋南北朝时期，除了一些极力反对佛教的统治者，历代统治者大都在不同程度上对佛教加以提倡和利用。在统治者的带领下，上自王公贵胄、世家大族，下至平民百姓，都加入了崇佛的行列，佛教的发展盛极一时。在北方，各个朝代的统治者在建立之初都崇奉佛教。北齐的佛教非常繁盛，北周初年也曾"佛法全盛"。东晋南朝的统治者更是大力提倡佛教，花费巨资广造寺院，并给予寺庙以大量的土地和资财。随着社会上信众不断增多，寺院所获得的各种供奉捐献也大量增加。佛教寺院占有大量土地，占有这些土地的僧侣上层也就成为寺院地主，这个特殊的地主阶层是寺院经济发展的产物。寺院地主包括寺院的各级僧官、上层僧侣及富裕僧侣。

随着寺院地主势力的不断发展，当时逐步形成了僧官制度。僧官制度是佛教内部模仿世俗社会而形成的一种僧尼管理制度，该制度的正式设立始于后秦。后秦姚兴时，"敕选僧䂮法师为僧正，慧远为悦众，法钦、慧斌掌僧录，给车舆吏力。僧正秩同侍中，余则差降。此土立僧官。秦䂮为始也"①。可见，姚兴设置的僧官有僧正、悦众、僧录等，这些僧官与世俗官员一样，也有俸禄，俸禄的多少按照等级高低而有差别，同时也会配备车辆及吏职。北魏初期，拓跋珪设置"道人统"，作为全国僧尼的最高管理者。文成帝和平初年，又改"道人统"为"沙门统"，在京师还设置了"都维那"，作为沙门统的副手，在地方各州则设置"维那"。北魏末年，僧官系统进一步完善，地方各州、郡、县分别设置州统、郡都统、郡维那、县维那等，管理地方僧尼事务。北齐时，僧官制度是："昭玄寺，掌诸佛教。置大统一人，统一人，都维那三人。亦置功曹、主簿员，以管诸州郡县沙门曹。"② 可见，北齐的僧官系统是以中央的昭玄寺作为全国佛教事务的最高领导机构，设置大统、都统及都维那作为佛教事务的最高管理者，其下还设置有功曹、主簿等僧官，对设置于全国地方州郡的沙门曹进行统一管理。

上层僧侣是寺院内部的管理者，由寺主、僧正、上座和三纲组成。在南朝的僧官系统设置中，一般使用这一系列官称。如宋文帝时设置了京邑僧正和僧主，宋武帝设置了京邑都维那、都邑僧正及寺主，宋顺帝设置了天下僧正，齐高帝设置了京邑僧正，梁武帝还设置了大僧正。南北朝后期，还建立了法嗣继承制度，以保证僧侣地主法统的正常继承，防止寺院财产的外流。寺院的下层僧侣、各类依附民及普通农民则是寺院的劳动生产者，他们的劳动成果被僧侣地主以各种形式所占夺。

---

① 《大宋僧史略》卷中《僧寺纲科》。
② 《隋书》卷二七《百官志中》。

随着魏晋南北朝佛教的繁盛，各地的寺院数量和僧尼数量急剧上升，寺院对土地的占夺日趋严重，从而使寺院经济获得了空前发展。寺院土地的来源主要有三：一是土地兼并。北魏迁都以来，"年逾二纪，寺夺民居，三分且一……非但京邑如此，天下州、镇僧寺亦然。侵夺细民，广占田宅"①，寺院所侵占的土地遍满都城郊野和各地州郡，以至于"长安沙门种麦寺内，御驹牧马于麦中"②。北齐时，"崇重佛法，造制穷极，凡厥良沃，悉为僧有，倾竭府藏，充佛福田"③。南朝梁武帝时，"都下佛寺五百余所，穷极宏丽。僧尼十余万，资产丰沃。所在郡县，不可胜言"④，可见当时寺院对土地的兼并是相当严重的。二是当权者赐予。极度崇佛的梁武帝为了表达他对佛教的虔诚信仰，花费巨资广造寺院，并给予寺庙大量的土地和资财。为了扩建阿育王寺，曾"敕市寺侧数百家宅地，以广寺域，造诸堂殿并瑞像周回阁等，穷于轮奂焉"⑤。北魏孝文帝、西魏宇文泰、北齐文宣帝也都曾赐给寺院土地。三是信徒施舍。在佛教信仰的感召下，百姓们纷纷"竭财以赴僧，破产以趋佛"⑥，这里的财产自然包括土地在内。如刘宋到溉"初与弟洽恒共居一斋，洽卒后，便舍为寺。蒋山有延贤寺，溉家世所立。溉得禄俸，皆充二寺"⑦。又如梁何敬容"舍宅东为伽蓝，趋权者因助财造构，敬容并不拒，故寺堂宇颇为宏丽。时轻薄者因呼为'众造寺'"⑧。北魏"河阴之变"后，"朝士死者，其家多舍居宅，以施僧尼，京邑第舍，略为寺矣"⑨，以致造成"王侯贵臣，弃象马如脱屣，庶士豪家，舍资财若遗迹。于是昭提栉比，宝塔骈罗，争写天上之姿，竞摸山中之影"⑩的局面。这些被寺院占夺的土地名义上虽为寺院所有，实际上是归掌控寺院的僧侣地主私有，寺院土地仍然是一种土地私有形式。

寺院土地的经营方式同世俗地主基本一致，也是一种自给自足的庄园形式。如北魏中兴寺庄，"池之内外，稻田百顷，并以给之，梨枣杂果，望若云合"⑪。洛阳白马寺"奈林蒲萄，异于余处，枝叶繁衍，子实甚大"⑫；宝光寺"园地平衍，果菜葱青"⑬；承光寺"亦多果木，奈味甚美，冠于京师"⑭；大觉、三宝及宁远三

---

①②⑨　《魏书》卷一一四《释老志》。

③　《广弘明集》卷七《辩惑篇·叙列代王臣滞惑解下》。

④　《南史》卷七〇《循吏·郭祖深传》。

⑤　《梁书》卷五四《诸夷·扶南国传》。

⑥　《梁书》卷四八《儒林·范缜传》。

⑦　《南史》卷二五《到彦之附沇从兄溉传》。

⑧　《南史》卷三〇《何尚之附敬容传》。

⑩　《洛阳伽蓝记·序》。

⑪　《续高僧传》卷二三《释道臻传》。

⑫⑬　《洛阳伽蓝记》卷四《城西》。

⑭⑮　《洛阳伽蓝记》卷三《城南》。

寺，"周回有园，珍果出焉"①。又如梁庄严寺中的田庄"园接连南涧，因构起重房，若鳞相及。飞阁穹隆，高笼云雾，通碧池以养鱼莲，构青山以栖羽族，列植竹果，四面成阴。木禽石兽，交横入出"②。当时，南北方这样的寺院田庄不在少数。

　　总体来看，南北朝时期地主庄园农业经营，具有显著的自给自足性质，庄园内通常是农林牧副渔兼顾，并兼及一些手工生产，庄园地主的经济生活需要，基本通过自家生产来解决。对此，北齐人颜之推在《颜氏家训·治家篇》中有一段典型的议论，他说："生民之本，要当稼穑而食，桑麻以衣。蔬果之畜，园场之所产；鸡豚之善，埘圈之所生；爰及栋宇器械，樵苏脂烛，莫非种植之物也。至能守其业者，闭门而为生之具以足，但家无盐井耳。"不过，南北经济生活习俗仍存在一些差异。所以他说："今北土风俗，率能躬俭节用，以赡衣食。江南奢侈，多不逮焉。"这些在一定程度上反映了当时大小地主开展庄园经营、组织综合性农业生产的基本情况，以及他们经济生活的基本面貌。北魏人贾思勰的《齐民要术》更具体、充分地反映了具有一定实力的地主开展以粮桑为主、多种经营的生产事实。

四、依附农民与地主庄园经济

　　魏晋南北朝时期，士族地主庄园中的劳动者主要是具有强烈依附性质的佃客和部曲。这些人在由于各种原因丧失了最基本的生产资料之后，被迫依附于士族地主，租种他们的土地并缴纳高额地租，同时还要为地主服役，甚至还要打仗，具有农业生产者、仆役和地主私家兵卒等多重身份，由此形成了魏晋南北朝时期独特的部曲佃客制。

　　东汉末年，破产、流亡的自耕农，除了成为国家的屯田民户，第二个主要去向是依附豪强地主，成为他们的私属，主要被称为"佃客"和"部曲"。佃客的主要工作是农业生产劳动，耕种地主的土地，同时缴纳分成地租。部曲本是军队编制的名称，从东汉末年开始成为私人家兵的称谓。至魏晋南北朝时期，部曲又逐渐演变成为战时打仗、平时从事农业生产和一些劳役的依附者的统称。例如梁代张孝秀"有田数十顷，部曲数百人，率以力田，尽供山众，远近归慕，赴之如市"③。显然，张孝秀所拥有的部曲就完全没有军事性质，而是以农业生产为主要工作的依附者。

---

① 《洛阳伽蓝记》卷三《城南》。
② 《续高僧传》卷六《释慧超传》。
③ 《梁书》卷五一《处士·张孝秀传》。

东汉后期，豪强大族拥有数量众多的"客"① 或"僮客"，已经成为一个相当普遍的现象，例如麋竺"祖世货殖，僮客万人，赀产巨亿"。汉末大乱、军阀混战之际，他们往往作为一支重要的武装力量加入某个军事集团，参与战争角逐，麋竺就是一个很好的例子。故史称：刘备"转军广陵海西，竺于是进妹于先主为夫人，奴客二千，金银货币以助军资；于时困匮，赖此复振"②。据研究，麋竺所拥有的大量僮客中有很大一部分是固着在土地上从事生产劳动的③，这应该就是魏晋南北朝佃客的雏形。

以国家法令的形式对"客"的私属身份予以承认始于曹魏末期的"给客"制度和东吴的"复客"制度。"给客"制度的具体内容是"给公卿已下租牛客户数各有差"④，"租牛客户"是原先耕种国有土地的屯田农民。国家规定将一定数量的屯田农民赏赐给各级官员，这些农民便成为士族地主的私属，同时免除其赋税和徭役。东吴的"复客"制度与曹魏的"给客"制度如出一辙，是国家将屯田农民中的一部分甚至一般民户赏赐给功臣，这些人的赋税和徭役也被免除，成为豪强地主的私人佃客。在给客、复客制度的推动下，破产、流亡农民依附豪强地主渐成普遍之势。

这些依附者丧失了土地及其他基本的生产资料，不得不接受士族豪强地主的庇护，租种他们的土地，将大部分的劳动所得交纳主家，并且还要为大族服各种杂役，甚至出兵打仗。但是，他们的这些负担比起之前所要承担的国家赋税徭役负担还是要轻一些。因此，大量人口纷纷自行投靠豪强地主，沦为其私属、附庸。

然而这种趋势明显地损害了国家的利益，朝廷所掌握的户口因此显著减少，这就意味着国家同时丧失了大量的劳动力和赋役征取对象。故此，国家虽然实行了给客、复客制度，在一定范围内承认客的私属身份，但对于客自行投靠豪强地主和豪强地主在特许之外自行招募客的行为，都明文予以禁止。西晋建立之初，晋武帝便"诏禁募客"⑤，以保证国家正常的户口和劳动力的数量，从而保障赋税徭役的来源；对违反禁令者，予以严厉的罚处。咸宁三年（277），宗室司马睦"遣使募徙国内八县受逋逃、私占及变易姓名、诈冒复除者七百余户。冀州刺史杜友奏睦招诱逋亡，不宜君国。有司奏，事在赦前，应原。诏曰：'中山王所行何乃至此，览奏甚用怆然。广树亲戚，将以上辅王室，下惠百姓也。岂徒荣崇其身，而使民逾典宪

---

① 自先秦以后，"客"经历了一个逐步演变的过程，特别是自东汉以后，其身份地位不断下降，至魏晋时期更走向卑微化和普遍化，已由达官权贵的座上宾演变成为对广大依附农民的一个普遍称呼。对此唐长孺先生曾进行了详细论述，可参其著《魏晋南北朝隋唐史三论》（武汉大学出版社，1993年，31～39页）。

② 《三国志》卷三八《麋竺传》。"麋竺"，他书通常写作"糜竺"。

③ 唐长孺：《魏晋南北朝史论拾遗》，中华书局，1983年，3页。

④⑤ 《晋书》卷九三《外戚·王恂传》。

乎！此事当大论得失，正臧否所在耳。苟不宜君国，何论于赦令之间耶。其贬睦为县侯。'乃封丹水县侯"①。由此可见，武帝严禁募客的诏令，在西晋初期确实曾比较认真地执行过，而且即使是宗室也不能容情。但是，农民私自投靠和豪强地主违令私募的情况，并没有被有效地遏止，基于当时的社会现实，国家逐渐由禁而限，即在承认士族豪强享有庇荫一定数量佃客的同时，对所能荫庇的数量也予以明确的限制。西晋太康元年（280）平吴之后，国家颁布了"占田法令"，其主要内容之一就是官品荫族荫客制。制度规定："其应有佃客者，官品第一第二者佃客无过五十户，第三品十户，第四品七户，第五品五户，第六品三户，第七品二户，第八品第九品一户。"② 显然，这一规定一方面说明国家力图对官员应该拥有的佃客数量进行限制，但另一方面也反映出当时存在大量私属依附者的现实。事实上，国家所出台的这种限令，实际执行起来仍有很大的难度，并不能从根本上使整个形势得到显著逆转。

"八王之乱"与"五胡乱华"打破了刚刚形成的太康繁荣局面，社会又进入一片混乱动荡之中。东晋建立后，"时百姓遭难，流移此境，流民多庇大姓以为客"，社会上再次出现了破产、流亡农民依附大族的浪潮。在这种情况下，晋元帝大兴四年（321），"诏以流民失籍，使条名上有司，为给客制度，而江北荒残，不可检实"③。这次晋元帝所实行的给客制度显然也是针对大族私自招募流民为客的情况而采取的措施，名义上是对依附大族私属客的数量再次进行一定的限制，但实际上则是从法律上对这种依附关系进行承认。到南朝，这种依附趋势更为扩大。萧齐时，"诸郡役人，多依人士为附隶，谓之'属名'"④；萧梁时期，"百姓不能堪命，各事流移，或依于大姓，或聚于屯封，盖不获已而窜亡，非乐之也"⑤。与此同时，依附者的名目也出现了多样化的趋势，当时"都下人多为诸王公贵人左右、佃客、典计、衣食客之类，皆无课役"，同时官员根据官品应该拥有的佃客数量也比西晋占田法令中的规定有所增多，规定："官品第一第二，佃客无过四十户。第三品三十五户。第四品三十户。第五品二十五户。第六品二十户。第七品十五户。第八品十户。第九品五户。其佃谷皆与大家量分。其典计，官品第一第二，置三人。第三第四，置二人。第五第六及公府参军、殿中监、监军、长史、司马、部曲督、关外侯、材官、议郎已上，一人。皆通在佃客数中。官品第六已上，并得衣食客三人。第七第八二人。第九品及舆辇、迹禽、前驱、由基强弩司马、羽林郎、殿中冗从武

---

① 《晋书》卷三七《宗室·高阳王睦传》。
② 《晋书》卷二六《食货志》。
③ 《南齐书》卷一四《州郡志》。
④ 《南史》卷五《齐本纪下·东昏侯纪》。
⑤ 《梁书》卷三八《贺琛传》。

贲、殿中武贲、持椎斧武骑武贲、持钑冗从武贲、命中武贲武骑，一人。客皆注家籍。"① 这里规定这些依附者"客皆注家籍"，是再次承认了客的私属身份，"皆无课役"是重申其对国家赋税徭役的免征权。此外，"其佃谷皆与大家量分"，说明其中佃客的身份是佃农，他们耕种地主土地，要与地主分成缴纳地租。总之，东晋南朝时期，随着大土地所有制的发展，人民破产、逃亡日益普遍，佃客和部曲的数量也与日俱增，国家虽然几次下诏限制大族私属的数量，严禁私自募客，但均收效甚微，这种情况一直影响到隋唐。

在北方，依附现象也非常严重。当时，中原地区存在着大量具有军事性质的坞堡，其中就有相当数量的依附民。史称前燕时期，"百姓因秦晋之弊，迭相荫冒，或百室合户，或千丁共籍，依托城社，不惧燻烧，公避课役，擅为奸宄"②。说明当时存在着大量的大户包荫现象，这种做法虽然不合国家法令，却非常普遍地存在着。直到北魏建立之后，情况也没有发生多大改变。故史书称："魏初不立三长，故民多荫附。荫附者皆无官役，豪强征敛，倍于公赋。"③ 说明到了其时农民依附于豪强地主而成为其私属的现象是非常常见的，并且这些依附农民的经济负担更加沉重。十六国后期及北魏前期，国家为了对原汉族聚居区实行切实有效的统治，便实行了"宗主督护制"，制度本身即承认宗主对依附农民的私属权，这种情况在北魏存续了相当长的时间。实际上，北魏之所以推行"均田制"并且以"三长制"作为配套改革的主要措施，目的之一就是试图改变上述情况，以增加国家所直接掌握的自耕农数量，扩大赋役征取的对象。其后，北周建德六年（577）曾专门下诏释放奴婢，其中规定："若旧主人犹须共居，听留为部曲及客女。"④ 可见根据自愿的原则，奴婢释放既可以免为良人，也可以留为部曲客女。这些奴婢转为部曲客女后要与主人共籍，依然是私属身份。

士族豪强地主拥有数量众多的私属和依附人口、掌握大量农业劳动力，是魏晋南北朝时期庄园地主经济发展的一个重要前提条件，也是这个时期农业生产关系的一个主要特点。庄园农业生产组织经营在不同的地区、不同的项目中可能采用了不同的方式，但将土地分租给所属的依附农民、收取地租并派遣劳役，乃是一种主要的方式，与这个时代劳动力短缺的整体社会经济形势有关。

① 《隋书》卷二四《食货志》。
② 《晋书》卷一二七《慕容德载记》。
③ 《魏书》卷一一一《食货志》。
④ 《周书》卷六《武帝纪下》。

第三节 自耕农经济的起落

战国秦汉时期，随着土地私有制的逐渐确立和扩大，自耕农小土地所有制也得到了迅速发展。然而，随着土地兼并的日益加剧，自耕农经济不断遭到打击并逐渐走向低落。东汉末年，社会政治的动荡，沉重的赋税徭役负担、长年的战争以及无情的天灾，又进一步加速了自耕农的破产、流亡，自耕农土地私有制也随之遭到严重的破坏，小农经济日渐衰落。不过，由于自耕农生产向来是古代专制国家的经济支柱，虽然历经重创，但一方面这个阶层人数众多、生命力极其顽强，另一方面，古代国家往往力图维持和保护小农经济的发展，以保证国家的财税、力役来源，因此，在魏晋南北朝时期，自耕农经济虽然起落反复，远不如汉代那样兴旺，却远远没有消亡。在特定的政治条件下，由于统治者采取了一些积极的政策予以扶持和鼓励，往往又劫后复生，重新振作起来。不过，在这个时期，由于南北社会政治环境和自然条件都具有显著的差异，南北地区自耕农经济呈现出了两种不同的发展路线。

一、三国时期恢复自耕农经济的努力

东汉末年，破产、流亡的农民，除了加入屯田、成为部曲佃客、沦为奴婢以及死亡流徙，还有不少农民处于流亡的状态。为了保证国家正常的粮食供应和赋税来源，同时稳定社会秩序，曹魏政权对他们采取了一定的救助、扶持政策，以有利于他们恢复正常的生产和生活。首先是通过招抚吸纳等方式，使这些流民成为郡县控制的领民，恢复其作为编户齐民的自耕农身份。由于战乱，关中曾有十万余家百姓被迫流亡荆州，建安初年，关中稳定以后，这些流民纷纷希望返回故土。面对这种情况，曹操听从了卫觊的建议，吸纳流民，将无主荒地分配给他们，并通过设置使者监卖官盐的方法，"以其直益市犁、牛，若有归民，以供给之"①，通过这种方法，让这些流民"勤耕积粟，以丰殖关中"③。当时，泰山地区流民甚多，"太祖以吕虔领泰山太守。郡接山海，世乱，闻民人多藏窜。袁绍所置中郎将郭祖、公孙犊等数十辈，保山为寇，百姓苦之。虔将家兵到郡，开恩信，祖等党属皆降服，诸山中亡匿者尽出安土业"②。"时泰山多盗贼，以（凉）茂为泰山太守，旬月之间，襁

---

① ③　《三国志》卷二一《魏书·卫觊传》。
② 　《三国志》卷一八《魏书·吕虔传》。

负而至者千余家"①。郑浑任冯翊太守，"时梁兴等略吏民五千余家为寇钞，诸县不能御，皆恐惧，寄治郡下。……（郑浑）乃聚敛吏民，治城郭，为守御之备。遂发民逐贼，明赏罚，与要誓，其所得获，十以七赏。百姓大悦，皆愿捕贼，多得妇女、财物。贼之失妻子者，皆还求降。浑责其得他妇女，然后还其妻子，于是转相寇盗，党与离散。……前后归附四千余家，由是山贼皆平，民安产业"②。这些都是曹魏招抚流民以为郡县领民的积极举措。

待流民回归到土地上之后，朝廷便采取了一系列措施，力图恢复和发展小农经济。为了减轻自耕农的经济负担，建安九年（204），曹操在战胜袁绍后，下令"重豪强兼并之法"，同时颁布了新的田租户调制，规定："其收田租亩四升，户出绢二匹、绵二斤而已，他不得擅兴发。郡国守相明检察之，无令强民有所隐藏，而弱民兼赋也。"③ 其中最引人注目的，当数关于田租、户调的规定。汉代的田租征收方法是采用多少税一的分成田租，而此时改变为每亩收田租四升的固定田租，在这种固定田租制下，即使土地增加了，田租依然不会增加。同时，汉代是以人头为单位上交算赋和口赋，而此时改成了以户为单位上缴户调，在户调制下，即使人口增加了，户调也不会增加。可见，这种新的固定田租和户调，在一定程度上减轻了农民的负担，鼓励通过努力生产增加收益，鼓励人口增殖，均比较有利于恢复农业生产和促进社会稳定。到了建安二十三年，曹操又颁布了《赡给灾民令》，规定："去冬天降疫疠，民有凋伤，军兴于外，垦田损少，吾甚忧之。其令吏民男女：女年七十已上无夫子，若年十二已下无父母兄弟，及目无所见，手不能作，足不能行，而无妻子父兄产业者，廪食终身。幼者至十二止，贫穷不能自赡者，随口给贷。老耄须待养者，年九十已上，复不事，家一人。"④这条法令主要是针对孤寡老人、孤儿以及残疾人采取的扶助政策，亦体现了曹魏政权积极采取措施救济灾民，维持社会局势稳定的一种意图。

在中央政策的指导下，地方官员也纷纷行动起来，采取了一系列恢复农业生产，壮大自耕农生产的措施。如郑浑在建安中任邵陵令时，"天下未定，民皆剽轻，不念产殖；其生子无以相活，率皆不举。浑所在夺其渔猎之具，课使耕桑，又兼开稻田，重去子之法。民初畏罪，后稍丰给，无不举赡；所育男女，多以郑为字"⑤。郑浑为京兆尹时，"以百姓新集，为制移居之法，使兼複者与单轻者相伍，温信者与孤老为比，勤稼穑，明禁令，以发奸者。由是民安于农，而盗贼止息"⑥。此后，郑浑又相继任阳平、沛郡、山阳、魏郡太守，都采取了恢复农业生产的措施。其他

---

① 《三国志》卷一一《魏书·凉茂传》。

②⑤⑥ 《三国志》卷一六《魏书·郑浑传》。

③④ 《三国志》卷一《魏书·武帝纪》注引《魏书》。

的地方官员，如金城太守苏则、京兆尹张既、河东太守杜畿、敦煌太守仓慈、魏郡太守吴瓘、清河太守任燠、京兆太守颜斐、弘农太守令狐邵、济南相孔乂等，也都在不同程度上采取了招抚流民为郡县领民、鼓励恢复发展农业生产的措施。

通过中央和地方的以上这些积极政策和措施，加之国家屯田事业的发展，北方地区的农业生产得到了一定的恢复，以屯田为主要形式的国有土地经营和自耕农的小规模私人土地经营，都得到了较快的恢复，农业经济逐渐复苏，为曹魏及其后继者西晋的统一，打下了良好的经济基础。

同一时期，东吴和西蜀政权也都采取了一些促进小农经济恢复的政策。东汉末年，吴境存在着大量的流民和山越人，孙吴政权通过一系列措施使这些流民和被征服的山越人成为屯田兵民和郡县领民，其中，在郡县领民中就有大量的自耕农民。为了发展生产，孙权曾于赤乌三年（240）颁布了保障农时的诏书，称："盖君非民不立，民非谷不生。顷者以来，民多征役，岁又水旱，年谷有损，而吏或不良，侵夺民时，以致饥困。自今以来，督军郡守，其谨察非法，当农桑时，以役事扰民者，举正以闻。"① 此外，孙吴政权还通过减轻农民的徭役负担、检括逃户、兴修水利、开建湖田等措施对江南地区进行了卓有成效的开发，农业生产和小农经济得以恢复和发展。面对大量流民和被征服的少数民族人口，西蜀也采取了一些招抚安置的举措，使这些流散人口重新回归土地，此外，亦曾积极兴修水利，奖励农耕。由于西蜀地域偏远狭小，加之连年用兵，西蜀的自耕农经济，总体上不及曹魏与孙吴。

二、西晋自耕农经济的短暂复苏

在三国时期的基础上，西晋的自耕农经济得到了进一步发展。西晋建立之后，全国政治局势稍转安定，兼之朝廷亦不时颁布一些有利于农业生产发展的经济政策，农业生产得以在比较正常的状态下进行。如武帝泰始元年（265）曾下诏"百姓复其徭役"②，泰始四年又下诏，规定："郡国守相，三载一巡行属县……劝务农功。"③在西晋朝廷采取的一系列措施中，太康元年（280）颁布的"占田令"具有重要意义。

应当说，"占田令"是有利于自耕农经济发展的，其颁布和实施的背景是以屯田为基础的土地国有制日渐解体。早在曹魏咸熙元年（264），朝廷即下令："罢屯

---

① 《三国志》卷四七《吴书·吴主传》。
②③ 《晋书》卷三《武帝纪》。

田官以均政役，诸典农皆为太守，都尉皆为令长。"① 西晋泰始二年（266）十二月，又诏："罢农官为郡县。"② 经过魏末晋初两次废除屯田，屯田制主要是民屯被正式废除了。随着民屯的废止，原来的许多屯田民再次恢复了编户齐民的身份，从而为西晋自耕农土地私有制的发展创造了条件。原先以屯田形式存在的国有土地，除了一部分成为新型租佃型军屯制下的土地，还有一部分逐渐发展成为私有土地，其中就包括自耕农的小私有土地。太康元年（280）平吴之后，西晋王朝颁布了"占田令"，其中关于自耕农占有私有土地数量，规定："男子一人占田七十亩，女子三十亩。"③ 这里规定了一夫一妇可占有土地一百亩，是古代理想中的小农家庭土地占有数量。同时"占田法"还规定了农民必须纳课的土地数量，即："丁男课田五十亩，丁女二十亩，次丁男半之，女则不课。"④ 这自然是出于国家经济利益考虑，并且所谓"占田"，其实只是规定了可占有土地数量的上限，一户农民占有土地不得超过这个界限，至于能否占满，国家却并不关心。无论如何，占田法的实施，毕竟有利于督促农民回归土地，从事农业生产，它以法律的形式对自耕农的土地私有制予以承认，不仅承认了自耕农原先就已经占有那些私有土地的合法性，而且还规定那些由屯田民转化而来的自耕农亦可拥有相应数量的私有土地，这就意味着原属屯田的一部分国有土地由此转化为自耕农的私有土地，并得到了国家法律的承认。

随着西晋自耕农土地私有制和小农经济的发展，西晋的人口也呈现出了增长的趋势。东汉末年以后的长期战乱，使全国人口遭到巨大损失，曹操面对残酷的现实，曾发出"白骨露于野，千里无鸡鸣"⑤ 的慨叹。同时，由于战争的频发，人口大量流徙，一些强宗大族乘乱大量隐匿人口，使之成为自己的私属，官府无法进行正常的户籍登记，从而导致户口的严重流失，国家征取赋役得不到保障。所以，西晋王朝在统一全国前后，加紧采取恢复户口管理的措施，以保证国家和社会的正常发展。早在司马昭掌权时期，朝廷就下令劝募蜀人迁居北方，国家为这些北迁的人提供两年的粮食，并免除徭役 20 年。西晋灭吴后，又鼓励南人北迁，优待吴人，将士官吏免除 10 年徭役，老百姓及手工业者免除 20 年徭役。西晋朝廷还规定：民间女子年满 17 周岁，而父母仍然不让出嫁的，由官府代替她们选择配偶。又改官奴婢为屯田兵，让奴婢之间进行婚配，严禁私自招募佃客。实施这些措施，都是为了增加国家所能掌握的人口数量，并且也的确产生了一定的实际效果。西晋代魏时，全国有 94 余万户，537 多万人。西晋灭吴时，又得到 52 余万户，230 多万人。

---

① 《三国志》卷四《魏书·陈留王纪》。

② 《晋书》卷三《武帝纪》。

③④《晋书》卷二六《食货志》。

⑤ ［汉］曹操：《蒿里行》。

如果把魏、蜀、吴三国的人口加起来，不过146余万户，767多万人。但就在西晋灭吴后的一年间，全国的户数竟然上升至245万多，人口1 616万多，比三国时期的户数增加了100万，人口增加了一倍以上。在短短的十几年间，人口的迅速增加，这是国家统一，政治稳定的结果，同时也说明西晋政权所掌握的编户齐民数量有了明显回升，这也是自耕农经济得到了比较显著恢复的一个标志。

正由于自耕农经济生产得到了比较明显的恢复，西晋时期一度出现了短期的小康局面。据史书记载，太康年间，"天下无事，赋税平均，人咸安其业而乐其事"①。时人干宝在《晋纪·总论》中曾经这样描述当时的经济境况，称："太康之中，天下书同文，车同轨，牛马被野，余粮委亩。行旅草舍，外闾不闭，民相遇者如亲。其匮乏者，取资于道路，故于时有'天下无穷人'之谣。"这是自汉末大乱之后百余年来所不曾有过的社会稳定、经济繁荣的良好局面。

三、东晋南朝的自耕农经济状况

西晋太康繁荣未能持续多久，就因"八王之乱"而陡然幻灭。接踵而来是西晋灭亡，众多少数民族纷纷内徙，彼此攻杀，中原混乱，南北分裂，中国社会再次陷入了长期的动荡之中，刚刚复苏的北方自耕农经济再次遭受了严重的摧残。

为了躲避战乱，大量人口包括众多的自耕农民，纷纷举族逃离故土，离弃家园、田宅，到广大的南方地区去寻找一块安稳的生息之地。由于经济力量有限，亦出于安全的考虑，当时流徙的农民往往举族结队而行，大量人口不得不依附于豪帅强宗的力量，到了新的地区之后，亦不得不沦为豪强士族的附属，从而丧失了自耕农的身份。另外，南方自然环境条件，并不利于单一农户进行开发利用，而必须依靠群体力量来开展，从这个意义上说，东晋南朝地主庄园经济迅速发展，自有一定的历史合理性。无论如何，当时的多种社会历史因素造成了东晋南朝自耕农的减少，并导致自耕小农生产的衰微。仅有部分农民仍然保留其自耕农身份，在豪强士族侵夺和国家官吏压榨的夹缝中艰难地生存。

不过，由于自耕农毕竟是农业生产的重要劳动者和国家赋役的主要来源，虽然这一时期的自耕农经济从总体上说不及前后时代，但在整个社会经济体系中仍然占有重要的地位。出于国家利益的考虑，东晋南朝历代统治者仍都很重视并努力扶持自耕农阶层。东晋王朝曾针对自耕农多次颁布劝课政策，以期促进农业生产。如东晋元帝时（317），曾下令"课督农功，诏二千石长吏以入谷多少为殿最"②；大兴元年（318），又宣布"宽众息役，惠益百姓"，命"二千石令长当祗奉旧宪，正身

---

①② 《晋书》卷二六《食货志》。

明法，抑齐豪强，隐实户口，劝课农桑"①；东晋末年，刘裕当权后，亦"抑末敦本，务农重积，采蘩实殷，稼穑惟阜"②。南朝统治者为了扩大自耕农的数量，针对东晋时期依附于士族豪强的北方南来流亡百姓，进行"土断"，按照迁移人口的现居住地重新订立户籍，将其纳入"黄籍"，并且分配给他们一定的公田，使之开展农业生产，并承担一定的赋税和徭役。虽然南朝的土断政策并没有彻底执行下去，但由此可见统治者对自耕农的高度重视。通过上述这些政策和措施，一部分南迁的人口在新的地区逐渐安家立业，成为独立开展经济生产的自耕农，完全属于国家的编户齐民。

然而，一家一户的自耕农民，由于经济基础极为薄弱，生产和生活极不稳定，犹如汪洋大海中的一只只小船，稍有风浪即被颠覆淹没，仍不得不投靠豪强士族地主而沦为依附民。而此一时期，由于天下多事，朝廷的政策极不稳定，兼以兵役累兴，财政难以为继，往往加重对农民的盘剥，造成农民大量破产，投附权势豪富之家，或者流亡到少数民族地区，以逃避国家的赋役压榨。因此，在整个南朝，自耕农的命运随着各个政权的清浊治乱而时起时伏。

应该说，在南朝时期，历代政权还是颁布了一些政策、采取了一些措施，力图维护自耕小农经济。例如刘宋文帝很重视农业生产，他于元嘉八年（431）、二十年和二十一年，分别诏令州郡牧守："咸使肆力，地无遗利，耕蚕树艺，各尽其力"，以使"游食之徒，咸令附业，考核勤惰，行其诛赏，观察能殿，严加黜陟"，"凡诸州郡，皆令尽勤地利，劝导播殖，蚕桑麻苎，各尽其方"③。他要求地方官积极督课农桑，鼓励百姓种田养蚕，兴修水利，禁止封锢山泽，减免受灾地区人民的赋税。还开炉铸钱，以便流通。文帝在位期间所采取的这些措施取得了一定效果，百姓暂时得以休养生息，人口迅速增殖，社会生产有所发展，经济文化日趋繁荣，出现了"元嘉之治"的繁荣局面。在此期间，自耕农经济经历了一个短暂的复苏。但南北军事对抗使刘宋王朝发展经济的努力效果大打折扣。其时，北方的北魏政权逐渐强大，对南朝造成极大威胁。元嘉七年文帝派遣精兵5万出兵北伐，但以失败告终，只落得仓皇北顾。在此后的20年间，宋魏之间曾相安无事。然而北魏统一中原以后，势力更加强大，拓跋焘于元嘉二十七年率10万大军南下伐宋。刘宋在这次战争中遭到了重创，丧失了大片土地，国力锐减，"元嘉之治"的良好局面遭到了破坏，刚刚稳定下来的自耕小农经济又开始出现震荡。与此同时，在刘宋皇室内部，又出现了骨肉相残的悲剧。从此，刘宋陷入了黑暗混乱的局面。

---

① 《晋书》卷六《元帝纪》。
② 《宋书》卷二《武帝纪》。
③ 《宋书》卷五《文帝纪》。

萧道成称帝建立萧齐之后，也采取了一系列措施，整顿前朝留下的弊政，恢复社会生产和发展经济，并取得了一定效果，小农经济再次获得了一定程度的发展。遗憾的是，萧道成在位仅仅4年便去世了。萧道成去世后，长子萧赜即位，是为齐武帝。萧赜即位之初，继承其父遗志，励精图治，提倡节俭，堪称明主。但他宠信茹法亮、吕文显等谄佞之人，排斥权臣，造成了恶劣的影响。萧赜在位期间，曾对户籍进行了一次较大规模的整顿，设立了专门的检籍官，规定以元嘉二十七年（450）的户籍为标准，严格整顿户籍。如有伪冒士族的人将被罚到边远地区戍边，称为"却籍"。但是在制度的执行过程中，却出现了偏差，引起了民众的不满。永明三年（485），浙江富阳人唐宇之起义，得到了广大民众的积极响应。唐宇之率兵攻占数县，建国称帝，声势浩大。后遭到朝廷军队的镇压，唐宇之兵败自杀。迫于民众的压力，朝廷停止检籍，宣布却籍无效，萧齐政权由此受到了巨大冲击。同时，在萧齐宗室内部也出现了混乱局面，使萧齐政权仅仅维持了23年便寿终正寝。

接下来是萧梁。梁武帝萧衍做了48年的皇帝，是南朝在位最久的皇帝。在他的帝王生涯中，前期勤于治国，锐意革新，废除了宋齐的典签制度，增大了诸王权力。调和寒人与士族的关系，命徐勉修订《百家谱》以甄别士族。既以寒人掌机要，又重用士族。制九流常选，又立国学，招五馆生，不限门第立集雅馆、士林馆，选拔人才。这些措施一度推动了南朝政治经济文化的发展。在相对安定的社会环境下，小农经济又开始恢复和发展。但梁武帝晚年一心佞佛，荒疏政事，造成国家财政严重匮乏，百姓负担沉重。同时又引狼入室，招致"侯景之乱"，不仅自己落得饿死台城的悲惨结局，也使南朝的经济文化遭受到了毁灭性的打击。在这次动乱中，自耕小农自然也遭到了极大的冲击。

"侯景之乱"将刚刚发展起来的萧梁政权推到了崩溃的边缘，叛乱平息后，萧梁宗室内部又相互厮杀，社会政治一片混乱，西魏趁机占领了南方的大片土地。就在萧梁奄奄一息之时，陈霸先从幕后走到了历史的前台，最终取代梁自立，建立了陈朝。陈朝建立初期，陈霸先忙于对付萧梁的残余势力以及各地的豪强武装的不断起兵反抗。待局势基本稳定之后，陈文帝开始采取一些措施恢复社会生产和生活，缓和社会矛盾。他注重发展农业生产，屡次诏令"守宰亲临劝课，务使及时"[①]，并推行土断，整顿户口，使江南的经济发展有了一定的起色。宣帝即位后，继续推行文帝时采取的各项政策，江南经济继续恢复。在此期间，南方的自耕农再次得到了生存和发展的机遇。然而好景不长，荒淫的后主陈叔宝又将陈朝推向了坟墓。

可见，在南朝，一般是政权建立初期，由于统治者都注意采取有力措施巩固统治，社会环境相对比较安定。在这种情况下，自耕农亦获得了喘息复苏的

---

① 《陈书》卷三《世祖纪》。

机会。但南朝历代，社会政治稳定的时间都不长，每个政权都无一例外地遭受到频繁的内忧外患的侵扰，一旦国家有事，必定加重对自耕农的盘剥搜刮，大量的自耕农在风雨飘摇之中不断破产、流亡，始终未能得到长时期稳定发展的机会。

东晋南朝自耕农经济的凋敝衰微，恰与士族豪强大土地所有制和庄园经济的空前发展形成鲜明的对比。实际上，两者之间确实存在着彼此消长的关系。地主庄园经济在这个时期的兴盛，恰恰是以自耕农经济的衰微为基础的。一方面，士族豪强大土地所有制的发展，不仅剥夺了自耕农获得可垦良田的机会，而且对可供开发利用的山林川泽也肆意占夺，使广大小农失去了通过樵采捕猎补贴家计的条件，抵御自然灾害以及其他经济风险的能力更加微弱，所以时人称：士族豪强"炽山封水，保为家利。自顷以来，颓弛日甚。富强者兼岭而占，贫弱者薪苏无托，至渔采之地，亦又如兹"①。在这种情况下，自耕农丧失了赖以生存的基本资料，不得不纷纷破产流亡。另一方面，社会政治的动荡、国家租税徭役负担的沉重和不断的天灾人祸，也迫使大量自耕农被迫依附地主，成为他们的私人佃客。在地主的庄园中，这些被称为"部曲"或"佃客"的农民，虽然丧失了人身自由，需要为地主耕种土地，但可以免除原来需要缴纳的赋税，尤其是可以逃避极其沉重的劳役。所以，许多农民宁愿投靠到地主庄园之中去，而不愿成为具有自由身份的国家编户齐民。

四、十六国北朝自耕农经济的低迷和复兴

十六国时期，北方因迭经战乱，人口流徙，土地荒芜，农业经济一片残破萧条。相继建立的北方各族政权为了站稳脚跟，巩固自己的统治，都将招辑人口、使之复归垄亩作为一项非常重视的事务，不少政权仍然按照西晋原有的郡县组织和户籍制度，控制和管理农民，努力恢复自耕小农生产，使其承担租调粮帛，承担力役。例如后赵石勒"以幽冀渐平，始下州郡阅实人户，户赀二匹，租二斛"②，即是以州郡组织向自耕农收取田租。石勒非常重视阅实户口、核定户籍，要求各级官员劝课农桑。他曾"以右常侍霍皓为劝课大夫，与典农使者朱表、典劝都尉陆充等循行州郡，核定户籍，劝课农桑。农桑最修者赐爵五大夫"③。其他各个少数民族统治者也都在不同程度上采取了恢复和发展小农经济的措施。例如前燕慕容皝为了恢复农业生产，曾下令："苑囿悉可罢之，以给百姓无田业者。贫者全无资产，不

---

① 《宋书》卷五四《羊玄保附兄子希传》。
② 《晋书》卷一〇四《石勒载记上》。
③ 《晋书》卷一〇五《石勒载记下》。

能自存，各赐牧牛一头。若私有余力，乐取官牛垦官田者，其依魏、晋旧法。"①前秦苻坚曾"以境内旱，课百姓区种"②，仿效汉代的区种法，促进小农经济的发展。北燕冯跋"励意农桑，勤心政事，乃下书省徭薄赋，堕农者戮之，力田者褒赏，命尚书纪达为之条制"③，使辽东地区的小农经济也获得了一定的恢复和发展。诸如此类，不予尽述。

但是，当时北方地区毕竟长期处于不断攻掠杀伐之中，各民族政权兴废频繁，难以推行促进农业经济恢复和发展的稳定政策。为了自保，广大农民大量投靠和依附各地大大小小的坞堡组织，成为坞堡田庄上的经济生产者，以致相当普遍地出现所谓"千丁共籍，百室合户"的情况，自耕农经济难以得到复苏，更谈不上有所发展了。这种情形一直延续到北魏实行均田制之前。

同其他政权一样，北魏在政权建立之初，即注重发展农业生产，虽然畜牧生产在当时的经济中仍然占有相当大的比重，但农业经济毕竟是立国之本。所以早在登国元年（386）二月，拓跋珪便下令"息众课农"④。天兴元年（398）正月，皇帝又"诏大军所经州郡，复赀租一年，除山东民租赋之半"。同年八月，复诏"除州郡民租赋之半"⑤。这些措施对于自耕小农经济的复苏还是具有一定积极意义的。此后，北魏历代君主都曾经颁布过一些恢复发展小农经济的诏令。

北魏自耕农经济的复兴，与"均田制"以及与其配套的"三长制"的实施密切相关。由于"均田制"的推行，国家从大小地主那里争夺了大量的农民劳动力，通过定额分配土地，使这些农民与一定的土地相结合，成为自耕自收、承担国家赋税徭役的自耕农民。其中关于"桑田"定额分授和人死不还受的规定，使得农民至少在理论上得到部分稳定的土地田产，从法律上对农民享有一定面积土地的占有和使用权，做出了制度上的保障。这些措施不仅稳定了既有的自耕农阶层，而且造就大量的新自耕农，对于北方地区自耕小农经济的恢复和发展，具有十分重要的积极意义。均田制推行之后，北魏中后期，国家所掌握的在籍户口数量显著增加，与自耕农数量的增多显然有着直接的关系。北魏灭亡之后，继起的东魏、西魏、北齐和北周，乃至隋唐两代，都实行"均田制"，造就了大量的自耕农民，削弱了世家大族和政治权贵的经济实力，对中古经济和社会的发展，都产生了非常重大的影响。

---

① 《晋书》卷一〇九《慕容皝载记》。

② 《晋书》卷一一三《苻坚载记上》。

③ 《晋书》卷一二五《冯跋载记》。

④⑤ 《魏书》卷二《太祖纪》。

第七章　边疆地区农牧业经济的发展

　　与秦汉的统一、辉煌不同，魏晋南北朝时期虽然在时间上紧随其后，但却是一个国家大分裂、民族矛盾极其尖锐、社会问题十分复杂的时代。此时，政权林立、战乱频仍，中原地区长期处在干戈扰攘、民无宁日的状态中。战争必然带来损耗，中原各地城市化为丘墟、田园沦为荒野，为了寻求较为安定的居所，人口大量迁移。自三国时期始，中原人口不断迁移到江南和东北、西北等一些受战争影响较小的地区。不过，战争虽然导致了传统经济中心的衰颓，却在一定程度上促进了农业文明的传播和边地农业经济的发展。

　　自古以来中国边疆地区长期居住着社会形态、生产方式、语言风俗与中原汉族（乃至彼此之间）大相迥异的众多族群。比如北方地区的众多游牧民族过着"美草甘水则止，草尽水竭则移"① 的生活，其他地区的少数民族亦依赖于各自不同的生态环境，形成了不同的经济类型和生活样式。此前的秦汉政权对周边区域的经略和征伐，已经在一定程度上传播了农业文明，但这些地处边远的民族仍然长久处于经济发展的初级状态，对于中原人士来说，他们是"茹毛饮血""火耕水耨"② 的戎狄、蛮夷。当历史的车轮驶入魏晋南北朝时，中原扰攘，许多少数民族内徙并逐鹿中原，乃至建立政权、成为政治上的主人；另一些民族则仍居边地，继续他们原有的生活方式。不过，在不同民族彼此交往、相互接触、磨合的过程中，边地少数民族的经济也发生了一些新的变化，并显示出各地经济生产的特殊风貌。

　　从某种意义上说，魏晋南北朝政局的混乱成就了文明的扩展，在一定程度上改变了经济发展极端不平衡的状态，促进了中原农业文明与周边少数民族原有的经济

---

　　① 《汉书》卷四九《晁错传》。
　　② 《汉书》卷二八《地理志下》。

生产方式之间的接触和碰撞。这是当时农业生产发展的重要组成部分,本章将集中进行简要叙述。

第一节 东北地区的农牧业发展

东北地区是许多历史上具有重要意义的少数民族的发源地和聚居地。它的地理位置大致处于山海关以东,西至于山、松岭和蒙古高原,东达大海的关外地带,相当于今日的黑、吉、辽三省及内蒙古自治区的东北部分。这个区域的中部,是著名的东北大平原,四周则环绕着兴安岭(大小兴安岭和外兴安岭)、锡霍特山、长白山等山脉。土地上交错分布着森林、草原、台地和草甸,既有适宜发展农业生产的平原河谷,又有兴安岭、长白山这样的天然渔、猎场所,优越的自然资源为少数民族农牧业经济发展提供了条件。

魏晋十六国时期,东北的民族与汉代相似,有鲜卑、乌桓、夫余、高句丽、沃沮、挹娄等。不过在此期间,除乌桓大部分内迁,鲜卑也大量南迁西移,剩余的也逐渐融入了其他民族,呈现出新老并存、新旧交迭的状貌。到了南北朝时期,活跃于东北并见于史载的,主要是夫余、勿吉、室韦、契丹、库莫奚、豆莫娄、地豆于、乌洛侯以及高句丽等部族。

一、松、嫩流域及其以西地区

(一) 夫余与豆莫娄

夫余也称作"扶余",是生活在我国东北中部地区的一个古老民族。他们是最早从秽貊诸部中分化出来并建国称王民族之一[1],是东北腹地第一个建立政权的少数民族。夫余族称始见于西汉,消失于金代,前后相加,共存在了近1 300年[2],但主要活动时期是前半段,也就是两汉和魏晋南北朝时期。据《三国志·魏书·夫余传》载:"夫余在长城之北,去玄菟千里,南与高句丽,东与挹娄,西与鲜卑接,北有弱水,方可二千里,户八万。"可见其主要活动区域比较广阔,极盛时西与鲜卑接于今辽河流域,东与挹娄接于今张广才岭,南与高句丽交界于今吉林哈达岭,北有弱水应为松花江东流段,但中心区域远无如此广阔,大约位于"玄菟之北千

---

① 见东汉王充《论衡·吉验篇》记载东明建国的传说。

② 其族称最初见于文献是在西汉,有人考订夫余的出现,应该在前119年汉破匈奴左地后,到前108年汉置四郡前的时间段内。夫余的灭亡是在477年投降于高句丽时,但亡国后,民族却依然存在着,直到12世纪的金代,才真正完全消失。由此算来,夫余前后存在的时间应在1 300年左右。孙进己:《东北各族文化交流史》,春风文艺出版社,1992年,83页。

里"之地，也就是今天的吉林省榆树一带。①

夫余的社会经济以畜牧业为主，兼有农耕、狩猎和捕捞②，处于畜牧经济文化类型向农业经济文化类型转化的时期。《三国志·夫余传》载："其国善养牲，出名马、赤玉、貂狖、美珠。珠大者如酸枣"，"皆以六畜名官，有马加、牛加、猪加、狗加"，有"豕牢""马栏"，都表明了夫余人善于牧畜养牲，甚至在君王以下所设职官，皆以六畜名。所畜牲口以马、牛、猪、狗等为主，其中尤以产马著称，并已具有成熟的养马经验，能使"骏者减食令瘦，驽者善养令肥"③。考古资料也证明了这一点，在发掘出的陶器上往往绘有绵羊、草地、圈栏与跪羊等形象，墓葬中有马具、马头骨、马牙④，且出土的铜牌饰上有双马、双牛、双蛇、犬、鹿、虎等花纹，这些都是对夫余社会畜牧、狩猎经济文化的反映。

史载，夫余地"多山陵、广泽，于东夷之域最平敞。土地宜五谷，不生五果"⑤，"有敌，诸加自战，下户俱担粮饮食之"⑥，不仅具有发展农业的天然条件，且已有了一定的粮食生产。夫余故地的墓葬（属西汉时代）中出土了许多铁制农具，如镰、镬、锸、锄等⑦，与中原所使用的农具相似，说明其农耕生产已经达到了一定的水平。此外，以收成好坏衡量国君贤明与否，遇五谷不熟则动辄或废或杀君王的风俗，也证明了农业活动在夫余社会中具有一定地位。

豆莫娄，其名始见于《魏书》，唐时称为"达末娄"⑧。《魏书·豆莫娄传》称其为"旧北扶余"；《北史》卷九四称豆莫娄国"在勿吉北千里，旧北夫余也。在室韦之东，东至于海，方二千余里。其人土著，有居室、仓库，多山陵、广泽，于东夷之域，最为平敞。地宜五谷，不生五果。……其君长皆六畜名官，邑

---

① 另有一说认为，夫余分布在今嫩江中下游及松花江流域，东近今牡丹江和张广才岭与挹娄接连，西抵今吉林双辽县至白城子一带与鲜卑相邻，北达小兴安岭以南的松嫩平原，南至辽宁开原北（白翠琴：《魏晋南北朝民族史》，四川民族出版社，1996年）。总体上看，并不与前说矛盾，两者交集大致处于东北地区中部、松嫩平原范围内。

② 关于夫余的社会经济形态颇有争议，白翠琴认为夫余故地出土的铁制农具与同时期中原农具不相上下，因此认为其农业发展程度与中原相近，农业在经济构成中占主要地位，社会经济以农业为主；张泽咸认为吉林榆树县老河深村遗址为夫余人遗迹，出土的刀、剑、甲胄等遗物虽带有中原汉代风格，但内含杂质过多，质地较软，是冶炼技术不熟练的表现，且农具种类不全，数量不多，因而推之当地居民以畜牧为主兼行农作的结论；孙进己认为夫余此时期应以畜牧、渔猎为主，农业为辅，但处在畜牧经济文化向农业经济文化类型转化的时期，这得益于与中原汉人农业文化的交流。

③ 《魏书》卷一〇〇《高句丽传》。

④ 刘季文：《古夫余农牧的探索》，《农业考古》1991年3期，314～317页。

⑤⑥ 《三国志》卷三〇《魏书·东夷传附夫余传》。

⑦ 王侠：《松花江畔的古墓群》，《吉林画报》1981年1期，转引自干志耿、孙秀仁：《黑龙江古代民族史纲》，黑龙江人民出版社，2015年，117页。

⑧ 《新唐书》卷二二〇《东夷传·百济传》。

落有豪帅，……有麻布，……或言濊貊之地也"；《新唐书·东夷传》曰："达末娄自言北扶余之后裔，高丽灭其国，遗人度那河，因居之，或曰他漏河，东北流入黑水。"可见豆莫娄是在北夫余的旧地上建立起来的，居民大致分布在勿吉以北，室韦之东，东至于海（或称东至于呼兰河），方二千里的地域范围内，大致相当于今嫩江中下游至呼兰河流域的松花江平原地区。豆莫娄所居地域"多山陵、广泽，于东夷之域最为平敞。地宜五谷，不生五果"，其人高大，性强勇谨厚，饮食用俎豆，衣着用麻布，社会经济等方面基本保持了夫余的旧俗。

（二）室韦与乌洛侯

室韦也称为"失韦""失围"，同样是东北的古老民族之一。史载，室韦的地理位置"在勿吉北千里，去洛六千里。路出和龙北千余里，入契丹国，又北行十日至啜水，又北行三日有盖水，又北行三日有犊了山，其山高大，周回三百余里，又北行三日有大水名屈利，又北行三日至刃水，又北行五日到其国。有大水从北而来，广四里余，名榛水"①。榛水，就是《北史》中的拣水，《魏书·乌洛侯传》里的难水，《魏书·勿吉传》中的难河，《新唐书·流鬼传》和《室韦传》里的那河，也就是今嫩江和松花江的东流江段。且由"大水从北而来，广四里余"，可见其分布范围主要位于嫩江流域和黑龙江南北地区河流的下游。

室韦的经济生活保存着以农业、畜牧业和渔猎业并存的状态。其"国土下湿，……颇有粟麦及穄，唯食猪鱼，养牛马，俗又无羊。夏则城居，冬逐水草。亦多貂皮。……用角弓，其箭尤长。……男女悉衣白鹿皮襦裤。有曲酿酒"②，可见室韦人民此时已开始了原始种植业，但依然以狩猎和逐水草而居的畜牧生活为主。

后魏之乌洛侯，也称作乌罗浑、乌罗护，蒙语"乌拉"为山，"侯"的意思是人，故其族名原指"山里人"。其地理位置大约在完水（今黑龙江）以东，或曰："乌洛侯在地豆于之北，去代都四千五百余里……其国西北有完水，东北流合于难水（嫩江），其地小水皆注于难，东入于海。又西北二十日行有于巳尼大水，所谓北海（贝加尔湖）也。"③ 若以今日地理来看，北魏时乌洛侯应游牧于嫩江西，额尔古纳河东南，呼伦贝尔草原一带，南接地豆于，东接室韦，西以兴安岭为界与柔然毗邻。

乌洛侯的社会经济以畜牧业为主，但也兼有粗放型农业。嫩江以西低洼潮湿，气候多雾、寒冷，历史上就是"其土下湿，多雾气而寒"的地区，居民也因而"冬则穿地为室，夏则随原阜畜牧"④，且"尚勇，不为奸窃，故慢藏野积而无寇盗，

---

① ② 《魏书》卷一○○《失韦传》。
③ ④ 《魏书》卷一○○《豆莫娄传附乌洛侯国传》。

好射猎"。有学者认为乌洛侯在生活习惯上与勿吉—靺鞨系统相似，考古发现也进一步证实了这一说法。从史书中记载的"无大君长，部落莫弗皆世为之"来看，乌洛侯此时确与勿吉同样处于原始社会晚期的父家长制时期，"多豕，有谷麦"则说明了它拥有原始的农业。

二、黑龙江、乌苏里江流域东部地区

（一）高句丽与沃沮

高句丽与夫余、秽貊有密切渊源关系，是继夫余后第二个建立国家的秽貊系民族。《汉书·地理志》载："玄菟、乐浪，武帝时置，皆朝鲜、濊貊、句骊蛮夷"，可见句丽族原在前汉玄菟郡中。西汉建昭二年（前 37）朱蒙建国前，以氏族、部落为单位，分布在今辽宁新宾满族自治县至吉林集安市一带，过着氏族社会生活。朱蒙建国后，继位者不断向外扩展，先后兼并了沸流、荇人、北沃沮、梁貊等部族，地理范围囊括了富尔江上游、长白山东南、延边地区、太子河上游、集安县、鸭绿江流域等区域，并在此基础上形成了后汉三国时期的主要活动范围，即今天吉林省集安市、通化县、长白县，辽宁省的新宾县、桓仁县、本溪县等地。到 472 年迁都平壤前，高句丽地域已经东临日本海，西至辽河，南达汉江以北，东北有栅城（今吉林珲春）地，西北大致以今第二松花江左岸一线为边界。《梁书·高句骊传》也记载："其国，汉之玄菟郡也。在辽东之东，去辽东千里。汉魏世，南与朝鲜、濊貊，东与沃沮，北与夫余接。"具体说来，大致相当于以今吉林集安市为中心的鸭绿江流域和松花江上游的辉发河一带。

高句丽的社会经济以农业为主，辅以渔猎、畜牧、手工业等。由于早期分布在今浑江流域一带，国中"多大山深谷，人随而为居，少田业，力作不足以自资"①，且"大家不佃作，坐食者万余口，下户远担米粮、鱼盐供给之"②，说明其自然条件已非优越，耕作人力又有欠缺，所以即使勉力垦耕，也收获寥寥、难以自给，这也形成了高句丽人"俗节于饮食"的习惯。从考古发掘的细节看来，在毗邻都畿的地区，种植业比较发达，相对而言，畿外各地的垦耕程度较差。这种情况直到魏晋之后才发生了改变，从集安出土当时的铁铧看来，农具变得更为尖锐锋利，适于破土垦种，说明生产有所发展，逐渐改变了"少田业"的局面。③

出土的石器、陶器表明，高句丽盛行渔猎活动，山上的野生动物、河中的鱼类

---

① 《后汉书》卷八五《东夷传·高句丽传》。
② 《三国志》卷三〇《魏书·东夷传附高句丽传》。
③ 庞志国：《吉林省汉代农业考古概述》，《农业考古》1993 年 2 期，183～185 页。

都是重要的捕猎对象。① 他们也已懂得如何养蚕和缫丝织锦。狩猎除了能够补充衣食用度，还作为军事训练措施，在高句丽社会占有一席之地。畜牧业中最有名的，便是蓄养"便登山"的三尺马（属果下马种）②。

沃沮和北沃沮，是高句丽所征服的重要部族，他们虽臣属于高句丽，却因文化有别而仍独见于史。南、北沃沮在地理位置上有所差异，但据《三国志·沃沮传》载"其俗南北皆同"，可见南、北沃沮应为同族同俗。其族民大致分布在图们江流域、黑龙江东部和朝鲜半岛，其中北沃沮一般被认为在今延边地区东部，沃沮（南沃沮）位于今朝鲜咸镜道。

沃沮的社会经济以农业为主，畜牧业发展较不完善。其地"土肥美，背山向海，宜五谷，善田种"，高句丽特派人专署监领，"责其租税，貂、布、鱼、盐、海中食物"③。由此可见，沃沮人可生产粮食、农副产品和水产品。但从吉林珲春等地遗址出土遗物看来，生产工具主要为打制、磨制的石器，铁器数量较少，可以推测当地铁器发展落后，因而粮食生产量也不会多。当地畜养的牛、马很少，人们没有牛耕，作战也都是"持矛步战"，可见畜牧并不发达。

（二）挹娄—勿吉及周边诸族

勿吉源于肃慎，在汉至两晋时期称挹娄，北朝时称勿吉。关于挹娄—勿吉的分布，史载有所差异。《三国志·魏书·挹娄传》称其地"在夫余东北千余里，滨大海，南与北沃沮接，未知其北所极"；《晋书·肃慎氏》曰："肃慎氏一名挹娄，在不咸山北，去夫余可六十日行。东滨大海，西接寇漫汗国，北极弱水。其土界广袤数千里，居深山穷谷，其路险阻，车马不通。"可见，汉晋时期，挹娄分布在今辽宁省东北部及吉林、黑龙江省东半部和黑龙江以北，乌苏里江以东的辽阔区域。勿吉名称见于北朝，其时分为七大部族，《北史·勿吉传》详载各部地理区位，可以看出勿吉主要分布在东临日本海，西至嫩江，南抵长白山，北达黑龙江口及鄂霍次克海的广大地区。勿吉人"所居多依山水"，"地卑湿"，夏天"巢居"，冬天则"凿穴以居，开口向上，以梯出入"④，且穴以深为贵，富者可"接至九梯"。

挹娄—勿吉的社会经济，包括渔猎业、农业和畜牧业等等，均因地理环境差异而各有侧重。生于平原缓坡的族人，以农事为正务；居于深山老林的部落，以狩猎为主业；处于江河湖泊周围的居民，则以捕捞为生计。挹娄—勿吉的农业生产活动主要集中在南部平原和半山区的部族中，他们主要种植的农作物是五谷与麻，"佃

---

① 耿铁华：《集安高句丽农业考古概述》，《农业考古》1989 年 1 期，97～104 页。
② 《三国志》卷三〇《魏书·东夷传附高句丽传》。
③ 《后汉书》卷八五《东夷传·东沃沮传》。
④ 《北史》卷九四《勿吉传》。

则耦耕，车则步推。有粟及麦穄，菜则有葵"，"嚼米酝酒，饮能至醉"①。发现的随葬物品中有粟豆、荏、西天谷、黍、稷等②，个别较晚遗址出现了铁镰，结合用谷物酿酒的记载，可见农业已经摆脱了原始阶段。

挹娄—勿吉畜牧业的特点是"好养猪，食其肉，衣其皮。冬以猪膏涂身，厚数分，以御风寒"③，并"绩毛以为布"④，"其国无牛，有车马。佃则耦耕，车则步推"⑤，可见牛羊数量极少，或称无牛羊，虽养马但平时不乘驾，多用于朝贡。在挹娄遗址中出土大量的石网坠及钩网器、鱼钩等，表明其渔猎业繁盛。狩猎用的工具以"楛矢石弩"为主，史称："其弓长四尺，力如弩，矢用楛，长尺八寸，青石为镞"，其人"善射，射人皆入目，矢施毒，人中皆死"⑥，"常七、八月造毒药傅箭镞，射禽兽，中者便死，煮药毒气亦能杀人"⑦。他们的主要猎物包括狍、鹿、獾、貂等，从考古发现中兽骨均有烧痕可知，捕猎这些皮厚毛长动物的主要是出于衣食之需⑧，当然，其中如"挹娄貂"等物也在与中原或邻族进行交换活动时使用。

三、东北地区外迁民族的经济状况

（一）乌桓

乌桓，也称为"乌丸""古丸""乌延"，是东胡系统的民族之一，两汉三国时期一直处于频繁的迁徙中。秦汉时期，活动于饶乐水（今西拉木伦河）一带，东临挹娄、夫余、高句丽等，西连匈奴，南与幽州刺史所部相接，鲜卑居北，乌桓居南。西汉高祖元年（前206），乌桓一支逃至乌桓山（今内蒙古阿鲁科尔沁旗以北，即大兴安岭山脉南端），"因以为号"⑨。汉武帝元狩四年（前119）霍去病迁乌桓至上谷、渔阳、右北平、辽西、辽东五郡塞外居住，范围大致西起今内蒙古锡林郭勒盟，中经今赤峰市，东至今通辽市，南至汉塞，北至今锡林郭勒盟中部的沙漠和西拉木伦河流域。150年后的东汉建武二十五年（49），乌桓南迁五郡塞内，分布于辽东属国、辽西、右北平、渔阳等地，相当于今日之辽宁、河北、山西等省的北部。又经过150年，在东汉建安十二年（207）时，曹操征乌桓，破之于柳城并迁

---

① ⑤ ⑦ 《魏书》卷一○○《勿吉传》。

② 黑龙江省博物馆：《东康原始社会遗址发掘报告》，《考古》1975年3期，168页。

③ ⑥ 《三国志》卷三○《魏书·东夷传附挹娄传》。

④ 《晋书》卷九七《东夷传附肃慎氏传》。

⑧ 黑龙江省博物馆：《黑龙江宁安场新石器时代遗址清理》，《考古》1960年4期，22页。

⑨ 《后汉书》卷九○《乌桓鲜卑列传》；《三国志》卷三○《魏书·乌丸传》注引王沈《魏书》；《史记·匈奴传》注引《索隐》。

之于中原，至此，留居东北的乌桓人就为数不多了。

乌桓不断向西迁徙，在每个地方仅居住百余年，他们四处游牧，分布广泛，但也在经济上形成了自己的特点。总体说来，乌桓是以畜牧为主，辅以狩猎、农业的民族，最初分布于西拉木伦河流域，后徙至老哈河流域，且不断内迁，因各地的地形、资源和原有生产基础存在差别，他们在不断适应过程中逐渐具备了经营三种不同类型经济生产的能力。《后汉书·乌桓传》载："随水草放牧，居无常处，以穹庐为舍，东开向日，食肉饮酪，以毛毳为衣。……大人以下，各自畜牧营产。"这反映了乌桓人具有发达的畜牧业，且随水草而居。畜牧业是乌桓人生存的保障，他们以肉为食、以酪为饮，以毛皮为衣服、以穹庐为房舍。牛、马、羊等牲畜在乌桓人的生活中的重要意义体现出许多方面，例如他们嫁娶时以牛、马、羊为聘礼，丧葬时烧亡者生前所乘之马以送行，犯罪后出马、牛、羊可以赎死，甚至向外进贡或交纳赋税，也以输送牛、马、羊皮为主。

除了畜牧，狩猎和农业在乌桓社会也占有一定地位。《三国志·乌丸鲜卑传》注引《魏书》记载："俗善骑射，……日弋猎禽兽，食肉饮酪，以毛毳为衣"，而野兽中的虎、豹、貂等皮货也是他们贡献和贸易的主要物资。同时，乌桓还具有了少量农作活动，尤其在进入西拉木伦河流域后，随着逐渐定居，农业发展也越发突出。史载乌桓"俗识鸟兽孕乳，时以四节，耕种常用布谷鸣为候。地宜青穄、东墙，东墙似蓬草，实如葵子，至十月熟。能做白酒，而不知作曲蘖，米常仰中国"[1]。穄就是糜子。东墙，也叫沙蓬，植株可以做饲料，果实可以榨油或直接食用，有人认为这些耐寒作物可能是由幽、燕传入乌桓的，而西岔沟等墓葬中出土的铁质农具中有些铸有汉字，也可能来源于中原汉族地区。[2] 因此，塞外乌桓的农业在很大程度上依靠与中原的交流，从整体上看整个民族依然过着以畜牧为主的生活，只是在逐渐内迁后，才转而务农。

（二）鲜卑

鲜卑是我国古代东胡系统的民族之一，史书大多认为因居于鲜卑山，遂以为号，但也有专家认为是以族名山。近年来，考古学、历史地理学、民族史学的研究探明，最初的鲜卑族应位于大兴安岭山脉一带，因此鲜卑部落在先秦时可能游牧于大兴安岭山脉的中部和北部，其族群组成和分布比较复杂，但大致可分为东部鲜卑和北部鲜卑两支。东部鲜卑起源于内蒙古东部的鲜卑山，今科尔沁右翼中旗西北西哈勒古河附近

---

① 《三国志》卷三〇《魏书·乌丸传》注引王沈《魏书》。
② 白翠琴：《魏晋南北朝民族史》，四川民族出版社，1996年，10页。

的大罕山，也就是辽东塞外的鲜卑山①，以及大兴安岭东侧的浅山区和广漠草原地带，北部鲜卑则活动于大鲜卑山，即大兴安岭北段。鲜卑的兴起晚于乌桓，且处于其北，东汉三国以后，随着乌桓、匈奴的南迁、西退，鲜卑也不断南移、西进填补故地。东汉初，匈奴败走，"鲜卑遂盛"，"其地东接辽水，西当西域"②，魏文帝时"自高柳（山西阳高县）以东，秽貊以西，鲜卑数十部"④。此时处于东北地区的主要是东部鲜卑，他们的地理位置居于右北平以东至辽东，与夫余、秽貊连接。

东部鲜卑族主要从事狩猎，也兼营畜牧。在占据老哈河及其以南地区以前，他们的主要生产方式是畜牧和射猎捕鱼，这是与所处的地理环境密切相连的。西拉木伦河及其以北地带可以划为两个部分，西部系草原和湖泊，宜于游牧，东部是山陵森林，适于狩猎，至于南边的老哈河流域则适于种植业和渔业。因此可以看出，当鲜卑主要生活在林木葱郁、水草丰茂、人口稀少的地区时，倾向于从事狩猎兼游牧，而生活于河流平原区时，则会转而从事农耕和渔业。《三国志》注引《魏书》称："兽异于中国者，野马、羱羊、端牛……又有貂、豽、鼲子，皮毛柔蠕，故天下以为名裘。"直到东汉后期，鲜卑人还保留着游牧兼狩猎的生活方式，当时"鲜卑众日多，田畜射猎不足给食，后檀石槐乃案行乌侯秦水，广袤数百里，停不流，中有鱼而不能得。闻汗人善捕鱼，于是檀石槐东击汗国，得千余家，徙至乌侯秦水上，使捕鱼以助粮"④。这说明当时鲜卑人虽不习捕鱼，但由于环境的改变，亦始开发渔业以解决食物匮乏问题。曹魏时，鲜卑还是以畜牧业为主，牛马众多，鲜卑经常以牛马与汉魏进行交易。如曹魏黄初三年（222），轲比能等驱牛马7万余口交市，换回中原地区的精金良铁及市帛彩缯、粮食等生活用品乃至奇珍异宝。鲜卑也常以马为奇货，用售禁相要挟，如魏初东部鲜卑"比能、弥加、素利割地统御，各有分界，乃共要誓，皆不得以马与中国市"⑤。另外，据史料记载，"自匈奴遁逃，鲜卑强盛，据其故地。称兵十万，才力劲健，意智益生。加以关塞不严，禁网多漏。精金良铁，皆为贼有。汉人遁逃，为之谋主，兵利马疾，过于匈奴"⑥，可见，当时东部鲜卑极可能已经从汉族那里获得了金属工具，打造兵器和农具。

第二节　北方与西北少数民族的经济

魏晋以来，北方和西北地区民族成分复杂，族群部落众多，活跃于大漠南北及其以西地区的，主要有柔然、敕勒和鲜卑拓跋、秃发、乞伏、吐谷浑等部，今新疆

---

① 张穆《蒙古游牧记》卷一《科尔沁部右翼中旗》记道："旗西三十里有鲜卑山，土人名蒙格。"

②③ 《三国志》卷三〇《魏书·鲜卑传》注引王沈《魏书》。

④⑤ 《三国志》卷二六《魏书·田豫传》。

⑥ 《后汉书》卷九〇《乌桓鲜卑列传》。

地区更分布有众多西域民族。

一、北方及西北边地鲜卑族的农牧业

鲜卑在西进南迁的过程中，与匈奴、高车等民族混血形成了许多新族别，其中北部鲜卑进入匈奴故地后与匈奴余部融合，成为所谓鲜卑父胡母的拓跋鲜卑。[①] 而慕容鲜卑的一支吐谷浑西迁与当地羌人融合成为吐谷浑部，他们与河西鲜卑秃发氏、陇西鲜卑乞伏氏等同称为西部鲜卑。

（一）拓跋鲜卑的农牧业特点

拓跋鲜卑源于北部鲜卑，是鲜卑族中地处最东北的一支，也称为别部鲜卑。[②] 他们原居于大兴安岭北段的大鲜卑山，"统幽都之北，广漠之野，畜牧迁徙，射猎为业"[③]。东汉初年，北部鲜卑由大鲜卑山移居"大泽"（即今呼伦湖），后随着匈奴政权的瓦解，进一步移居大漠南北的匈奴故地（即今河套北部固阳阴山一带），并与匈奴等族长期相处，形成了拓跋鲜卑等部。

拓跋鲜卑的先祖在大鲜卑山嘎仙洞时期，生产以射猎为主。考古工作者曾在嘎仙洞收集到不少陶片、石器、骨器和角牙器，其中狩猎工具占多数，并有大量的野猪、野鹿、野羊等动物骨骸[④]，这说明当时部族狩猎业已具有相当大的发展，达到了一定水平。从大兴安岭北段向大泽呼伦池迁徙过程中，畜牧业逐渐占据了主要地位。在大泽附近发现的鲜卑遗物中，石镞、石矛被大量骨镞铁镞取代，且出现了殉羊、马、牛、狗的习俗，从而说明这些动物已大量被作为家畜进行驯养，畜牧业逐渐发展起来。蒙古高原和西北地区的拓跋鲜卑在进入中原之前，基本过着以游牧业为主的生活，游牧业在拓跋的社会生活中占据重要地位，他们"食肉衣皮，以驰骋为仪容，以游猎为南亩……栉风沐雨，不以为劳，露宿草寝，维其常性"[⑤]。代人燕凤出使前秦，在回答苻坚提问时说："北人壮悍，上马持三杖，趋驰若飞……控弦百万，号令若一。军无辎重樵爨之苦，轻行速捷，因敌取资。此南方所以疲弊，北方之所常胜也。"又说："云中川（内蒙古和林格尔西北）自东山至西河二百里，北山至南山百有余里，每岁孟秋，马常大集，略为满川。"[⑥] 虽有夸张，但反映了

---

① 马长寿：《乌桓与鲜卑》，广西师范大学出版社，2006 年，3、30、247 页。
② 《通典》卷一九六《边防典》十二。
③ 《魏书》卷一《序纪》。
④ 吉发习：《嘎仙洞调查补记》，《内蒙古师范大学学报》1985 年 1 期。
⑤ 《宋书》卷六四《何承天传附谢元传》。
⑥ 《魏书》卷二四《燕凤传》。

代国接续匈奴，在阴山草原蓄养了大量的马匹牲畜，有备于征战的状况。太延二年（436）十一月，太武帝"行幸椆阳（今包头东），驱野马于云中（今和林格尔），置野马苑"①，又"畋于山北，大获麋鹿数千头"②，亦可见当地野生动物数量庞大，游牧狩猎经济地位也因而凸显出来。

（二）西部鲜卑秃发、乞伏农牧业的发展

西部鲜卑主要是指河西鲜卑、陇西鲜卑及源出于慕容鲜卑的吐谷浑。河西鲜卑是魏晋南北朝时期活跃于今甘肃河西走廊包括今青海湟水流域的鲜卑诸部，尤以秃发鲜卑最为强盛。

秃发鲜卑原是从塞北（漠北）拓跋鲜卑中分离出来的一支，与北魏同源，处于游牧业向农业的过渡时期，但游牧业在经济生活中地位较重。3世纪60年代，秃发匹孤率部众自塞北迁居河西后，仍然以游牧经济为主，处于原始社会末期军事民主制阶段。锦勿苍所说："昔我先君肇自幽朔，被发左衽，无冠冕之仪，迁徙不常，无城邑之制。"③ 可知是典型的游牧部族，主要活动在"东至麦田、牵屯，西至湿罗，南至浇河，北接大漠"④ 的广阔区域间。4世纪初，秃发乌孤统领部众后，史称其"养民务农，循结邻好"，说明秃发氏及其领下民族开始逐渐由游牧向农业定居转化。359年，乌孤征服青海乙弗及折掘二部鲜卑后，筑廉川堡为都，标志着游牧向定居过渡。但这时仍有不少秃发部族保持原有的游牧经济，而从事农业的绝大多数是秃发部统治下的晋人和羌人。锦勿苍建议"置晋人于诸城，劝课农桑，以供军国之用，我则习战法以诛未宾"⑤，就是一种在国内实行令汉人务农、鲜卑人作战的策略。

乞伏鲜卑是陇西鲜卑⑥中最重要和最强大的一支。原居于漠北，大概在东汉中后期从漠北迁至大阴山（今内蒙古阴山山脉）驻牧。据《晋书》等记载，乞伏等四部南迁时已经组成了部落联盟，乞伏部纥干被推为统主，号为"乞伏可汗讬铎莫何"，意为非神非人的勇健者。⑦ 乞伏鲜卑是原居于今贝加尔湖一带的丁零（南北朝时称为高车）南下与鲜卑融合而成的。以乞伏为首的四部南出大阴山后，渐渐驻牧于河套北部，泰始初（265年左右），南迁至夏（或称夏缘，今河套南），随后西

---

① 《魏书》卷四《世祖太武帝纪》。
② 《魏书》卷二八《古弼传》。
③⑤ 《晋书》卷一二六《秃发利鹿孤载记》。
④ 《魏书》卷七九《鲜卑秃发乌孤传》。
⑥ 陇西鲜卑是对活动于今甘肃陇山、六盘山以西和黄河以东一带鲜卑诸部的总称。
⑦ 白翠琴：《魏晋南北朝民族史》，四川民族出版社，1996年，109页。

迁至乞伏山，即今贺兰山东北抵黄河的银川一带。[①] 后祐邻又率部向南迁徙，从鲜卑鹿结部手中争夺下高平川（今宁夏清水河流域）一带，势力渐盛，祐邻之子结权进一步徙族部于河西之极东之地牵屯山。当前赵雄踞中原、张轨初有河西之时，北方群雄割据，以乞伏为首的部落联盟进一步发展，他们征讨鲜卑莫侯部，随后迁居苑川（今甘肃兰州东，其城在今榆中县东北），那里土地肥沃，为"龙马之沃土"[②]。以乞伏氏为首的部落联盟在向陇西迁徙的过程中，仍然以游牧经济为主。迁到陇西后，在当地原有的农业经济影响下，开始逐渐从迁徙游牧转为定居农业。乞伏建国后，国内从事农业生产的主要是原陇西地区的广大汉族，以及汉化的羌、屠各、丁零等族人民，但大多数鲜卑部落，正处在原始社会末期，以游牧为生，游牧生产仍然是其社会经济的主要组成部分。

（三）吐谷浑的游牧经济

吐谷浑又称吐浑、退浑，是我国古代西北民族之一。其疆域东起洮水，西到白兰（今青海都兰、巴隆一带），南抵昂城（今四川阿坝）、龙涸（今四川松潘），北达青海湖一带，因地处黄河之南，首领被大夏、刘宋等封为河南王，故亦有河南国之称。吐谷浑原为鲜卑慕容部一支，先祖游牧于徒河之青山（今辽宁省义县东北），晋太康四年至十年（283—289），鲜卑单于涉归庶长子吐谷浑，因族内不和及开拓牧场需要，率领所部千余家分离，西迁至今内蒙古阴山。《晋书·吐谷浑传》亦记曰："吐谷浑，慕容廆之庶长兄也，其父涉归分部落一千七百家以隶之。及涉归卒，廆嗣位，而二部马斗，廆怒曰：'先公分建有别，奈何不相远离，而令马斗？'吐谷浑曰：'马为畜耳，何怒于人！乖别甚易，当去汝于万里之外矣。'于是遂行"，"西附阴山。"[③] 西晋永嘉末（312 年左右），又从阴山南下，经河套南，度陇山，至陇西之地枹罕（今甘肃临夏）西北的罕开原。[④] 以此为据点，向南、北、西三面开拓，统治今甘肃南部、四川西北和青海等地的氐、羌等族。

吐谷浑在迁徙到甘肃南部、青海之前，是一个纯粹以游牧为生的鲜卑部落，4世纪初建立政权后，仍然以游牧经济为主。《晋书·吐谷浑传》记曰："属永嘉之乱，始度陇而西，其后子孙据有西零以西甘松之界，极乎白兰数千里。然有城郭而

[①] 据《元和郡县志》卷四，灵州保静县贺兰山条云："贺兰山，在县西九十三里……又东北抵河（黄河），其抵河之处亦名乞伏山。"有的学者认为贺兰山东北抵黄河之处（大致在今银川西）亦名"乞伏山"，是与乞伏鲜卑曾经迁居此处有关。

[②] 《水经注》卷二《河水》。

[③] 《宋书》《魏书》《北史》之《吐谷浑传》作"七百户"。

[④] 《旧唐书》卷一八九《西戎·吐谷浑传》。

不居，随逐水草，庐帐为屋，以肉酪为粮。"所谓的"有城郭而不居"①，是指吐谷浑部世代游牧生活，居无定所，即使该地有原汉、羌等族所筑的城郭，他们也不居住。

吐谷浑作为一个民族（或部族）是在与青海、甘肃等地以羌族为首的民族融合之后才形成的。吐谷浑统治地区原居住着大量羌民，《后汉书》卷八七《西羌传》载："河关（今甘肃兰州西南）之西南，羌地是也。滨于赐支，至乎河首，绵地千里。赐支者，《禹贡》所谓'析支'者也。南接蜀、汉徼外蛮夷，西北（接）鄯善、车师（今新疆吐鲁番）诸国。所居无常，依随水草。地少五谷，以产牧为业。"这里所记载的西羌范围与吐谷浑领地大致相同，可见汉代居于此地的西羌也是"所居无常，依随水草""产牧为业"的民族。汉代文献中说羌人"以畜产为命"②，东汉多次镇压羌人都俘获了大量牲畜，说明直到4世纪被吐谷浑征服，羌族的经济都是以游牧为主的。吐谷浑击败羌族后，加强统治，两族的经济也逐渐融为一体。吐谷浑从漠北带来的游牧技术和习俗，既促进了当地的游牧经济发展，又与其相互影响，形成了吐谷浑游牧经济的特点。③

吐谷浑所统治的地区属青藏高原，《梁书·河南传》描写该地的地理环境和气候特征时说："乏草木，少水潦，四时恒有冰雪，唯六七月雨雹甚盛。若晴则风飘沙砾，常蔽光景。"这种高寒地区发展畜牧业不如北方的蒙古草原，但吐谷浑人（包括羌人）充分利用河川、湖泊周围、山谷等地，提高当地畜牧业的生产水平，其中又以养马业最为发达。

马匹是游牧民族的主要牲畜之一，是生产、交通的工具，也是作战的重要装备。史籍多次记载吐谷浑向内地政权进贡马匹，如《魏书·吐谷浑传》记载北魏后期，吐谷浑伏连筹向北魏贡献"犛牛、蜀马及西南之珍，无岁不至"。史书亦称吐谷浑"多善马"④、"出良马"⑤，这里所说的善马就是号为"龙种"，可日行千里的"青海骢"。此外，史籍中还经常提到吐谷浑向南朝、西魏进贡"舞马"之事，这种使骏马在音乐声中翩翩起舞的训练，类似于今日的马戏，也反映出吐谷浑人善于养马的特点。除了马，吐谷浑的牲畜还有牛、羊、骆驼、骡等⑥，其中犛牛（即牦牛）是青藏高原的特产之一，它耐高寒，素有"高原之舟"的美誉，不仅是必要的交通工具，也是牧民的衣食之源。

---

① 《晋书》卷九七《吐谷浑传》。
② 《汉书》卷六九《赵充国传》。
③ 周伟洲：《吐谷浑史》，广西师范大学出版社，2006年，112页。
④ 《梁书》卷五四《西北诸戎传·河南传》。
⑤ 《旧唐书》卷一九八《西戎传·吐谷浑传》。
⑥ 《北史》卷九六《吐谷浑传》。

吐谷浑也有农业，在整个经济中处于次要地位。《北史·吐谷浑传》明确记载吐谷浑人"亦知种田，有大麦、粟、豆。然其北界气候多寒，唯得芜菁、大麦，故其俗贫多富少"。《梁书·河南传》也称"其地有麦无谷"。吐谷浑的农业主要集中在黄河河曲以北，赤水、浇河、洪和（今甘肃临潭县城东）及枹罕以南。其中尤以浇河一带农业最为发达，此地土地肥美，适于耕种，自汉代以来就是羌族农业最发达的大、小榆林地区，且从事农业者多为其统治范围中的羌民。①

二、柔然与敕勒的农牧业发展

4—6世纪的十六国南北朝时期，继匈奴、鲜卑之后，主要活动于北方的民族是柔然和敕勒。

（一）柔然

柔然，在汉文史籍中又称为蠕蠕、芮芮②、茹茹、蝚蠕等，最盛时势力遍及大漠南北，北达贝加尔湖畔，南抵阴山北麓，东北到大兴安岭，与地豆于相接，东南与西拉木伦河的库莫奚和契丹为邻，西边远及准噶尔盆地和伊犁河流域，并曾进入塔里木盆地，使天山南路诸国臣服。

柔然同匈奴、鲜卑一样，社会经济以游牧为主，辅以狩猎，后期虽也从事耕作，但只是作为经济补充。汉文史籍中多次提到，柔然"无城郭，随水草畜牧，以毡帐为居，随所迁徙"③，"所居为穹庐毡帐……马畜丁肥，种众殷盛"④。大漠南北虽然自然条件恶劣，但适于牧畜，史称"其土地深山则当夏积雪，平地则极望数千里，野无青草。地气寒凉，马牛龁枯啖雪，自然肥健"⑤，为适应自然环境进行游牧并满足与北魏进行贸易和掠夺边地的需要，他们"冬则徙度漠南，夏则还居漠北"⑥。柔然畜养的牲畜以马、牛、羊为主，其中养马业尤为发达，马匹不仅是游牧狩猎的主要工具，也是军事征战和防御敌人的重要装备，同时也是主要的贡献礼品和贸易物品，如407年社仑曾"献马八千匹于姚兴"，以结好前秦。狩猎在柔然社会中也占有一席之地，柔然人通过狩猎获得野兽或其他野生动物，作为衣食的补给或贡品。在他们赠予北魏和南朝齐、梁或与内地交换的物品中，除了马匹，很多都是狩猎获得的皮货，包括貂裘、貂皮、豹皮、虎皮、狮子皮等野兽毛皮或者毛皮

---

① 周伟洲：《吐谷浑史》，广西师范大学出版社，2006年，114～121页。
② 《魏书》《北史》皆有《蠕蠕传》；《宋书》《南齐书》皆有《芮芮虏传》。
③⑤ 《宋书》卷九五《索虏传附芮芮传》。
④ 《魏书》卷一〇三《蠕蠕传》；《南齐书》卷五九《芮芮虏传》。
⑥ 《魏书》卷一〇三《蠕蠕传》。

制品。

柔然在后期也利用掳掠来的汉人进行一些耕作活动，主要作物是粟。如北魏将阿那瑰安置在怀朔镇北，婆罗门西海后，他曾"上表乞粟，以为田种，诏给万石"①，当然，耕种者主要是汉人，但从令其"殖田以自供"而仍难免饥饿看来，农业在柔然经济中并不占主要地位。由于与中原交往，北魏多次赠给"新干饭""麻子干饭""麦面"等，可推知柔然人尤其是上层人士已渐知"粒食"②。

（二）敕勒

敕勒就是汉代的丁零，在北朝称为高车，亦称敕勒，正所谓"高车，盖古狄之余种也，初号为赤狄，北方以为敕勒，诸夏以为高车、丁零。"③ 关于该族名称的来源，查检史籍即可知晓："敕勒"是西晋初年后，塞北各族（鲜卑、柔然等）从其自称而呼之；"高车"，主要是北朝汉人和汉化胡人因其常"乘高车，逐水草"且"车轮高大，辐数至多"④，而称之；而南朝史书则沿用两汉以来对该族名称，谓之"丁零"。敕勒原居住于贝加尔湖北、叶尼塞河上游以及鄂尔浑河流域，是我国最北面的一个古老民族。三国时，敕勒有一部分仍在贝加尔湖以南游牧；另一部分迁徙到今新疆西北额尔齐斯河及阿尔泰山、塔城一带，随水草游牧；此外还有一部分早在前 3 世纪就逐渐向南迁移，至黄河流域发展。⑤ 东晋十六国时期，由于内蒙古草原没有形成强大的部落或国家，敕勒得以迅速由贝加尔湖的南部逐渐迁徙到鄂尔浑、土拉河一带，有的进而迁徙到长城内外。他们的主要聚居地是长城以北的广大地区（从黄河河套，经阴山至代郡以北），陇西及秦、凉州一带，以及今河北、山西、河南、陇西等地。

敕勒过着以游牧为主、兼营狩猎的生活。《魏书·高车传》载其"俗无谷，不做酒"，"迁徙随水草，衣皮食肉，牛羊畜产尽与蠕蠕同"。5 世纪后，被强迫迁徙于漠南的高车人，"数年之后，渐知粒食"。可能除主要从事游牧，还向汉人学习了农耕技术，稍许改变了饮食习惯。高车是一个住穹庐、乘高车、放牧牛羊、逐水草而生的游牧民族。他们的畜牧业非常发达，前燕于光寿元年（358）征高车，"获马十三万匹，牛羊亿余万"⑥；北魏天兴二年（399），拓跋珪征高车，俘众 7 万余口，获"马三十余万匹，牛羊百四十余万"⑦；429 年拓跋焘讨高车"获马、牛、羊亦

---

① 《北史》卷九八《蠕蠕传》。

② 白翠琴：《魏晋南北朝民族史》，四川民族出版社，1996 年，330 页。

③④ 《魏书》卷一〇三《高车传》。

⑤ 赵云田：《北疆通史》，中州古籍出版社，2003 年，104 页。

⑥ 《晋书》卷一一〇《慕容儁载记》。

⑦ 《魏书》卷二《太祖道武帝纪》。

百余万"①。高车与其他北方游牧民族相似，平时"散居野泽，随逐水草，战则与家产并至，奔则与畜牧俱逃，不赍资粮而饮食足"②，上述俘获马匹牲畜的数量反映其畜产量极高。5 世纪前期（429 年左右），北魏太武帝征高车，并"徙至漠南千里之地"③，"东至濡原（河北丰宁县西），西至五原（内蒙古五原）阴山，三千里中，使之耕牧而收其贡赋"④，这使得敕勒由单纯畜牧转向了农、牧并举，实现了巨大转变。生活方式的变化也激起了一些敕勒人的反抗，他们"咸出怨言，期牛、马饱草，当赴漠北"⑤，但从整体上看，大批敕勒人依然在漠南安定下来，敕勒歌所写的"敕勒川，阴山下，天似穹庐，笼盖四野。天苍苍，野茫茫，风吹草低见牛羊"，就是对他们畜牧经济繁盛景象的赞咏。

三、西域各族的农牧业经济

西域是一个地理范围，是西汉以后对玉门关、阳关以西地区的总称。狭义的西域，指葱岭以东、巴尔喀什湖以南的地区，广义上的西域则包括亚洲中部和西部甚至印度、欧洲东部和非洲北部地区。⑥ 一般所说的西域是狭义的西域。

西域位处亚洲内陆腹地，有高山环绕，北边阿尔泰山呈西北东南走向，中部有天山横贯，南北分别是塔里木盆地和准噶尔盆地。南方有昆仑山、喀喇山和阿尔金山，盆地与高山相间，高低悬殊，天山南北，草原广布。魏晋以来，天山以北的民族和政权主要有乌孙、悦般、坚昆、丁零和乎揭等，以游牧经济为主。天山以南，塔里木盆地周围绿洲上的居民则以经营农业为主。这些民族通过不断接触和兼并，最后归并为几个较大的政权，如鄯善、于阗、焉耆、龟兹、疏勒、高昌等。《魏略·西戎传》称："西域诸国，汉初开其道，时有三十六，后分为五十余。从建武以来，更相吞灭，于今有二十道。"《魏书·西域传》云："西域自汉武时五十余国，后稍相并，至太延中为十六国。"⑦ 而实际上数目应远高于此。

（一）以游牧业为主的"行国"

魏晋以来，天山南北的游牧民族和政权主要有乌孙、悦般、坚昆、乎揭等，天山南至葱岭还有一些羌人部落。

---

① ③ 《魏书》卷一〇三《高车传》。
② 《魏书》卷五四《高闾列传》。
④ 《资治通鉴》卷一二一《宋纪三》。
⑤ 《魏书》卷二八《刘洁传》。
⑥ 白翠琴：《魏晋南北朝民族史》，四川民族出版社，1996 年，368 页。
⑦ 《北史》卷九七《西域传·序记》。

乌孙是游牧民族，饮食、衣服和住房都使用畜产品制作，国中盛产马匹，富有者有多达四五千匹马。乌孙原居河西走廊的祁连、敦煌间，约前 2 世纪中期，迁移到今伊犁河和伊塞克湖一带。《汉书·西域传》称其"地莽平。多雨、寒。山多松樠。不田作种树（植），随畜逐水草，与匈奴同俗"。至南北朝时期，乌孙国都虽仍在赤谷城，但其行"国数为蠕蠕所侵，西徙葱岭山中，无城郭，随畜牧逐水草"①。

悦般是南北朝时期西域诸国中新出现的国家之一，处于乌孙西北部，即巴尔喀什湖以南的伊犁河流域。据《北史·西域传》记载："其先，北匈奴单于之部落也。为汉车骑将军窦宪所逐，北单于度金徽山（今阿尔泰山）西走康居，其羸弱不能去者，住龟兹北。地数千里，众可二十余万，凉州人犹谓之单于王。"悦般本是匈奴单于部落，而"风俗言语与高车同"②，可见也是典型的游牧民族。

西汉时，西域游牧民族除月氏、塞种、乌孙，西域三十六国（后分为五十余）中，有许多游牧行国。但三国以来，西域游牧之国有所减少。据《魏略·西戎传》等载，一部分丁零迁徙到今新疆阿尔泰山和塔城一带，南与乌孙、车师，西南与康居为邻，称"西丁零"。西丁零有胜兵 6 万人，随水草畜牧，出名鼠皮、白昆子、青昆子皮。乎得（乌揭、乎揭）在葱岭北，乌孙西北，康居东北，亦经营畜牧，出好马，有貂。坚昆在康居西北，分布在今叶尼塞河上游至阿尔泰山一带，从事畜牧生产，亦多貂，产好马。而从婼羌至葱岭数千里，即今昆仑山及喀喇昆仑山至帕米尔高原一带，则有月氏余种，各有豪酋。③ 这些游牧行国大多不从事农业，他们用牲畜和畜产品向邻近城郭之国（居国）交换粮食和其他日用品。

（二）以农业为主的"居国"

西汉西域三十六国中，除部分是游牧部族，还有一部分是以定居农业为主的民族或政权，这些"居国"或"城郭之国"的经济虽然以农业为主，但畜牧业也占有相当的比重。昆仑山、喀喇昆仑山北麓的且末、精绝、扜弥、于阗、皮山以及其他一些小城郭，帕米尔东麓的疏勒，天山南麓的姑墨、龟兹、乌垒、焉耆及其附近城郭（今巴音郭楞蒙古自治州一带），车师及其附近诸城郭（今巴里坤县等地）以及帕米尔西北的大宛等，都是以经营农业为主的地区。但其中也包含一部分以游牧为主，到别处去种地收粮或买进粮食的国家。此外，塔里木盆地四周广袤的戈壁上，散布的许多绿洲，也为发展农耕提供了相对优越的条件。两晋南北朝时，西域以务农为主的大国有鄯善、于阗、车师、焉耆、龟兹、疏勒、高昌等。

---

① 《魏书》卷一〇二《西域乌孙传》。
② 《北史》卷九七《西域传·悦般传》。
③ 《三国志》卷三〇《魏书·乌丸鲜卑东夷传附倭传》注引《魏略·西戎传》。

鄯善即古楼兰国，在白龙堆（罗布泊附近丝绸之路南道）路南。西汉时，鄯善有"户千五百七十，口万四千一百，胜兵二千九百十二人"，"地沙卤，少田，寄田仰谷旁国。国出玉，多葭苇、柽柳、胡桐、白草。民随畜牧逐水草，有驴马，多橐它（骆驼）。能作兵，与婼羌同"①。东晋隆安四年（400），汉地求法僧人法显行经其国，记"其地崎岖薄瘠，俗人衣服粗与汉地同，但以毡褐为异"②。

伊吾，也作伊吾卢，位于今新疆的哈密（故城在哈密县西）一带。哈密地区土地肥饶，"地宜五谷、桑麻、蒲桃"，东汉明帝曾"命将帅北征匈奴，取伊吾卢地，置宜禾都尉以屯田"③，可见东汉时便已开始在此经营屯田。

高昌是河西走廊进入西域的孔道。《梁书·高昌传》称高昌："南接河南（吐谷浑），东连敦煌，西次龟兹，北邻敕勒。置四十六镇，交河、田地、高宁、临川、横截、柳婆（娑）、洿林、新兴、由宁、始昌、笃进、白力（白棘城）等，皆其镇名。"④ 近年来，大批高昌—西州地下文书出土，提供了重要的文献资料，其中提到当地"卖骆驼""配生马帐、买马、赁马""负麦抴马""麦帐"等，反映出高昌畜牧与农耕并存的经济状态。当地出产的麦、蚕丝、绢帛和葡萄都非常著名，由于农业生产的需要，当地重视农田水利，土地种类多样，吐鲁番出土的北凉赀簿⑤中就罗列了若干农田名称，如"常田""桃田""桑田"等，都反映了当地农业经营和土地利用的状况。

焉耆，汉朝旧国，城邦在车师南，都员渠城（今新疆焉耆县），方二里。其国东去高昌900里，西去龟兹900里，中间是沙碛地带，方400里，国内有9城，其中都城"南去海（今博斯腾湖）十余里，有鱼盐蒲苇之饶"⑥。且"四面有大山，道险隘，百人守之，千人不过"⑦。其地"气候寒，土田良沃，谷有稻、粟、菽、麦，畜有驼、马。养蚕，不以为丝，唯充绵纩。俗尚蒲桃酒，兼爱音乐"⑧。

龟兹，在今新疆库车一带，处"白山（即今天山山脉的哈尔克山）之南一百七十里"，"其南三百里，有大河东流，号计戍水（即塔里木河）"⑨。都城为延城（今新疆库车县东郊皮朗旧城），魏晋时迁都于今新疆沙雅县北60里羊达克沁废城，仍

---

① 《汉书》卷九六上《西域传上·鄯善传》"寄田仰谷旁国"，师古注："寄于它国种田，又籴旁国之谷也。"

② 《高僧法显传》。

③ 《后汉书》卷八八《西域传·序》。

④ 《梁书》卷五四《西北诸戎传·高昌传》。

⑤ 朱雷：《吐鲁番出土北凉赀簿考释》，《武汉大学学报》1980年4期，33～34页。

⑥ 《周书》卷五〇《异域·焉耆传》。

⑦ 《晋书》卷九七《四夷·焉耆传》。

⑧ 《北史》卷九七《西域传·焉耆传》。

⑨ 《北史》卷九七《西域传·龟兹传》。

名延城。龟兹"人以田种畜牧为业"①，"其婚姻、丧葬、风俗、物产与焉耆略同。唯气候少温为异。出细毡、鹿皮、氍毹、铙沙、盐绿、雌黄、胡粉及良马、封牛等"②。"土多孔雀，群飞山谷间，人取而食之，孳乳如鸡鹜，其王家恒有千余只云"③。此外，龟兹的冶铸业也比较发达，其地"饶铜、铁、钻"，北面二百里有山，取石炭（煤）冶铁，可供西域三十六国之用。④

于阗，也称为"于阗国""瞿萨旦那国"，是塔里木盆地南缘的强大城邦。"其地方亘千里，连山相次"⑤。都城西山城（今新疆和田县南下库巴马提，位于玉龙喀什河西岸），"城方八九里""有屋室市井"⑥，"人民殷盛"⑦，境内"沙碛大半，壤土隘狭""气序和畅，飘风飞埃"⑧，土地"宜稻、麦、蒲桃……果蓏菜蔬与中国（中原地区）等"⑨，且"山多美玉，有好马、驼、骡"⑩。于阗的纺织业非常发达，每到蚕桑月，桑树连荫，人皆"工纺绩绝绸"，故当地"少服毛褐毡裘，多衣绝、绸、白叠"，但也"出氍毹、细毡"等。⑪

疏勒在于阗西北，位于今新疆喀什地区，是两汉以来西北地区的一个重要城邦。都城在疏勒城（今新疆喀什市），方5里，国内"土多稻、粟、麻、麦、铜、铁、锡、雌黄、锦、绵"等。曹魏时期，疏勒经常遣使向洛阳贡献方物，如文成帝末年遣使进贡的一件释迦牟尼袈裟，据《北史·西域传》记载"置于猛火之上，经日不然（燃）"，大概是石棉所制。北朝末年也曾迫于压力，不得不将粮食、铜铁锡等矿产"每岁常供于突厥"。

渴槃陀，南朝时期的西域山国，位于葱岭东，帕米尔高原群山中，都城在今新疆塔什库尔干塔吉克自治县境。《魏书·渴槃陀传》称其地"有高山，夏积霜雪，亦事佛道"，《梁书·诸夷传》称其乃"于阗西小国也。西邻滑国，南接罽宾国，北接沙勒（疏勒）国，所治在山谷中。城周回十余里，国有十二城。风俗与于阗相类"，地"宜小麦，资以为粮。多牛、马、骆驼、羊等，出好毡、金、玉"。

在西域诸国农业生产发展中，农田水利的作用格外重要。西域降水量稀少，且受地形和山脉走向的影响，雨量分布也不均匀。总体上说是北多于南，西多于东，

① 《晋书》卷九七《西戎传附龟兹国传》。

② 《周书》卷五〇《异域下·龟兹传》。

③ 《北史》卷九七《西域传·龟兹传》。

④ 《水经注·河水注》引释氏《西域记》。

⑤ 《北史》卷九七《西域传·于阗传》。

⑥⑨ 《梁书》卷五四《西北诸戎传·于阗传》。

⑦ 《高僧法显传》。

⑧ 《大唐西域记》卷二《瞿萨旦那国》。

⑩ 《魏书》卷一〇二《西域传·于阗传》。

⑪ 《大唐西域记》卷一二《瞿萨旦那国》。

塔里木盆地及其东南缘，尤其是哈密、吐鲁番和托克逊一带，年降水量仅 10 毫米左右，很难进行农作。当地人民因地制宜，利用融化的高山雪水，"引水灌田"，"决水种麦"，人工灌溉具有极端重要性。种植业最发达的高昌国突出水曹、田曹的建制，以便有效地发展当地的农田水利事业。

（三）西域与中原的农业技术交流

魏晋南北朝时期，中原地区较为先进的农业技术和生产工具传入西域，促进了后者的经济发展。

秦汉时期，天山南北虽然已经有了简单的农业，但总体上仍然处于原始状态，主要从事畜牧和狩猎。从佉卢文文书中记载的西域各国征税名目中可以看出，所征的都是实物，如谷物、骆驼、牛羊以及石榴、饲草等，还征收制成品如酥油、葡萄酒、毛毯、毛毡、编织物等。从所征物品的类别也可看出当地半农半牧经济的特点。此外，赋税收入还停留在直接征用多种类的日用生活物品的阶段，也从一个侧面说明社会经济的落后状态。汉朝通西域，驻军屯田，促进了西域农业的发展，但大致局限于军屯处所，两汉之后新疆还有屯田，而且在组织形式上有所发展。屯田的作物包括小麦、大麦、谷子等，随着屯田的开辟，筑堤引水等灌溉工程也随之兴起。水利灌溉工程是西域地区农业发展的基础，本地的农田水利自然不是由屯田开始，但屯田发展却在一定程度上促进了当地水利灌溉事业的进步。魏晋十六国时，中原秦陇战乱频繁，一部分农民逃向河西，进而徙往敦煌以西，高昌地区遂成为汉族移民的重要聚集地，后来一些移民又远徙天山南北，与西域诸族杂居共处，安家落户，开荒种地。这些移民从秦陇和中原带来优良农具和先进耕作技术，改制耧犁，凿渠引水，垦地灌溉，提高了当地农业生产力[①]，使南北朝时期新疆地区的生产水平，比起两汉时期有了较大的提高。如高昌"谷麦一岁再熟"，焉耆"谷有稻、粟、菽、麦"等，其他如于阗、疏勒、渴槃陀也有类似记录。其时，这些地区还有一些水稻生产，对于农田水利灌溉事业发展无疑具有更高的要求。

西域诸国中的于阗、高昌等国，还比较普遍地种植棉花，当地棉织品和植棉技术逐步流通、传播到内地。两汉时期，已有大批丝绸从内地途经西域运往亚欧许多国家和地区，到了魏晋南北朝时期，新疆不仅传输中原的丝绸，还开始养蚕缲丝，大量出产丝绸。植桑养蚕和织造缲丝是这个时期新疆地区出现的新事物，如和阗丹丹乌里克寺院遗址发现的"中国公主传入蚕种"的著名画板，与《大唐西域记》《新唐书》和西藏文记载的故事大体相仿，结合考古发掘以及出土文书研究，可以基本判定，塔里木盆地南北和吐鲁番等地在 4—5 世纪就已经可以植桑养蚕、织造

---

① 《三国志》卷一六《魏书·仓慈传》注引《魏略》。

丝绸了。西域的丝织品中增加了富有民族和地域特色的图案，也反映出边疆与内地日益增多的相互影响，如对羊纹、牵驼胡王纹、葡萄纹、对孔雀纹①以及带有民族特色的龟兹锦、疏勒棉等，均标志了西域诸族养蚕缫织业的发达。而葡萄盛产于西域，骆驼也是西域名产，龟兹"土多孔雀"②，这与当地丝织品中出现的图案不无关系。西域的丝织产品不但为少数民族所喜爱，甚至还传入汉地，受到中原人士的青睐。

第三节 西南地区少数民族的农牧业经济

西南地区包括今川、滇、黔等省的广大区域，是古代"西南夷"活动的区域。这里自然环境复杂，层峦叠嶂，江川纵横，气候多样，造就了当地众多民族和地区经济社会发展的多样性和不平稳性，农牧业发展方面则表现出显著的地域差异。

例如《南中志》记云南郡有上方、下方夷，"出橦华布，……土地有稻田、畜牧，但不蚕桑"，兴古郡地跨云、贵，"多鸠獠、濮，特有瘴气，……少谷，有桄榔木面，以牛酥酪食之，人民资以为粮"，《华阳国志》卷四称滇东北盐津"土地无稻田，蚕桑，多蛇、蛭、虎、狼，俗妖巫祭祀，多神祠"，可见地理条件的差异足以导致农牧业发展走向不同方向。特别是当地山谷之间海拔高度差异造成的气候垂直分布，对经济生产类型的分布具有决定性的影响。《南中志》所载的"上、下方夷"，就是分别指生活在上方的山居夷蛮和生活在下方平地的夷人，前者主要从事畜牧，后者则从事农业，他们的生产方式差异就是由于居地海拔不同而出现的。

为了占有良好的自然资源，西南诸民族之间经常会发生抢占沃土的战争和追寻良居的迁徙。魏晋南北朝时期，随着民族不断迁移和与汉族交往日益频繁，西南少数民族之间相互融合，并与汉族互相影响。在这两种力量的共同作用下，西南少数民族的经济、社会和文化都取得了新的发展。

一、西南诸族分布的变迁与农牧业发展

（一）汉代西南夷的分布和农牧业发展

汉代西南地区的东部和南部以濮越族群为主，西部和北部则以氐羌族群为主。关于当时西南夷的情况，司马迁有比较全面的记载，其文曰："西南夷君长以什数，夜郎最大；其西靡莫之属以什数，滇最大；自滇以北君长以什数，邛都最大：此皆

---

① 黄烈：《中国古代民族史研究》，人民出版社，1987年，416页。
② 《魏书》卷一二〇《西域传》。

雠结，耕田，有邑聚。其外西自同师以东，北至楪榆，名为嶲、昆明，皆编发，随畜迁徙，毋常处，毋君长，地方可数千里。自嶲以东北，君长以什数，徙、筰都最大；自筰以东北，君长以什数，冉駹最大。其俗或土著，或移徙，在蜀之西。自冉駹以东北，君长以什数，白马最大，皆氐类也。此皆巴蜀西南外蛮夷也。"[①] 总体看来，从分布和社会经济状况角度，西南夷可以分为三种类型：

一是居于贵州西部及云南东部的夜郎、云南中部的滇、西部的哀牢、四川西昌一带的邛等都以农业为主的民族，其中夜郎和滇发展比较快，战国时期就处在介于部落联盟和国家之间的酋邦阶段，所以《史记·西南夷列传》说："西南夷君长以什数，独夜郎、滇受王印。"据《后汉书·西南夷传》记载："夜郎者，初有女子浣于遁水，有三节大竹流入足间，闻其中有号声，剖竹视之，得一男儿，归而养之。及长，有才武，自立为夜郎侯，以竹为姓。"由其崇拜水和竹可知属于典型的南方民族。夜郎国的范围，据《后汉书·西南夷传》载："西南夷者，在蜀郡徼外，有夜郎国，东接交趾。"及《华阳国志·蜀志》所记："鳖（今贵州遵义西），故夜郎地是也。"可知，是在南至交趾，东达今贵州遵义的范围内。而另据《史记·南越列传》正义："曲州（今云南昭通市）、协州（今云南彝良县）以南是夜郎国。"推测其地亦包含今滇东北地区。大致分布于今贵州省黄平县以西至云南省东部和广西西部连接地带。[②] 夜郎国内部是一个松散而庞大的部落联盟，其中最大的一支是活动在今贵州关岭地区的夜郎部。夜郎虽然在生产上也以农业为主，但发展却比滇落后，依然采取刀耕火种、轮歇休耕的生产方式，因此直至东汉时还是"地多雨潦，俗好巫鬼禁忌，寡畜牲，又无蚕桑"[③] 的贫困之地。东汉后，夜郎逐渐衰亡，民族也转称为僚。

滇国内部情形与夜郎有所不同。史籍未载滇国的地域四至，根据近年的考古成果推测，滇文化分布在东北至曲靖，西到禄丰，东达陆良，南抵元江的云南中部偏东地区，滇国的地域与这一范围应大体相当。[④] 在西南夷诸族中，滇的经济文化最发达。《史记·西南夷列传》中亦记载，觅身毒道的汉使惊诧于滇的繁荣，回长安以后"因盛言滇大国，足事亲附"的事件。滇是"耕田有邑聚"的定居农耕民族，农业是经济的主要部门，滇人也普遍使用了青铜农具，除开垦了大量农田，还修建了水利灌溉工程，水田农业发达，以致中心区滇池"方三百里，旁平地，肥饶数千里"[⑤]。滇国的畜牧业也比较发达，饲养的牲畜有猪、牛、羊等。居住在滇东南和

---

① 《史记》卷一一六《西南夷列传》。

② 尤中：《中国西南民族史》，云南人民出版社，1985 年，35 页。

③ 《后汉书》卷八六《南蛮西南夷列传·夜郎传》。

④ 方铁：《西南通史》，中州古籍出版社，2003 年，214 页。

⑤ 《史记》卷一一六《西南夷列传》。

川南的僰人，也是以农业为主的民族，手工业和畜牧业也较为发达。以发达的经济为基础，滇与一些地区建立了商贸关系，其中与蜀的关系最为密切，滇向巴蜀输出的主要是"僰僮"①。僰人很早就与巴蜀等地接触，受汉文化影响较深，《华阳国志·蜀志》记载僰道有荔枝、姜、蒟，尤其是荔枝闻名遐迩，盛产不衰，《水经注·江水注》引《地理风俗记》曰：僰于"夷中最仁，有人道，故字从人"。可见它是滇中较先进的族群。

邛都居住在汉代的越嶲郡，即今以西昌为中心的川西南地区。西汉初年，邛都地区的居民以邛都夷为主，故《史记·平准书》说：武帝开西南夷道，"散币于邛僰以集之"。元光五年（前130）司马相如招降西夷，在邛都地区所置县仍以"邛都"为名。以后嶲人在邛都地区的势力逐渐发展，到元鼎六年（前111）时，西汉在邛都地区设立越嶲郡。郡名中的"越"，指与百越关系密切的邛都夷，而"嶲"则指迁入这一地区的嶲人。以"越""嶲"合名，恰恰反映出这一带当时濮、嶲混杂的情境。而东汉后，经过激烈斗争，嶲人最终胜利，在当地逐渐占据优势。

二是分布在今云南大理地区、四川会理西部金沙江两岸的昆明和嶲等，是以畜牧业为主的民族。战国时期，他们属于一部分从西北南下的氐羌部族，居住在今雅砻江下游以北的川西地区，西汉初年才从川西地区扩散到今云南大理至保山一带。约在西汉中期，由滇西东进到滇中以及曲靖等滇东地区。《史记·西南夷列传》曰："其外西自同师以东，北至叶榆，名为嶲、昆明，皆编发，随畜迁徙，毋常处，毋君长，地方可数千里。"可见当时的昆明和嶲还过着以游牧为主的生活，但并不是全然没有主业务农的部族。实际上，根据《后汉书·西南夷列传》和《汉书·地理志》的记载，邪龙县一带的昆明部落早已从事定居的农业生产。②

哀牢是昆明族中分布最西的部分，《水经注·叶榆水》说："（不韦）县，故九隆哀牢之国也。有牢山，其先有妇人名沙台，局于牢山。"（哀）牢山在今云南保山市郊。汉不韦县亦治今保山市。《华阳国志·南中志》曰：汉武帝"通博南山，度兰沧水、（渚）溪，置嶲唐、不韦二县"。西汉后来又"渡兰沧水取哀牢地，哀牢转衰"。可知，哀牢活动于澜沧江以西的不韦、嶲唐（今云南永平以西）两县。另据《后汉书·西南夷传》所说东汉永平十二年（69）哀牢内属，"显宗于其地置哀牢、博南二县"。哀牢县在今云南保山市东南③，博南县在今永平县西南，由此看来，哀牢在澜沧江东部地带也有分布。哀牢所居之处"土地沃美，宜五谷、蚕桑。知染

---

① 《史记》卷一一六《西南夷列传》；《汉书》卷二八下《地理第八下》。

② 尤中：《中国西南的古代民族》，云南人民出版社，1985年，33～34页。尤中认为昆明族分为两个部分：一是从青藏高原迁入西南的部分，保持着游牧为主的生产方式；二是原处于西南的部分，始终从事农业生产。

③ 李元阳：《云南通志》卷九《地理志二之一·疆域上》。

采文绣，罽氍帛叠，兰干细布，织成文章如绫锦。有梧桐木华，绩以为布，幅广五尺，洁白不受垢污。……出铜、铁、铅、锡、金、银、光珠、虎魄、水精、琉璃、轲虫、蚌珠、孔雀、翡翠、犀、象、猩猩、貊兽"①。这反映出哀牢夷农业已经种植五谷、养殖桑蚕，能够染织，从物产上也可看出从事捕捞和狩猎活动的痕迹。

三是白马、冉駹、徙、筰等分布在从川西北到川西南的川西高原地区的半农半牧民族。《史记·司马相如列传》载：司马相如定西夷，"邛、筰、冉駹、斯榆之君皆请为内臣"，斯榆，就是徙。可见这些民族各有君长，虽未形成政权，但已经进入阶级社会。冉駹的活动中心在四川茂县、汶川县和理县一带，由于汶山地势高峻，气候严寒，所以"土地刚卤，不生谷粟麻菽，唯以麦为资，而宜畜牧。有牦牛，无角，一名童牛，肉重千斤，毛可为毦。出名马，有灵羊，可疗毒。又名食药鹿"②。可见冉駹虽然过着定居生活，但从事的是半农半牧的生产活动，且游牧业的比重相对较大。

徙、筰为代表的民族集团生活在今四川省的雅安地区、凉山州一带。《后汉书·筰都传》载："其人披发左衽，言语多好譬类，居处略与汶山夷同。"筰出名马，是巴蜀商贾经营的重要商品种类，定筰之地还出盐，史料记载其"有盐坑，积薪，以齐水灌，而后焚之，成白盐"③。从经济类型上看，它们依然是农牧结合、畜牧业比重较大的民族。自秦汉经营今川西地区以来，当地部族的闭塞状况也逐渐得到改善。据《史记·大宛列传》记载，西夷既降，张骞由蜀郡、犍为郡派遣出使身毒国（今印度）的使者，"四道并出，出駹、出冉、出徙、出邛僰，皆各行一二千里"，可知当时从成都至駹、徙、筰、邛都的道路已经开通。元鼎六年（前111）后，西汉置沈黎等郡，使徙、筰、冉駹与四川盆地的联系更为密切起来。《华阳国志·蜀志》载：汶山郡（今四川茂汶）多冰雪，盛夏冻不消释，"故夷人冬则避寒入蜀，庸赁自食，夏则避暑反落，岁以为常"。冉駹地区的夷人为避寒入蜀为佣，夏返冬往，岁以为常，如果不是两地有良好的关系以及长期接触，这种现象是难以想象的。

（二）东汉后西南民族的分布变迁

东汉以后，滇、邛都又称为叟、青羌，居住于云南中部和东北部坪坝地区。叟人往往又是对今甘肃东南部、四川西部、云南东部和贵州西部等地区部分少数民族的泛称，他们主要从事农耕，有邑落、姓氏，受汉文化影响程度较高。而川南、滇

---

① 《后汉书》卷八六《南蛮西南夷列传·哀牢传》。
② 《后汉书》卷八六《南蛮西南夷列传·冉駹传》。
③ 《后汉书》卷一一三《郡国五·越嶲条》注引《华阳国志》。

西原住的僰人，到魏晋时期除了一小部分遗裔外，都融合进了汉族和其他民族。夜郎、哀牢等则渐为"僚""濮"之称所替代，居于滇东南、滇西和黔西。这一时期西南民族在分布上发生了重要变化，僰人、汉人相继南迁进入滇中地区，原来分布在滇池地区的滇人则南迁到了滇西南、滇南。夷人从西向东，分布在红河以北、澜沧江以东的地区。①

魏晋时期，川西南及滇西洱海地区主要居住着昆明和嶲。昆明出自氐羌系统，魏晋时是南中夷人最主要的组成部分，史称："夷人大种曰昆，小种曰叟。"② 昆明人口多，分布广，西至澜沧江，东到贵州西部，北起四川西南，南及哀牢都有他们活动的足迹。嶲，后期逐渐被叟所替代。摩沙夷在越嶲郡定筰县与叟、昆明杂居，是由西北进入西南的氐羌与当地土著融合后在东汉时形成的新群体，《华阳国志·蜀志》载："汶山曰夷，南中曰昆明，汉嘉、越嶲曰筰，蜀曰邛，皆夷种也。县在郡西，渡泸水宾刚徼，曰摩沙夷。有盐池，积薪，以水齐灌，而后焚之，成盐。"可见他们主要分布在自定筰县往西延伸至边境的刚徼地带，也就是今天的云南宁蒗、永胜、丽江一带。

（三）魏晋南北朝时期南中农牧业的发展

蜀汉时期，南中诸族的农业有了长足的发展。濮人（僰人）的大部分人口，因居住在重要交通线五尺道、灵关道和至身毒道经过的地区，并与迁入数量较多的内地移民在较大地域范围内杂居，因此受到了后者的显著影响，经济活动方式也发生了很大的变化。据《华阳国志·南中志》记载，李恢"迁濮民数千落于云南、建宁界，以实二郡"，这是蜀汉在南中地区进行的最大的一次人口迁移活动，被迁徙的少数民族在官府的组织下进行屯田，这对发展滇中一带的少数民族与云南腹地诸族之间的关系，也具有积极意义。③ 由于蜀汉的重视和积极经营，少数民族的畜牧业也有了较大的进步，最突出的表现就是牛和马的畜养发展迅速。《三国志·蜀书·李恢传》载，南征以后，蜀汉"赋出叟、濮，耕牛、战马、金银、犀革，充继军资，于时费用不乏"。《华阳国志·南中志》亦称南征后南中诸族"出其金银、丹漆、耕牛、战马，给军国之用"，由此看来，耕牛战马是蜀汉在南中地区征收的主要物资，这也可以反映出牛耕在南中应有所普及，而饲养牛马不仅比较普遍，而且数量较大，所以成为蜀汉获得大型牲畜的来源。

---

① 王文光：《中国西南民族关系史》，中国社会科学出版社，2005年，138页。
② 《华阳国志》卷四《南中志》。
③ 方铁：《西南通史》，中州古籍出版社，2003年，198～199页。

晋代以后，南中地区的农牧业又有了新的进展。宁州地区[1]种植的粮食作物主要是稻谷，还有黍、稷、麻、豆、芋等，如越寓郡"自建宁高山相连，至川中平地，东西南北八千余里，郡特好桑蚕，宜黍、稷、麻、麦、稻、粱"[2]。此外，芋也在宁州得到了广泛种植，芋适宜粗放经营，对土地要求不高，山地和卑湿地区都能生长，它们的广泛种植，为山区和边疆湿热地区的各族人民解决口粮问题提供了一个有效途径，因而具有极其重要的作用。除了粮食作物，宁州各地也栽种茶、麻、桑等经济作物，其中尤值一提的就是茶，据《华阳国志》载，平夷县（今贵州毕节一带）"山出茶、蜜"，证明当地产茶很早。

晋代南中诸族饲养牛、马、羊等牲畜更普遍。根据《华阳国志·南中志》的记录，太康五年（284），西晋罢宁州设南夷校尉，"统五十八部夷族都监行事"，每夷供南夷府"牛、金、旃、马，动以万计"。而《晋书·王逊传》称，王逊为南夷校尉时，征伐诸族，"获马及牛羊数万余"。可见南北朝后半期，爨氏实际上控制了宁州，他们不仅大量养马且对内地的贡物也是马匹。滇池地区早有天马的传说，《华阳国志》和《水经注》均有记载，由这些记录可以推测当时滇池、会理地区已经培育出了能够"日行千里"的良种马匹，这些都说明了畜牧业的进步。另《华阳国志·蜀志》载：三缝县"有长谷石猪坪，中有石猪，子母数千头。长老传言：夷昔牧猪于此，一朝猪化为石，迄今夷不敢牧于此"。这个关于猪化为石的故事显然是神话传说，但却反映出少数民族有在野外放牧家猪的行为，由此推测当时牧猪的规模也较为可观。

应该注意的是，少数民族农业和畜牧业有较大发展的地区都是开发较早的区域，而山区和边远地带，由于缺少有效开发仍处于落后状态。《华阳国志·南中志》云：汉晋时期，牂牁郡"俗好鬼巫，多禁忌，畲山为田，无蚕桑。……寡畜产，虽有僮仆，方诸郡为贫"，可见牂牁郡无水田、桑蚕，又寡畜产，只有粗放耕作的山坡旱地，这种状况到南北朝时也没有明显改变。

二、汉人统治与西南农业的新发展

魏晋南北朝时期，汉族政权对西南地区的统治加强，在少数民族内迁的同时，大量汉人相继涌入这个地区，到了六朝末期，原来的"不毛之地"逐渐变成了"多是汉人"的农业区域。汉人的大批涌入，不仅在西南地区经济发展中起到重要作

---

[1] 西晋泰始年间，以益州辖区过大，从南中地区分出建宁、兴古、云南、永昌四郡，设立与益州同级的宁州。

[2] 《太平御览》卷七九一《四夷部十二》引晋《永昌郡传》。

用，也对当地民族的形成、迁徙，乃至民族习惯的形成都产生了影响。

（一）蜀汉经营南中与当地农业发展

汉末天下大乱之时，寓居隆中的诸葛亮向刘备纵论天下形势，称"益州险塞，沃野千里……若跨有荆、益，保其岩阻，西和诸戎，南抚夷越"①，东和孙权，便能北伐中原，重兴汉室，"抚和夷越"是蜀汉经略南中的基本原则。

诸葛亮平定南中后，对当地民族如昆明、叟族等采取了"因俗而治"的政策。鉴于他们"征巫鬼，好诅盟"之俗，诸葛亮作图谱，"先画天地、日月、君长、城府；次画神龙，龙生夷及牛、马、羊；后画部主吏乘马幡盖巡行、安恤；又画夷牵牛负酒、赍金宝诣之之像，以赐夷，夷甚重之"②，以此转化夷人思想，确定自身的统治地位，进而"移南中劲卒青羌万余家于蜀，为五部，所当无前，号为飞军"③。为了保证军粮供应，还在南中大兴屯田。李恢为建宁太守期间，曾将永昌地区的"濮民数千落"迁到建宁、云南二郡，垦田种地，把他们编为负担赋税兵役的齐民，并设置五部都尉，任命大姓担任，管理屯田事务，不仅解决了军粮问题，也促进了南中农业的发展。

诸葛亮采取的以上措施，不仅使南中"纲纪粗定，夷汉粗安"④，也加强了蜀与南中的经济文化联系，促进了南中各族的发展。同时，南中的发展也使蜀汉"赋出叟濮、耕牛、战马、金银、犀革，充继军资，于时费用不乏"⑤，获得了大量的兵源和财富。

诸葛亮在南中实行的政策，得到了少数民族的极力拥护，至今某些民族中仍传颂着他的事迹，涉及社会生活的方方面面。如《滇考·诸葛武侯南征》中说诸葛亮"命人教打牛，以代力耕，彝众感悦"；景颇族传说诸葛亮是南中各种制度的创造者；佤族传说孔明给予他们稻种；基诺族传说诸葛亮赐给他们茶籽，使基诺山成为普洱茶六大茶山之一；傣族传说他们的房屋形式是根据孔明帽子的形状制作的，也是孔明教他们用牛犁地，打谷舂米。实际上，这些传闻并不一定是真实的，但却反映出了汉族和少数民族的充分接触和交流。

（二）成汉统治与僚人入蜀

魏晋时期，僚、濮仍然主要分布在牂牁郡和兴古郡。成汉后期，为充实因巴蜀土著居民迁移后空虚的郡县，成汉政权实行"引僚入蜀"政策，改变了僚人的生活

---

① 《三国志》卷三五《蜀书·诸葛亮传》。
②③ 《华阳国志》卷四《南中志》。
④ 《三国志》卷三五《蜀书·诸葛亮传》注引《汉晋春秋》。
⑤ 《三国志》卷四三《蜀书·李恢传》。

习惯，也使巴蜀地区的民族构成发生了变化。

《蜀鉴》引梁朝李膺《益州记》称："李雄时尝遣李寿攻朱提，遂有南中之地。寿即篡位，以郊甸未实，都邑空虚，乃徙旁郡户三丁以上以实成都。又徙牂牁引獠入蜀境，自象山以北尽为獠居。蜀本无獠，至是始出巴西、宕州、广汉、阳安、资中、犍为、梓潼，布在山谷，十余万落。时蜀人东下者十余万家，獠遂挨山傍谷，与土人参居。参居者颇输租赋，在深山者不为编户。种类滋蔓，保据岩壑，依林履险，若履平地；性又无知，殆同野兽，诸夷之中，难以道义招怀也。"他们的分布范围也十分广阔，据蒙文通先生研究，沿长江两岸至简州、涪江两岸至涪城，都是獠人的活动区域。①

根据史料记载，这些入蜀的獠人社会尚处于原始社会向奴隶社会转型期，依然保留着原始的部落组织和生产方式。他们"种类甚多，散居山谷，略无氏族之别，又无名字，所生男女，唯以长幼次第呼之"，"依树积木，以居其上，名曰干兰，干兰大小，随其家口之数"，"唯执楯持矛，不识弓矢。用竹为簧，群聚鼓之，以为音节。能为细布，色至鲜净"②。其俗尚狗，"大狗一头，买一生口"，人皆椎髻徒跣，猎头鼻饮。③ 可见，初入蜀境的獠人带有浓厚的"初民习俗"，不仅与汉迥异，甚至落后于其他少数民族。但随着时间推移，到萧梁、北魏时期，成为国家编户的獠人"岁输租布，又与外人交通贸易"④，同时参加军队。通过与汉人进一步接触，他们的汉化进程不断发展，如梁州南山的獠人富室，"颇参夏人为婚，衣服居处言语，殆与华不别"⑤，俨然成为汉民族中的一部分。

（三）南北朝爨氏统治与汉族夷化

南北朝时期，宋、齐、梁、北魏、西魏、北周先后统辖了西南地区。但由于政局纷乱，他们都比较重视自身政权的巩固和对中原的争夺，西南地区并未成为经营的重点。因此，南北朝对西南地区统治的核心思想就是要求实际上称霸西南的南中大姓奉中原为正朔，定期朝觐纳贡。南中大姓就是著籍于南中诸县的汉族移民，也是拥有武装的地方豪强，最早的记载见于《后汉书·西南夷·夜郎传》，称："公孙述时，大姓龙、傅、尹、董氏。"西南文献记录的大姓史事颇多，仅《华阳国志》就记载有近百起。这些豪门大姓在南中拥有雄厚的经济、军事基础，经过数代定

---

① 蒙文通：《汉、唐间蜀境之民族移徙与户口升降》，《南方民族考古》，四川科学技术出版社，1990 年，169 页。

② ④ 《北史》卷九五《獠传》。

③ 《魏书》卷一〇一《獠传》；《北史》卷九五《獠传》。

⑤ 《隋书》卷二九《地理志上·黔安郡》。

居，他们逐渐"夷化"，成为"恩信著于南土"①的汉族大姓。

南北朝时期，爨氏是南中地区势力最强的大姓。据《爨龙颜碑》记载，爨氏的祖先是"建宁同乐县人"，在春秋战国时期曾经"霸王郢楚"，到东汉才"迁云庸蜀，流薄南人"②。进入蛮夷之地后，爨氏继续发展势力，魏晋时期已在诸多大姓中脱颖而出。南北朝之后，通过融合僰、汉基本力量而独霸一方，他们成为南中的"蛮夷之王"。爨氏长期统治着南中，到了隋唐时期，中土之人已多称爨氏统治区为爨地，地方之人为爨人。这些所谓的爨人并不是一个单一的民族，而是爨氏统治区内不同民族形成的共同体。但这些不同的民族在不断的交往和融合中逐渐发生了变化，其中最大的就是汉人被夷化，并最终成为"蛮夷"。这种夷化有两种情况：一是汉族融入夷人中，二是汉族和一些夷人融合成为一个有别于其他民族的新民族。在汉族进入南中并开始土著化过程中，他们一边极力保存自身文化，一边不断学习和吸收西南土著文化中值得借鉴的内容。与此同时，他们也在潜移默化中用自己的文化影响和改变着西南民族的习俗、观念。身处南中的汉族，始终是居处在一个土著民族占绝对优势的地区，要保持本民族的特性，就一定要保存自己的文化。但从东晋开始，南中汉族与中原内地汉文化区域的交往减少，汉族在接受夷文化的过程中逐渐与之融合了。③

到唐代，爨氏统治的区域就出现了西爨白蛮，樊绰《蛮书》曰："西爨，白蛮也。东爨，乌蛮也。当天宝中，东北自曲靖州，西南至宣城，邑落相望，牛马被野。在石城、昆州、曲轭、晋宁、喻献、安宁至龙和城，谓之西爨。"④《新唐书·南蛮传》更明确记载道："西爨自云本安邑人，七世祖晋南宁太守，中国乱，遂王蛮中。梁元帝时，南宁州刺史徐文盛召诣荆州，有爨瓒者，据其地，延袤二千余里。土多骏马、犀、象、明珠。既死，子震玩分统其众。"⑤ 这里已经明显说明爨氏到隋唐时期已被认为是白蛮了。白蛮是汉族与原居的僰人、夷人共同形成的新民族，这个民族的经济和文化也表现出了明显的双重性特征。

第四节　中南、东南少数民族的经济

魏晋南北朝时期，中东南地区的广阔区域居住着众多少数民族，其中分布在东南地区的主要是山越和山夷，居于其余地区者则被统称为"蛮""诸蛮"，其"种类

---

① 《三国志》卷四一《蜀书·张裔传》。
② 尤中：《中国西南的古代民族》，云南人民出版社，1979 年，63～65 页。
③ 王文光：《中国西南民族关系史》，中国社会科学出版社，2006 年，186～187 页。
④ 木芹：《云南志补注》，云南人民出版社，1995 年，47 页。
⑤ 《新唐书》卷二二二《南蛮传下·两爨蛮传》。

繁多，言语不一，咸依山谷，布荆、湘、雍、郢、司等五州界"①，见于史载的就有蛮、僚、俚等许多名称。

一、东南山夷、山越的农业发展

（一）山越与江南农业的发展

山越是百越的一支，东汉末年始见于文献记载。《后汉书·灵帝纪》云：建宁二年，"丹阳山越贼围太守陈夤，夤击破之"。三国时期，山越主要活动在吴国诸县的山区，分布范围东及于海，西达湘水，北抵长江，南邻交州，也就是今天的安徽、江苏、浙江、江西、福建、湖南、广东、广西等省份。山越屡世聚族于崇山峻岭之中，这些崇山峻岭被时人称为"深地""恶地""险地""山中"② 等"山各万重"之地，而其族人则是"依阻山险而居者"。

山越的生产活动以农业为主，但是作物品种单一，且产量不高。如文献记载，丹阳县产谷物，海昏产稻谷，豫章郡海昏上缭，曾想从山越那里掠夺三万斛米给刘勋，但经一个月左右才得到了数千斛③，可见山越的农业产量并不高④。丹阳的山越，谷物用尽、新谷未收，即称"饥穷"，吴国大臣诸葛恪出任丹阳太守时，就曾利用山越"谷稼将熟"，"旧谷既尽，新田不收，平民屯居，略无收入"之机，"纵兵芟刈，使无遗种"，迫使山越降服。

孙吴时期，一方面是国家为了搜罗兵力和劳力，大量掠夺和诱降山越，使其出居平原，成为"从化平民"⑤；另一方面是由于吏治腐败，兵连祸接，造成大量汉人大族合宗入山，据险而守，以致"逋亡宿恶，咸共逃窜"⑥。这两种变化都促进了汉族与"蛮夷"联系的加强，加速了民族间的融合，从而促使东南农业经济有了进一步发展。

孙吴时期，东南经济区的农业人口增加，耕地扩大，屯田增多，呈现出"交贸相竞""财丰巨万"的繁荣景象，虽然与孙权重视农业以及江北十多万人渡江而南、为孙吴带来劳动力有关，但也不能忽视了山越人民在开发江南中起到的重要作用。山越不仅在山区种植谷物，用铜铁打造兵器和农具，而且迁居平原后也从事屯耕，大大充实了吴国的经济和军事实力，以致吴军 30 万中山越居半。即使是那些被俘获的山越生口，也被编入行伍，且大部分从事农业、手工业和商业活动，与汉族共

---

① 《南齐书》卷五八《蛮传》。
② 《三国志》卷五八《陆逊传》、卷四七《吴主传》、卷六〇《全琮传》、卷五七《凌统传》等。
③ 《三国志》卷四六《吴书·孙策传》注引《江表传》。
④ 陈国强：《百越民族史》，中国社会科学出版社，1988 年，301 页。
⑤⑥ 《三国志》卷六四《吴书·诸葛恪传》。

同开发了江南。

（二）山夷的农业发展与孙吴对夷洲的经营

三国时期的夷洲和东汉时期的夷洲一样是指台湾，而夷洲人被称为山夷，是台湾的古代民族，亦即今台湾高山族的先民。沈莹《临海水土志》记载："夷洲在临海东南，去郡二千里""土地无霜雪，草木不死，四面是山，众山夷所居"。① 其地自然资源丰富，"土地饶沃，既生五谷，又多鱼肉"，野生动物有熊、罴、豺、狼、鹿等，家畜有猪和鸡，且"有犬，尾短，如麕尾状"②。

山夷早已开始农业生产，但采集、狩猎业长期占有相当重要的地位，相对而言，畜牧业则不甚发达。台湾虽有铜铁矿藏，但金属产量不高，使用较少。《临海水土志》云：山夷"地亦出铜铁，唯用鹿角为矛以战斗耳。磨砺青石以作矢镞、刀斧、环贯、珠珰"，可见使用的主要是石器和骨器，生产力尚不发达。山夷"取生鱼肉杂贮大器中以卤之，历日月乃啖食之，以为上肴""饮食皆距相对，凿木作器饰如槽状，以鱼腥肉臊安中，十五五共食之"，且"以粟为酒，木槽贮之，用大竹筒长七寸许饮之"，可见他们同许多百越民族一样食海产，也从事渔猎，并已懂得如何酿酒。

孙权称帝后，据有三峡以东的长江流域，并准备进一步扩充势力，乃至统一全国。为了这个目的，他积极经略东南沿海及其诸岛屿，掠夺人口，扩充地盘，以此壮大经济和军事实力。黄龙二年（230）春，孙权就有关取夷洲、珠崖（朱崖洲，即海南岛）之事与陆逊等人商讨。陆逊认为"万里袭取，风波难测，民易水土，必致疾疫，今驱见众，经涉不毛，欲益更损，欲利反害"③；全琮也提出"殊方异域，隔绝障海，水土气毒，自古有之。兵入民出，必生疾病"④。但孙权不听劝阻，执意浮海求之，结果史无详载，只是提到"士众疫疾死者十有八九，权深悔之"⑤，"所在绝远，卒不能至，但得夷洲数千人还"⑥。夷洲之行虽未达到预期目的，但却促进了大陆与台湾的经济、文化交流，使汉族先进的生产技术传入岛内，加速了高山族的发展。数千山夷进入大陆，也把夷洲的一些生产技术传播进来。同时，由于对台湾的了解增加，移居那里的大陆人日益增多，这对宝岛的经济发展也有至关重

---

① 《后汉书》卷八五《东夷传·倭传》注引沈莹《临海水土志》称"四面是山溪"。《太平寰宇记》卷九八为："夷洲四面为溪。"从自然地理角度看，台湾西部平原多溪流，东部多高山，所以"四面是山溪"比较符合台湾的地形特点。
② 《册府元龟》卷九五九《外臣部·风土》。
③ 《三国志》卷五八《吴书·陆逊传》。
④⑤ 《三国志》卷六〇《吴书·全琮传》。
⑥ 《三国志》卷四七《吴书·吴主传》。

要的作用。

二、南方诸蛮的农业发展

魏晋南北朝时期，南方广大区域中生活着众多的少数民族，他们被统称为"蛮"。"蛮"的"种类繁多，言语不一，咸依山谷，布荆、湘、雍、郢、司等五界"①。诸蛮中又以豫州蛮、荆雍州蛮、莫瑶蛮、俚、僚人数较多，分布范围较广，且在经济上有自己鲜明的特点。②

（一）豫州蛮的农业生产

豫州蛮是古代巴人的一支——廪君蛮的后裔，他们原居于南郡（今湖北江陵），后来迁至汉水下游，并逐渐到达庐江（今安徽庐江），因此被称为豫州蛮。豫州蛮分布在北接淮、海，南及江汉的方圆数千里之地。其中最主要的一支分布于西阳郡（今湖北黄冈），被称为西阳蛮，又因郡内有巴水、蕲水、希水、赤亭水、西归水等五水而得名"五水蛮"。他们"所在并深岨，种落炽盛"③，聚居于今鄂东及皖西南的大别山区。

豫州蛮主要以农业生产为主，种植谷类作物，田地肥沃，产量较高，所以能出现"蛮田大稔，积谷重岩"④ 的景象。但当地农业生产亦并非处处发达，一些山区地带的蛮民还保留着刀耕火种的习俗，据史料记载，郭彦出任澧州刺史时，"蛮左生梗……聚散无恒，不营农业"⑤，可见当时鄂西山地的蛮民还过着采集渔猎生活。当地民俗"衣布徒跣，或椎髻，或剪发"⑥，常将兵器饰以金银，楯牌蒙以虎皮，民皆善于使用弩箭，勇猛好斗，与其从事渔猎活动的经济形态相一致。西晋初年实行对夷蛮征取户调的政策，规定："远夷不课田者输义米，户三斛，远者五斗。"⑦但相对于汉族来说，他们所承担的赋役较轻，因此许多汉族农民由于"赋役严苦，贫者不复堪命，多逃亡入蛮"⑧。汉族人民逃亡到蛮族地区，带来了先进生产技术，加快了民族融合速度，促进了当地少数民族农业经济的发展。

---

① ⑥　《南齐书》卷五八《蛮传》。
②　江应梁：《中国民族史》，民族出版社，1990 年，490～491 页。
③　《宋书》卷九七《夷蛮传·豫州蛮传》。
④　《宋书》卷七七《沈庆之传》。
⑤　《周书》卷三七《郭彦传》。
⑦　《晋书》卷二六《食货志》。
⑧　《宋书》卷九七《夷蛮传·荆雍州蛮传》。

（二）荆、雍州蛮的农业

荆、雍州蛮，史称"盘瓠之后也，种落布在诸郡县"①。当时这一地区也有许多巴人"廪君蛮"或越人后裔分布，所以民族成分十分复杂，总体呈现出一种多民族杂居的状态。荆、雍州蛮的主要先民原居住于长沙、武陵一带，因武陵有雄溪、樠溪、辰溪、酉溪、武溪，因而被称为"五溪蛮"。后来他们北上至荆州（今湖北江陵）、雍州（今湖北襄樊）一带，广泛分布在诸郡县，所居之地皆为人迹罕至的深山。

荆、雍州蛮的社会经济与豫州蛮相似，也是以农业生产为主。他们在平坦的地方种植水稻，在山区、丘陵地带种植杂粮，且以渔猎山伐为业。② 对于一些沿水而居的蛮民来说，附近的川、溪也是非常有利、有效的资源，可以用于灌溉农田，发展农业。荆州之沮水、漳河和沔水流域中庐、房陵一带的蛮民就兴修了一些水利工程，有些规模还不小。③ 南朝时期，蛮民还有一些畜牧生产发展，《周书·史宁传》记载："荆蛮骚动，三鹓路绝，宁先驱平之。因抚慰蛮左，翕然降附，遂税得马一千五百匹供军。"从俘获的牲畜数量来看，当时荆雍蛮的畜牧业已小有规模。

（三）莫瑶蛮的分布与农业生产状况

居住在湘州一带的蛮人被称作莫瑶蛮，也称为"夷蜑"，是今天瑶族先人的一支，大多从原称武陵蛮、长沙蛮、零陵蛮的民族中演衍而成。据《隋书·地理志》记载："长沙郡又杂有夷蜑，名曰莫徭，自云其先祖有功，常免徭役，故以为名。"也就是说，因先祖对朝廷有功劳，得以免除徭役，莫瑶才得有此名。《梁书·张缵传》中首次记载莫瑶，称："（湘）州界零陵、衡阳等郡有莫徭蛮者，依山险为居，历政不宾服。"可见莫瑶蛮主要分布在长沙、武陵（今湖南常德）、巴陵（湖南岳阳）、零陵（湖南零陵）、桂阳（湖南郴县）、澧阳（湖南澧阳）、衡山（湖南株洲）、熙平（广东连县）等郡，即今天的湖南大部、广东北部和广西东北一带。此外，江西也有部分莫瑶蛮分布。

莫瑶蛮主要从事的是刀耕火种、待雨而播的原始农业，这种农业也称为"烧

---

① 《南史》卷七九《荆雍州蛮传》。

② 《汉书·地理志》描述楚地的生产状况时记曰："或火耕水耨，民食鱼稻，以渔猎山伐为业，果蓏嬴蛤，食物常足。"武陵蛮的分布区域大致相似，生产状况应相同。

③ 《水经注》卷二八《沔水注》曰："（沔水）又东过中庐县东，维水自房陵县维山东流注之。"注曰："然侯水诸蛮北遏是水，南壅维川，以周田溉。"可见沔水流域的蛮民水利工程，"北遏侯水，南壅维水"，规模不小。

畬"。他们先将山坡上的野草杂树清理砍倒，然后放火焚烧，再将土垦殖播种。①同时，狩猎在莫瑶经济生活中也占有重要的地位。他们狩猎的方式有烟熏、锄挖、网围、箭射等。此外还懂得豢养鹰、犬等作为狩猎工具，并常常进行大规模的集体狩猎活动。唐代诗人刘禹锡谪守连州时，写有《连州腊日观莫徭山猎》一诗，形象地描绘了莫瑶蛮集体狩猎的情景，虽然是描写中唐时期的情况，却可以由此推测出魏晋南北朝时期莫瑶蛮的生产情况。

三、岭南等地俚、僚、傒的农业生产

（一）俚人的农业生产

俚，也作里，属百越一支，是东汉至隋唐对岭南地区部分民族的称呼。关于俚人的具体分布，东吴时人万震《南州异物志》记载："在广州之南，苍梧、郁林、合浦、宁浦、高凉五郡中央，地方数千里，往往别村。各有长帅，无君主，恃依山险，不用城。"② 可见俚人主要分布在岭南的广、越二州，也就是今天的广东和广西东南、湖南南部及海南岛等地区。

俚人主要从事农耕，也畜养牛和其他家畜。《汉书·地理志》描写海南岛俚人先民的社会经济状况时说：儋耳、珠厓郡民，"男子耕农，种禾稻、纻麻，女子蚕桑、织绩。亡马与虎，有五畜，山多麈麖。兵则矛、盾、刀、木弓弩、竹矢，或骨为镞"。可见俚人的男耕女织定居生活由来已久。居住在郡县附近地区的俚人，则较早就以种植稻谷为业，其中一部分已成为郡县管辖下的编户。《宋书·徐豁传》记载："中宿县（今广东清远东北）俚民课银，一子丁输南称半两。"因当地不出银，又"俚民皆巢居鸟语，不闲货易之宜，每至买银，为损已甚"。始兴太守徐豁奏请改为"计丁课米"。可见这部分俚人发展程度较溪洞地区俚人更高，但依然不同于汉族编民。俚人还有椎髻、文身、着贯头衣，喜鼻饮，崇尚鸡骨卜和善用毒箭等风俗。他们狩猎用竹矛、竹箭和毒箭，《博物志》对此有比较详细的记载，其文称："交广州山夷曰俚子，弓长数尺，箭长尺余，以燋铜为镝，涂毒药于镝锋，中人即死。"③ 当地人多"巢居崖处，尽力农事"④，且"质直尚信"。魏晋以来，大部分俚人已与汉人杂居，因而成为国家的编户，南朝历代王朝无不向其征收赋税，所谓"军国所须，相继不绝"，俚人处处受到盘剥，负担甚至高于汉人，岭南各级官吏"贪若豺狼"，更使当地人民深受苦役，因此俚人也多次掀起反抗斗争。

---

① 《全唐诗》卷三五四载刘禹锡《莫瑶歌》《畬田行》等。
② 《太平御览》卷七八五《四夷部·南蛮一》。
③ 《博物志》卷二《异俗》。
④ 《隋书》卷三一《地理志下·林邑郡》。

（二）僚人的分布和农业生产

僚为南蛮之别种，"种类甚多，散居山谷，略无氏族之别，又无名字"①，尚处于"巢居溪谷""刀耕火种"的原始阶段。张华《博物志》最早记载了僚的活动，认为"荆州及西南界至蜀，诸民曰獠子。"东晋十六国时，僚人自牂牁（今贵州西部）北入益州、巴西、梁州、广汉、阳安、资中、犍为、梓橦诸郡，布满山谷。他们主要聚居于今四川地区，湖北西部、陕西西南部、贵州北部，此外云南、广西、广东等地也有僚人分布。史籍记载各地僚人都是在族名、地名后附上"僚"字，如夷僚、蛮僚等，但这些称呼都是对岭南及西南部分少数民族，甚至山居汉人的泛称，分布在梁、益二州的"僚"才以此为专门的族称。②

僚人的经济生产以农业为主。处于平川的僚人大多倚仗土地肥沃发展五谷种植和植桑养蚕。僚人居住干栏式建筑，重犬，制竹管为乐器，能纺织"色至鲜净"的细布，崇尚鬼神，喜淫祀，善铸既薄且轻的铜器，另有记载说僚俚还善铸铜鼓③，在有关僚后裔的记载中，这些习俗依然得到了保留。历代统治者都向僚人掠取谷物，僚人也"与外人交通贸易"④，用粮食交换日用必需品，封建官吏则在交换过程中进行低价收购，如"以弱缯及羊强僚市，米麦一斛，得直不及半"⑤。一些沿海的僚人也兼营渔业，《北史·獠传》就称僚人"能卧水底，持刀刺鱼"。

（三）傒人的捕猎生活

傒，亦作奚或溪，是分布在江洲、湘洲和武陵郡一带的少数民族，他们分布的范围相当于今江西南部、湖南及广东曲江一带。傒人善于驾舟、长于捕捞，生产以狩猎和捕鱼为主，傒人因此擅长水战。东晋末年农民起义时，起义军将领徐道霞领导的部队，因有大量敏捷善斗的傒族士兵，令晋军闻风丧胆，号称"始兴溪子"。傒人聚族而居，宗族往往称为傒洞。到了南北朝后期，傒人已融入汉人之中，从此不见于历史记录。

---

①③ 《魏书》卷一〇一《獠传》。
② 江应梁：《中国民族史》上，民族出版社，1990年，499页。
④ 《北史》卷九五《獠传》。
⑤ 《新唐书》卷二二二下《南蛮传下·南平獠传》。

第八章　赋役制度与农民经济负担

在中国古代社会，农民完赋、纳税，承担兵役和徭役，一向被视为天经地义的事情。自战国秦汉以来，封建国家与千家万户农民成为社会上彼此依存的两极，赋役制度及其调整和实施，事实上是国家与农民关系的主要纽带，也是两者之间矛盾的根本症结所在。合理的赋役制度及其良好的贯彻执行，不仅有利于协调两者之间的关系，缓和两者间的经济利益冲突，而且有利于农业生产持续稳定地发展，有利于农民生活的正常开展。反之，则将导致农民经济负担沉重、生活贫困，难以维持简单的农业再生产，必然导致农民怨愤、对抗，甚至引发全国性的社会动荡。古代国家为了维护政治统治，在满足财政经济和其他方面需要的同时，亦力图根据社会经济形势的发展变化，不断调整和改革赋役制度。应该说，在古代国家制度体系中，赋役制度属于变化频繁的那个部分。

魏晋南北朝时期，时势扰攘，社会纷乱，农民漂流，生产起伏，国家财政需要无法得到稳定的保障。为了巩固政治统治，维持国家机器运转，各族政权都力图通过调整经济政策和赋役制度，最大限度地获得充足的赋税收入和力役来源。这个时期，赋役制度变化频繁，南北各族政权之间差异很大，对农业生产和农民生活的影响亦不尽相同，呈现出古代历史上罕见的复杂性。本章择要加以叙述。

第一节　赋税制度的调整变革

一、三国时期的赋税制度

东汉末年，政局陷入极度混乱之中。大小军阀恣意掠夺，民众痛苦不堪。这种情况如不加以改变，农业生产无法继续，统治者亦将无从搜刮、盘剥。建安九年（204）九月，曹操剪除河北袁氏势力之后，针对当地"豪强擅恣，亲戚兼并，下民贫弱，代出租赋，炫鬻家财，不足应命"的局面，正式颁布了"田租户调令"，规定："其收田租亩四升，户出绢二匹、绵二斤而已，他不得擅兴发。郡国守、相明检察之，无令强民有所隐藏，而弱民兼赋也。"① 其中的"户出绢二匹、绵二斤"，实际上是按照民户资产多少应须缴纳的平均数，富者多出，贫者少出。

田租户调令的田赋征收方式，是把汉代的比例税改为定额税，按亩征收。但汉代田税并不是根据实际产量征收，而是按照农作物收获的一般产量，再根据税率（如五十税一、三十税一、什税一等）确定一个固定数，也相当于确定了每亩征收的定额。随着曹魏田租户调令的颁布，这一办法更加制度化。其中户调实际上是把汉代的"口赋"和"算赋"合并，以绵、绢的形式征收。"调"的名称在两汉就已存在，最初含义是调度和调发国家的谷帛钱币。其后国家在征收租赋之外，又额外向人民增加各种征收，东汉后期几乎每年都有，于是这类征收被称为"调"或"横调"②，具有赋税的含义在其中。"横调"是按照国家需要而任意征收，范围很广，自谷帛钱币至马、牛、车。此项征收是根据资产多少而征发的。自东汉中期以来，官府征调的实物多以缣帛为主，如桓帝本初元年（146），"河内一郡尝调缣、素、绮、縠才八万余匹，今乃十五万匹"③；献帝建安五年（200），曹操曾在兖州、豫州"录户调"，"收其绵、绢"④。直到"田租户调令"颁布，并强调"他不得擅兴发"，意味着"调"成为正式的租赋名称而存在，并取代了算赋和口赋，横调也被废除。

曹魏租赋征收方式的改变，实际上是由当时社会、经济状况所决定的。首先，汉末的战乱导致"钱货不行"⑤，"魏氏不用钱久"⑥，五铢钱近于废止，自然经济占据主导地位，民间多以谷、帛代替铸币用来交易。因此朝廷若将算赋与口赋以钱的形式征收，则无法保障，由此赋税被迫转变为实物征收。其次，战乱引起大量人口流散，无法统计出较为准确的人口数量，因此以户为单位征收租赋，比按人口征收更为可靠稳定，便于征调。再者，按户征收布帛，消除了汉代将完整成匹的布帛断裂成零碎片段以折合人头税的缺点，更加便于计算，且保证布帛的实用性，节约人力物力，成为大势所趋。

---

① 《三国志》卷一《魏书·武帝纪》注引王沈《魏书》。
② 《后汉书》卷四三《朱穆传》、卷九一《左雄传》。
③ 《后汉纪》卷二〇《孝质皇帝纪》。
④ 《三国志》卷二三《魏书·赵俨传》。
⑤ 《三国志》卷六《魏书·董卓传》。
⑥ 《晋书》卷二六《食货志》；《宋书》卷五六《孔琳之传》。

吴国赋役制度因袭两汉旧制，收取口赋与算赋。《三国志·吴书·孙皓传》载：天玺元年（276），"会稽太守车浚、湘东太守张咏不出算缗，就在所斩之，徇首诸郡"。天玺元年属于吴国后期，会稽郡是当时吴国的心腹之地，此地在这时仍然征收算赋，说明大体沿袭了东汉之制。但是其赋役制度也略有变化，《三国志·吴书·太史慈传》注引《江表传》云："上缭壁，有五六千家相结聚作宗伍，惟输租布于郡耳，发召一人遂不可得，子鱼（华歆字子鱼）亦睹视而已。"其中"租"指田租，"布"是算赋和口赋的折纳。说明东汉末或是军阀混战之时，扬州地区的算赋和口赋就已折纳成布了。除此之外，《长沙走马楼三国吴简·嘉禾吏民田家莂》①亦有证据证实，吏民租佃在零星国有土地后，所需要缴纳的地租实际上是由米、布、钱三者组成，并且三者可以互相折算缴纳。这其实是赋役征收可以折纳的曲折反映，这个变化对于纠正两汉以来所征非所产的弊病，有利于更好地适应农民生产的实际，也为田租户调制在全国推行提供了条件。

蜀汉有关田租、赋税的记载更少。从其以复兴汉室为政治目标来推断，应是沿袭汉朝旧制，其田租与口钱、算赋的征收方式亦沿袭汉代。虽无户调之名，但可能亦存在实物代替钱币税的变化。②

二、西晋的赋税制度

西晋的赋税制度，灭吴之前沿用曹魏的租调制。③ 灭吴之后旋即废除曹魏租调制，颁布了"户调之式"。

为了扩大赋调来源，曹魏末期就开始着手废除民屯制度。《三国志·魏书·陈留王纪》载："是岁（咸熙元年，264），罢屯田官以均政役，诸典农皆为太守，都尉皆为令长。"西晋泰始二年（266）"十二月，罢农官为郡县"④。宣告民屯制度最终废除，从而将过去民屯中只耕田不作战的屯田民，恢复为州郡编户齐民制度下的自耕农，成为国家征收赋役的对象。

赋役制度是与土地占有制度紧密联系在一起的，要想使广大农民成为国家稳定的赋役来源，必须首先将他们与一定的土地结合起来。然而西晋初年，富豪权势之家仍然大肆兼并土地，造成百姓的土地得不到充分保障。例如，淮南豪强兼并水田，致使"孤弱失业"；汲郡豪强为得到渔蒲之饶而使吴泽不能通泄，造成数万亩

---

① 《长沙走马楼三国吴简·嘉禾吏民田家莂》，文物出版社，1999 年。
② 高敏：《魏晋南北朝经济史》，上海人民出版社，1996 年，464～465 页。
③ 高敏：《魏晋南北朝经济史》，上海人民出版社，1996 年，465 页。
④ 《晋书》卷三《武帝纪》。

良田变成湖沼。① "贵族之门"在大量侵占土地的同时，还大量地将害怕服役的"小民"变成佃客或招胡人为"田客"，人数"动有百数""多者数千"②，严重危害了国家的经济利益。

鉴于此种情况，西晋王朝先后采取了多种措施。晋武帝即位不久，就颁布了禁止占田的诏令，以防止土地被大量侵占。从史书记载来看，当时执行得还相当认真，对违令者予以严惩。例如泰始三年（267），李憙上书告发刘友、山涛等人"各占官三更稻田"，晋武帝下诏："法者，天下取正，不避亲贵，然后行耳，吾岂将枉纵其间哉！"③ 裴秀也曾有过侵占国有土地的行为，李憙亦依法检举。

贵族地主大量募客的直接后果，是大批小农从国家版籍流散于私门之内，造成国家赋役无人承担，所以晋武帝泰始初年又颁布了禁止私自募客的法令。史称："（泰始）五年（269）正月癸巳，敕诚郡国计吏、诸郡国守相、令长，务尽地利，禁游食商贩。其休假者，令与父兄同其勤劳，豪势不得侵役寡弱，私相置名。"④《晋书·外戚·王恂传》亦对此有所记载："武帝践位，诏禁募客，恂明峻其防，所部莫敢犯者。"然而官僚世家大族等占田、募客，已经成为当时的普遍风气，朝廷屡禁不止。于是晋武帝又于太康元年（280）颁行占田课田令等一系列新制度，基本立足点是抑制官僚权贵对土地和人口的无度占有，将农民附着于小块的土地上，以保证国家赋役来源。

占田课田令将土地占有与赋税征纳紧密结合，规定了男女劳动人口成丁的年龄、可占和应课土地的数额："男子一人占田七十亩，女子三十亩；其（外）丁男课田五十亩，丁女二十亩；次丁男半之，女则不课。男女年十六已上至六十为正丁，十五已下至十三、六十一已上至六十五为次丁，十二已下，六十六已上为老小，不事。远夷不课田者，输义米，户三斛；远者五斗；极远者输算钱，人二十八文。"

《晋书·食货志》记载占田课田令关于租调的规定，只提及"制户调之式：丁男之户，岁输绢三匹，绵三斤，女及次丁男为户者半输"。《晋故事》则有详细的记载，称："凡民丁课田，夫五十亩，收租四斛，绢三匹，绵三斤。凡属诸侯，皆减租谷亩一斗（升），计所减以增诸侯；绢户一匹，以其绢为诸侯秩；又分民租户二斛，以为侯奉。其余租及旧调绢，二户三匹，绵三斤，书为公赋，九品相通，皆输入于官，自如旧制。"⑤ 由此可知，当时课调所采取的是定额制，平均每亩八升，

① 《三国志》卷三五《蜀书·诸葛亮传》。
② 《晋书》卷九三《外戚传》。
③ 《晋书》卷四一《李憙传》。
④ 《晋书》卷二六《食货志》。
⑤ 《初学记》卷二七《宝器部·绢》引。

剥削量较之曹魏增加了一倍，甚至高于一倍。因为"丁男课田五十亩"，并非指丁男实际占有 50 亩耕地，农民是否足量占有土地，官府并不过问，但却按照 50 亩的标准来征收田租。对于那些"远夷"即边远地区的少数民族，则不实行课田，而是责令他们缴纳"义米"，每户 3 斛；更边远的地区则降为 5 斗，又更远的地区就只缴纳"算钱"每人 28 文，以代替"义米"。

户调的征收方式，采用的是"九品混通"之法，即按照民户资产的高下分为上上、上中直到下中、下下九等。户等不同，相应的所需负担的"调"也有所差别。另外，户调征收的并非只有绢、绵。根据各地物产不同，麻布产地所缴纳的户调可以是麻和布。《初学记·宝器部·绢》所引《晋令》载："其赵郡、中山、常山国输缣当绢者，及余处常输疏布当绵绢者，缣一匹当绢六丈，疏布一匹当绢一匹，绢一匹当绵三斤。"《太平御览》卷九九五《麻》引《晋令》曰："其上党及平阳，输上麻二十二斤、下麻三十六斤，当绢一匹。"这两条材料反映出折纳的标准大体上是：1 匹绢分别与 1 匹疏布、3 斤绵、22 斤上麻、36 斤下麻相等，1 匹缣相当于 1 匹半的绢。再者，根据与京师的距离远近，户调平均数额也有所变动，边郡的平均额是每户缴纳绢 2 匹，绵 2 斤，更远者为绢 1 匹，绵 1 斤。

占田课田令所规定的课租量，由曹魏的每亩 4 升增加到每亩 8 升，农民即便达不到制度所规定的土地数量，亦需按照丁口数量缴纳固定的田租数额，户调制对每户定额标准亦比曹魏有所提高，这些都无疑大大加重了对农民的剥削。而官僚权贵虽然占田广袤、荫口众多，却不按照实际的土地和丁口交纳租调，可以得到最大的实惠。因此这种制度实际上是照顾了大地主的经济利益。[①]

三、东晋南朝的赋税制度

东晋南朝的赋税制度复杂多变。东晋政权草创之时，基本沿袭西晋的田租征收办法，《晋书》卷六九《刁协传》称："元帝为丞相，以协为左长史。中兴建，拜尚书左仆射。于时朝廷草创，宪章未立，朝臣无习旧仪者。协久在中朝，谙练旧事，凡所制度，皆禀于协焉，深为当时所称许。"我们有理由相信，经济制度也是遵循旧制，即按照西晋"凡民丁课田，夫五十亩，收租四斛"的方式征收田租，大体维持每亩收租八升的定额。不过，咸和五年（330）之后，赋税制度则屡有更替。《晋书》卷二六《食货志》载："咸和五年，成帝始度百姓田，取十分之一，率亩税米三升。"哀帝即位后，又于隆和元年（362）"减田租，亩收二升"。"孝武帝太元二年（377），除度田收租之制，王公以下口税三斛，唯蠲在役之身。"由此，逐渐将

田税征收的办法改为按口征收，即计丁输租。计丁输租之后，拥有大片土地的大土地所有者，因其人口占总人数的比例较少，所缴纳的田租相应较少，而无地、少地的农民却占有多数人口，他们的口税也相应增加。因此这一改变，实际上对大土地所有者颇为有利。至孝武帝太元八年（383）"又增税米，口五石"①。

南朝田租，从各种零散的记载推断，当是沿袭东晋后期计丁输租的方式。如刘宋武帝永初元年八月，"开亡叛赦，限内首出，蠲租布二年"②；文帝元嘉元年八月己酉，"减荆、湘二州今年税布之半"③；孝建元年，"始课南徐州侨民租"，大明五年四月诏："南徐、兖二州去岁水潦伤年，民多困窭。逋租未入者，可申至秋登。"④ 其中的"税布"就是田税与调布。萧齐武帝永明三年五月下诏"并蠲今年田租"，永明五年七月诏："丹阳属县建元四年以来，至永明三年所逋田租，殊为不少。京甸之内，宜加优贷。其非中赀者，可悉原停。"⑤ 除了田租，刘宋、萧齐之际又增加征收"禄米"；梁、陈时复有"田税""军粮"的征收，但不能确定是一时之法还是长期实行。⑥

东晋至宋、齐，户调制承袭西晋旧制，以户为单位征收纺织品。《晋书·孝武帝纪》载宁康二年（374）夏四月壬戌皇太后诏曰："三吴义兴、晋陵及会稽遭水之县尤甚者，全除一年租布，其次听除半年。"可知东晋民户需要为朝廷缴纳租布。由于当时南方丝织业不甚发达，普通农民多种麻而少种桑，因此户调以纳布为主。但是东晋明帝在平定王敦之乱后，封王导为始兴郡公，曾赐予9 000匹绢，分封温峤、卞壸、庾亮、刘遐、苏峻等人为县公时，亦分别赐绢5 400匹⑦；此后，成帝咸和四年（329）正月，苏峻叛乱攻陷建康台城，"时官有布二十万匹……绢数万匹"⑧。根据以上记载可知，东晋的户调不仅限于征收布匹，某些地方亦纳绢，否则国家府库内不可能存有这么多绢、布。但是东晋征收绢、布的数量，没有明确记载。直到刘宋大明五年（461）十二月甲戌，才重新制定户调制，正式将西晋户调制规定的"绵三斤"，折成布一匹，改为"天下民户岁输布四匹"⑨。及至齐武帝永明四年（486）五月，皇帝下诏："扬、南徐二州今年户租，三分二取见布，一分取钱。来岁以后，远近诸州输钱处，并减布直，匹准四百，依

① 《晋书》卷二六《食货志》。
② 《宋书》卷三《武帝纪下》。
③ 《宋书》卷五《文帝纪》。
④⑨ 《宋书》卷六《孝武帝纪》。
⑤ 《南齐书》卷三《武帝纪》。
⑥ 许辉、蒋福亚：《六朝经济史》，江苏古籍出版社，1993年，221～224页。
⑦ 《晋书》卷六《明帝纪》。
⑧ 《晋书》卷一〇〇《苏峻传》。

旧折半，以为永制。"① 此处的"户租"即是"户调"，三分之二缴纳布匹，三分之一缴纳钱币。说明当时户调的征收方法又有所改变。这种调布折纳制度的出现，适应了当时南方商品经济的发展，但由于市场物价变动不稳，可能无形中又额外地加重了人民的负担。② 到了梁武帝天监元年（502），"始去人赀，计丁为布"③，开始按丁纳调，并且不再实行九品混通。《隋书》追述梁陈的租调制度时说："其课，丁男调布绢各二丈，丝三两，绵八两，禄绢八尺，禄绵三两二分，租米五石，禄米二石。丁女并半之。男女年十六至六十为丁。男年十六，亦半课，年十八正课，六十六免课。女以嫁者为丁，若在室者，年二十乃为丁……其田，亩税米二斗。盖大率如此。"④

四、十六国至北魏初的赋税制度

五胡十六国时期，北方各民族政权兴灭无常，所实行的赋税制度也非常混乱和复杂，许多制度都具有暂时性与过渡性。北魏在孝文帝改革之前亦实行多种税制，中原的农业区域依然采用原有的租调制，边境部落组织则实行纳贡制，对自由牧民实行的是畜产征收制等。

十六国各个政权的赋税制度，均缺乏统一性与恒久性。大体言之，可分为三种：一是继续施行西晋占田制下的户调式，田租与户调并征；二是以户调为基准，略加改易；三是无规则的额外征调，有时甚至是一味野蛮地掠夺，毫无制度可依。⑤

比如成汉政权所施行的是西晋租调制。史称："时海内大乱，而蜀独无事，故归之者相寻……其赋，男丁岁谷三斛，女丁半之，户调绢不过数丈，绵数两。事少役稀，百姓富实，闾门不闭，无相侵盗。"⑥ 可知其实行的是比较正规的租调制，田租与户调皆以实物征收，对农民的剥削在当时算是比较轻的。前、后赵则对西晋租调制，按照各个时期的需要而加以改变利用。在其政权尚未稳固之时，往往有临时性的征发，所到之处，"税其义谷，以供军士"⑦。等到其政权较为巩固，石勒才以"司、冀渐宁，人始租赋"⑧，恢复租调制度。石勒统治时期，租调剥削维持在

---

① 《南齐书》卷三《武帝纪》。
② 许辉、蒋福亚：《六朝经济史》，江苏古籍出版社，1993 年，226～227 页。
③ 《梁书》卷五三《良吏传》。
④ 《隋书》卷二四《食货志》。
⑤ 高敏：《魏晋南北朝经济史》，上海人民出版社，1996 年，487 页。
⑥ 《晋书》卷一二一《李雄载记》。
⑦⑧ 《晋书》卷一〇四《石勒载记上》。

比较正常的状态。然而石虎即位后，情况发生了很大变化，基本是横征暴敛，没有固定的制度。往往巧取豪夺，"三五发卒"，下令国中五人出"车一乘，牛二头，米各十五斛，绢十匹，调不办者以斩论。……于是百姓穷窘，鬻子以充军制，犹不能赴，自经于道路死者相望，而求发无已"①。因此石虎统治时期，名为租调，实际上已经成为滥发的横调和强夺，没有任何限制。

北魏前期，由于土地制度颇为复杂，赋税制度也相应比较多样化。首先，对内迁部落实行纳贡制度。北魏建国之初，虽然有众多部落人口被纳入了政权统一管理之下，分散在各地定居，即所谓"离散诸部，分土定居，不听迁徙，其君长大人，皆同编户"，但是还存在许多部落仍维持旧的部落制度。这些逐渐内迁的部落大都采取进贡方式，向北魏政权缴纳赋税。如乙瓌，"代人也，其先世统部落"，"世祖时，瓌父匹知，慕国威化，遣使入贡"②。再如车伊洛，"焉耆胡也，世为东境部落帅，恒修职贡"，后又"讨破焉耆东关七城，虏获男女二百人，驼千头、马千匹，以金一百斤奉献"③。还有迁至漠南的高车，岁致献贡，为北魏提供了大量的牲畜，"马及牛羊，遂至于贱"④。可知这些未被解散的少数民族游牧部落多以纳贡方式向北魏缴纳赋税。

其次，北魏前期向从事畜牧的自由牧民征收牲畜税。这些牧民是解散了部落的拓跋族族民，大多居于代北，也有不少在半农半牧区生活，从事畜牧业。例如太宗永兴五年（413），"正月乙酉，诏诸州六十户出戎马一匹"；泰常六年（421）二月，"调民二十户输戎马一匹、大牛一头。三月……乙亥，制六部民，羊满百口输戎马一匹"⑤；世祖始光二年（425）五月，"诏天下十家发大牛一头，运粟塞上"⑥。可见，北魏前期有针对牧民征收的牲畜税。

针对农业经济区则实行租调制。如太祖拓跋珪天兴元年（398），"车驾自邺还中山，所过存问百姓。诏大军所经州郡，复赀租一年，除山东民租赋之半"⑦。高敏认为，"赀租"当为户调与田租。这条材料是北魏施行租调制的最早记载，说明当时恢复了西晋旧制。⑧ 此后，北魏在后续攻克的中原各地陆续恢复了租调制。例如天兴二年八月诏"除州郡民租赋之半"⑨。太宗拓跋嗣在位时，施行租调制的范

---

① 《晋书》卷一〇六《石季龙载记上》。
② 《魏书》卷四四《乙瓌传》。
③ 《魏书》卷三〇《车伊洛传》。
④ 《魏书》卷一〇三《高车传》。
⑤ 《魏书》卷三《太宗纪》。
⑥ 《魏书》卷四《世祖纪上》。
⑦⑨ 《魏书》卷二《太祖纪》。
⑧ 高敏：《魏晋南北朝经济史》，上海人民出版社，1996年，493页。

围已经很广，但田租没有固定的征收量。至世祖拓跋焘统治之时，北魏的租调制开始走向正规。始光四年（427）十二月，皇帝"幸中山"，"复所过田租之半"①；太延元年（435）十二月诏曰："自今以后，亡匿避难，羁旅他乡，皆当归还旧居，不问前罪。……若有发调，县宰集乡邑三老计赀定课，衰多益寡，九品混通，不得纵富督贫，避强侵弱。"②太平真君四年（443）六月诏曰："牧守令宰不能助朕宣扬恩德，勤恤民隐，至乃侵夺其产，加以残虐，非所以为治也。今复民赀赋三年，其田租岁输如常。牧守之徒，各厉精为治，劝课农桑，不得妄有征发。"③可知这时对田租户调的征收办法和征收数量，都有了比较明确的规定，民户亦分九等按赀征纳。直到太和八年之前，北魏一直沿袭着这个制度。需要注意的是，从高宗到显祖时期，国家在常调之外还征收杂调，农民负担很沉重，太和八年又因实行官员俸禄制，增加了田租与户调的征收数额。由此，北魏前期的租调制度逐渐趋于稳定和制度化。至于其征收办法，则一直是"宗主督护制"下的"九品混通"④，即"因民贫富，为租输三等九品之制。千里内纳粟，千里外纳米，上三品户入京师，中三品入他州要仓，下三品入本州"⑤。可见北魏征收田租是按户等定量，即所谓"九品混通"，不以人丁、田亩征收，而是按户缴纳，即所谓"户租"。田租与户调征收实物的标准则大体沿袭了西晋的旧制。

五、北朝的赋税制度

北魏孝文帝太和年间实行赋税制度改革，确立了新的租调制度，最终改变了十六国和北魏初期的混乱状况。北齐和北周的租调制基本沿袭北魏后期的赋税制度，仅在征收的具体数量与办法上有所改易。

太和八年（484）至太和十年，北魏系统地进行了赋税制度改革。史载："太和八年，始准古班百官之禄，以品第各有差。先是，天下户以九品混通，户调帛二匹、絮二斤、丝一斤、粟二十石；又入帛一匹二丈，委之州库，以供调外之费。至是，户增帛三匹，粟二石九斗，以为官司之禄。后增调外帛满二匹，所调各随其土所出。"⑥由于班禄制的颁布与实行，使得租调额比原先有所提高，超出了当时民户的承受能力，人民负担加重不少，时任徐州刺史的薛虎子指出："小户者一丁而已，计其征调之费，终岁乃有七缣。去年征责不备，或有货易田宅，质妻卖子，呻吟道

①② 《魏书》卷四《世祖纪上》。
③ 《魏书》卷四《世祖纪下》。
④ 高敏：《魏晋南北朝经济史》，上海人民出版社，1996 年，497 页。
⑤⑥ 《魏书》卷一一〇《食货志》。

路，不可忍闻。"① 于是北魏王朝又对政策进行了调整。

太和十年，李冲建议立三长，改革租调制度。建议："其民调，一夫一妇帛一匹，粟二石。民年十五以上未娶者，四人出一夫一妇之调。奴任耕、婢任绩者，八口当未娶者四，耕牛二十头，当奴婢八。其麻布之乡，一夫一妇布一匹，下至牛，以此为降。大率十匹为公调，二匹为调外费，三匹为内外百官俸，此外杂调。"②李冲的建议被孝文帝采纳，民户的租调负担有所减轻。随着三长制的实行和检括户口工作的展开，国家财政收入也逐渐增加。这场赋税制度改革，是以均田制的实施为基础的，新的租调制度按照丁、户相结合的方式征收赋税，有向丁租、丁调演变的趋势，比较有利于官府控制农民。这次赋税改革的初衷之一是统一税制，史家言"冲求立三长者，乃欲混天下一法"③，其推行自然意味着北魏早期所施行的部落贡纳制和牧民牲畜征收制被取消，农业区域原有的租调制亦被进行改造，从而实现北魏政权所辖的所有区域内赋税制度统一。新的租税制度，一度减轻了农民负担，可惜并未长期维持，因为北魏王朝不久又开始征收"杂调"和"横调"，重新加重了农民的经济负担。④

北齐、北周的赋税制度较之北魏又有所变化。北齐河清三年（564），朝廷对赋税制度进行了改革。《隋书·食货志》载："河清三年定令：……率人一床，调绢一匹，绵八两，凡十斤绵中，折一斤作丝，垦租二石，义租五斗。奴婢各准良人之半。牛调二尺，垦租一斗，义租五升。垦租送台，义租纳郡，以备水旱。垦租皆依贫富为三枭。其赋税常调，则少者直出上户，中者及中户，多者及下户。上枭输远处，中枭输次远，下枭输当州仓。三年一校焉。租入台者，五百里内输粟，五百里外输米。入州镇者，输粟。人欲输钱者，准上绢收钱。"与北魏的租调制度比较，这一法令所规定的纳租调量要略微高些，也进一步取消了"九品混通"的征收办法而将民户划分为三等。这个法令中很值得重视的一点是，规定"人欲输钱者，准上绢钱"，表明将实物折成钱币以缴纳租调的做法得到了朝廷允许，这反映出北齐时期商品经济有所恢复。此外，制度还规定"诸州郡皆别置富人仓"，其作用相当于常平仓，有平稳物价的作用。

北周时期实行了一系列的赋税制度改革。史称："后周太祖作相，创制六官。……司赋掌功赋之政令。凡人自十八以至六十有四，与轻癃者，皆赋之。其赋之法，有室者，岁不过绢一匹，绵八两，粟五斛；丁者半之。其非桑土，有室者，

---

① 《魏书》卷四四《薛虎子传》。
② 《魏书》卷一一〇《食货志》。
③ 《魏书》卷五三《李冲传》。
④ 高敏：《魏晋南北朝经济史》，上海人民出版社，1996年，497～501页；郑学檬：《简明中国经济通史》，人民出版社，2005年，125页。

布一匹，麻十斤；丁者又半之。丰年则全赋，中年半之，下年三之，皆以时征焉。"① 可知北周租调的征收单位是"一室"，与北齐之"一床"相同。在租调的征收数额上，北周要高于北齐。但北周对奴婢与耕牛不征收租调，这一点与北魏、北齐皆不相同，事实上更符合大地主的利益要求。

北齐、北周在征收正赋的同时，同样有横调和横赋敛。根据北周建德元年（572）三月诏令"顷兴造无度，征发不已……自令正调以外，无妄征发"②，可知当时"正调"以外有许多征发。而北齐"爰自邺都及诸州郡，所在征税，百端俱起"③。这两条材料说明，当时的横调相当普遍，对人民造成了更沉重的负担。

第二节　徭役制度的变化

魏晋南北朝各种徭役名目繁多，大体包括正役、运役、兵役、吏役、匠役、杂役等。"正役"是国家法令规定每丁每年应服的徭役，一般都有固定的天数和期限。此项徭役多是为官府修建宫殿、城池、官廨、住宅，或营建水利设施如沟、渠、塘、渎等，有时还包括营建苑囿园池、道观、寺庙等。"运役"包括为军队运送粮食和其他军需物资，以及将田租、户调等运送到都城或州、郡、县所在地。"兵役"则包括以兵充役，即以兵士服徭役性的劳役，或者以民为兵，即由农民来承担兵士应服的屯戍之役。而所谓"吏役"，则指服役者以"吏"的身份承担徭役。"匠役"则是服役者以"百工"的身份为官府服役，服役者受到官府严格控制，人身极不自由。

以上这些只是当时比较常见的徭役，各类临时征派的杂役更是名目繁多。与以上徭役相比，杂役一般无固定期限，没有服役范围，也没有固定任务，且缺乏固定章程。东晋穆帝升平中（357—361），庾亮之子庾龢曾经"代孔严为丹阳尹，表除重役六十余事"④，可见名目委实不少。总之，杂役即是"或供厨帐，或供厩车，或遣使命，或待宾客，皆无资费，取给于民"⑤，"诛求万端"，名称不一的徭役。

由于劳役名目种类众多并且服役时间长，往往造成民不聊生，百姓或自残以避役。时人指出："古者使人，岁不过三日，今之劳扰，殆无三日休停，至有残刑翦发，要求复除，生儿不复举养，鳏寡不敢妻娶。"⑥ 可知当时徭役负担之重。

---

① 《隋书》卷二四《食货志》。
② 《周书》卷五《武帝纪》。
③ 《北齐书》卷八《幼主纪》。
④ 《晋书》卷七三《庾亮传附子庾龢传》。
⑤ 《梁书》卷三《武帝纪下》。
⑥ 《晋书》卷七五《范汪传附子宁传》。

下面且依时代先后，简要介绍魏晋南北朝时期历代徭役的情况。①

一、三国时期

三国时期的徭役制度，与汉代情况大为不同，其始役年龄降低，止役年龄升高。据学者研究，曹魏规定成丁即开始服役的年龄为 16 岁②，而孙吴则可能征及 15 岁以上男子。《三国志》卷四八《吴书·孙亮传》云：太平二年（257）四月，"亮临正殿，大赦，始亲政事。（孙）綝所表奏，多见难问，又科兵子弟年十八已下、十五已上，得三千余人，选大将子弟年少有勇力者为之将帅。亮曰：'吾立此军，欲与之俱长。'日于苑中习焉。"东吴实行的是世兵制，孙亮开始亲理政事时所挑选的是兵士家庭的子弟，其年龄在 15～18 岁之间。是否东吴兵士始役年龄即为 15 岁，不能肯定。③

三国时期正役没有明确的时间限制，每丁每年所服正役肯定超过了汉代所制定的 20 天。《三国志》卷一三《魏书·王朗传》注引《魏书》云：曹魏文帝时，"功作倍于前，劳役兼于昔"；同书同卷《王肃传》云：景初年间（237—239），在洛阳服役的人数多达三四万，王肃建议"选其丁壮，择留万人，使一期而更之，咸知息代有日，则莫不悦以即事，劳而不怨矣"。可知当时正役的服役时间已不止一个月，大多息代无日。东吴赤乌三年（240），夏四月，"诏诸郡县治城郭，起谯楼，穿堑，发渠，以备盗贼"，同年又征发服役者"凿城西南，自秦淮北抵仓城，名运渎"。赤乌十年三月，"改作太初宫，诸将及州郡皆义作"④。孙休永安三年（260）"秋，用都尉严密议，作浦里塘"⑤。这些情况，都反映当时行役逾时是经常发生的情况。

运役也是经常征发。例如东吴时期，扬州百姓需要运送粮食供应武昌，史载："（孙）皓徙都武昌，扬土百姓泝流供给，以为患苦。又政事多谬，黎元穷匮。"⑥ 曹魏"建安二十三年（218），陆浑长张固被书调丁夫，当给汉中。百姓恶惮远役，并怀扰扰"⑦。蜀国也是频兴运役、运输军粮，建兴九年（231）"（诸葛）亮军祁

---

① 以下内容参考高敏：《魏晋南北朝经济史》，上海人民出版社，1996 年，539～584 页；郑学檬：《简明中国经济通史》，人民出版社，2005 年，120～126 页。

② 高敏：《魏晋南北朝经济史》，上海人民出版社，1996 年，533 页。

③ 有人认为，15 岁即是始役年龄。高敏：《魏晋南北朝经济史》，上海人民出版社，1996 年，534 页。

④ 《三国志》卷四七《吴书·吴主传》。

⑤ 《三国志》卷四八《吴书·三嗣主传·孙休传》。

⑥ 《三国志》卷六一《吴书·陆凯传》。

⑦ 《三国志》卷一一《魏书·管宁传附胡招传》。

山，（李）平督运事"①；建兴十一年，"（诸葛）亮使诸军运米"②。

至于兵役，自汉末以后，由于征兵制的破坏和募兵制、世兵制的实行，以兵充役的情况日益增多。曹魏士家除承担戍守、屯田与作战，还负担土木建筑等劳役；西蜀曾以军队士兵运米；东吴士兵也承担造作宫殿的劳役，如赤乌十年"改作太初宫，诸将及州郡皆义作"。所谓"义作"，即不能获得任何补偿的力役。赤乌十三年，孙权"遣军十万，作堂邑涂塘以淹北道"③。其功作者亦属兵士从事力役之例。兵役的另一种形式是征发民丁以屯戍，如孙吴征讨山越，"拣其精壮为兵，次为县户"④，但农民一旦被征发，往往就被固定下来，转化为士兵，或料简"强者为兵，羸者补户"⑤，以民丁补充世兵，实质上是民丁服徭役的一种形式。

三国时期吏役也很多，服役的"吏"地位较之汉代吏的地位更加低下，他们要为州郡耕种公田，"吏士小大，并耕稼穑"⑥，并且全家服役。因此，东吴孙休永安元年（258）十一月诏曰："诸吏家有五人，三人兼重为役。父兄在都，子弟给郡县吏，既出限米，军出又从，至于家事，无经护者，朕甚愍之。其有五人三人为役，听其父兄所欲留，为留一人，除其限米，军出不从。"⑦皇帝下令对全家服役者，可留一人在家料理家事，免除"限米"和兵役，竟算是一种恩赐，当时力役之繁重足可想见。

此外还有"匠役"，即所谓"百工"所服之役。服役者不属于良民，而是官府控制和奴役的对象。这一时期，官府除了奴役已经在其控制下的"百工"，还征发民间的"百工"⑧。《三国志》卷四八《吴书·孙休传》称：永安六年五月，"交趾郡吏吕兴等反，杀太守孙谞。谞先时科郡上手工千余人送建业，而察战至，恐复见取，故兴等因此扇动兵民，招诱诸夷也。"由此可见，此类强制征发已令民不聊生，往往激起民变。

二、西晋时期

史书所载有关西晋时期徭役制度的材料较少，因此只能大概了解其状况。

---

① 《三国志》卷四〇《蜀书·李严传》。
② 《三国志》卷三三《蜀书·后主传》。
③ 《三国志》卷四七《吴书·吴主传》。
④ 《三国志》卷六〇《吴书·贺齐传》。
⑤ 《三国志》卷五八《吴书·陆逊传》。
⑥ 《三国志》卷一三《魏书·王朗传》注引《魏名人奏》。
⑦ 《三国志》卷四八《吴书·三嗣主传·孙休传》。
⑧ 高敏：《魏晋南北朝经济史》，上海人民出版社，1996年，552页。

西晋灭吴之后，服役年龄的起点为 13 岁，老免年龄为 66 岁。《晋书》卷二六《食货志》云：“男女年十六已上至六十为正丁，十五已下至十三、六十已上至六十五为次丁，十二已下、六十六已上为老、小，不事。”这一法令对于丁、中、老、小的年龄划分，为隋唐时期划分黄小中丁老奠定了基础；其将丁划分为“正丁”和“次丁”，也使得服役分为全役和半役。

西晋灭吴前后的运役很多，“至于平吴之日，天下怀静，而东南二方，六州郡兵，将士武吏，戍守江表，或给京城运漕，父南子北，家室分离，咸更不宁。又不习水土，运役勤瘁，并有死亡之患，势不可久”①。对于当时的农民来说，自然是很沉重的负担。

西晋时期的匠役仍然很繁重，从事匠役的“百工”的社会地位继续下降，以至于朝廷以法律形式明确地规定了“百工”的卑贱地位，将“百工”视为最低阶层。如《晋书》卷四六《李重传》载：武帝泰始八年（272）的己巳诏书“申明律令：诸士卒、百工以上，所服乘皆不得违制”，可知其地位的低贱。

三、东晋南朝时期

东晋服役年龄与西晋太康元年所定之制相比，并没有太大变化。仍然按照丁、中、老、小服役，并且征发半丁服役的现象更为普遍，以致当时就有人认为，百姓太小年龄即被迫服役，是伤天理、违经典的事情。“今以十六为全丁，则备成人之役也矣。以十三为半丁，所任非复幼童之事矣。岂可伤天理，违经典，困苦万姓，乃至此乎？今宜修礼文，以二十为全丁，十六至十九为半丁，则人无夭折，生长滋繁矣。”②刘宋时期的徭役基本沿袭东晋之制，只是在年龄上稍有差别，正丁年龄改为 17～60 岁，服全役；15～16 岁、60～65 岁为次丁，服半役；14 岁以下、66 岁以上则免除徭役。到了梁、陈两代，年 16 为次丁，服半役；年 18 始为全丁，服全役：“男女年十六已上至六十，为丁。男年十六，亦半课，年十八正课，六十六免课。女以嫁者为丁，若在室，年二十乃为丁。其男丁，每岁役不过二十日。又率十八人出一远丁役之。”③

东晋南朝征发正役，基本没有时间限制，汉代所制定的“一月一更”的时限，此时已然遭到破坏。刘宋孝武帝为了赶修新宫，“日役六千人”，始于太元三年二月，完工于七月④；南齐海陵王延兴元年（494）十月，下诏：“正厨诸役，旧出州

---

① 《晋书》卷四六《刘颂传》。
② 《晋书》卷七五《范汪传附子宁传》。
③ 《隋书》卷二四《食货志》。
④ 《建康实录》卷九《刘宋孝武皇帝》。

郡，征吏民以应其数，公获二旬，私累数朔"①，实际上大大超过二旬之役；梁、陈之际，虽如《隋书·食货志》所云有"男丁每岁役不过二十日"的规定，但梁武帝于天监十二年（513）二月"辛巳，新作太极殿"，同年六月"庚子，太极殿成"②，并没有提到轮番服役，可知制度规定服役期限为20天只是表面文章；天监十三年，梁武帝征发丁男开凿浮山堰，"发徐、扬人，率二十户取五丁以筑之。假（康）绚节、都督淮上诸军事，并护堰作，役人及战士，有众二十万。于钟离南起浮山，北抵巉石，依岸以筑土，合脊于中流。十四年堰将合，淮水漂疾，辄复决溃，众患之。……是冬又寒甚，淮、泗尽冻，士卒死者十七八"。参加此役的服役者连续服役两三年未曾中途更换，且梁武帝本人亦有"役人淹久"的感慨。③ 陈朝始兴王陈叔陵于太建四年（572），"征求役使，无有纪极"，"潇、湘以南，皆逼为左右，壃里殆无遗者。其中脱有逃窜，辄杀其妻子"④，手段极为残忍；陈后主时征发徭役，更是"晨召暮行，夕求旦集，身充苦役，至死不归"⑤。

东晋的运役多因战争而征发，成帝咸和六年（331），"以海贼寇抄，运漕不继，发王公以下余丁，各运米六斛"，供给军粮⑥；晋穆帝升平三年（359）三月，"诏以比年出军，粮运不继，王公已下十三户借一人，一年助运"⑦。刘宋时期运役无已，《宋书》卷五三《谢方明传》谓方明任会稽太守，因"前后征伐，每兵运不充"，"悉发倩士庶，事既宁息，皆使还本。而属所刻害，或即以补吏"；南齐时，荆州地区"四野百县，路无男人"，"耕田载租，皆驱女弱，自古酷虐，未闻于此"⑧。"永元以后，魏每来伐，继以内难，扬、南徐二州人丁，三人取两，以此为率，远郡悉令上米准行，一人五十斛。输米既毕，就役如故"⑨。南朝后期虽有"率十八人出一运丁役之"⑩ 的规定，全都不过是纸上空文，并未得到执行，运役负担一直非常沉重。

兵役方面，晋孝武帝太元四年（379）"发丹阳民丁……屯卫京都"；"是年，又发扬州万人戍夏口"⑪，并且将这些征发的民丁变成了兵户，"以一时充役，遂染以

---

① 《南齐书》卷五《海陵王纪》。
② 《梁书》卷二《武帝纪中》。
③ 《梁书》卷一八《康绚传》。
④ 《陈书》卷三六《始兴王叔陵传》。
⑤ ［唐］许敬宗：《文馆词林》卷六四四李德林《隋文帝安边诏》。
⑥ 《晋书》卷二六《食货志》。
⑦ 《晋书》卷八《穆帝纪》。
⑧ 《南齐书》卷二四《柳世隆传》。
⑨ 《南史》卷五《废帝东昏侯纪》。
⑩ 《隋书》卷二四《食货志》。
⑪ 《宋书》卷二五《天文志三》。

军名"①。宋明帝时，"境内多难，民庶嗷然。遂广募义勇，置为部曲"②；刘宋泰始以后，"内外频有贼寇，将帅已下，各募部曲，屯聚京师"，李安民主张"自非淮北常备，其外余军，悉皆输遣，若亲近宜立随身者，听限人数"，"上纳之，故诏断众募"③。南齐时期，征发民丁协助戍边的事情时有发生，如海陵王延兴元年（494）十月诏承认："广陵年常递出千人以助淮戍，劳扰为烦。"④

吏役方面，由于东晋南朝时期各地州郡军府通常都有大量的公田，往往役使吏卒民丁耕种。应詹出于恢复发展农业生产的考虑，曾主张予以限制："都督可课佃二十顷，州十顷，郡五顷，县三顷。皆取文武吏、医、卜，不得挠乱百姓。三台九府，中外诸军，有可减损，皆令附农。"⑤由此可见，当时耕种公田是吏役的主要任务。东晋末期，王弘建议把"南局诸冶"所募的吏"回以配农"，可得"功利百倍"⑥。鉴于东晋以来吏役甚烦，且服役吏卒人数众多，刘宋武帝于永初二年（421）三月下诏："初限荆州府置将不得过二千人，吏不得过一万人；州置将不得过五百人，吏不得过五千人。兵士不在此限。"⑦由这些限制的数字亦可见当时承担吏役的人数非常之多。

关于这一时期的"百工"劳役，《晋书》卷八〇《王羲之传》引羲之给谢安的书信称："又有百工医寺，死亡绝没，家户空尽，差代无所，上命不绝，事起或十年、十五年，弹举获罪无懈息，而无益实事，何以堪之！谓自今诸死罪原轻者及五岁刑，可以充此；其减死者，可长充兵役；五岁者，可充杂工医寺，皆令移其家以实都邑。"据王羲之所言，"百工"死后，其家人须"差代"；家户空绝无法差代，则要以重刑徒充之。"百工"几乎类于"重刑徒"，可见其地位之卑贱，且劳作繁重。不过，这种状况在南朝后期似乎有所改变。齐明帝于建武元年（494）十一月，诏"细作中署、材官、车府，凡诸工，可悉开番假，递令休息"⑧，规定百工可以轮番服役。建武二年五月，又下诏："监作长帅，可赐位一等，役身遣假一年，非役者蠲租同假限。"⑨诏令中的"役身"，指的是长期服役的工匠，"非役者"则是临时征发的手工业者。由此看来，此时百工所服之役，较之前代已有所减轻。及至陈宣帝太建二年（570），下诏："巧手于役死亡及与老疾，不劳订补。"⑩可以从中窥

---

① ［唐］许敬宗：《文馆词林》卷六六七《霆震大赦诏》。
② 《魏书》卷九七《岛夷刘裕传附刘彧传》。
③ 《南齐书》卷二七《李安民传》。
④ 《南齐书》卷五《海陵王纪》。
⑤ 《晋书》卷七〇《应詹传》。
⑥ 《宋书》卷四二《王弘传》。
⑦ 《宋书》卷三《武帝纪下》。
⑧⑨ 《南齐书》卷六《明帝纪》。
⑩ 《陈书》卷五《宣帝纪》。

见有废除工匠世代相传制度的倾向，说明百工的地位有所改善。

四、十六国时期

十六国时期，北方各族政权大都推行早役制。由于十六国统治者多为少数民族首领，进入中原后仍然保持有役使奴隶、草菅人命的习惯，加之战乱频仍，迫切需要大量劳动力充作服役者，故当时徭役极其繁重，横征滥发，几无宁日，往往一次征发人数以万计，甚至妇女也需服役。如汉国刘聪在位时曾"作殿观四十余所，加之军旅数兴，馈运不息"，导致"饥馑疾疫，死亡相继"①；其子刘粲也"好兴宫室"，"在位无几，作兼昼夜，饥困穷叛，死亡相继，粲弗之恤也"②。前赵刘曜为其父及妻修建坟墓，以"六万夫"为"百日作"，"所用六百万功"，"其下周过二里，作者继以脂烛，怨呼之声盈于道路"，"疫气大行，死者十三四"③。后赵石虎"盛兴宫室于邺，起台观四十余所，营长安、洛阳二宫，作者四十余万人"④。石季龙曾"使尚书张群发近郡男女十六万，车十万乘，运土筑华林苑及长墙于邺北，广长数十里"⑤。总之，十六国时期的徭役极其残酷，根本没有制度约束。

各种力役之中，运役尤其繁重，为了运输军需物资，往往一次征发数万乃至数十万之众，造成百姓废业，生产无法进行。如后赵石虎征慕容皝，"令司、冀、青、徐、幽、并、雍兼复之家五丁取三，四丁取二，合邺城旧军满五十万，具船万艘，自河通海，运谷豆千一百万斛于安乐城，以备征军之调"⑥。北魏前期，"九年之间，戎车十举"，"频年屡征，有事西北，运输之役，百姓勤劳，废失农业"⑦。至北魏献文帝时，为了供应代京粮食布帛而征发运役，"山东之民，咸勤于征戍转运。帝深以为念，遂因民贫富，为租输三等九品之制。千里内纳粟，千里外纳米；上三品户入京师，中三品入他州要仓，下三品入本州"⑧。为此专门制定了三等九品制，以千里内外为界，决定纳粟纳米，其目的是为了减少运送数量；分三等决定运送地点，则是为了缩短运程。至此，统治者总算开始关注民众运役之苦了。

至于兵役，同样十分苛重。十六国时期发民为兵之事时有见之，民丁众多，往往役死。例如后赵石勒，曾"于葛陂缮屋宇，课农造舟，将寇建邺"，由于连

---

① 《资治通鉴》卷八八《晋纪》愍帝建兴元年条。
② 《晋书》卷一〇二《刘聪载记》附刘粲事。
③ 《晋书》卷一〇三《刘曜载记》。
④⑥ 《晋书》卷一〇六《石季龙载记上》。
⑤ 《晋书》卷一〇七《石季龙载记下》。
⑦ 《魏书》卷四《世祖纪上》。
⑧ 《魏书》卷一一〇《食货志》。

月霖雨，加以晋朝发兵围困，"勒军中饥疫死者太半"①；石虎则为了与割据者争夺地盘，"敕河南四州，具南师之备；并、朔、秦、雍严西讨之资；青、冀、幽州三五发卒，诸州造甲者五十万人"。后来，为"讨三方"，"诸州兵至者百余万"②。民丁兵役之重，由此可见。

与此同时，各级公府亦多有"吏户""吏兵"。据《晋书》卷一〇六《石季龙载记》载："右仆射张离领五兵尚书，专总兵要，而欲求媚于石宣，因说之曰：'今诸公侯吏兵过限，宜渐削弱，以盛储威。'宣素疾石韬之宠，甚说其言，乃使离奏夺诸公府吏，秦、燕、义阳、乐平四公听置吏一百九十七人，帐下兵二百人，自此以下，三分置一，余兵五万，悉配东宫。"则后赵承袭魏晋之制，王公侯府设置府吏，裁减之后其数尚且如此之大，可见府吏人数相当众多。由于战乱频仍，这个时期北方政权往往采用军事编制方式统治"吏户"，后秦即是如此。《晋书》卷一一六《姚苌载记》云："苌既与苻登相持积年，数为登所败，远近咸怀去就之计，唯征虏齐难、冠军徐洛生、辅国刘郭单、冠威弥姐婆触、龙骧赵恶地、镇国梁国儿等守忠不贰，并留子弟守营，供继军粮，身将精卒，随苌征伐。时诸营既多，故号苌军为大营，大营之号自此始也。"又"苌下书，兵吏从征伐，户在大营者，世世复其家，无所豫。"可知，后秦采取以军事编制统"吏户"的方式。

十六国时期的匠役，与三国两晋时期一样，服役"百工"受统治者的严格人身控制，极不自由。石虎时曾设置了"典匠少府"一官，当为管理"百工"。在石虎的尚方、御府中的"作锦"坊服役的"巧工"，"皆数百人"③。前燕时，官府所控制的百工甚多，大臣封裕为此上书说："习战务农，尤其本也。百工商贾，犹其末耳。宜量军国所须，置其员数，已外归之于农。"慕容皝采纳其建议，下诏："百工商贾数，四佐与列将速定大员，余者还农。"④《魏书》卷九五《铁弗刘虎传》载：夏国赫连勃勃命工匠造兵器，"所造兵器，匠呈必死：射甲不入，即斩弓人，如其入也，便斩铠匠，凡杀工匠数千人"，说明当时"百工"之数甚众。成汉建国之初，"都邑空虚，工匠器械，事未充盈，乃徙旁郡户三丁以上以实成都，兴上方、御府，发州郡巧工以充之"⑤。许多工匠原本是农民，或农工兼事，他们大量被官府役使，无法开展正常的农业生产活动。

---

① 《晋书》卷一〇四《石勒载记上》。

② 《晋书》卷一〇六《石季龙载记上》。

③ 《太平御览》卷八一五《布帛部》引陆翙《邺中记》。

④ 《晋书》卷一〇九《慕容皝载记》。

⑤ 《晋书》卷一二一《李寿载记》。

五、北朝时期

北魏自均田令颁布之后，将人口划分为丁、中、老、小，徭役制度逐渐成形。根据制度规定：正丁年 15 以上，服全役；次丁年 12～14，服半役；年 70 以上、11 以下，不役。① 北齐、北周的丁、中、老、小制，较之北魏则有所放宽。北齐"河清三年定令：……男子十八以上、六十五已下为丁，十六已上、十七已下为中，六十六已上为老，十五已下为小。率以十八受田、输租调，二十充兵，六十免力役，六十六退田、免租调"②。可知正丁年 20～59 岁，服全役；60 岁以上或 15 岁以下无须服役。始役年龄高于课税年龄，免力役早于免租税。这表明北齐时期百姓服役的年限有所缩短，徭役负担亦有所减轻，其减轻的程度超过南朝。西魏、北周所规定的徭役年龄，则与北齐稍有不同。史称："后周太祖作相，创制六官。……司役掌力役之政令。凡人自十八以至五十有九，皆任于役。丰年不过三旬，中年则二旬，下年则一旬。凡起徒役，无过家一人。其人有年八十者，一子不从役；百年者，家不从役。废疾非人不养者，一人不从役。若凶札，又无力征。"③

北魏直接继承了曹魏、西晋的正役制度，每年征发固定性的徭役，时称"恒役"。北魏前期对服役者的年龄，并没有固定的标准，各个年龄阶段的人可能都在征发之列，故其时常称"发人""发民"，而不称"发丁"。直到孝文帝改革后，才明确规定年 15 为成丁。北魏前期，正役有时遵循秦汉"月为更卒"的时限，大约为 30 天。道武帝天赐三年（406）"六月，发八部五百里内男丁筑灅南宫，门阙高十余丈，引沟穿池，广苑圃；规立外城，方二十里，分置市里，经涂洞达。三十日罢"④。天赐四年秋七月，"筑北宫垣，三旬而罢"⑤。然而更多是没有期限的征发。直到北魏后期，正役的役期多为 40 天左右。例如景明二年（501）九月，"发畿内夫五万人筑京师三百二十三坊，四旬而罢"⑥。东魏兴和元年，"发畿内民夫十万人城邺城，四十日罢"⑦。兴和三年十月，"发夫五万人筑漳滨堰，三十五日罢"⑧。武定元年（543）八月，齐献武王"召夫五万于肆州北山筑城，西自马陵戍，东至土隥，四十日罢"⑨。由这几次征发的情况可知，正役的实际服役时间多为 40 天或者略短。

北齐、北周的正役期限，较之北魏和东魏时期又有延长的趋势，即使有明确的制度规定，实际征发仍然很频繁，并不完全遵守制度，而且征发的规模也很大。北

---

① 高敏：《魏晋南北朝经济史》，上海人民出版社，1996 年，563～564 页。

②③ 《隋书》卷二四《食货志》。

④⑤ 《魏书》卷二《太祖纪》。

⑥ 《魏书》卷八《世祖纪》。

⑦⑧⑨ 《魏书》卷一二《孝静帝纪》。

齐天保七年，"修广三台宫殿"，至九年八月"二台成"①。此番徭役历时两年，且连续劳作，"夜则以火照作，寒则以汤为泥，百工困穷，无时休息"②。由于力役繁重，民众生活和经济发展都受到严重影响，史称当时"赋敛日重，徭役日烦，人力既殚，帑藏空竭"③。西魏、北周的正役期限亦有明显延长。据《隋书·食货志》记载：西魏恭帝三年（556）曾规定正役役期："丰年不过三旬，中年则二旬，下年则一旬。"北周武帝"保定元年三月丙寅，改八丁兵为十二丁兵，率岁一月役"。"八丁兵"，每年服役 45 天；"十二丁兵"，每年服役一个月。也就是说，役期曾经有所缩短。然而周宣帝时却又恢复了一个半月的役期，大成元年（579）二月，"发山东诸州兵，增一月功为四十五日役，起洛阳宫。常役四万人，以迄于晏驾"④。

运役方面，北齐河清三年（564），为了减轻将田租运送的耗费劳苦，进行了一些改革，不同租谷分别运送不同地区，其中垦租送台、义租纳郡。此外，送台之垦租，"皆依贫富为三枭"："上枭输远处，中枭输次远，下枭输当州仓。三年一校焉。租入台者，五百里内输粟，五百里外输米，入州镇者输粟。"⑤ 这些规定，目的在于缓解因运役繁重而产生的矛盾。但对普通百姓来说，这些办法并未能起到实际效果，因为不论北魏的三等九品制，还是北齐的三枭之制，都依赖于户的评定，而户等的评定实际上往往取决于地方官吏。富户可以通过行贿以逃役，受累者仍为贫穷下户。为了运送田租，北朝官府亦强制调发民间车、马、驴、牛。因此，尽管北魏献文帝时已行三等九品制，运役仍为百姓的沉重负担，以至于在孝文帝时，"丁壮死于军旅，妇女疲于转输"⑥。

北朝虽然实行世兵制，但也征发民丁为兵，服兵役者不仅要为军队服役，还得运输和修筑防御工程，实际上他们所承担的任务就是劳役。《魏书》卷五《高宗纪》和平四年（463）三月诏曰："在职之人，皆蒙显擢，委以事任，当厉己竭诚，务省徭役，使兵民优逸，家给人赡。今内外诸司、州镇守宰，侵使兵民，劳役非一。自今擅有召役，逼雇不程，皆论同枉法。"诏令既"兵民"合称，且均服劳役，则其中的"兵"正是征发自民丁的兵。孝文帝迁都洛阳后，曾"诏选天下武勇之士十五万人为羽林、虎贲以充宿卫"⑦。宣武帝正始三年（506），"诏发定、冀、瀛、相、并肆六州十万人以济南军"⑧。这些民丁所服的，正属于徭役性兵役。以上都是征

---

① 《北齐书》卷四《文宣帝纪》。
②③ 《北史》卷八《齐本纪下》。
④ 《周书》卷七《宣帝纪》。
⑤ 《隋书》卷二四《食货志》。
⑥ 《艺文类聚》卷五八《杂文部四》。
⑦ 《魏书》卷七《高祖纪下》。
⑧ 《魏书》卷八《世宗纪》。

发民丁以补充兵士的例子。

北魏亦有服役性质的"吏户"存在，而且多为官员私家服役。略举数例：崔浩见诛，"自浩以下，僮吏已上百二十八人皆夷五族"[1]；王慧龙死后，"吏人及将士共于墓所起佛寺"[2]；咸阳王元禧，有"奴婢千数，田业盐铁遍于远近，臣吏僮隶，相继经营"[3]。这些足以说明北魏吏户之众多，且多服役于官吏私家。并且北魏初年的制度明确规定，诸侯王役使吏户为其服役。《魏书》卷一一三《官氏志》云："（天赐元年）十二月，诏始赐王公侯子国臣吏：大郡王二百人；次郡王、上郡公，百人；次郡公，五十人；侯，二十五人；子，十二人。皆立典师，职比家丞，总统群隶。"可见所需吏的数量相当不少，有些"吏户"乃是强迫农民为之。

对于手工业者，北魏初建之时就着手加以控制。《魏书》卷九四《阉官·仇洛齐传》载："魏初禁网疏阔，民户隐匿漏脱者多。东州既平，绫罗户民乐葵因是请采漏户，供为纶绵。自后逃户占为细茧罗縠者非一。于是杂、营户帅遍于天下，不属守宰，发赋轻易，民多私附，户口错乱，不可检括。洛齐奏议罢之，一属郡县。"这说明北魏初建时曾以军事组织形式编制工匠，称之为杂户、营户，并设杂营户帅直接统治之，不归州县管辖。太武帝时期对工匠的管理更趋严格。太平真君五年（444）正月，皇帝下令："自王公已下至于庶人，有私养沙门、师巫及金银工巧之人在其家者，皆遣诣官曹，不得容匿。限今年二月十五日，过期不出，师巫、沙门身死，主人门诛。"[4] 禁止私养百工，并且全部要由官府控制。同年同月，又下令百工不许改业，只能世袭，"百工伎巧，驭卒子息"[5]。但这些禁令并没能抑制百工地位的上升趋势。至孝文帝延兴二年（472），"工商杂伎，尽听赴农"[6]，解除了百工不能改业的禁令；太和十一年（487），又"罢尚方锦绣绫罗之工，四民欲造，任之无禁"[7]，进一步放宽了官府对百工的控制。到北齐、北周时期，官府对百工控制的程度略有反复，甚至又出现了私藏工匠的禁令。[8] 但总体而言，百工地位还是有所上升，尤其北周朝廷有"役丁为十二番，匠则六番"的规定，改变了百工终身服役的制度。这些变化，一方面有利于私营工商业的发展，同时也有利于一些民众回归到农耕生产中去。

---

① 《魏书》卷四八《高允传》。

② 《魏书》卷三八《王慧龙传》。

③ 《魏书》卷二一《咸阳王禧传》。

④⑤ 《魏书》卷四《世祖纪下》。

⑥ 《魏书》卷七《高祖纪上》。

⑦ 《魏书》卷七下《高祖纪下》。

⑧ 《隋书》卷二四《食货志》。

第三节 赋役负担与农民生活

自古以来，国家权力影响农业生产和农民生活之巨，莫过于土地和赋役制度。对于古代国家来说，前者只是手段，后者才是目的。历史上反复重演的情形是，当土地分配比较合理，赋役制度比较轻缓而执行较为严格之时，农民就能够安于垄亩，生产就能发展，生活亦较宽裕。反之，则百姓疲困，生活穷蹙，农业亦将走向萧条，最终导致民怨鼎沸，揭竿反抗，致使社会陷入动荡。虽然历代统治者都意识到了这一点，并且力图防止，但始终无法摆脱这种历史循环的宿命。魏晋南北朝时期，由于社会动荡不安，国家赋役特别是劳役较之其他历史时期尤为苛重，对广大农民生产生活造成了极其沉重的压力。这里仅略陈史实以窥其一斑。

一、三国时期农民生活状况

曹魏时期，鉴于当时特定的社会经济形势，对税制进行了多项改革，比如废除汉代对成年人征收的算赋和对儿童征收的口钱，即人头税。建安九年，魏武帝在大破袁绍后，免除了河北的租赋①，下令禁止豪强兼并土地和逼迫下户贫民代为缴纳租赋，同时明令推行新制，规定土地税每亩须交租4升，每户纳绢2匹、绵2斤，不再额外征收其他租赋。这样的规定，使得土地税由土地亩数决定，租赋也由土地所有者缴纳，而不允许土地使用者如佃户代纳，避免地主将租税负担转嫁给下户贫民，使得税收比较简便易行，一般小农的租税负担亦有所减轻。此外，由于废除了汉代的算赋与口赋，农民不必因为缴纳租税而贱价出售谷物，客观上抑制了商人压榨剥削农民，减轻了自耕农的支出，有利于小农经济再生产的恢复。

但是，农民除了对国家承担租税义务，还要负担兵役和徭役，这在当时是比租税更加沉重的负担。虽然曹魏对于"役"并没有明确的制度性规定，但史书反映农民的劳役负担非常沉重，由于战争和水利工程兴建等方面的需要，国家频繁地征发大量农民服役。略举数例。

《三国志·武帝纪》引裴注载建安十年（205），曹操征伐袁谭，"川渠水冻，使民椎冰以通船，民惮役而亡"；建安二十三年，冀州陆浑山的张固"被书调丁夫，当给汉中。百姓恶惮远役，并怀扰扰"②。除徭役、戍役、工役，还有吏役，即以

---

① 《三国志》卷一《魏书·武帝纪》："（建安九年）九月，令曰：'河北罹袁氏之难，其令无出今年租赋。'重豪强兼并之法，百姓喜悦。"

② 《三国志》卷一一《魏书·管宁传附胡昭传》。

"吏"的身份给官府或官员服役。如黄初年间（220—226），颜斐任京兆太守，"起文学，听吏民欲读书者，复其小徭。又于府下起菜园，使吏役闲锄治。又课民当输租时，车牛各因便致薪两束，为冬寒冰炙笔砚"①；魏明帝曹叡统治时期，役目众多，"百役繁兴，作者万数"②，"民穷于役，农业有废，百姓嚣然"③，外起兵役，内兴土木，大肆修建宫观楼阁，人民苦不堪言，导致农民负担过重而严重影响农时，因此蒋济上书："二贼未诛，宿兵边陲，且耕且战，怨旷积年。宗庙宫室，百事草创，农桑者少，衣食者多，今其所急，唯当息耗，百姓不至甚弊。弊矣之民，倘有水旱，百万之众，不为国用。凡使民必须农隙，不夺其时。"④ 高堂隆亦上奏："然则士民者，乃国家之镇也；谷帛者，乃士民之命也。谷帛非造化不育，非人力不成。是以帝耕以劝农，后桑以成服，所以昭事上帝，告虔报施也。……今上下劳役，疾病凶荒，耕稼者寡，饥馑荐臻，无以卒岁，宜加愍恤，以救其困。"⑤ 可见当时力役之繁重。

从理论上说，屯田农民属于国家的佃农，只需向官府交纳对半或者四半分成的地租。但是仍经常有大量屯田民被征调，承担各种兵役与徭役。如建安十五、十六年（210—211），曹魏蕲春典农谢奇屯田于皖，曾率以屯田民为主的"部伍"同吕蒙作战⑥；二十三年留守许昌的丞相长史王必与颍川典农中郎将严匡率屯田民讨伐太医令吉本叛乱⑦；正元二年（255），曹髦曾下诏："所在郡典农及安抚夷二护军、各部大吏，慰恤其门户，无差赋役一年；其力战死事者，皆如旧科，勿有所漏。"⑧ 从这些事例可知，屯田户不仅要承担赋役，且需协助屯田区参加战斗。在这些正役之外，屯田民还要承担"治廪系桥，运输租赋，除道理梁，墐涂室屋"⑨ 等杂役。曹魏后期，屯田民的地位日益低下，"自黄初以来，听典农治生，各为部下之计"，以至于"诸典农各部吏民，末作治生，以要利入"，典农派遣其所统的部分屯田民从事商贾贸易，为他们谋取经济利益，留守的屯田民需要为这些外出者承担屯田劳动，即所谓"留者为行者宗田计，课其力"⑩。屯田民事实上逐渐沦落为私家私人佃客。不少屯田农民干脆就被朝廷赏赐给各级官吏，成为合法的私家佃客。⑪ 至于那些租佃地主土地的佃农，既要负担国家赋役，又要向地主缴纳至少对半分成的地

① 《三国志》卷一六《魏书·仓慈传》注引《魏略》。
②⑤ 《三国志》卷二五《魏书·高堂隆传》。
③ 《三国志》卷二三《和洽传》。
④ 《三国志》卷一四《魏书·蒋济传》。
⑥ 《三国志》卷五四《吴书·吕蒙传》。
⑦ 《三国志》卷一《魏书·武帝纪》。
⑧ 《三国志》卷四《魏书·三少帝纪》。
⑨⑩ 《三国志》卷一二《魏书·司马芝传》。
⑪ 《晋书》卷九三《外戚·王恂传》。

租，生活负担就更沉重了。

孙吴的租税和赋役制度沿袭汉代，一直相当沉重，对此孙吴统治者也承认。孙权说："发调者，徒以天下未定，事以众济。若徒守江东，修崇宽政，兵自足用，复用多为，顾坐自守可陋耳。若不豫调，恐临时未可便用也。"① 又云："自孤兴军五十年，所役赋凡百，皆出于民。天下未定，孽类犹存，士民勤苦，诚所贯知，然劳百姓，事不得已耳。"② 赤乌三年春正月，孙权下诏曰："顷者以来，民多征役，岁又水旱，年谷有损，而吏或不良，侵夺民时，以致饥困。"③ 其后，孙休也说："今欲广开天业，轻其赋税，差科强羸，课其田亩，务令优均，官私得所，使家给户赡，足相供养。"④ 可见当时统治者都意识到赋役沉重导致人民生活饥困，不利于农业生产的复苏和发展。然而他们的那些诏令都不过是徒有其文，对于农民的赋税徭役负担，并没有采取切实有效的政策措施予以减轻。

由于战争、兴造和运输等多方面的需要，国家对农民的力役征发十分频繁，动辄数以万人。如赤乌八年（245）八月，孙权"遣校尉陈勋将屯田及作士三万人，凿句容中道。自小其至云阳西城，通会市，作邸阁"；赤乌十年，"改作太初宫，诸将及州郡皆义作"⑤；孙休永安三年（260），曾为丞相的濮阳兴力主"会诸兵民就作"⑥ 等。可见孙吴统治区内自耕农与屯田民的生活相当悲惨，正如华覈所言："夫财谷所生，皆出于民。趋时务农，国之上急，而都下诸官，所掌别异，各自下调，不计民力，辄与近期。长吏畏罪，昼夜催民，委舍佃事，遑赴会日，定送到都，或蕴积不用，而徒使百姓消力失时。到秋收月，督其限入，夺其播殖之时，而责其今年之税，如有逋悬，则籍没财物。故家户贫困，衣食不足。宜暂息众役，专心农桑。……军兴以来，已向百载，农人废南亩之务，女工停机杼之业，推此揆之，则蔬食而长饥，薄衣而履冰者，固不少矣。"⑦ 孙吴后期，赋役征发更是变本加厉，不仅更加频繁，而且更加苛严，稍有拖延则被籍没财物。豪强兼并，官吏贪残，国家不顾农时而任意征调，都成为广大农民的沉重负担，以致民不聊生，最终导致农民反抗斗争不断爆发，终吴之世不曾止绝。

在诸葛亮执政时期，蜀汉政权下的农民赋役负担尚属较轻。诸葛亮指出："圣

---

①②③⑤　《三国志》卷四七《吴书·孙权传》。

④　《三国志》卷四八《吴书·孙休传》。

⑥　《三国志》卷六四《吴书·濮阳兴传》。

⑦　《三国志·吴书》卷二〇《华覈传》。

人之治理也，安其居，乐其业"①，"上下和睦，百姓安乐"②，从而达到"富国安家"的政治目的，因此他所推行的是轻徭薄赋、与民休息的政策，主张"唯劝农业，无夺农时；唯薄赋敛，无尽民财"③。为此，蜀汉也采取了一些具体措施，比如将成都附近的一些荒芜土地分配给逃亡的农民，使其安居乐业④；"铸直百钱，平诸物贾，令吏为官市"⑤，有效地阻止商人对百姓的过分盘剥；组织士兵屯田以增加军粮来源，减轻农民负担；为了缩减军费开支，诸葛亮还曾实行"减兵省将"，把军队人数控制在一定数量，对军队定期实行轮换制，"十二更下，在者八万"⑥，即便战事频繁，大部分兵力在前线作战，仍然保留部分士兵在后方从事劳动生产。这些做法，使得当时蜀汉的赋役不太超过农民所能承受的范围，国家与农民之间的关系也相对比较和缓。据统计：曹魏因"百姓雕弊"⑦、"民不堪役"⑧ 而导致 24 次农民起义，孙吴因"良田渐废""租入过重"⑨，统治者"肆行残暴""虐用其民"⑩，最后造成"人民穷困"⑪、"不复堪命"⑫ 而被迫起义 23 次，同一时期的蜀汉却只有 3 次农民起事。所以史书称"（诸葛）亮之治蜀，田畴辟，仓廪实，器械利，蓄积饶，朝会不华，路无醉人"⑬，并且他"行法严而国人悦服，用民尽其力而下不怨"⑭。然而诸葛亮死后，蜀汉政治日趋腐败，加之连年征战，"国内受其荒残，西土苦其役调"⑮，因此到了蜀汉后期，人民赋税力役的负担亦变得繁重不堪。吴主孙休曾遣薛珝聘蜀，归来问蜀政得失，对曰："主闇而不知其过，臣下容身以求免罪，入其朝不闻直言，经其野民皆菜色。"⑯ 显然，蜀汉末期农民的生活情况也是相当贫困。

---

① 《诸葛亮集》卷四《不陈》。
② 《诸葛亮集》卷四《东夷》。
③ 《诸葛亮集》卷三《便宜十六策·治人》。
④ 《三国志》卷三六《蜀书·赵云传》注引《云别传》。
⑤ 《三国志》卷三九《蜀书·刘巴传》注引《零陵先贤传》。
⑥ 《三国志》卷三五《蜀书·诸葛亮传》注引郭冲五事。
⑦ 《三国志》卷三《魏书·明帝纪》"陈寿评曰"。
⑧ 《三国志》卷二五《魏书·辛毗传》。
⑨ 《三国志》卷四八《吴书·三嗣主传·孙休传》。
⑩ 《三国志》卷四八《吴书·三嗣主传》"陈寿评曰"。
⑪ 《三国志》卷四八《吴书·三嗣主传·孙皓传》注引《江表传》。
⑫ 《三国志》卷四八《吴书·三嗣主传·孙皓传》。
⑬ 《三国志》卷三五《蜀书·诸葛亮传》注引《表子》。
⑭ 《三国志》卷三五《蜀书·诸葛亮传》注引《袁子》。
⑮ 《三国志》卷三五《蜀书·诸葛亮传》注引吴张俨《默记》。
⑯ 《资治通鉴》卷七七，魏元帝景元二年冬十月条。

二、两晋时期农民生活状况

西晋征收的田税和户调，较之曹魏时期分别提高了 100％和 50％，均以实物交纳。由于西晋的农业税比曹魏时期重，且户调又以绢、绵等实物交纳，农民若不能自己生产绢、绵，则需出卖谷物以换回绢、绵再上缴。在谷贱绢贵的情况下，这无疑额外地增加了农民的经济负担，而西晋时期恰恰是谷米贱布帛贵，所以当时农民的赋税负担较之汉魏更加沉重。

官田兵家屯垦收租亦非常沉重。曹魏时期的民屯与军屯，用官牛者，官得六分而民得四分；自备耕牛者，官民平分。然而到了西晋，这一政策发生了改变，用官牛者，官得八分而民得二分；自备耕牛者，官得七分而民得三分。国家对屯田客的剥削量骤然增加。

东晋的农业税制，田租和户调大体沿用了西晋的办法，但是由于战事频仍，政治腐败，横征暴敛，税目众多，农民连修葺房屋、栽种树木、卖柴炭等都要缴纳一定数额的税。贵族官僚地主享有免除徭役的特权，又大量合法或非法地荫占户口，他们将田租赋税负担转嫁到一般农户，进一步加重了农民的经济负担。国家虽有一些制度规定，但常常并不执行。比如成帝咸和五年（330）制定地税"取十分之一，率亩税米三升"①，但是次年即由于海寇侵扰，且连年自然灾害，大土地所有者借口歉收而拒缴田租税米，至咸康初年（335），已欠缴 50 余万斛税米，此项制度于是难以执行下去，国家财政亦因此受到严重影响。于是，到了孝武帝太元二年（377），东晋国家废除地税，改为按人丁征收口税，每人每年缴纳 3 斛，对正在服役的壮丁免税；383 年，又规定征收税米每口 5 石，其征收对象甚至包括正在服役的丁男丁女。

两晋时期的农民经济负担之沉重超过了以前各代，各种徭役尤为令人不堪。对此，当时人们已经有很多议论和感慨。例如范宁指出："古者使民岁不过三日，今之劳扰，殆无三日之休。"②刘颂亦称：百姓"戍守江表，或给京城运漕，父南子北，室家分离，咸更不宁。又不习水土，远役勤瘁，并有死亡之患"③；傅咸也认识到"百姓不赡"是由于"官众事殷，复除猥滥"，认为"当今之急，先并官省事，静事息役，上下用心，惟农是务也"④。晋代农民负担兵役、徭役之重，由此可见一斑。不仅男子难以逃脱重役，而且常常役及妇女。广大农民因生活困苦，不堪忍

① 《晋书》卷二六《食货志》。
② 《资治通鉴》卷一〇七《晋纪》二十九，孝武帝太元十四年条。
③ 《晋书》卷四六《刘颂传》。
④ 《晋书》卷四七《傅玄传附子咸传》。

受沉重赋役而相继逃亡，致使天下"百姓流亡，户口日减"①，乃至群起而叛，聚众为盗。东晋时期，连其最重要的经济中心——三吴地区亦出现群盗纵横的局面，当时有人明确地指出："今诸州大水，民食寡乏，三吴群盗，攻没诸县，皆由困于征役故也。"②

晋室南渡之后，北方地区处于群雄混战的十六国时期，社会局势更加动荡，各族政权对于农民的赋役盘剥特别是毫无节度的力役征发，更令民不堪命，史书所载，惨象满目。例如后赵政权"众役繁兴，军旅不息，加以久旱谷贵，金一斤直米二斗，百姓嗷然无生赖矣"③。因战事而大肆征发粮食、布帛与劳动力，造成"百姓穷窘，鬻子以充军制，犹不能赴，自经于道路者死者相望，而求发无已"④。其后，后赵政权内部分裂，冉闵与羌胡混战，中原更加大乱，致使土地荒芜而无人耕种，发生饥馑，饥民互相啖食。⑤ 前燕的情况也类似，358 年"燕调发繁数，官司各遣使者，道路旁午，郡县苦之"⑥。尚书右丞申绍为此上疏称："赋法靡恒，役之非道。郡县守宰每于差调之际，无不舍越殷强，首先贫弱，行留俱窘。资赡无所，人怀嗟怨，遂致奔亡，进阙供国之饶，退离蚕农之要。"⑦ 而这一建议并未起到多大作用，369 年时，前燕政权内已是"百姓困弊，寇盗充斥"⑧ 了。前秦时期，苻坚得到王猛的辅佐，采取了一些抑制豪强，劝课农桑的措施，徭役征发较少，且租税亦较为平均，一时竟出现了农桑兴旺、国富兵强的景象，农民的生活略有保障。但是好景不长，自 383 年淝水之战后，前秦便陷于四分五裂之中，战火连年，民不聊生。385 年，长安饥馑，人相啖食。与前秦作战的后燕统治区内，幽冀大饥，邑落萧条，亦出现了人相食的悲惨局面，燕军士兵多饿死，慕容垂下令禁民养蚕，以桑椹充为军粮。⑨

三、南北朝时期农民生活状况

南朝宋齐两代农业税制效仿东晋成例，仍采用户调制。不过征收的物品是粟与布，有时也将调布折钱缴纳。以南朝多产麻而少蚕桑，由此民间多织布，而少织

---

① 《晋书》卷八〇《王羲之传》。
② 《资治通鉴》卷一一八《晋纪》四十，安帝义熙十四年条。
③④ 《晋书》卷一〇六《载记·石季龙传上》。
⑤ 《资治通鉴》卷九九《晋纪》二十一，穆帝永和六年、七年、八年条。
⑥ 《资治通鉴》卷一〇〇《晋纪》二十二，穆帝升平二年条。
⑦ 《晋书》卷一一一《晋纪·慕容暐传》。
⑧ 《资治通鉴》卷一〇二《晋纪》二十四，海西公太和四年条。
⑨ 《资治通鉴》卷一〇六《晋纪》二十八，孝武帝太元十年条。

绢，所以征课调布。户调征课是按照农民的家庭资产来评定，包括田地、桑树和房屋三个方面。但是，由于赋役苛重，农民无法正常开展生产。刘宋时期周朗曾上言说："取税之法，宜计人为输，不应以赀。云何？使富者不尽，贫者不蠲。乃令桑长一尺，围以为价，田进一亩，度以为钱，屋不得瓦，皆责赀实。民以此，树不敢种，土畏妄垦，栋焚榱露，不敢加泥。"① 南齐竟陵王萧子良亦云："而守宰相继，务在哀刻，围桑品屋，以准赀课。致令斩树发瓦，以充重赋，破民财产，要利一时。"② 其时，世族豪门拥有大量赀产，但他们享有免缴租税的特权，户调经济负担被转嫁到佃户佃客身上，一般自耕农民自然是国家租税征课的主要对象。而调布的征收常常以钱币形式征收，官府任意折价，故意压低布价，造成农民的额外经济损失。萧子良曾指出："永初中，官布一匹，直钱一千，而民间所输，听为九百。渐及元嘉，物价转贱，私货则束直六千，官受则匹准五百。所以每欲优民，必为降落。令入官好布，匹堪百余，其四民所送，犹依旧制。昔为刻上，今为刻下，氓庶空俭，岂不由之。救民拯弊，莫过减赋。"③ 可见农民交布钱时多交几倍，而在评赀时又估值过高，受尽官府盘剥。梁陈两代的户调办法与宋齐稍有不同，是以人丁确定租调，对纳税者的性别、年龄、缴纳物品、数量等做了具体规定，但租调赋役负担同样令百姓生活难以为继。

除了正常的户调田租，南朝尚且有许多杂调、杂税，"其军国所须杂物，随土所出，临时折课市取，乃无恒法定令。列州郡县，制其任土所出，以为征赋"④。如此则官府巧立名目，任意索求。其杂税，如借民钱、浮浪人乐输、口钱、牛埭税、塘丁税、鱼税、盐酒税等，名目众多。总体来说，南朝的租赋户调等经济负担十分沉重，正如沈约所言："田家作苦，役难利薄，亘岁从务。无或一日非农，而经税横赋之资，养生送死之具，莫不咸出于此。穰岁粜贱，粜贱则稼苦，饥年籴贵，籴贵则商倍。"⑤

北朝统治下的农民经济境况亦相差无几。自耕农和佃农在社会比较安定、政治比较清明之时尚能勉强度日，一旦有事，则同样生计维艰。北魏卢昶称："细役烦徭，日月滋甚；苛兵酷吏，因逞威福。至使通原遥畛，田芜罕耘；连村接闾，蚕饥莫食。而监司因公以贪求，豪强恃私而逼掠。遂令鬻短褐以益千金之资，制口腹而充一朝之急。"⑥ 北齐末年的情形亦是"赋敛日重，徭役日繁，人力既殚，帑藏空

① 《宋书》卷八二《周朗传》。
② 《南齐书》卷四〇《竟陵王子良传》。
③ 《南齐书》卷二六《王敬则传》。
④ 《隋书》卷二四《食货志》。
⑤ 《宋书》卷五四《孔季恭、羊玄保、沈昙庆传》"史臣曰"。
⑥ 《魏书》卷四七《卢玄传附卢昶传》。

竭……州县职司多出富商大贾，竞为贪纵，人不聊生"①。在南北朝封建政权的横征暴敛，以及豪强地主残酷剥削之下，农民草衣藿食，甚至卖妻鬻子，或自卖为奴，流离失所，随处可见。

① 《北齐书》卷八《幼主纪》。

第九章 农产品的交换与流通

　　交换和流通，是实现农业产品社会分配和空间调剂必不可少的途径，也是农业生产顺利发展的重要条件。就中国古代社会而言，由于不同社会群体、区域空间乃至同一区域的农户之间物质生产和生活资料存在着各种差异，存在着不同的生产分工和不同消费需求，交换和流通乃是农业经济运行中所必需的过程。农产品交换一方面表现为农业生产者之间剩余农资和产品的小额互换调剂，另一方面则表现为农业生产者与非农业生产者之间的实物与货币交易。交换自然会实现农产品的流通，在这里主要指农业物产的跨区域流动，流通的实现，有时是通过交换贸易的形式，有时则是国家权力支配下农产品转漕聚散（主要是实物形式的租赋调税物品流通）。

　　魏晋南北朝时期，由于社会动荡、政治分裂和大地主庄园、坞堡经济的扩张等多种因素，农业生产的自然经济色彩明显强化，农业商品交换则遇到了更多的限制和阻力。然而，这并不是说这个时期没有农产品交换和流通，相反，不论是小农家庭还是庄园地主，仍然都很重视经营谋利，在特定时期和地域中，农产品交换依然相当活跃，在某些方面较之两汉时期甚至还有新的发展，出现了一些新的经济现象，这在南方地区表现得最为典型。本章拟对有关情况进行概括的描述。

第一节　农产品的地区差异与交换流通条件

一、农业物产的地区差异①

我国幅员辽阔，各地的气候、土壤等自然因素大不相同，导致各地农业物种资源差异显著，由此在不同区域形成了各具特色的农业。一般而言，西北草原地区盛行畜牧，畜产丰富；内地农耕区域以谷物、桑麻种植为主，兼营蔬菜、果木和家庭饲养；农耕与游牧中间地带则为半农半牧区域，农耕和畜牧兼而有之。同是农耕区域，南北地区的差异也非常明显：秦岭—淮河以北地区为旱作农业区域，主种粟麦等旱地作物，在此之南则为水田稻作农业区域，蔬菜、林果甚至家养畜禽的种类构成都存在很大的差别。不仅如此，南方地区由于开发较晚，野生动植物资源丰富，采集和捕猎生产在整个农家经济构成中，较之华北地区具有更高的比重，特别是"水乡泽国"地区的渔业生产具有重要的经济意义。而同属于南方的不同区域，长江上游的巴蜀，与中游的荆湘和下游的吴越，农业生产及其产品构成也有所差别；至于岭南（包括今福建、广东、广西）和西南（今云南、贵州）等地区，亦各有其地域特征。

上述这些地区差异，一方面由于自然生态环境不同，另一方面也具有历史的继承性。各地经济生产和物产构成的差异早在汉代就已经相当明显，并且明确地见于历史文献记载。例如关于陇西地区的农牧经济和物产，《史记·货殖列传》称："西有羌中之利，北有戎翟之畜，畜牧为天下饶"，而在"河关之西南……绵地千里……所居无常，依随水草，地少五谷，以产牧为业"②，说明这些地区在秦汉时代以畜牧业为主，同时存在少量的农作种植；地处黄河流域中游的关中平原，"自汧、雍以东至河、华，膏壤沃野千里"③，其中的南山作为秦岭的一部分，"其山出玉石、金、银、铜、铁，豫章檀柘，异类之物，不可胜原，此百工所取给，万民所仰足也。又有粳稻梨栗桑麻竹箭之饶，土宜姜芋，水多蛙鱼，贫者得以人给家足，无饥寒之忧"④。这里不仅盛产矿石和木材，其农业物产亦非常丰富，有满足人们日常饮食的粮食、水果、菜蔬等。在今山西地区，有许多驰名当世的果品与蔬菜，

---

① 本部分内容参考张泽咸：《汉晋唐时期农业》，中国社会科学出版社，2003年；许辉、蒋福亚：《六朝经济史》，江苏古籍出版社，1993年。
② 《后汉书》卷八七《西羌传》。
③ 《史记》卷一二九《货殖列传》。
④ 《汉书》卷六五《东方朔传》。

《齐民要术》对此多有记载，如上党楟梨，个小味甘，列为贡品；河东猗氏所产枣，实大如蚕；并州地区种植蒜、芜菁，名闻远近。山西地区也是著名的产麻区域，"汾水濛浊而宜麻"，北魏太和八年所订税制，提出"所调各随其土所出"，其中并州、肆州、汾州、司州、万年、雁门、上谷、灵丘、秦州，河东之蒲坂、汾阴县等，"皆以麻布充税"，也说明山西盛产麻布。此境同时具有宜于畜牧的自然环境，长期以来牧畜很有名，晋北各地尤甚。《史记·货殖列传》云："龙门（山西河津与陕西韩城之间）、碣石（河北昌黎北）北多马、牛、羊、旃裘、筋角。"班固在《汉书》中记载其先世于秦汉之际在晋北进行畜牧活动，"始皇之末，班壹避地于楼烦，致马、牛、羊数千群。值汉初定，与民无禁，当孝惠、高后时，以财雄边，出入弋猎，旌旗鼓吹"①。尔朱荣之父新兴，曾为北秀容（今山西忻州北）的部落酋长，"牛、羊、驼、马，色别为群，谷量而已；朝廷每有征讨，辄献私马……新兴每春、秋二时，恒与妻子阅畜牧于川泽，射猎自娱"②。可见在晋北地区，畜牧业自秦汉至北朝，一直相当繁盛。

黄河中下游地区地域辽阔，西起崤山，东至大海，北到燕山，南抵淮河，包括今山西、河南、山东与河北大部分地区。《史记·货殖列传》称："沂、泗水以北，宜五谷桑麻六畜。"各个地方都有一些物产早在秦汉时代已经很著名，所以司马迁记载说："安邑千树枣……河济之间千树荻；陈、夏千亩漆；齐、鲁千亩桑麻……此其人皆与千户侯等。"在此区域之内，盛产枣、荻、漆、桑、麻等，可见自秦汉时期这个地区的农业物产就已经相当丰富，而且名传天下。燕、代地区的农牧生产也具有地区特色，早在秦汉时代，当地即盛产马匹，林野多枣栗，谷粟广植，所以史称："燕东有朝鲜、辽东，北有林胡、楼烦，西有云中、九原，南有呼沱、易水，地方二千余里……骑六千匹，粟支十年，南有碣石、雁门之饶，北有枣栗之利。民虽不由田作，枣栗之实，足食于民矣，此所谓天府也。"③《史记·货殖列传》则称："燕代田畜而事蚕。"燕地作为冀北著名的马匹产地，到魏晋南北朝时期仍然持续繁盛。当地植桑养蚕，则为此地日后盛产丝绢打下了良好的基础。

以长江流域为中心的南方广大区域，包括淮河流域、汉水流域、长江流域、闽江流域及珠江流域，其自然生态环境则是另外一种情形。这一区域大体属于亚热带和热带湿润季风气候区，土壤肥沃，气候暖湿，雨量充沛，拥有众多湖泊，地形复杂多样，盆地、平原、丘陵兼而有之，这种自然环境造成该区域自然物产和农业物产种类较之北方更为繁多。

---

① 《汉书》卷一○○《叙传》。
② 《魏书》卷七四《尔朱荣传》。
③ 《战国策》卷二九《燕策》。

位于长江上游的巴蜀地区，自然条件优越。域内土壤肥沃，气候温暖，雨量充沛，动植物资源丰富，农业发展也比较早。《史记·货殖列传》称："巴蜀亦沃野，地饶卮、姜、丹沙、石、铜、铁、竹、木之器。南御滇僰，僰僮。西近邛笮，笮马、旄牛。"《汉书·地理志》也说："巴、蜀、广汉本南夷，秦并以为郡，土地肥美，有江水、沃野、山林、竹木、疏食、果实之饶。南贾滇、僰僮，西近邛、笮马旄牛。民食稻鱼，亡凶年忧。"四川盆地是四塞之地，地理环境封闭，因此自秦汉至魏晋南北朝受中原战乱的影响较小，当中原饱受战乱之苦，变得满目疮痍时，巴蜀仍是"沃野千里，土壤膏腴，果实所生，无谷而饱。女工之业，覆衣天下。名材竹干，器械之饶，不可胜用。又有鱼盐铜银之利，浮水转漕之便"[①]。

至于长江中下游地区，《史记·货殖列传》称："楚、越之地，地广人稀，饭稻羹鱼，或火耕而水耨，果隋蠃蛤，不待贾而足，地势饶食，无饥馑之患，以故呰窊偷生，无积聚而多贫。是故江、淮以南，无冻饿之人，亦无千金之家。"可见，在司马迁的时代，这个地区的天然衣食资源非常丰富，其中尤以鱼类资源极为丰富，人们食物果腹充饥比较容易。但这个区域的资源开发和农业发展相对比较缓慢，不少地方长期处于"地广人稀""或火耕而水耨"的落后状态。魏晋南北朝时期，随着社会历史的变动，特别是由于中原人口的大量移入，长江中下游地区的农业资源开发进程明显加快，作为一个以稻作为中心农业区域，其经济地位显著上升，一些较发达的地区呈现出了较为繁荣的面貌，"地广野丰，民勤本业，一岁或稔，则数郡忘饥。会土带海傍湖，良畴亦数十万顷，膏腴上地，亩直一金，鄠、杜之间，不能比也。荆城跨南楚之富，扬部有全吴之沃，渔盐杞梓之利，充仞八方，丝绵布帛之饶，覆衣天下"[②]。

岭南和西南的农业具有鲜明的区域特点，这些区域自然环境多样，民族成分复杂，资源开发的程度更低。但各地区都有其独特的经济体系和物产，包括丰富的粮食、果品、衣料、水陆动物，其中许多种类是初级开发产品，即通过采集和渔猎而获得的经济特产。但这些物产在魏晋南北朝时期逐渐为人们所了解，并且作为地方特产进入了交换和流通的领域。

农业生产的发展，物产资源的丰富多样，以及不同区域和地方农业物产的差异，显然是农业商品交换和物产流通，特别是跨地区交换和流通发展的重要前提条件。

---

① 《后汉书》卷一三《公孙述传》。
② 《宋书》卷五四《孔季恭、羊玄保、沈昙庆传》"史臣曰"。

二、南北水陆交通状况①

交通条件对于古代商品经济的发展，特别是对各地区之间的农产品交换与流通，起着至关重要的作用。自战国秦汉以来，历代政权都非常重视水陆交通事业的发展，大力修治驰道和设立驿站，积极开凿运渠，逐步改善了交通条件，促进了商品流通和物资漕转。魏晋南北朝时期战乱频仍，某些交通设施曾遭受破坏，但由于战争时期的军需转运对于交通条件的要求比之和平年代更为急切，因此一些政权在水陆交通方面所作的努力更超过平常。

当时的陆路交通大体沿袭前代模式，以道路的规格区分为驰道、驿道、州县大道、乡道、堤埝小道等。由于战争的需要，还不断劈山架桥，新开辟了许多道路。其客观结果是，这些新增的交通线路，不仅有利于军需物资调运，而且为人们出行往来和商品流通提供了便利条件。比如十六国时期，前燕政权曾凿山成道，入卢龙塞（今河北遵化境内），打通了到蓟城（今北京）的通道；北魏道武帝时期，打通井陉路，穿过太行山，连接中山（今河北定州）。除此之外，还有经济原因开凿的道路：如孙吴赤乌八年（245）"遣校尉陈勋将屯田及作士三万人，凿句容中道。自小其至云阳西城，通会市，作邸阁"②；同时，又开凿破岗渎水道与之相对应。

官府修治的驰道、官道和直道等，道路状况较好。这些道路路面较宽，平坦畅直，沿途有比较完善的配套设施，有利于公私行旅和物资转输，并为工商贸易提供了方便。十六国时期，前秦"自长安至于诸州，皆夹路树槐柳，二十里一亭，四十里一驿，旅行者取给于途，工商贸贩于道"③；西魏政权，"先是，路侧一里置一土候，经雨颓毁，每须修之。自孝宽临州，乃勒部内当候处植槐树代之。既免修复，行旅又得庇荫。周文后见，怪问知之，曰：'岂得一州独尔，当令天下同之。'于是令诸州夹道一里种一树，十里种三树，百里种五树焉"④。这些记载反映：各个政权对于重要的交通道路，是很用心用力地进行修治和管理的。

这个时代的水上交通主要是内河航运事业有了相当显著的发展。其时，北方地区的水资源环境状况仍然相当良好，不仅黄河和后来的大运河可以通航，其他较大河流亦均可通行船只，泾、渭、汾、伊、洛、汴、颖、涡、汝、淮、泗、清、济、

---

① 本部分内容参考何德章：《中国经济通史·第三卷·魏晋南北朝》，湖南人民出版社，2002年，140～160页；刘汉东：《试论魏晋南北朝陆路交通与商品经济的关系》，《南京师范专科学校学报》2000年1期。

② 《三国志》卷四七《吴书·吴主传》。

③ 《晋书》卷一一三《苻坚载记上》。

④ 《周书》卷三一《韦孝宽传》。

淇、滹沱、桑干诸水，均曾充当漕船和兵船航道；一些河流甚至在枯水季节仍可通行船只。魏晋南北朝历代政权都很重视利用河流发展水上航运，特别是曹魏时期，为了经营河北，曾开凿了多处运渠，将众多河流联通起来，不仅大大方便了河北内河航运，亦为后世大运河的全线贯通打下了良好的基础。

从总体上看，这个时期，在内河航运中发挥航道作用的不只是黄、淮、汾、渭等几条大河，其他众多大小河流也曾发挥了不可忽视的作用，它们与黄、淮、汾、渭等共同构成了中古华北的内河航运网络。事实上，华北地区在大运河全线贯通之前已经有了较为发达的内河航运，许多河流均可通行船只，被用作漕船和兵船航道。河流水运条件对军事活动曾经产生了很大的影响，不论是曹操讨伐乌丸、苻坚南征东晋，还是桓温和刘裕北上徐泗、西进关中，都是借助了诸河水道。[①] 北魏政权为了漕运粮食和兴兵南下，亦力图充分利用华北平原的河流水运条件，积极发展航运事业。[②] 文献记载反映：这个时期，在河道整治和管理较好的时期，诸河互相联通，形成庞大内河运输网络。中心城市往往有良好的水运条件，如北魏时期，"邺城平原千里，漕运四通"[③]；作为北方政治和经济中心的洛阳濒临黄河，又兼伊、洛诸水之利，水运事业历来较为发达，舟舶穿梭如织，与水城无异，隋朝以后更成为大运河的中心。

六朝所在的南方地区，更由于河流湖泊众多、水资源十分丰富，河湖航运更为发达，其交通运输实际上是以水路为主。长江、淮河、珠江及其支流成为六朝交通的主要通道。以长江为主干，赣江、湘江、汉水分支，长江上、中、下游各地大区域沟通相当便利，今云贵川三省、两广地区、湖南、湖北、江西、安徽与建康之间的交通，都行水路。六朝时期，从建康经水路可达成都，即从长江上溯至犍为（治所为今四川宜宾），转溯岷江；在东晋南朝，甚至统辖云贵的宁州与建康之间亦以水路相往来，主要是利用乌江、金沙江及其支流进入川江。从建康溯江而上，进入湘水、赣水，则可达岭南。当时三吴各郡是经济最繁盛的地区，与建康之间的联络沟通十分重要，早在东吴时期就已经修凿了运输渠道。只是这些水路大都是经过人工改造溪流或湖泊所形成的水道，而且要经过地势较高的岗丘地带，遇到气候干旱甚至会造成水道干涸，则断行旅，因此历代政权一直比较重视水量和沿途设施的修治管理。至于江南与黄淮地区，亦通过春秋时期以后不断开凿的河道实现连接，船只可由江入淮、由淮入河，亦较便利。

---

① 具体史实，见《三国志》卷一《魏书·武帝纪》，《晋书》卷一一四《苻坚载记》、卷九八《桓温传》，《宋书》卷二《武帝纪》等。参见王利华：《中古华北水资源状况的初步考察》，《南开学报》（哲学社会科学版）2007 年 3 期。

② 薛瑞泽：《北魏的内河航运》，《山西师大学报》2001 年 3 期。

③《太平御览》卷一六一引《后魏书》载崔光语。

由于水运载重量大，且所需耗费较陆路少，整个内陆河湖航运都相当便利，而且比较经济，因此成为这个时期大量物资转输的主要途径。不过，有些河道的航运亦存在一定风险。比如赣江是连接三吴地区、建康地区与岭南地区之间的重要水道，但是"南康赣石旧有二十四滩，滩多巨石，行旅者以为难"①；鄱阳湖中风浪亦经常阻断通行②。《搜神记》卷一一曾有记载："吴时，葛祚为衡阳太守。郡境有大槎横水，能为妖怪。百姓为立庙，行旅祷祀，槎乃沉没。不者，槎浮，则船为之破坏。祚将去官，乃大具斧斤，将去民累。明日，当至，其夜闻江中汹汹有人声。往视之，槎乃移去，沿流下数里，驻湾中。自此行者无复沉覆之患。"可见当时南方河湖航运并非都是一帆风顺，各地方官府也努力予以整治，以便通航。

此外，虽然南方交通以水路为主，但是在经济较发达的三吴地区以及今皖南、江西等地，多有到达州、京都的陆路交通路线，到了六朝后期，皖南地区以及闽浙赣山地，都形成了比较方便的跨地区陆路通道。

与陆路交通相配套的服务设施，在魏晋南北朝时期仍然沿袭前代，办有驿站等，这主要是为来往官吏和公差服务。此外，南北方都出现许多私家客舍，称为"逆旅"。"逆旅，久矣其所由来也。行者赖以顿止，居者薄收其直，交易贸迁，各得其所。官无役赋，因人成利，惠加百姓而公无末费……魏武皇帝亦以为宜，其诗曰：'逆旅整设，以通商贾。'"③ 西晋统一之后，逆旅在洛阳周围地区普遍存在。潘岳任怀县令时，西晋朝廷"以逆旅逐末废农，奸淫亡命，多所依凑，败乱法度，敕当除之。十里一官樐，使老小贫户守之，又差吏掌主，依客舍收钱"④。潘岳则上书反对撤除，并最终使"逆旅"得以继续存在。至于东晋南朝，今江浙地区的私有邸、传等日益繁荣，其作用当与"逆旅"同，并且发展出了存贮与运送货物等的功能，为商品运输与贸易提供了便利条件。

三、都市和城镇的面貌

魏晋南北朝时期，政治动荡，战争频繁，城市属于军事战略要地，作为各级政权的所在地，又是财富与人口最集中的地方，它们很自然地成为攻击与争夺的主要对象。所以一旦遇到战争，都市城镇所遭受的破坏最为严重。特别是黄河流域，在两汉时期最著名的城市，这一时期都遭受到不同程度的破坏，甚至是毁灭。例如长安、洛阳，本来是全国的经济中心，也是商业最繁荣的地区，但东汉末年董卓"部

---

① 《陈书》卷一《高祖上》。
② 《水经注》卷三九《赣水注》。
③④ 《晋书》卷五五《潘岳传》。

兵烧洛阳城外面百里。又自将兵烧南北宫及宗庙、府库、民家，城内扫地殄尽。又收诸富室，以罪恶没入其财物，无辜而死者，不可胜计"①。败逃于长安后，又"尽徙洛阳人数百万口于长安，步骑驱蹙，更相蹈藉，饥饿寇掠，积尸盈路"②。及至汉献帝返回洛阳，"宫室烧尽，街陌荒芜，百官披荆棘，依丘墙间"③。直到曹丕称帝定都洛阳，经过十年的经营与发展，"其民异方杂居，多豪门大族，商贾胡貊，天下四会，利之所聚"④，人口又逐渐增加，商业活动也逐渐恢复。至晋末永嘉之乱，洛阳又遭摧残，史载："晋宋以来，号洛阳为荒土。"⑤ 直到北魏迁都洛阳之后，才再次逐渐恢复。另一方面，由于战争需要，一些地方以其在军事上的重要地位而成为新兴城镇，随之逐渐具备一定的经济功能。在这方面，邺城（今河北临漳西南）可作为一个典型。邺城地处河北平原，原是秦的一个小县，汉代为魏郡治所。但是其地北接涿蓟，南通郑卫，是"河北之襟喉，天下之腰脊"⑥，战略位置非常重要，成为汉末豪强必争之地。建安年间，曹操挟持汉献帝定都于邺，从别处迁入大量人口，对其苦心经营，使得邺城一跃成为当时北方政治经济文化的中心，发展成为新兴的商业大都会。左思曾在《魏都赋》中描写了邺都的商业盛况："廓三市而开廛，籍平逵而九达。班列肆以兼罗，设阛阓以襟带。济有无之常偏，距日中而毕会。抗旗亭之峣薛，侈所眺之博大。百隧毂击，连轸万贯，凭轼捶马，袖幕纷半。壹八方而混同，极风采之异观。质剂平而交易，刀布贸而无算。财以工化，贿以商通。难得之货，此则弗容。器周用而长务，物背窳而就攻。不鬻邪而豫贾，著驯风之醇酿。"⑦ 曹丕称帝之后迁都洛阳，但仍将邺列为五都之一。十六国时期，后赵石虎曾自襄国迁都于此，工商业获得一定恢复。直到北周相州总管尉迟迥，因据邺起兵反对杨坚篡政而遭到镇压，"相州平，移相州于安阳，其邺城及邑居皆毁废之"⑧。除以上城市，北魏前期的首都平城（今山西大同），北齐晋阳（今山西太原），北周汴州（今河南开封），也都是当时重要的商业城市。

相较于黄河流域而言，这个时期南方城市发展比较显著。由于受长期战乱影响较小，南方城市规模、数量以及繁荣程度都远远超过前代，其经济功能更为突出。两汉时期，江东只有一个大城市——吴（今之苏州），三国时期出现了建业。建业

① 《三国志》卷六《魏书·董卓传》注引华峤《汉书》。
② 《后汉书》卷七二《董卓传》。
③ 《三国志》卷六《魏书·董卓传附李傕、郭汜传》。
④ 《三国志》卷二一《魏书·傅嘏传》注引《傅子》。
⑤ 《洛阳伽蓝记》卷二《城东·景宁寺》。
⑥ ［清］顾祖禹：《读史方舆纪要》卷四九《彰德府》，贺次君、施和金点校，中华书局，2005年，2315页。
⑦ 《昭明文选》卷六《京都上》载左思《魏都赋》。
⑧ 《周书》卷八《静帝纪》。

原名秣陵，汉时仅为扬州丹阳郡的一个小县，自孙吴于 261 年从吴迁都到此之后，建业便逐渐发展成为南方的政治、文化中心，也是南方最大的商业城市。半个多世纪中，建业未曾受到战乱破坏，商业逐渐发展，市场也日渐繁荣。左思《吴都赋》中就有对其繁华景象的描述："开市朝而并纳，横阛阓而流溢。混品物而同廛，并都鄙而为一。士女伫眙，商贾骈坒。纻衣绤服，杂沓从萃。轻舆按辔以经隧，楼船举帆而过肆。……金镒磊砢，珠琲阑干。桃笙象簟，韬于筒中；蕉葛升越，弱于罗纨。"① 虽有溢美之词，然而作为孙吴的政治、经济中心，商贾云集、市场繁荣，则是毫无疑问的。西晋灭吴后，建业作为都城的地位随之丧失，但其经济并未遭到破坏。后来晋室南渡复定都于此，且历宋、齐、梁、陈四代而未衰。虽然其间有王敦、苏峻以及侯景之乱的破坏，但是持续时间较短，恢复也较快。到了梁代，建康人口急剧增长，城市规模迅速扩大："梁都之时，户二十八万。西自石头城，东至倪塘，南至石子岗，北过蒋山，南北各四十里。"② 若按照一户 5 口计算，梁时建康人口超过 140 万，不仅是南方最大的城市，也是当时世界上第一个确切人口数超过百万的大都市。③ 建康以东的京口（今江苏镇江），自魏晋以来，因优越的地理形势，日渐突出其政治、军事和经济地位，由原来的军事城堡发展成为京师以东的著名商业城市："南徐州，镇京口。吴置幽州牧，屯兵在焉。丹徒水道入通吴会，孙权初镇之。……因山为垒，望海临江，缘江为境，似河内郡，内镇优重。宋氏以来，桑梓帝宅，江左流寓，多出膏腴。"④《隋书·地理志下》也称："京口……亦一都会也。"京口以下的毗陵（今江苏常州）、吴郡（今江苏苏州）、宣城（今属安徽）、山阴（今浙江绍兴）、余杭（今浙江杭州）、东阳（今属浙江），都是"川泽沃衍，有海陆之饶，珍异所聚，故商贾并凑"⑤ 的商业中心。

长江中游地区的一些政治、军事中心，如武昌、荆州、襄阳、郢州等，以其优越的地理位置，都陆续发展成为繁华的都市。《隋书·地理志下》说："自晋氏南迁之后，南郡（荆州）、襄阳皆为重镇，四方凑会，故益多衣冠之绪。"武昌原是鄂县，因地势重要，220 年孙权曾迁都于此，既是军事重镇，后又逐渐发展成为繁华的商业都市；荆州经济发展，在当时已甚受夸赞，如沈攸之报萧道成书曰："况荆州物产，雍、岷、交、梁之会，自足下为牧，荐献何品？良马劲卒，彼中不无，良皮美麈，商赂所聚，前后贡奉，多少何如？"⑥ 至于雍、郢诸州，《南齐书·州郡志

---

① 《昭明文选》卷五《京都下》载左思《吴都赋》。
② 《资治通鉴》卷一六二"太清三年五月条"注引《金陵记》。
③ 胡焕庸、张善余：《中国人口地理》上册，华东师范大学出版社，1985 年，246 页。
④ 《南齐书》卷一四《州郡志上》。
⑤ 《隋书》卷三一《地理志下》。
⑥ 《南齐书》卷二五《张敬儿传》。

下》称："雍州，镇襄阳。晋中朝荆州都督所治也……襄阳左右，田土肥良，桑梓野泽，处处而有……宋元嘉中，割荆州五郡属，遂为大镇。""郢州，镇夏口，旧要害也。……地居形要，控接湘川，边带涢沔……夏口城据黄鹤矶……边江峻险，楼橹高危，瞰临沔汉，应接司部。宋孝武置州于此，以分荆楚之势。"此外，同书亦提到淮南寿春（今安徽寿县）为"淮南一都之会，地方千余里，有陂田之饶。汉魏以来，扬州刺史所治，北据淮水……"南北互市主要在淮河沿线进行，寿春作为南北对峙、沟通的重要据点，发展成了南朝在江北的商业贸易中心。

位于长江上游的成都和岭南的广州，在秦汉时代都早已闻名，到了六朝时期更加繁荣。益州素以天府之国著称，刘备盘踞蜀地，成都已是"万商之渊，列隧百重，罗肆巨千，贿货山积，纤丽星繁，都人士女，袨服靓妆，贾货滞鬻，舛错纵横"[1]。魏晋以来也没有遭遇重大兵祸，李氏割据也推行保境安民、轻徭薄赋的政策，使得此地经济得以继续发展。南朝以来益州地区的商业活动规模也很大。宋元嘉年间，刘道济为益州刺史，"远方商人多至蜀土资货，或有值数百万者"[2]。"广州包带山海，珍异所出，一箧之宝，可资数世"[3]。尤以海上贸易港口而著称，《南齐书·州郡志上》曰："广州，镇南海，滨际海隅，委输交部，……卷握之资，富兼十世。"此地远离中原，少有战乱。尤其在梁、陈之际，与海外的经济交流日益密切，故而商业贸易经久不衰。

总的来说，政治动荡与政权更替，使两汉以来的一些中心城市时兴时衰，发展有限；而另一些新兴中心城市或地区性城市的产生与发展，改变了当地的社会、经济状况，对魏晋南北朝时期的商业经济包括农产品贸易和流通，都产生了积极的影响。特别是南方都市和大小城镇的兴起和发展，在中国经济史上具有更加重要的意义。

第二节　各类农产品交换贸易

一、粮食贸易

魏晋南北朝与汉代相比，城市经济与商品市场明显萎缩，自然经济有所强化，粮食需求基本依靠自给自足，粮食贸易自然会低落。即使如此，社会上仍有部分

---

① 《昭明文选》卷四《京都中》载左思《蜀都赋》。
② 《宋书》卷四五《刘粹附弟道济传》。
③ 《晋书》卷九〇《吴隐之传》。

"有钱无粮之人"①，尤其是城市居民，仍需要通过贸易来获取生存之资——粮食，是以粮食贸易仍然存在，并且随着社会经济的复苏，在一些地区特别是南方地区还有一定程度的发展。

黄河流域传统农业区域由于受到汉末战乱的破坏，粮食贸易一度萧条。西晋短暂统一期间，北方经济一度复苏，粮食贸易又得以发展，首都洛阳出现了"五谷市"②。史载："时谷贱而布帛贵，（武）帝欲立平籴法，用布帛市谷，以为粮储。"这说明此时的粮食供应相当富足。当时粮商相当活跃，"豪人富商，挟轻资，蕴重积，以管其利"，垄断粮食以获重利。朝廷针对这一情况，于泰始四年（268）"立常平仓，丰则籴，俭则粜"③，以便于调控粮食贸易，平抑粮价。然而，"八王之乱"以后，中原再遭涂炭，立时粮价腾踊。元康七年（297）"关中饥，米斛万钱"，太安二年（303）"公私穷蹙，米石万钱"④，粮价如此之高，可见粮食贸易衰落。此后一个多世纪，北方局势混乱，粮食贸易也随之萧条。

直到北魏施行均田制之后，北方农业生产有所恢复和发展，粮食贸易才重新兴盛起来。当时洛阳大市之东有通商、达货二里，商人聚集，不少人经营粮食买卖，其中"有刘宝者，最为富室。州郡都会之处，皆立一宅，各养马一匹，至于盐粟贵贱，市价高下，所在一例。舟车所通，足迹所履，莫不商贩焉。是以海内之货，咸萃其庭，产匹铜山，家藏金穴。宅宇逾制，楼观出云，车马服饰，拟于王者"⑤。可见粮食在当时是富商大贾所经营的重要项目之一。北魏时期，不仅城市存在粮食贸易，广大农村也有粮食买卖。《齐民要术》卷三《杂说第三十》论述一年的农事安排，指出二月"可粜粟、黍、大、小豆、麻、麦子等"，三月"可粜黍"，四月"可籴穬及大麦"，五月"可粜大、小豆、胡麻；籴穬、大、小麦"，七月"粜大、小豆、麦"，八月"粜种麦；籴黍"，十月"籴粟、豆、麻子"，十一月"籴粳稻、粟、豆、麻子"。可见粮食买卖一年四季无有停歇。贾思勰就此总结说："凡籴五谷、菜子，皆须初熟日籴，将种时粜，收利必倍。凡冬籴豆、谷，至夏秋初雨潦之时粜之，价亦倍矣。盖自然之数。"贾氏已经认识到买卖时机之重要。《齐民要术》卷一《收种第二》还载："种杂者，禾则早晚不均……粜卖以杂糅见疵……所以特宜存意，不可徒然。"由这些记述，可以看出当时农家粮食生产，能否在交换贸易中谋得好利是考量的一个重要方面。

与北方地区频遭战乱破坏不同，南方政局相对稳定，经济逐步发展，尤其到了南朝时期，粮食贸易相当活跃。《宋书》卷八二《周朗传》称："从江以南，千斛为

---

① ③ 《晋书》卷二六《食货志》。
② 《晋书》卷五九《齐王冏传》。
④ 《晋书》卷四《惠帝纪》。
⑤ 《洛阳伽蓝记》卷四《城西·法云寺》。

货"，粮食贸易以千斛计，规模自然不小。建康城有"谷市"①，三吴则"比岁被水潦而籴不贵"②，都说明粮食贸易比较繁盛。其时粮食商贩也不少，相当活跃，史称"吴兴无秋，会稽丰登，商旅往来，倍多常岁"③，就说明了这一情况。南朝还实行"和市"政策，由官府出面贱籴贵粜，以调剂丰俭，平抑粮价。齐武帝永明（483—493）年间，"天下米谷布帛贱"，萧齐欲大量收购粮食，建立常平仓。永明六年（488），"诏出上库钱五千万，于京师市米买丝、绵、纹、绢、布"，又"扬州出钱千九百一十万，南徐州二百万，各于郡所市籴。南荆河州二百万，市丝、绵、纹、绢、布、米、大麦。江州五百万，市米、胡麻。荆州五百万，郢州三百万，皆市绢、绵、布、米、大小豆、大麦、胡麻。湘州二百万，市米、布、蜡。司州二百五十万，西荆河州二百五十万，南兖州二百五十万，雍州五百万，市绢、绵、布、米。使台传并于所在市易"④。粮食收购规模如此庞大，遍及长江中下游主要产粮区，粮食贸易之兴盛自然非同一般。城市有固定的粮食市场。《宋书》卷九一《孝义传·何子平传》载：何子平为扬州从事史时，"月俸得白米，辄货市粟麦。"若无固定的粮市，这不可能实现。乡里亦有固定的粮食买卖场所。《三国志》卷二七《魏志·胡质传》注引《晋阳秋》载：会稽永兴人郭平原，靠给人家作木匠活来谋生，"日暮作毕，受直归家，于里中买籴，然后举爨"。为人作活，按日结钱，得钱买籴，可知当时已经有粮食买卖的固定场所。

自董卓之乱以后，汉代的货币制度遭到破坏，至魏文帝黄初二年（221）下诏："罢五铢钱，使百姓以谷帛为市"⑤，使得粮食具有了商品与货币的双重功能，是以粮食贸易较为频繁，贵族、官僚也因此非常热衷于粮食经营。自汉末至南朝都有一些官僚、贵族和将帅参与粮食贸易，商人贩粮就可想而知了。例如全柔为桂阳太守时，令其子全琮"赍米数千斛到吴，有所市易"⑥。刘宋时将军吴喜乘出兵荆州之际大肆贩卖，自西而还，"钱米布绢无船不满"⑦。陈湘州刺史华皎"善营产业……粮运竹木，委输甚众"⑧。陈朝时，"东境饥馑"，典兵于晋安的陈宝应乘出兵东境之时，"载米粟与之贸易……由是大致赀产"⑨。不论为官，抑或出兵，皆不忘趁机参与粮食贸易，可见当时有财力的人通过粮食贩运牟利者甚多。

---

① ［宋］周应合：《景定建康志》卷一六《疆域志二·镇市》"古市"条。
② 《南齐书》卷三七《刘悛传》。
③ 《南齐书》卷四六《顾宪之传》。
④ 《通典》卷一二《食货典·轻重》。
⑤ 《晋书》卷二六《食货志》。
⑥ 《三国志》卷六〇《吴书·全琮传》。
⑦ 《宋书》卷八三《吴喜传》。
⑧ 《陈书》卷二〇《华皎传》。
⑨ 《陈书》卷三五《陈宝应传》。

二、蔬菜买卖

蔬菜一般都是人们自种自食，但城镇居民无法人人自植，而种蔬菜者也往往会有所剩余，所以蔬菜也成为农产品贸易的重要内容之一。蔬菜在魏晋南北朝各地域的饮食结构中都占有显著的地位，与粗粮相合而成的饭食被称为"贫家好食"①，同时也是饥荒或贫家青黄不接时的主要食物。《齐民要术》说：蔓菁"可以度凶年，救饥馑"，"若值凶年，一顷乃活百人"。② 蔬菜种植不仅是农家之举，国家也颇为重视。北魏孝文帝延兴二年（472），为救饥荒，"诏工商杂伎，尽听赴农。诸州郡课民益种菜果"③。北周时期，皇帝颁布《六条诏令》，其中令地方长官"三农之隙，及阴雨之暇，又当教民种桑植果、艺其菜蔬，修其园圃，蓄育鸡豚，以备生生之资，以供养老之具"④。这都说明蔬菜在日常饮食中很受重视。况且，佛教在魏晋南北朝影响日益扩大，越来越多的人遵行"不杀生"的戒律，日常饭食以蔬菜为主的情况比较常见，对蔬菜的需求量还是比较大的。《南齐书》卷四一《周颙传》载佛教清信士"遁节清信"的何点"劝令菜食"，算是一篇论证素食合理性的文章。其中说："丈人之所以未极遐蹈，或在不近全菜邪？脱洒离析之讨，鼎俎网罟之兴，载之简策，其来实远，谁敢干议？观圣人之设膳修，仍复为之品节。盖以茹毛饮血，与生民共始，纵而勿裁，将无涯畔。善为士者，岂不以恕己为怀。是以各静封疆，罔相陵轶。况乃变之大者，莫过死生；生之所重，无逾性命。性命之于彼极切，滋味之在我可赊。而终身朝晡，资之以永岁。彼就冤残，莫能自列。我业久长，吁哉可畏！且区区微卵，脆薄易矜，歘彼弱麑，顾步宜愍。观其饮喙飞沉，使人怜悼。况可心心扑褫，加复恣忍吞嚼。至乃野牧盛群，闭豢重圈，量肉揣毛，以俟枝剥，如土委地，佥谓常理，可为怆息。事岂一涂？若云三世理诬，则幸矣良快。如使此道果然，而受形未息，则一往一来，一生一死，轮回是常事，杂报如家人。"此外，梁武帝信佛教之后，"久不宰杀，朝中会同，菜蔬而已"⑤。这些事例都说明，蔬菜在魏晋南北朝的僧俗人家都是很受重视的。有着这样的社会背景，一些人专种蔬菜以营利，就是再自然不过的事情了。

城镇附近的居民，常以栽种出售蔬菜营利。西晋时，愍怀太子曾"令西园卖葵菜、蓝子、鸡、面之属，而收其利"。江统劝阻说："买贱卖贵，贩鬻菜果，收十百

---

① 《南史》卷一六《朱修之传》。
② 《齐民要术》卷三《蔓菁第十八》。
③ 《魏书》卷七《高祖纪上》。
④ 《周书》卷二三《苏绰传》。
⑤ 《梁书》卷三八《贺琛传》。

之盈，以救旦夕之命，故为庶人之贫贱者也。"① 这说明当时有不少农民以种植蔬菜为生。晋末，邵续被石勒俘虏，"身灌园鬻菜，以供衣食"②。除了自种自卖，还有专门以贩卖蔬菜为生者。《宋书》卷七七《柳元景传》称：刘宋中期重臣柳元景在建康秦淮南岸曾"有数十亩菜园，守园人卖得钱二万送还宅，元景曰：'我立此园种菜，以供家中啖耳。乃复卖菜以取钱，夺百姓之利邪。'"《梁书》卷一一《吕僧珍传》说其"从父兄子先以贩葱为业，僧珍既至（南兖州），乃弃业欲求州官。僧珍曰：'吾荷国重恩，无以报效，汝等自有常分，岂可妄求叨越，但当速反葱肆耳。'"种植蔬菜所获之利，甚至要比种植粮食作物获利还高。陈时，褚玠任山阴县令，"在任岁余，守禄俸而已，去官之日，不堪自致，因留县境，种蔬菜以自给"③。可知种菜谋利的"百姓"绝不在少数。

北朝的情况也是如此，如《北齐书》卷一〇《彭城王浟传》称高浟任沧州刺史，为政清明，"又有老母姓王，孤独，种菜三亩，数被偷。浟乃令人密往书菜叶为字，明日市中看菜叶有字，获贼"。北魏太武帝太子拓跋晃拥有"婢使千余人"，通过各种方式营利，其中之一就是"种菜逐利"④。北朝后期，北方社会逐渐安定，城市经济发展渐有规模，城市近郊种卖蔬菜遂有利可图。《齐民要术》多次讨论了大量种菜获利的方法，如在一顷地上种瓜，"使行阵整直，两行微相近，两行外相远，中间通步道，道外还两行相近。如是作次第，经四小道，通一车道。凡一顷地中，须开十字大巷，通两乘车，来去运辇。其瓜，都聚在十字巷中"⑤。这种规模地种瓜自是为了销售。《齐民要术》卷三《种胡荽第二十四》又云：种一亩胡荽，可收十石，"都邑卖卖，石堪一匹绢。"如果作菹卖，则"十月足霜乃收之。一亩两载，载直绢三匹"；又同卷《种葵第十七》曰："近州郡都邑有市之处，负郭良田三十亩，九月收菜后即耕，至十月半，令得三遍。每耕即劳，以铁齿杷耧去陈根，使地极熟，令如麻地。于中逐长穿井十口，井别作桔槔、辘轳。柳罐令受一石。……三月初，叶大如钱，逐概处拔大者卖之。一升葵，还得一升米。日日常拔，看稀稠得所乃止。有草拔却，不得用锄。一亩得葵三载，合收米九十车。车准二十斛，为米一千八百石。自四月八日以后，日日剪卖……比及剪遍，初者还复，周而复始，日日无穷。至八月社日止，留作秋菜。九月，指地卖，两亩得绢一匹。收讫，即急耕，依去年法，胜作十顷谷田。止须一乘车牛专供此园。"又同卷《种蔓菁第十八》云："近市良田一顷，七月初种之。拟卖者纯种'九英'。一顷取叶三十载。正月、

---

① 《晋书》卷五三《愍怀太子传》、卷五六《江统传》。

② 《晋书》卷六三《邵续传》。

③ 《陈书》卷三四《褚玠传》。

④ 《南齐书》卷五七《魏虏传》。

⑤ 《齐民要术》卷二《种瓜第十四》。

二月，卖作醵酒，三载得一奴。收根依垆法，一顷收二百载。二十载得一婢。一顷收子二百石，输与压油家，三量成米，此为收粟米六百石，亦胜谷田十顷。""种菘菜、芦菔法，与芜菁同。取子者，以草覆之，不覆则冻死。秋中卖根，十亩得钱一万。"这些计算虽然不免有些夸大其词，但当时人们重视种菜谋利而且利润甚巨，则应属事实。

三、果品贸易

果品作为五谷之外的食物补充，在魏晋南北朝时期的农产品贸易中，亦占有重要的地位。早在西汉时期，果品贸易就相当兴盛，司马迁提出："蜀汉江陵千树橘"，乃"富家之资"，"与千户侯等"。① 事实上，历代都有一些人将种植果树、经营果园作为重要家庭生业，例如孙吴时李衡"每欲治家，妻辄不听，后密遣客十人于武陵龙阳汜洲上作宅，种甘橘千株。临死敕儿曰：'……吾州里有千头木奴，不责汝衣食，岁上一匹绢亦可足用耳。'"及至吴末，"衡甘橘成，岁得绢数千匹，家道殷足"。② 显然，李衡种橘树是以出售获利为目的。梁代任昉在《述异记》中称："越多橘柚园。越人岁出橘税，谓之橙橘户，亦曰橘籍。吴阚泽表云清除臣之橘籍是也。"可知当时东南地区已经出现了栽培柑橘的专业户，他们以柑橘贸易所得缴纳赋税，柑橘是他们重要的生资来源。葛洪《神仙传》载：董奉居庐山，"为人治病，不取钱。重病得愈者，使种杏五株；轻病愈，为栽一株。数年之中，杏有十数万株，郁郁然成林。其杏子熟，于林中所在作仓。宣语买杏者：'不须来报，但自取之，具一器谷，便得一器杏。'"这一故事从侧面真实反映出当时以谷换杏的果品交易情况，并且杏仁也是交换获利的商品，"多收卖者，可以供纸墨之值也"③。《还冤记》载："徐光在吴，常行术市里间，种梨橘枣栗，立得食，而市肆卖者，皆已耗矣。"④ 故事本身自然不可靠，但其中所云在市肆中进行果品交换却是有现实生活依据的。瓜也在果品贸易中占有一席之地，郭原平年少时曾"以种瓜为业……往钱塘货卖"⑤。

魏晋南北朝时期，世家大族多竞相种植果树以争利。如西晋王戎，虽然货财甚多，"广收八方园田水碓，周遍天下"，却仍然种植果树以获利，其家中有好李，

---

① 《史记》卷一二九《货殖列传》。
② 《三国志》卷四八《吴书·三嗣主传》注引《襄阳记》。
③ 《齐民要术》卷四《种梅杏第三十六》。
④ 《太平广记》卷一一九引。
⑤ 《宋书》卷九一《郭原平传》。

"常出货之，恐人得种，恒钻其核"①。他甚至不惜采取垄断措施，以保持珍贵品种，从而保证赚取高额利润。同样，潘岳在其《闲居赋》中述其家中有："张公大谷之梨，梁侯乌椑之柿，周文弱枝之枣，房陵朱仲之李，靡不毕植。三桃表樱胡之别，二柰耀丹白之色，石榴蒲桃之珍，磊落蔓延乎其侧。梅杏郁棣之属，繁荣藻丽之饰，华实照烂，言所不能极也。"② 南朝刘宋时，孔灵符的永兴墅，"含带二山，又有果园九处"③；谢灵运也在其《山居赋》中记载家中百果种植的情况："北山二园，南山三苑。百果备列，乍近乍远。罗行布株，迎早候晚。猗蔚溪涧，森疏崖巘。杏坛柰园，橘林栗圃。桃李多品，梨枣殊所。枇杷林檎，带谷映渚。椹梅流芬于回峦，椑柿被实于长浦。"其自注曰："桃李所殖甚多，枣梨事出北河济之间，淮、颍诸处，故云殊所也。"④ 北魏皇族元欣："好营产业，多所树艺，京师名果，皆出其园。"⑤ 王戎、潘岳、孔灵符、谢灵运和元欣等人在其庄园中如此大量地种植果树，无疑主要为了谋取商业经济利益，而不仅仅是为了自给自足。文献中亦偶见反例，例如北周王思政："常以勤王为务，不营资产。尝被赐园地，思政出征后，家人种桑果。及还，见而怒曰：'匈奴未灭，去病辞家，况大贼未平，何事产业！'命左右拔而弃之。"⑥ 但是这个事例恰好从反面说明，栽种果树以牟利的现象，在当时上流社会是极为普遍的。

从安定社会的角度出发，当时一些有良知的地方官员也鼓励小农种植果树维持生活。如曹魏时郑浑为山阳、魏郡太守，"以郡下百姓苦乏材木，乃课树榆为篱，并益树五果。榆皆成藩，五果丰实。入魏郡界，树落齐整如一，民得财足用饶"⑦。又如南齐沈瑀永泰元年（498）为建德县令，"教民一丁种十五株桑，四株柿及梨栗，女丁半之，人咸欢悦，顷之成林"⑧。又有北周苏绰所订之令，要求："三农之隙，及阴雨之暇，又当教民种桑、植果、艺其菜蔬，修其园圃，蓄育鸡豚，以备生生之资，以供养老之具。"⑨ 小农所生产的果品，除满足日常所需，亦将剩余产品投入市场交换，换取其他生活用品，"以供养老之具"。

总之，魏晋南北朝时期果品贸易还是较普遍的，这种局面的出现，除了商品经济的发展，还由于当时战乱频繁，饥荒时有发生，使得许多果品成为粮食之外的食

① 《晋书》卷四三《王戎传》。
② 《晋书》卷五五《潘岳传》。
③ 《宋书》卷五四《孔季恭附弟灵符传》。
④ 《宋书》卷六七《谢灵运传》。
⑤ 《北史》卷一九《元欣传》。
⑥ 《周书》卷一八《王思政传》。
⑦ 《三国志》卷一六《魏书·郑浑传》。
⑧ 《梁书》卷五三《沈瑀传》。
⑨ 《周书》卷二三《苏绰传》。

物补充，在极度缺乏粮食的情况下，甚至成为粮食的替代品，帮助人们度过饥荒。贾思勰曾对此有所论述，例如他说："按杏一种，尚可赈贫穷，救饥馑，而况五果、蓏、菜之饶，岂直助粮而已矣？谚曰：'木奴千，无凶年。'盖言果实可以市易五谷也。"①

四、木材贸易

魏晋南北朝时期也有一定规模的木材贸易，主要满足人们在日常生活用品、建筑、造船等方面的用材需求。这一时期贸易所需的木材，既有山林樵采所得，又有民户自家栽种所得。三国时期，马腾家住陇西，"少贫无产业，常从彰山中斫材木，负贩诣城市，以自供给"②。而在东晋时期，由于竹类贸易兴盛，国家甚至对运销竹子进行收税，并且有一套专门的规定，但在宁康元年（373）曾下诏："除丹杨竹格等四桁税。"③北朝时期，在黄河中下游地区城镇附近的许多农户栽种木材供给城市以牟利，主要有榆、白杨、槐、柳、梓、梧、柞等木，《齐民要术》多有论述。例如其中谈到榆树的经济价值说："三年春，可将荚、叶卖之。五年之后，便堪作椽，不椽者，即可斫卖，椽者镟作独乐及盏。十年之后，魁、碗、瓶、榼，器皿，无所不任。十五年后，中作车毂及蒲桃缸。"根据贾思勰的自注，当时市价，每根榆椽值10文，独乐（陀螺）与盏每个可值3文，魁值20文、碗值7文、瓶与榼皆可市值100文，每具车毂值绢3匹，每口蒲桃缸值300文，榆树旁枝亦可作为柴薪出卖。一顷榆树大概获利近30贯。④可知栽植榆树除了可取建造房屋或造船所需的椽木，还能够生产出许多日常生活用品，所得之利甚为可观，所以贾思勰说："卖柴之利，已自无赀（自注云：岁出万束，一束三文，则三十贯；荚叶在外也）；况诸器物，其利十倍（自注云：于柴十倍，岁收三十万）。斫后复生，不劳更种，所谓一劳永逸。能种一顷，岁收千匹。"贾思勰还以此作为当时家庭的长期资生之业，他说："男女初生，各与小树二十株，比至嫁娶，悉任车毂。一树三具，一具直绢三匹，成绢一百八十匹，聘财资遣，粗得充事。"可见种植榆树前后获利甚多。此外，白杨的商品经济价值也颇可观：若每亩种植白杨4 320株，"三年中为蚕槲，五年，任为屋椽，十年，堪为栋梁。以蚕槲为率，一根五钱，一亩岁收二万一千六百文。岁种三十亩，三年九十亩，一年卖三十亩，得钱六十四万八千文。周而复始，永世无穷。比之农夫，劳逸万倍。去山远者，实宜多种，千根以上，所求必

---

① 《齐民要术》卷四《种梅杏第三六》。
② 《三国志》卷三六《蜀书·马超传》注引《典略》。
③ 《晋书》卷九《孝武帝纪》。
④ 《齐民要术》卷五《种榆、白杨第四十六》。

备"。又据《种槐、柳、楸、梓、梧、柞第五十》记载："下田停水之处，不得五谷者，可以种柳。"杨柳"虽微脆"，三年以之为屋椽，"亦堪足事"。"一亩二千一百六十根，三十亩六万四千八百根。根直八钱，合收钱五十一万八千四百文。百树得柴一载，合柴六百四十八载，载直一百文，柴合收钱六万四千八百文，都合收钱五十八万三千二百文。岁种三十亩，三年种九十亩；岁卖三十亩，终岁无穷。"若栽种箕柳，可以取其枝条编簸箕，则"五条一钱，一亩岁收万钱"。可知种柳树也获利匪少。楸树的经济价值也相当高，"方两步一根，两亩一行，一行百二十树，五行合六百树。十年之后，一树千钱，柴在外。车板、盘合、乐器，所在任用，以为棺材，胜于柏松"。《齐民要术》所载木材栽植买卖之利，从侧面反映出木材贸易的兴盛，所以当时治产营生之家，往往对此予以高度重视。

五、禽畜贸易

魏晋南北朝时期，由于战乱频仍，农业遭受较为严重的破坏。与此同时，北方与西北地区少数民族纷纷进入中原，他们多以畜牧业为主，因此，这一时期的畜牧业有了较大发展，为禽畜贸易的兴旺创造了重要条件。此外还有农户饲养的牲畜也进入市场进行流通，促进禽畜贸易的发展。如曹魏时期，曹植《乐府歌》云："市肉取肥。"[①] 魏明帝时曾向屠肆征收"牛肉小赋"[②]，表明禽畜贸易相当兴旺。晋愍怀太子"令人屠肉，己自分齐，手揣轻重，斤两不差。云其母本屠家女也"[③]。贵为太子，犹为屠事，社会上禽畜买卖之盛亦可想见。至于农村的牲畜饲养和交换也是常态，所以颜斐为京兆太守时，"课民无牛者，令畜猪狗，卖以买牛"[④]，农户将饲养的猪、狗等家畜出卖，以买回耕牛。

鲜卑族本为畜牧民族，建立北魏之后，在平城宫中令"婢使千余人，织绫锦贩卖，沽酒、养猪、羊，牧牛、马，种菜逐利"[⑤]。拓跋晃贵为监国太子，犹"畜养鸡犬，乃至贩酤市廛，与民争利"，高允劝谏他将"畜产贩卖，以时收散"，却遭到拒绝。[⑥] 可见当时禽畜贸易之盛。北魏还鼓励肉类贸易。早在拓跋珪建国之时，就"分别士庶，不令杂居，伎作屠沽，各有攸处。但不设科禁，卖买任情，贩贵易贱，

---

① 《北堂书钞》卷一四五《酒食部·肉十五》。
② 《三国志》卷二五《魏书·高堂隆传》。
③ 《太平御览》卷一四八引王隐《晋书》。
④ 《三国志》卷一六《魏书·仓慈传》注引《魏略》。
⑤ 《南齐书》卷五七《魏虏传》。
⑥ 《魏书》卷四八《高允传》。

错居混杂"①。这一政策在孝文帝迁都后仍然继续实行。这使得禽畜贸易相当活跃，首都洛阳城西西阳门外有"大市"，"市东有通商、达货二里。里内之人，尽皆工巧，屠贩为生，资财巨万"②；又"孝义里东市北殖货里，里有太常民刘胡，兄弟四人，以屠为业"③。以屠为生者多，自然说明禽畜贸易兴旺。城市如此，农村亦不逊色。《齐民要术》卷六《养羊第五十七》介绍说："凡驴、马、牛、羊收犊子、驹、羔法"，乃是"常于市上伺候，见含垂重欲生者，辄买取"。这样就可以得到一批幼畜，再将良者留种，恶者卖掉，则"不失本价，坐赢驹犊"；继而"还更买怀孕者。一岁之中，牛马驴得两番，羊得四倍。羊羔腊月、正月生者，留以作种，余月生者，剩而卖之。用二万钱为羊本，必岁收千口"。根据此法，一年之间可将牛、马、驴的数量翻两番，羊可增三倍。贾思勰还根据自己的养羊经验总结出"人家八月收获之始，多无庸暇，宜卖羊雇人，所费既少，所存者大"。《齐民要术》所载这一切家畜生产收益，必须建立在稳定的牲畜买卖基础之上。

南方的禽畜贸易也有发展。当时家禽贸易相当普遍，普通农户几乎都要养鸡，将其作为重要的收入来源。如东晋郗诜，母亡家贫，无以下葬，于是"养鸡种蒜"，三年后，"得马八匹，举枢至冢"④；官僚及庄园主则通过大规模养鸡以牟取更多财富，例如南朝士族谢朏以鸡蛋放债，后来收回几千只鸡。⑤ 此外，牲畜贸易也很发达，建康城的牲畜市场，"有小市、牛马市……皆边淮列肆稗贩焉"⑥。世居建康的徐度"恒使僮仆屠酤为事"⑦，驱使僮仆以屠宰、酿酒为业，从而为自己牟利；齐东昏侯"又于苑中立市……使宫人屠酤，潘氏为市令，帝为市魁，执罚，争者就潘氏决判"⑧。这些事例都说明禽畜贸易颇为兴旺。狗也作为商品交换的产品。自战国、秦汉时期，北方人多食狗肉；到了魏晋南北朝时期，由于大规模的人口自北方南迁，使得南方人也普遍开始食用狗肉。江南的城市中遍布屠狗之肆，例如宋、齐之际有个名叫王敬则的人，"屠狗商贩，遍于三吴"⑨。屠狗之肆中有专门称重的"屠肉枰"⑩，是一种挂在横木上的大秤，说明当时屠宰狗的数量很大，狗肉的交易数量也是相当多。

根据以上内容可知，魏晋南北朝时期的禽畜贸易，既包括作为劳动力的牛、马

---

① 《魏书》卷六〇《韩显宗传》。

② 《洛阳伽蓝记》卷四《城西·法云寺》。

③ 《洛阳伽蓝记》卷二《城东·景宁寺》。

④ 《晋书》卷五二《郗诜传》。

⑤ 《南史》卷二〇《谢弘微传附谢朏传》云："朏为吴兴，以鸡卵赋人，收鸡数千。"

⑥ ［清］周景合：《景定建康志》卷一六《疆域志二·镇市》"古市"条。

⑦ 《陈书》卷一二《徐度传》。

⑧ 《南齐书》卷七《东昏侯纪》。

⑨⑩ 《南史》卷四五《王敬则传》。

等活体牲畜的交易，以满足人们生产需要；还有家禽、牲畜的肉类贸易，满足了人们的肉食需求。

六、水产贸易

鱼类水产贸易在汉代时已较为发达，《史记·货殖列传》记载：当时"水居千石鱼陂"，即可与千户侯的经济地位相等，鱼商若每年经营"鲐鲞千斤，鲰千石，鲍千钧"，也能够与千乘之家相比。到了魏晋南北朝时期，鱼类贸易虽然不如汉代繁荣，但也有所发展。① 鱼类贸易成为众多小商小贩所从事的行业，例如任嘏，汉末"荒乱，家贫卖鱼，会官税鱼，鱼贵数倍，嘏取直如常"②。孙吴交州刺史亦"强赋于民，黄鱼一枚收稻一斛"③。从当时官府对鱼商征税，可知鱼类贸易和鱼市较普遍。

鱼类水产是江南人民必不可少的食物，民间多有鱼品贩卖，以至于官府在关津征收鱼税，如六朝时期建康"西有石头津，东有方山津，各置津主一人……获炭鱼薪之类过津者，并十分税一以入官"④。此外，民间还有依靠捕钓贩卖为生的"渔师"，例如刘宋人王弘之于上虞江边垂钓，"经过者不识之，或问渔师得鱼卖不？弘之曰：'亦自不得，得亦不卖。'"⑤ 由于南方的自然环境多水，鱼类资源丰富，因此各地鱼市较多。建康城有出售水产的"蚬市"⑥，州郡市场内亦多有鱼品贸易，普通五年（524）梁武帝之子萧纶统摄兖州，常"遨游市里"，"尝问卖鳝者曰：'刺史何如？'对者言其躁虐，纶怒，令吞鳝以死"⑦。鳝即是鳝鱼，南兖州即今之江苏扬州。陈文帝时，周迪兵败逃至山中，"后遣人潜出临川郡市鱼鲑"⑧，可见郡治所也有鱼市。

北朝有些城市的鱼类贸易也较可观，例如洛阳城南宣阳门外有四夷馆、四夷里，"别立于洛水南，号曰四通市，民间谓为永桥市。伊、洛之鱼，多于此卖，士庶须脍，皆诣取之。鱼味甚美，京师语曰：'洛鲤伊鲂，贵于牛羊。'"⑨ 可见永桥市是洛阳城中的一个鱼市，规模相当之大。当时为了照顾许多生活在北朝的南方人

① 黎虎：《魏晋南北朝史论》，学苑出版社，1997 年，349 页。
② 《三国志》卷二七《魏书·王昶传》注引《任昭先别传》。
③ 《三国志》卷五三《吴书·薛综传》。
④ 《通典》卷一一《食货典·杂税》。
⑤ 《南史》卷二四《王弘之传》。
⑥ ［清］周应合：《景定建康志》卷一六《疆域志二·镇市》"古市"条。
⑦ 《南史》卷五三《梁武帝诸子传·邵陵携王纶传》。
⑧ 《陈书》卷三五《周迪传》。
⑨ 《洛阳伽蓝记》卷三《城南·宣阳门》。

士，官府又在他们所聚居的区域设有鱼市，"城南归正里，民问号为吴人坊，南来投化者多居其内，近伊、洛二水，任其习御。里三千余家，自立巷市，所卖口味，多是水族，时人谓为鱼鳖市也"①。可知当时洛阳鱼市较多。鱼市的繁荣同时也刺激淡水养鱼业的发展，以便为市场提供更多货源。《齐民要术》就有专篇讲解养鱼的方法，并指出"依法为池，养鱼必大丰足，终天靡穷，斯亦无赀之利也"，详细介绍了鱼塘建设、鱼种选择、自然孵化、密集轮捕等知识，并且提到利用 6 亩鱼塘放养鲤鱼，当年可得 125 万钱，次年可增至 515 万钱。② 养鱼能够带来如此丰厚的经济利益，说明当时鱼类消费市场的规模相当大，只有这个市场存在并且繁荣，鱼类贸易和养鱼才有可能获得高额利润。

南北朝时期，南北分裂和对立妨碍了鱼类商品的交换。鳆鱼的产地在淮河流域，但当时淮河仍在北朝的统辖范围之内，"江南无鳆鱼"，所以相当珍贵，"或有间关得至者，一枚直数千钱"。刘宋末期，有人"饷（褚）彦回鳆鱼三十枚，彦回时虽贵，而贫薄过甚，门生有献计卖之，云可得十万钱"③。说明江南市场上仍出售有少量走私的淮河鳆鱼，只是价格非常昂贵。可见政治上的分裂并不能完全断绝水产商品的流通。

第三节　农产品市场、交易方式和商税

与前代相比，这个时期的农产品市场类型和交易方式发生了某些新变化，国家对商税的征收方式和税目，更比两汉时代增添了不少新的花样，东晋南朝的发展尤其显著。这些无疑对当时的农产品交换产生了重要影响。

一、市场类型和管理制度

自先秦以来，城邑之内都有官府设置的交易场所——市，魏晋南北朝时期也是如此。这一时期，市内店肆房屋都由官府统一规划，住宅区称"里"或"闾里"，交易区称"市"。交易区作为官府设置的城市商业活动场所，一般都建在城内的北部，位于宫庙之后。店肆必须在市内开设，交易活动亦须在市内进行。开市后，交易者须通过市门进入市中进行各种商业活动。④ 市中设立有专门的管理机构和官吏之职。这个时期，市场管理官员基本承袭秦汉之制，有市长、令、丞、司市中郎

---

① 《洛阳伽蓝记》卷二《城东·景宁寺》。
② 《齐民要术》卷六《养鱼第六十一》。
③ 《南史》卷二八《褚裕之传附褚彦回传》。
④ 高敏：《魏晋南北朝经济史》，上海人民出版社，1996 年，955～957 页。

将、司市师、大市刺奸、牧佐等职。市有大小不同，市官的品秩与名称也有差异。大体而言，京师及各州治所所在的城市，市有市令、市丞，而地方郡县城市之市的主官则为市长。例如《隋书》卷二七《百官志中》言及北齐制度，京师邺城东西二市置市令、市丞及市吏，受司州牧管理，地方州治所在的市则置市令、市史，郡治及各县所在的市均设市长，分别隶属于市所在的郡县守令。北齐制度多承袭自北魏，可推知北魏自迁都洛阳后也是如此。东晋南朝时，市官称市令、市丞、市魁，通称为"司市"或"市司"。市司的职责在于维持市场治安秩序、调解纠纷、收取交易税。国家不但设定了市的布局和管理机构，对开市与罢市也规定了固定时间，一般是日中而市，黄昏散市。北魏朝廷甚至设钟鼓楼，严格控制开市、罢市的时间。《洛阳伽蓝记》卷一《龙华寺》载："（建春门外）阳渠北有建阳里，里有土台，高三丈，上作二精舍……上有二层楼，悬鼓击之以罢市。"

在农产品交易市场中，经营同类农产品的店铺各自排列成行，这种行列称为"列肆"或"市列"，各种商品以类相从，集中出售。大市之内更是商贩云集，货物以类列肆。既便于官府的管理和监督，又便于购买者挑选货物。北魏洛阳有马市、鱼鳖市，其中的永桥市即是规模较大的鱼市，"伊、洛之鱼，多于此卖"[①]；还有专门的"屠肆"贩卖各种肉类，如北魏建国之初，"分别士庶，不令杂居，伎作屠沽，各有攸处"[②]。南方城市也有专门的农产品市场，如建康城内"有小市、牛马市、谷市、蚬市……皆边淮列肆稗贩焉。……花行、鸡行……皆市也"[③]。可见当时的农产品市场相当繁荣，不仅有专门的粮食市场"谷市"，还有专门的牲畜市场"牛马市"，家禽市场和水产品市场"蚬市"，以及花市等，鱼市则更是常见，如梁时萧纶统摄兖州，"遨游市里"，去的就是鱼市；陈时周迪兵败逃至山中，"后遣人潜出临川郡市鱼鲑"[④]，可见当时郡治所多有鱼市。甚至是出售大葱的商贩也聚在一肆，形成了所谓的"葱肆"。梁吕僧珍为南兖州刺史，镇守广陵，"从父兄子先以贩葱为业，僧珍既至，乃弃业欲求州官。僧珍曰：'吾荷国重恩，无以报效，汝等自有常分，岂可妄求叨越，但当速反葱肆耳。'"[⑤]

除了城市农产品市场，农村集市也是重要的农产品贸易场所。集市是中国古代农村传统的交易形式，它为自然经济下的个体农民之间互通有无、调剂剩余农产品提供了场所。魏晋南北朝时期，一些县城和乡村形成了定期的市集，如《水经注》卷三三《江水》载："平都县，为巴郡之隶邑矣。……县有市肆，四日一会"；同卷

① 《洛阳伽蓝记》卷三《城南·宣阳门》。
② 《魏书》卷六〇《韩显宗传》。
③ ［清］周应合：《景定建康志》卷一六《疆域志二·镇市》"古市"条。
④ 《陈书》卷三五《周迪传》。
⑤ 《梁书》卷一一《吕僧珍传》。

载鱼复县"有县治，治下有市，十日一会。江水又东，左经新市里南。常璩曰：巴旧立市于江上，今新市里是也"，还有"国丰市，五日一会"。[①] 东晋南朝时，社会经济渐有发展，市集较以前为多，刘宋元嘉初年尤为明显。《宋书》卷九二《良吏传序》说："民有所系，吏无苟得，家给人足，……凡百户之乡，有市之邑，歌谣舞蹈，触处成群，盖宋世之极盛也。"由于乡邑集市多为基层农产品交易市场，而少有商贩定居，是以交易者"当集则满，不当集则虚"，故而当时又称之为"虚市"[②]。据南朝宋人沈怀远《南越志》："越之市为虚，多在村场，先期招集各商或歌舞以来之。荆南、岭表皆然。"可见，这种集市在南方农村颇为普遍。此外还有草市，这是在城郊交通要道、行人汇集之地兴起的固定交易场所，其规模小于城内市场。《水经注》卷三二《肥水注》载："淝水左渎，又西径西桥门北，亦曰草市门。"门既曰草市门，可知附近当有草市。当时南方许多地方都有草市，《太平寰宇记》卷九○《江南东道二》"升州上元县"条载东晋建康"有七部尉"，其中"南尉在草市北"。又建武四年（497），"王晏出至草市，马惊走，鼓步从车而归"[③]。有相当一部分草市乃是从定期交易的集市发展而来的，因此其市场结构与商业深度，也都要远远高于定期乡村市集。且自发产生于城郊的草市，渐渐发展，逐步有了旅店、饮食业以及固定店铺，使得草市成为繁盛的市场，最后逐步发展成为正式的市和固定的市镇。随着草市商品交换规模不断扩大，朝廷遂将一些草市纳入国家管理之下。据《南齐书·鄱阳王宝夤传》载：东昏侯萧宝卷永元末年（501），"京邑骚乱，宝夤至杜姥宅，日已欲暗。城门闭，城上人射之，众弃宝夤逃走。宝夤逃亡三日，戎服诣草市尉，尉驰以启帝"。草市尉就是管理草市的官吏，一如市的市司，可见草市有官市化的趋向。这种变化有利有弊，利在有国家给予保护，其安全有所保障；弊在丧失了原先的很多自由，必须受制于官府。总体而言，南朝时的草市犹在起步之时，除建康草市，大部分仍为非官方性质的交易场所。

二、农产品贸易方式

魏晋南北朝时期，农产品与其他商品一样，除了生产者与消费者之间直接交换，主要依靠商人，进入市场进行买卖交易。[④] 参与农产品贸易的既有平民百姓，又有官僚贵族。由于社会经济地位不同，两者在农产品贸易方式上各有特点。

---

① 《太平御览》卷八二七引《赵书》。
② 高敏：《魏晋南北朝经济史》，上海人民出版社，1996年，966页。
③ 《南齐书》卷一九《五行志》。
④ 高敏：《魏晋南北朝经济史》，上海人民出版社，1996年，936～942页；许辉、蒋福亚：《六朝经济史》，江苏古籍出版社，1993年，359～365页。

平民进行农产品贸易的方式有以下几种：

首先是家庭农产品自产自销。这些从事农产品销售的人本身就是生产者，他们把自家生产的农副产品运输到农村集市或城镇市场上出售，转而购买所需的生产、生活资料。如孙吴时"姚俊常种瓜菜，灌园以供衣食"①。步骘也曾以种瓜为生，他"与广陵卫旌同年相善，俱以种瓜自给"②。刘宋的郭原平"以种瓜为业，世祖大明七年（463）大旱，瓜渎不复通船，……乃步从他道往钱唐货卖"③；南齐时会稽陈氏有三女，岁饥，"三女相率于西湖采菱莼，更日至市货卖，未尝亏怠"④。此类个体小生产者所进行的农产品生产和交换，自然难以取得很大利润，只是为了满足最基本的生活生产需求。这也是一般小农进行农产品贸易最为普遍的方式，他们通过这种产销结合、亦农亦商的方式维持生活或补贴家用。

其次是职业小商贩。他们专门从事农产品贩卖活动，其经营特点是本小利薄，流动性大，主要将他人生产的农产品进行短途贩运，利用地方差价获利。如刘宋时的戴法兴家本贫寒，其父戴硕子"贩纻为业"，戴法兴年少时也曾"卖葛于山阴市"⑤；南齐傅琰任山阴令，有"卖针、卖糖老姥争团丝，来诣琰，琰不辨核，缚团丝于柱，鞭之，密视有铁屑，乃罚卖糖者"⑥；梁代山阴人贺琛"家贫，尝往还诸暨，贩粟以自给"⑦；魏晋南北朝时期，这样的小商贩在商人中所占比重相当大，对农产品的交换与流通做出了很大贡献。

还有一些城市居民通过开店列肆进行农产品贸易。这些长期固定在城市市场中的坐贾，收购个体生产者的农产品，或者成批购买贩运商人从其他地方运来的农产品，然后通过自己的店铺零售给消费者。如梁代吕僧珍从父兄子在"葱肆"中"以贩葱为业"⑧。

贵族官僚进行农产品贸易，则主要有以下几种方式：

首先是对农产品的自产自销。贵族官僚对农产品的自产自销并非他们亲力而为，而是通过占山护林，拥有众多田园别墅，役使僮仆劳动，所得农产品归庄园主所有。在满足自家消费之外，贵族官僚亦把多余产品投入市场进行销售，以获得丰厚收入。西晋以后这种现象相当常见，如王戎钻核卖李、石崇经营金谷园以获利

① 《艺文类聚》卷八七《果部下·瓜》。
② 《三国志》卷五二《吴书·步骘传》。
③ 《宋书》卷九一《郭世道传附郭原平传》。
④ 《南齐书》卷五五《韩灵敏传》。
⑤ 《宋书》卷九四《戴法兴传》。
⑥ 《南齐书》卷五三《傅琰传》。
⑦ 《梁书》卷三八《贺琛传》。
⑧ 《梁书》卷一一《吕僧珍传》。

等。至东晋南朝时更成为贵族官僚中普遍的风尚。如刘宋的沈庆之，"广开田园之业，每指地示人曰：'钱尽在此中。'"① 丹阳尹柳元景于建康城郊有菜园数十亩，"守园人卖得钱二万，送还宅"②；梁代人徐勉虽然自诩清高，仍然营建园墅，其目的"非在播艺，以要利入"，也是为了贩卖农产品以获利。正如晋人江统所言："秦汉以来，风俗转薄，公侯之尊，莫不殖园圃之田，而收市井之利，渐冉相仿，莫以为耻。"③

其次是进行大宗农产品的长途贩运贸易。这些从事长途贩运的士族及官僚贵族既拥有权势，且享有免除租税赋役的特权，并且有众多劳动力听其役使，因此长途贩运成为他们牟取暴利的手段，许多著名的土特产品因产地与销地间的差价大，遂成为他们经常贩运的商品。如益州所产的蜀锦、丝绵、川马名闻天下，刘宋时"远方商人，多至蜀土，资货或有直数百万者"，时任益州长史的费谦想聚敛兴利，限定"布、丝、绵各不得过五十斤，马无善恶，限蜀钱二万"④。除了土特产品，城市消费所需要的粮食、蔬菜、竹木等生活必需品也是贵族官僚所贩运的对象，如孙吴时期，全柔"徙桂阳太守，柔尝使琮赍米千斛到吴，有所市易"⑤。陈代湘州刺史华皎，"善营产业。湘川地多所出，所得并入朝廷，粮运竹木，委输甚众，至于油蜜脯菜之属，莫不营办"⑥。

还有贵族官僚役使僮仆以坐贾的形式开设邸店进行农产品贸易。如北魏的监国太子拓跋晃，"畜养鸡犬，乃至贩酤市廛，与民争利"⑦。还有齐东昏侯"又于苑中立市，使宫人屠酤，潘氏为市令，帝为市魁，执罚，争者就潘氏决判"⑧。南朝以来，士族权贵利用特权占山护泽，在交通要道或都会开店设邸，并通过邸、店出售、聚敛各类农产品，甚至设邸放贷，收取各类农产品。东晋末年，王玄谟为宁朔将军，贪利好货，"营货利，一匹布，责人八百梨"⑨。刘宋的刘休祐，"在荆州，衰刻所在，多营财货。以短钱一百赋民，田登，就求白米一斛。米粒皆令彻白，若有破折者，悉删简不受。民间籴此米，一升一百。至时又不受米，评米责钱。凡诸

① 《宋书》卷七七《沈庆之传》。
② 《宋书》卷七七《柳元景传》。
③ 《晋书》卷五六《江统传》。
④ 《宋书》卷四五《刘粹传附刘道济传》。
⑤ 《三国志》卷六〇《吴志·全琮传》。
⑥ 《陈书》卷二〇《华皎传》。
⑦ 《魏书》卷四八《高允传》。
⑧ 《南齐书》卷七《东昏侯纪》。
⑨ 《宋书》卷七六《王玄谟传》。

求利，皆悉如此"①。齐时谢朏任吴兴长官，亦"以鸡卵赋人，收鸡数千"②。士族权贵所得利润甚高，往往开展生产、聚货、发贷和销售一条龙经营，以获得巨额利润。

总之，贵族官僚经营的农产品贸易，无论从规模还是数量上都要远远超过小商小贩，其货品种类也很多，在整个农产品贸易中占有绝对优势。但是平民所从事的农产品贸易，则促进了广大农村农产品流通与消费，为方便农民生产和日常生活，起着相当重要的作用。

除民间私家的农产品贸易，官府也参与粮食贸易，即大量收购粮食，称为"和籴"。刘宋武帝永初元年（420），规定："台府所须，皆别遣主帅，与民和市，即时裨直。"③ 南齐武帝永明五年（487），下诏："京师及四方出钱亿万，籴米谷丝绵之属，其和价以优黔首"，"必是岁赋攸宜，都邑所乏，可见直和市，勿使遍刻。"④ 此次南齐朝廷以较为优惠的价格收购粮食等农副产品，主要是为了稳定市场物价，保护小农经济。北朝时期，统治者也和籴民谷，储备粮食以防荒年。北魏太和十二年（488）大旱饥荒，李彪提出："宜析州郡常调九分之二，京都度支岁用之余，各立官司，年丰籴积于仓，时俭则加（应作减字）私之二，粜之于人。如此，民必力田，以买官绢，又务贮财，以取官粟。年登则常积，岁凶则直给。"孝文帝采纳此意见，"自此公私丰赡，虽时有水旱，不为灾也"。⑤ 孝明帝神龟正光年间，亦"自徐扬内附之后，收纳兵资，与人和籴，积为边备"⑥。官府收购粮食的"和籴"以及对其他农产品的"和市"，是企图平抑物价，稳定经济秩序，抑制富商大贾牟取暴利。但是亦难免逐渐成为官吏强行贱买民物、牟取私利的手段，结果往往是在各种正税和杂税之外，又增加了人民负担。

三、南北互市与农产品贸易

魏晋南北朝时期，南北政权交恶之际，双方均闭关设防，商旅往来与商品流通受到极大阻碍。然而即使在这种情形下，由于南北方各地区的物产存在差异，经济上存在彼此需求和互补性，所以南北之间的贸易无法完全中断，互市贸易仍然进行，并且随着南北双方经济的恢复和发展，其规模也逐渐增大，成为当时商业经济

---

① 《宋书》卷七二《文九王传》。
② 《南史》卷二〇《谢弘微传附谢朏传》。
③ 《宋书》卷三《武帝纪下》。
④ 《南齐书》卷三《武帝纪》。
⑤ 《魏书》卷一一〇《食货志》。
⑥ 《通典》卷一二《食货·轻重》。

的重要组成部分。在南北互市当中，农产品的贸易活动也相当频繁。

早在孙氏父子经营江东之时，已同北方展开互市贸易，贸易的内容主要是马匹。建安二十四年（219），孙权"遣校尉梁寓奉贡于汉，及令王惇市马"①。孙吴黄武二年（223），"蜀致马二百匹，锦千端，及方物。自是之后，聘使往来以为常。吴亦致方土所出，以答其厚意焉"②。嘉禾四年（235），"魏使以马求易珠玑、翡翠、玳瑁，（孙）权曰：'此皆孤所不用，而可得马，何苦而不听其交易？'"③东吴除了与曹魏开展互市贸易以获得马匹，还曾遣使至辽东，与公孙渊结好，以牵制曹魏，同时进行互市贸易，购买马匹。陆瑁曾上疏孙权曰："今（公孙）渊东夷小丑，屏在海隅……国家所为不爱货宝，远以加之者，非嘉其德义也，诚欲诱纳愚弄，以规其马耳。……夫所以越海求马，曲意于渊者，为赴目前之急，除腹心之疾也。"④公孙渊也曾上表曹魏，陈述与东吴互市马匹的事实："（吴使）张弥、许晏与中郎将万泰、校尉裴潜将吏兵四百余人赍文书命服什物，下到臣郡。泰、潜别赍致遗货物，欲因市马。"曹魏文告称："逆贼孙权……乃敢僭号。恃江湖之险阻，王诛未加。比年以来，复远遣船，越渡大海，多持货物，诳诱边民，边民无知，与之交关。长吏以下，莫肯禁止。至使周贺，浮舟百艘，沉滞津岸，贸迁有无。"⑤可见东吴与辽东公孙渊的马匹贸易由来已久。

直到曹魏灭蜀之后，南北之间尚有互市往来。晋初，羊祜驻守襄阳，"绥怀远近，甚得江汉之心。与吴人开布大信，降者欲去皆听之"，"于是吴人翕然悦服，称为羊公，不之名也"⑥。东吴都督陆抗也采用相同的方法，"于是吴晋之间，余粮栖亩而不犯，牛马逸而入境，可宣告而取也。沔上猎，吴获晋人先伤者，皆送而相还"⑦。可见曾经冒险犯难的互市场所，在这一时期能够和平共处。羊祜死后，恰逢"南州人征市"之日，众人"莫不号恸，罢市，巷哭者声相接。吴守边将士亦为之泣"⑧。

东晋十六国时期，南北政权长期敌对，故东晋"旧制以淮禁，不听商贩辄渡"，对南北互市造成了严重阻碍，也使北方政权迫切渴望通过互市来满足各种需求。石勒为了得到南方商品，"使成皋县修（祖）逖母墓，因与逖书，求通使交市。逖不报书而听互市，收利十倍。于是公私丰赡，士马日滋"⑨。前秦苻坚"掠上洛郡，

---

①③ 《三国志》卷四七《吴书·吴主传》。

② 《三国志》卷四七《吴书·吴主传》注引《吴历》。

④ 《三国志》卷五七《吴书·陆瑁传》。

⑤ 《三国志》卷八《魏志·公孙度附子渊传》注引《魏略》。

⑥⑧ 《晋书》卷三四《羊祜传》。

⑦ 《三国志》卷五八《吴书·陆抗传》注引《汉晋春秋》。

⑨ 《晋书》卷六二《祖逖传》。

于丰阳县立荆州，以引南金奇货，弓竿漆蜡，通关市，来远商。于是国用充足，而异贿盈积矣"[1]。可见，互市贸易为南北双方都带来了可观的经济利益，北方政权"国用充足""异贿盈积"，南方政权也"收利十倍"，"公私丰赡，士马日滋"。

南北朝时期，边境局势并不稳定，南北互市也随之时断时续，然而当军事形势有所缓和时，互市贸易又得以恢复。如刘宋元嘉二十七年（450），拓跋焘举兵南侵，互市贸易遂停止。直到宋孝武帝刘骏即位后，北魏又"求通互市"[2]，刘宋允准，于是"时遂通之"[3]，互市贸易重新恢复。虽然官方的互市因战争而受到较大影响，但是通过非正式渠道所进行的贸易往来则一直未曾停止。如元嘉年间，刘宋与北魏进行战争，刘骏与拓跋焘双方曾在战争间歇进行农产品交换："魏主既至，登城南亚父塚，于戏马台立毡屋。先是，队主蒯应见执，其日晡时，遣送应至小市门，致意求甘蔗及酒。孝武（刘骏）遣送酒二器，甘蔗百挺。求骆驼。明日，魏主又自上戏马台，复遣使至小市门，求与孝武相见。遣送骆驼，并致杂物，使于南门受之。……魏主又求酒及甘橘。孝武又致螺杯杂物，南土所珍……又求黄甘……又云：'魏主恨向所送马殊不称意，安北若须大马，当送之，脱须蜀马，亦有佳者。'"[4] 当时刘骏任安北将军，这次贸易虽出于政治目的，且非官方正式的互市贸易，但仍可看出南北双方对彼方物产的渴望，相关记载亦反映出平时互市贸易中的农产品种类甚多。北齐时，苏琼任徐州地方官，积极促进与梁接壤地区的贸易。史称："旧制以淮禁，不听商贩辄渡。淮南岁俭，（琼）启听淮北取籴。后淮北人饥，复请通籴淮南，遂得商估往还，彼此兼济，水陆之利，通于河北"。[5] 可见当时南北包括粮食在内的互市贸易都是存在的。

总之，魏晋南北朝时期，南北对峙是主要的政治格局，经济交流和商业往来在客观上都受到政权割据的限制，各种商品难以流通无阻。但是南北在经济上毕竟具有互补性，双方对于彼此的商品都有迫切需求。因此，南北互市并不因割据政权间的纷争而完全断绝，南北之间的农产品贸易也在断续进行。

四、农产品贸易税

魏晋南北朝时期，针对农产品交换与流通所征收的商税有多种。其中"过税"是官府设关检查，并向来往商人征收的通过税。这种商税早在战国后期就已存在。

① 《晋书》卷一一二《苻坚载记》。
② 《宋书》卷八五《谢庄传》。
③ 《宋书》卷九五《索虏传》。
④ 《宋书》卷四六《张邵传附张畅传》。
⑤ 《北齐书》卷四六《苏琼传》。

汉魏之际亦"设禁重税"，曹丕曾"轻关津之税，皆复什一"①。孙吴也有关津税，诸葛恪为太傅时，曾"除关税"以减轻商民负担。② 西晋统一全国后，仍然继续征收"市租"与关津税③，晋武帝曾下令免天下租赋及关市之税一年。④

两晋之后，商税继续存在，但南北有较大差异。十六国时期，只有后秦姚兴曾提出"增关津之税"⑤。北朝商税则最早见于北魏孝明帝孝昌二年（526），时因六镇叛乱，资费耗尽，以致国库空虚，朝廷"又税市，入者人一钱，其店舍又为五等，收税有差"⑥。可知孝明帝时期所征收商税，分为两种：一种是向入市买卖的双方征收交易税，一人一钱；另一种是根据市内店铺资产多寡而分为五等，进行征收。北齐武平六年（575）八月，朝廷根据黄门侍郎颜之推的建议，"税关市、舟车、山泽、盐铁、店肆，轻重各有差"⑦。山泽所出的各类动植物物产进入贸易市场后，也被列为征税对象。两年后北齐灭亡，此制也随之消亡。北周闵帝即位后，随即废除了"市门税"，到宣帝大成元年（579），"复兴入市之税，每人一钱"。同年五月静帝即位后，又罢此制。⑧

东晋南朝的商税，自永嘉南渡之时便开始征收。《晋书》卷九一《儒林·杜夷传》记载：东晋王敦起兵作乱时，刘陶曾让庐江郡遣使慰问杜夷，令以"市租"供给其家人。可知东晋商税征收继承了西晋之制。此后，东晋南朝所征商税税目繁多，给人民造成了沉重负担。《隋书·食货志》载："晋自过江，凡货卖奴婢、马牛、田宅，有文券，率钱一万，输估四百入官，卖者三百，买者一百。无文券者，随物所堪，亦百分收四，名为散估。历宋齐梁陈，如此以为常……又都西有石头津，东有方山津，各置津主一人，贼曹一人，直水五人，以检察禁物及亡叛者。其荻炭鱼薪之类过津者，并十分税一以入官……淮水北有大市百余，小市十余所。大市备置官司，税敛既重，时甚苦之。"根据以上记载，可知东晋南朝商税除了估税、关津税，还有市税。市税又称为市租、市调、市门税，指商人在官立市区内占有固定场所从事贸易须向官府缴纳税收。市税按照财产多寡计算，相当繁苛。刘裕称帝后，"以市税繁苦，优量减降"⑨。宋文帝元嘉十七年（440）诏称："所在市调，多

---

① 《三国志》卷二《文帝纪》注引《魏书》。

② 《三国志》卷六四《诸葛恪传》。

③ 《晋书》卷五五《潘岳传》。

④ 《晋书》卷三《武帝纪》。

⑤ 《晋书》卷一一八《姚兴载记下》。

⑥ 《魏书》卷一一〇《食货志》。

⑦ 《北齐书》卷八《后主纪》。

⑧ 《周书》卷二《孝闵帝纪》、卷七《宣帝纪》、卷八《静帝纪》；《隋书》卷二四《食货志》；《通典》卷一一"杂税"。

⑨ 《宋书》卷三《武帝纪下》。

有烦刻。"关于南朝市税的记载大多认为"市税重滥",提出当从优核减。[①] 但直到陈朝灭亡之前,陈后主仍"税江税市,征取百端"[②]。

估税又称文券税,是商品交易成交后由买卖双方缴纳的交易税,"率钱一万,输估四百入官,卖者三百,买者一百"。可见其法定税额是卖方缴纳 3/4,买者缴纳 1/4。估税分为"散估"和"输估"两种,输估是针对大宗或特定商品贸易所征的税,并且立有文券,一般交易额在 1 万钱以上;散估则用于万钱以下的零散小额交易,不立文券。两者均根据商品价格征收,税率相同。估税不见于北朝,而东晋至南朝则为常例。《文苑英华》卷六七二徐陵《与顾记室书》曰:"吾市徐枢宅,为钱四万,任人市估,文券历然。"这一记载乃是田宅估价的实例之一。"市估",即是入市估价。《梁书》卷七《太宗王皇后传》载:"时高祖于钟山造大爱敬寺,(王)骞旧墅在寺侧,有良田八十余顷,即晋丞相王导赐田也。高祖遣主书宣旨就骞求市,欲以施寺。骞答旨云:'此田不卖。若是敕取,所不敢言。'酬对又脱略。高祖怒,遂付市评田价,以直逼还之。"可见梁武帝逼买王骞的祖传故宅地,仍要经过"付市评田价"的程序。《南齐书》卷五二《文学·崔慰祖传》曰:"慰祖卖宅四十五万,买者云:'宁有减不?'答曰:'诚惭韩伯休,何容二价。'买者又曰:'君但责四十六万,一万见与。'慰祖曰:'是即同君欺人,岂是我心乎?'"崔慰祖将自己的房宅以四十五万的价钱出售,买者竟然主动加价 1 万钱,又要求成交后将这 1 万钱返还给自己。而崔慰祖认为这是合伙欺诈,可见这位买者并非真正的买主,他提出加价返还,是为了凭买卖房宅的文券向真正的买主索取这 1 万钱的估税,大约 100 钱。这位"买者"若不是为主人或他人办事,即是市中的驵侩——买卖双方对价格产生争执时,从事价格评估的中间人。《太平御览》卷八二八《资产部八·驵侩》引《晋令》曰:"侩卖者,皆当着巾,白贴额,题所侩卖者及姓名,一足着白履,一足着黑履。"驵侩在市中的穿着不仅异于一般人,并且标明自己的名字和所侩卖的商品种类。在实际交易过程中,经常会出现难以确定价格的情况,因此驵侩作为市场人员进行评估,并且收取一定的手续费,其费用由买卖双方承担。

东晋南朝的估税相当繁苛。刘宋时皇帝有诏书曰:"又州郡估税,所在市调,多有烦刻。"估税在当时作为一般的交易税,即使有法定税额,实际上也往往徒有虚名。南齐萧子良曾指出:"顷市司驱扇,租估过刻,吹毛求瑕,廉察相继,被以小罪,责以重备。"[③] 《陈书·宣帝纪》载太建十一年(579)诏,要求"市估津税","更须详定,唯务平允"。可见陈时估税的法定税率也多被巧立名目加以突破。

---

① 《宋书》卷五《文帝纪》。

② 《晋书》卷九一《杜夷传》;《南齐书》卷二二《豫章文献王传》;《宋书》卷五《文帝纪》;《南史》卷一〇《陈后主纪》。

③ 《南齐书》卷四〇《竟陵文宣王子良传》。

正如《隋书》所言，东晋南朝创立估税是为了收取"不为田业"的商贾经营之利，减轻田业者负担，从而达到"均输"的目的，但实际上是"以此为辞"，"利在侵削"。

又有关津税，这是商人通过关津时所需缴纳的通过税。两晋南朝沿袭了汉末三国之制。南方水路交通发达，因此特称为关津税，甚至称为津税。前引《隋书》文字表明：东晋南朝时的重要津渡都置有官司，兼有稽查亡叛走私、征收津税的职责。关津税的法定税率为十分之一，而实际征收的更高。

东晋南朝还征收桁渡税、牛埭税，这两种是与关津税相类似的商旅过境税。桁是津埠渡口的浮桥。埭是河流中为助行船所筑的土坝，多修筑在河流水浅之处，以人力或畜力牵引船只，牛埭则以牛力牵挽。东晋南朝商业相当繁盛，水上交通也相应有较大发展，长江下游许多地方的河埠津口都建有不少桁渡和牛埭。最初这些桁、埭是为方便交通而建，向过往商旅征收的费用也较少，主要是为补偿建筑成本和维持管理，所以史称："寻始立牛埭之意，非苟逼僦以纳税也。当以风涛迅险，人力不捷，屡致胶溺，济急利物耳。既公私是乐，所以输直无怨。京师航渡，即其例也。"[1] 但随着商旅往来频繁，朝廷认为有利可图，自东晋中后期便将其转化成正式的税收，南朝时期乃成常制，并且逐渐成为关津税之外的独立税目。梁武帝大同十一年（545）下诏令："四方所立屯、传、邸、冶、市、埭、桁渡、津税……有不便于民者，尚书州郡各速条上。"[2] 可见当时桁渡税、牛埭税与市税、津税并列。除了以上各项税种，部分单项货物也专门征税，例如鱼税、木材税、皮毛税等，兹不备述。

南朝还出现了特有的包税制，主征市税的官员不论有无才能，只要向朝廷缴纳一定数量的财物即可。包税制最迟在萧齐时就已出现，萧子良曾上书称："司市之要，自昔所难。顷来此役，不由才举，并条其重赏，许以贾衒。前人增估求侠，后人加税请代，如此轮回，终何纪极？兼复交关津要，共相唇齿，愚野未闲，必加陵诳，罪无大小，横没赀载。"[3] 萧子良所奏说明朝廷对包税人并无才能道德方面的要求，只要以足够的家产为抵押，按时缴纳高额税利，即可承包此事。由于此制有利于包税人将本求利，因此为了谋取"司市"之职，竞争十分激烈，以致竞相抬高上缴税额："前人增估求侠，后人加税请代"，从而使得市估税额日益增高。而一旦成为包税人，又要中饱私囊，与关津官吏相互勾结，甚至罗织罪名侵夺过往商旅的资财。不但市税如此，关津交通税的征收也采用同样的定额包征方法。萧齐永明六

①《南齐书》卷四六《陆惠晓附顾宪之传》。
②《梁书》卷三《武帝纪》。
③《南齐书》卷四〇《竟陵文宣王子良传》。

年（488），会稽西陵戍主杜元懿上奏："吴兴无秋，会稽丰登，商旅往来，倍多常岁。西陵牛埭税，官格日三千五百，元懿如即所见，日可一倍，盈缩相兼，略计年长百万。浦阳南北津及柳浦四埭，乞为官领摄，一年格外长四百许万。西陵戍前检税，无妨戍事，余三埭自举腹心。"① 杜元懿作为西陵埭的包税人，每天必须向官府缴纳 3 500 钱。当他看到商旅往来增多，有利可图，便要求将西陵和附近的另外 3 个牛埭由他及其心腹，以比原来税额高一倍的条件承包，保证 4 个牛埭一年之内比原来增加税额 400 万钱。由以上事例可见，虽然包税制使朝廷获得高额税收，但是包税人更是获取厚利，这些从另一个侧面反映当时商业贸易有较大发展。而东晋南朝商税制度的多种发展，在中国经济史上亦具有独特的意义。

第四节　农产品交换对农家经济的影响

一、对大土地所有者的影响

魏晋南北朝大土地所有者的园、墅、别业等经营通常是综合性的，粮食、蔬菜、瓜果、林木、六畜、鱼类等类生产都在其中。除了能够满足他们自身消费需要，多余农产品亦被大量出售，为这些大土地所有者带来丰厚的经济效益。潘岳在其《闲居赋》中描述他的闲适安逸生活，其中有"筑室种树，逍遥自得，池沼足以渔钓，春税足以代耕。灌园鬻蔬，供朝夕之膳；牧羊酤酪，俟伏腊之费"，可见其经济收入中有一部分是依靠"春税""鬻蔬"及出卖畜产品得来的；石崇"有别庐（金谷园）在河南县界金谷涧中，去城十里。或高或下，有清泉茂林，众果竹柏，草药之属。金田十顷，羊二百口，鸡猪鹅鸭之类莫不备。又有水碓、鱼池、土窟"②。其中物产丰富，生产经营种类繁多，所得农产品除了维持石崇家族消费，剩余产品当被投放到市场进行贸易，从而获得许多经济收益。王戎"性好兴利，广收八方，园田水碓，周遍天下。积实聚钱，不知纪极，每自执牙筹，昼夜算计，恒若不足。……家有好李，常出货之，恐人得种，恒钻其核"③。他的经营方式是将家中所种李子卖出，以获得更多的收入。沈庆之"居清明门外，有宅四所，室宇甚丽，又有园含在娄湖，庆之一夜携子孙徙居之，以宅还官。悉移亲戚中表于娄湖，列门同闬焉。广开田园之业，……每指地示人曰：'钱尽在此中。'身享大国，家素

---

① 《南齐书》卷四六《陆慧晓传附顾宪之传》。
② 《全晋文》卷三三石崇《金谷诗序》。
③ 《晋书》卷四三《王戎传》。

富厚，产业累万金，奴僮千计"①。这些大土地所有者将自产农产品作为商品出售于市场以攫取经济利益，在当时是非常普遍的现象。从另外一个角度来看，既然地主庄园的农产品有相当大的部分要进入商业流通领域，那么商品市场需求和物价的变化，必定亦对其生产经营产生重要的影响。

二、对小农生活的影响

对于一般小农而言，农产品交换对于满足他们日常生活的不同需要，自然亦起到重要作用。个体农民在日常生产和生活中的许多必需品，毕竟不能完全依靠自家生产，例如耕牛、铁农具、食盐以及陶器等都不能通过自家生产获得，而只能通过将剩余农产品投放市场进行交换，以换取自家所缺之物，以便维持正常的生产和生活。除此之外，解决衣着，改良作物及家禽、家畜品种，翻盖房屋或婚丧嫁娶及祭祀所需的特殊物品，乃至缴纳赋税等，也都需要通过农产品交换而实现，这在传统社会乃是通常的情况。魏晋南北朝文献之中亦有见实例。例如《三国志·魏书·仓慈传》注引《魏略》记载颜斐事迹说："始，京兆从马超破后，民人多不专于农殖，又历数四二千石，取解目前，亦不为民作久远计。斐到官，乃令属县整阡陌，树桑果。是时民多无车牛，斐又课民以闲月取车材，使转相教匠作车。又课民无牛者，令畜猪狗，卖以买牛。始者民以为烦，一二年间，家家有丁车、大牛。……又课民当输租时，车牛各因便致薪两束，为冬寒冰炙笔砚。于是风化大行……丰富常为雍州十郡最。"其中"令畜猪狗，卖以买牛"，显然是将猪、狗作为商品而投入市场，得钱买牛以改善生产条件；而"又课民当输租时，车牛各因便致薪两束，为冬寒冰炙笔砚"，则是将薪柴卖到城邑中以换取笔砚之类的生活用品。汉魏史书不时提到多位循吏的故事，其中龚遂曾于汉宣帝时任渤海（治在今河北沧州东南）太守，"躬率以俭约，劝民务农桑，令口种一树榆，百本薤，五十本葱，一畦韭，家二母彘，五鸡。民有带持刀剑者，使卖剑买牛，卖刀买犊，曰：'何为带牛佩犊！'春夏不得不趋田亩，秋冬课收敛，益畜果实菱芡。劳来循行……吏民皆富实"②。薤、葱、韭、猪、鸡等，都是农家的副业产品，比起粮食来说，都更加容易进入流通领域，每家所种植饲养的蔬菜和禽畜，除了农民自身消费很少部分，大多数供给市场。牛、马、骡之类的大家畜，一般农民养不起，驴、猪、羊、狗则可以，当时的肉食主要来自这几种家畜，也是较多地流入市场的农家产品。另一方面，农民饲养家畜，特别是猪羊，甚至包括家禽，较好品种经常亦通过市场换取。龚遂的故事反

---

① 《宋书》卷七七《沈庆之传》。
② 《汉书》卷八九《龚遂传》。

映了古代普通农家生产经营的典型策略和方式，一般农民要想手头宽绰一些，除需要努力开展农桑主业生产，都要尽量种些蔬菜、果树，多养禽畜。而北魏的崔衡在河东为官时，亦"修龚遂之法"①。也就是说，北魏农民的生产经营和日常生活与市场交换之间的联系，与汉代并无多少区别。

农民在房前屋后栽种桑、柘等树木，直接来说是为家庭纺织提供生产原料，但生产出来的丝织品并不是为自己享用，而是用来交换价格低廉且经久耐用的麻和布，只有桑、柘的果实——椹才为农民食用，在荒年是重要的粮食替代品。《齐民要术》卷五《种桑柘第四十五》对此有明确的说明，称："椹熟时，多收曝干之，凶年粟少，可以当食。"而柘树种植具有相当大的经济效益，"柘……三年，间斫去，堪为浑心扶老杖（一根三文）。十年，中四破为杖（一根直二十文），任为马鞭、胡床（马鞭一杖直十文，胡床一具直百文）。十五年，任为弓材（一张三百），亦堪作履（一两六十），裁截碎木，中作锥、刀靶（一个直三文）。二十年，好作犊车材（一乘直万钱），欲作鞍桥者，生枝长三尺许，以绳系旁枝，木橛钉著地中，令曲如桥。十年之后，便是浑成柘桥（一具直绢一匹）"。若在高原山区土厚水足处，只要种法得当，10 年之后便成为上等木材，且"一树直绢十匹"。以柘叶养蚕缫丝，所产的丝能够"作琴瑟等弦，清鸣响彻，胜于凡丝远矣"。从贾思勰的筹算可知：当时农民种桑柘可获大利。事实上，对于普通农民家庭来说，除了开展种粮和纺织，各种能够补苴生计的项目，均可能成为他们生产经营的内容，而包括蔬果种植、禽畜饲养在内的各种副业，往往都不只是或者主要不是供自家消费，而是为了投放市场进行交换，以获得自家所不能生产的其他生产和生活必需品。从《齐民要术》的记载可以清楚看出：当时开展的多种项目经营都以市场交换为目标。

除了一般小农，城郊地区还有不少以园圃生产为主的农民。城镇是人口集中的地方，城镇居民的生活资料，除了粮食需要在较大地区范围内调运，日常所需的蔬菜、瓜果、薪炭等则大都来自近郊，这就为城郊农业的发展提供了需求。魏晋南北朝时期，各地城市附近都有不少此类农户存在。如孙坚的祖父曾是瓜农；步骘和卫旌流浪到会稽后，以种瓜为生。《艺文类聚》卷八七《果部·瓜》载：吴国时"姚俊常种瓜菜，灌园以供衣食"。《南史·范元琰传》载传主："家贫。唯以园蔬为业。尝出行，见人盗其菘，元琰遽退走。"《北齐书·彭城王浟传》记载有位姓王的老妇："孤独，种菜三亩，数被偷。浟乃令人密往书菜叶为字，明日市中看菜叶有字，获贼。"这些史料都说明城郊农户的生产与城镇生活需要紧密相连，更离不开农产品市场交换。这在《齐民要术》中也得到了明显的反映。该书提到，不少园圃生产经营项目须是在"近州郡都邑有市之处"，或"负廓"，或"近市"。因此我们不妨

---

① 《魏书》卷二四《崔宽附子衡传》。

说：城郊农民的农业生产其实就是一种商品生产，他们必须通过市场交换才能继续开展再生产，换取自家所需的基本生活资料。

综上所述，我们可以看到：魏晋南北朝时期，虽然由于众多因素的影响，商业经济不如其他历史时期（比如汉唐时代）那样繁荣发达，自然经济有所强化，但农业生产与市场交换之间的关系并未被完全割断。相反，农户与市场之间仍然存在着千丝万缕的联系，当经济有所恢复之时，各类市场上的农产品交换仍然比较活跃。尤其是南方地区的农产品交换较之两汉时期还取得了比较显著的发展。

第十章　农业思想和农学著作

在中国传统农学和农业思想发展史上，魏晋南北朝同样是一个非常重要的时期。尽管这一时期的农业生产曾经遭受了极大挫折，农业经济的总体水平与两汉相比出现了严重下降，更不能与其后隋唐时期的繁盛局面相比，但可能正是由于这种挫折，激发了人们对于农业问题更为深切的关注和积极的探索，使得这一时期的农学取得了超迈前代、雄视后世的发展，农业思想也在继承前代成果的基础之上，出现了一些值得注意的新内容。

第一节　农业思想的发展

春秋、战国以来逐步形成的"以农为本"的重农经济思想，在汉代得到了充分的发挥，并初步形成体系。思想家们充分认识到，农业不仅是衣食的本源，是国富民足的根本，而且也是强兵、广地的经济基础；只有重视农业，努力发展生产，才能国富、民足、兵强、地广、人众，才能"王天下"，实现政权巩固、社会长治久安。相反，如果不重视发展农业，"丈夫丁壮而不耕，天下有受其饥者；妇人当年而不织，天下有受其寒者"①，必然导致人民饥寒交迫，轻于流徙，重则走向反叛，最终将危及国家政权。

东汉末期以后的长期战争动乱，造成百姓流离、人口锐减，土地荒芜、经济残破，不仅广大人民生计维艰，历代政权的赋税来源亦无法得到稳定保障，国家财政面临着严重困难，统治基础不能稳固。为了稳定社会秩序、维护政治统治，历代政权中具有远见的政治家和思想家，都对自战国秦汉以来逐渐形成的"重农思想"予

---

① 《淮南子》卷一一《齐俗训》。

以积极的继承和肯定，他们针对不同时期的社会经济问题，提出了诸多具有积极意义的新见解和新主张，虽然不像汉代那样系统，但仍然影响和指导了当时国家农业政策和措施的制定与实施，在一定程度上促进了经济生产的恢复和发展，在中国农业思想史上具有一定的地位。

一、统治者对重农思想的继承和肯定

魏晋南北朝时期，政局动荡，南北分裂，胡汉政权更迭频繁。但无论是汉族还是内徙少数民族所建立的政权，出于增加国家财赋收入、维护社会安定和巩固政治统治等方面的考虑，对重农思想均予以肯定和坚持，农业仍然被视为本业。

东汉末年，军阀混战，召集流散人口，发展农业生产，增加粮食收入，实际上成了争雄决胜的关键。因此，魏、蜀、吴三个鼎足而立的政权，都表现出了对恢复、发展农业生产的高度关注和重视。

在尚未立国之前，曹操为了解决粮食问题，在黄淮地区大兴屯田。他认为："定国之术，在于强兵足食。秦人以急农兼天下，孝武以屯田定西域，此先代之良式也。"①针对当时社会豪强兼并猖獗，赋役负担严重不均的现实，曹操发布《抑兼并令》，指出："有国有家者，不患寡而患不均，不患贫而患不安。袁氏之治也，使豪强擅恣，亲戚兼并，下民贫弱，代出租赋，衒鬻家财，不足应命。审配宗族，至乃藏匿罪人，为逋逃主。欲望百姓亲附，甲兵强盛，岂可得邪！其收田租亩四升，户出绢二匹绵三斤而已，他不得擅兴发，郡国守相明检察之，无令强民有所隐藏，而弱民兼赋也。"②其目的在于使更多的平民百姓有能力维持简单的农业再生产，并向国家提供赋税。

蜀国丞相诸葛亮也将保证农业生产视为治蜀的重要策略之一，特别强调发展农业生产的重要性，指出："人有饥乏之变，则生乱逆"，不利于社会安定。"唯劝农业，无夺其时，唯薄赋敛，无尽民财"，才能"富国安家"。他还认为："雕文刻镂，伎作之巧，难成之功，妨害农事"，应该反对。同时他还指出："治人之道"在于"制之以财，用之以礼，丰年不奢，凶年不俭，素有蓄积，以备其后"③。同一时期的孙吴统治者也表现了对农业发展的特别关注。

晋代最高统治者对于重农思想也有不同形式和程度的表述。西晋立国之初，武帝司马炎即表现出要"励精于稼穑"，亲自举行籍田以表示对农业的关注。他还特别重视地方官员在督课农事中的重要作用，在晋武帝泰始四年（268）颁发的一道

---

① ② 《三国志》卷一《魏书·武帝纪》注引《魏书》。
③ 《诸葛亮集》卷三《便宜十六策·治人第六》。

诏书中，他说：“使四海之内，弃末反本，竞农务功，能奉宣朕志，令百姓劝事乐业者，其唯郡县长吏乎！”① 在最高统治集团中，发表重农思想言论的人士不乏其人，例如西晋齐王司马攸即曾说：“务农重本，国之大纲。”②

南北朝时期，南北各民族政权都将发展农业生产作为基本国策，重农思想在南朝汉族政权中得到肯定和坚持自不必说，由内徙游牧民族所建立的北方各个政权，也都相继接受重农思想，肯定农业的主导地位，并在具体的经济政策和措施之中得到一定贯彻。例如南朝刘宋最高统治者一再重申农业的重要性，宋文帝曾经下诏称：“国以民为本，民以食为天。”③ 并根据这一思想采取了一些发展农业生产的积极措施，“元嘉之治”的出现，与重农思想和政策的实施是密不可分的。北魏统治者鲜卑拓跋氏原是一个典型的游牧民族，其早期经济乃以畜猎为主体。但随着其统治区域不断向中原内地扩展，他们逐渐认识到发展农业生产对国家经济稳定、社会政治安定具有不可替代的重要意义，接受了汉族传统的重农思想，并将恢复和发展农业生产作为一项基本国策。特别是魏孝文帝时期，重农思想得到充分的肯定，皇帝曾屡次下诏称：“务农重谷，王政所先。”“农为政首，稷实民先。”④ 迁都洛阳之后，更大举推行重农政策，“均田制”的创立及其普遍实施，正是在重农思想的指导下进行的，也是北魏统治者重农思想观念的集中体现。

二、代表性的农业思想和主张⑤

这一时期，不少有远见卓识的政治家和思想家，均在各自的著述中对重农思想进行了阐述和发挥，他们针对当时财政、民生状况和农业生产所面临的问题，就国家如何加强对农业的参与和管理，促进生产的恢复、发展，提出一系列有价值的见解和主张，不仅丰富了这一时期农业思想的内容，而且对各个政权农业经济政策、措施的制定和实施产生了积极的影响。其中，孙吴时期的华覈、晋代的傅玄、刘宋时期的周朗以及西魏时期的苏绰等人的思想言论，最具有代表性。除对重农思想进行一般性的阐述，他们的见解和主张主要集中在农桑劝课、赋税征发和人口管理等方面。以下分别略作介绍。

---

① 《晋书》卷二六《食货志》。
② 《晋书》卷三八《齐王攸传》。
③ 《宋书》卷五《文帝纪》。
④ 《魏书》卷七《高祖纪》。
⑤ 关于魏晋南北朝时期的经济思想，赵靖《中国经济思想通史》第 2 册（北京大学出版社，2002 年修订本）和高敏《魏晋南北朝经济史》下册（上海人民出版社，1996 年）均有相当详细的论述，为本节的主要参考著作。兹择要讨论与农业相关的主要思想主张。

（一）华覈的"务农禁侈"论

华覈，字永先，吴郡武进（今江苏武进人），生卒年不详，曾任孙吴典农都尉。

孙吴立国之初，统治者相当重视农业生产的发展，积极召集人口，在江南地区发展屯田经营和水利建设，并取得了一定成绩。至孙吴后期，国势浸衰，外临强敌威胁，内部矛盾重重，官府劳役繁多，民俗竞尚奢靡，国家积储未丰。对此，华覈深感忧虑，先后多次向吴主孙皓上疏，主张息众役、急农务、去奢华，发展农业生产，充实公私帑藏。

针对吴主盛夏兴役、妨碍农事，华覈上疏劝谏，称："臣闻，先王治国无三年之储，曰国非其国。安宁之世，戒备如此，况敌强大，而忽农忘畜？今虽颇种殖，间者大水沉没，其余存者，当须耘获。而长吏怖期，上方诸郡，身涉山林，尽力伐材，废农弃务。士民妻孥羸小，垦殖又薄，若有水旱，则永无所获。州郡见米，当待有事，冗食之众，仰官供济。若上下空乏，运漕不供，而北敌犯疆，使周、召更生，良、平复出，不能为陛下计明矣。"①

在《上务农禁侈疏》中，华覈再次主张禁止奢华、宽用民力、息役务农、鼓励织绩。针对国家劳役繁重、影响农业生产的现状，他指出："今寇虏充斥，征伐未已。居无积年之储，出无应敌之畜，此乃有国者所宜深忧也。夫财谷所生，当出于民。趋时务农，国之上急。而都下诸官，所掌别异，各自下调，不计民力，辄与近期。长吏畏罪，昼夜催民，委舍佃事，遑赴会日，定送到都。或蕴积不用，而徒使百姓，消力失时。到秋收月，督其限入，夺其播殖之时，而责其今年之税。如有逋悬，则籍没财物，故家户贫困，衣食不足。宜暂息众役，专心农桑。古人称：'一夫不耕，或受其饥，一女不织，或受其寒。'是以先王治国，惟农是务。军兴以来，已向百载，农人废南亩之务，女工停机杼之业。推此揆之，则蔬食而长饥，薄衣而履冰者，固不少矣。"他认为国家应顺应民情，满足百姓的愿望。只有这样，才能使百姓勠力事主，不生怨心。他说："臣闻，主之所求于民者二，民之所望于主者三。二谓求其为己劳也，求其为己死也。三谓饥者能食之，劳者能息之，有功者能赏之。民以致其二事而主失其三望者，则怨心生而功不建。"而当时的情况却是："帑藏不实，民劳役猥，主之二求已备，民之三望未报。"这种情况，极不利于社会安定。针对当时社会竞尚奢华的陋俗，华覈指出："且饥者不待美馔而后饱，寒者不俟狐貉而后温，为味者口之奇，文绣者身之饰也。今事多而役繁，民贫而俗奢，百工作无用之器，妇人为绮靡之饰。不勤麻枲，并绣文黼黻，转相仿效，耻独无有。兵民之家，犹复逐俗，内无儋石之储，而出有绫绮之服；至于富贾商贩之家，

---

① 《三国志》卷六五《吴书·华覈传》。本节所引材料均出本传，不一一作注。

重以金银，奢恣尤甚。"他认为："天下未平，百姓不赡，宜一生民之原，丰谷帛之业。"而时俗"弃功于浮华之巧，妨日于侈靡之事，上无尊卑等级之差，下有耗财物力之损"，对农耕纺织有极大妨害。他建议说："今吏士之家，少无子女，多者三四，少者一二。通令户有一女，十万家则十万人。人织绩一岁一束，则十万束矣。使四疆之内同心戮力，数年之间，布帛必积。"要求朝廷采取措施鼓励织绩，禁止竞尚奢华陋俗，认为这是"救乏之上务，富国之本业也，使管、晏复生，无以易此。"尽管他的这些言论多是重复前人老调，所提出的主张未脱书生意气，但毕竟是针对当时社会经济实际而发，仍具有振聋发聩的作用。

（二）傅玄的"平赋役"和"四民分业"论

傅玄（217—278），字休奕，北地泥阳（今陕西耀县东南）人，历仕曹魏、西晋，官至司隶校尉，是晋代著名的学者，著有《傅子》"合百四十卷，数十万言"（见《晋书》本传），已亡佚，有《傅鹑觚集》及《傅子》辑本多种传世，其中《校工》《检商贾》《平赋役》《安民》等篇，反映了他对当时农、工、商经济问题的认识和主张。发展农业生产，始终是他最为关注的核心问题。

傅玄主张，为了促进经济发展和社会安定，统治者应息欲节欲、赋役要有定制。他指出："天下之害莫甚于女饰，上之人不节其耳目之欲，殚生民之巧，以极天下之变。一首之饰盈千金之资，婢妾之服兼四海之珍，纵欲者无穷，用力者有尽。用有尽之力，逞无穷之欲，此汉灵之所以失其民也。上欲无节，众下肆情，淫奢并兴，而百姓受其殃毒矣。"他认为："夫经国立功之道有二：一曰息欲，二曰明制，欲息制明而天下定矣！"[①]

对于商贾在社会经济生活中的积极意义，傅玄在一定程度上是加以肯定的。他说："夫商贾者，所以伸盈虚而获天地之利，通有无而一四海之财，其人可甚贱而其业不可废。"不过，他也看到了商贾的弊端，认为商贾之事，"盖众利之所充，而积伪之所生，不可不审察也"。他强调农桑才是财富的本源，而商贾则为末流。他认为，自神农之世至于周代，由于制度纲纪合理，商业得到了良好的发展，然而，"及秦乱四民而废常贱，竞逐末利而弃本业，苟合一切之风起矣！于是士树奸于朝，贾穷伪于市，臣挟邪以罔其君，子怀利以诈其父。一人唱而亿兆和，上逞无厌之欲，下充无极之求；都有专市之贾，邑有倾世之商；商贾富乎公室，农夫伏于陇亩而堕沟壑。上愈增无常之好以征下，下穷死而不知所归"。如果统治者不知止欲，则将导致商业畸形发展，致使"末流滥溢而本源竭，纤靡盈市而谷帛罄"。所以他认为，作为一个明君，应"止欲而宽下，急商而缓农，贵本而贱末"，使"朝无蔽

---

① 《傅子·校工》。

贤之臣,市无专利之贾,国无擅山泽之民"。否则,"一臣蔽朝,则上下之道壅;商贾专利,则四方之资困;民擅山泽,则兼并之路开。而上以无常役,下赋一物,非民所生,而请于商贾,则民财暴贱,而非常暴贵;非常暴贵,则本竭而末盈。末盈本竭而国富民安者,未之有也"。① 可见虽然傅玄不是一味否定商贾之事,但其重农抑商的主张也是相当明确的,在他的思想观念中,农业才是本业,而商贾则是末利。如果对商贾不加抑制,而任其专利,将造成对农业生产的危害,导致末盈本竭,而不能实现国富民安。

傅玄通过总结历史经验教训,就赋役问题发表了自己的见解。与前代思想家不同,傅玄并未一味强调要"轻徭薄赋",而是强调要"平赋役"。所谓"平赋役",一是征发赋役的目的是为公即为了整个国家,而不为满足帝王私欲;二是赋役征发有常制、有节度。他说:"昔先王之兴役赋,所以安上济下,尽利用之宜。是故随时质文而不过其节,计民丰约而平均之,使力足以供事,财足以周用,乃立壹定之制,以为常典。甸都有常分,诸侯有常职焉。万国致其贡,器用殊其物。上不兴非常之赋,下不进非常之贡,上下同心以奉常教。民虽输力致财,而莫怨于上者,所务公而制有常也。"他举例来说:秦朝赋役征发无节,横征暴敛只是为了满足私欲,于是天下"蓄怨积愤,同声而起",秦朝因而迅速败亡。而"若黄帝之时,外有赤帝蚩尤之难,内设舟车门卫甲兵之备,六兴大役,再行天诛,居无安处,即天下之民亦不得不劳也,劳而不怨,用之至平也。禹凿龙门,辟伊阙,筑九山,涤百川,过门不入,薄饮食,卑宫室,以率先天下,天下乐尽其力而不敢辞劳者,俭而有节,所趣公也。故世有事,即役繁而赋重;世无事,即役简而赋轻。……役繁赋重,即上宜损制以恤其下,事宜从省以致其用,此黄帝、夏禹之所以成其功也"。因此他认为:"后之为政,思黄帝之至平,夏禹之积俭,周制之有常,随时益损而息耗之,庶几虽劳而不怨矣。"②

在《水旱上便宜五事疏》中,傅玄针对当时水旱灾频仍、国家对士家屯田所征赋税过重的情况,发表了一些重要意见。在赋税政策方面,曹魏时期士家屯田租税征收,"持官牛者,官得六分,士得四分;自持私牛者,与官中分",租税率比较合理,所以"施行未久,众心安之"。而西晋欲改为"持官牛者,官得八分,士得二分;持私牛及无牛者,官得七分,士得三分"。这势必大大加重屯田士家的经济负担,最终亦不利于农业发展。傅玄主张应遵循曹魏旧制,使"天下兵作欢然悦乐,爱惜成谷,无有损弃之忧"。当时,国家"日增田顷亩之课,而田兵益甚,功不能修理,至亩数斛已还,或不足以偿种",已对农业生产造成了不良影响,傅玄认为

---

① 《傅子·检商贾》。
② 《傅子·平赋役》。

应像曹魏初期那样，"不务多其顷亩，但务修其功力"，同时任命精于水事的官员积极加强水利建设。针对当时地方官"虽奉务农之诏，犹不勤心以尽地利"的情况，他主张"宜申汉氏旧典，以警戒天下郡县，皆以死刑督之"，采用严厉政策，促使地方官勉力督课农事。①

在继承先秦以来"分业作壹"思想的基础上，傅玄主张"四民分业"，使百姓各专其务，这是其经济思想的最重要的特点。对于这一问题，他反复地加以论述。在《傅子·安民》篇中，他说："明主之治也，分其业而一其事。业分则不相乱，事一则各尽其力，而不相乱，则民必安矣。"反之，"职业无分，事物不一，职荒事废，相督不已，若是者民危"。在他看来，分业一事，乃是使百姓安定的重要策略。"四民分业"、各安其务，才能使国富民足。其《检商贾》又称："古者言非典义，学士不以经心；事非田桑，农夫不以乱业；器非时用，工人不以措手；物非世资，商贾不以适市。士思其训，农思其务，工思其用，贾思其常，是以上用足而下不匮。"② 士农工商各安其业，守其本分，社会经济即可正常发展，实现"上用足而下不匮"的目标。

在《上疏陈要务》中，傅玄再次对"四民分业"的主张进行了详细论述，并特别强调使民归于农务、发展农业生产的重要性。他指出："先王分士农工商以经国制事，各一其业而殊其务。自士以上子弟，为之立太学以教之，选明师以训之，各随其才优劣而授用之。农以丰其食，工以足其器，商以通其货，故虽天下之大，兆庶之众，无有一人游手在其间。"但是，"汉魏不定其分（即四民之分），百官子弟不修经艺而务交游，未知莅事而坐享天禄；农工之业多废，或逐淫利而离其事"。在他生活的时代，亦是"汉魏之失未改，散官众而学校未设，游手多而亲农者少，工器不尽其宜"。因此，他主张"亟定其制，通计天下若干人为士，足以副在官之吏；若干人为农，三年足有一年之储；若干人为工，足其器用；若干人为商贾，足以通货而已"，认为"贵农贱商"是当时"事业之要务"之一。针对"今文武之官既众，而拜赐不在职者又多，加以服役为兵、不得耕稼当农者之半，南面食禄者参倍于前"不良现象，他主张："计天下文武之官足为副贰者使学，其余皆归之农"，"使冗散之官农，而收其租税"，"若百工商贾有长者，亦皆归之于农"，认为这样可使"家得其实，而天下之谷可以无乏矣"。进一步说，"家足食，为子则孝，为父则慈，为兄则友，为弟则悌。天下足食，则仁义之教可以不令而行也"③。其思想逻辑是，实行"四民分业""贵农贱商"使天下之人各安其业、各事其事，更多的人口从事农业生产，则可使百姓殷实，国家租税有保证，"上足用而下不匮"，最终使

---

① ③ 《晋书》卷四七《傅玄传》。

② 《傅子·检商贾》。

"仁义之教"得以自然施行，社会亦可得到安定。

可见，在傅玄的"四民分业"经济思想中，重农意识是非常明显的，他不仅将务农视作足用、足食的基础，同时也视之为施行社会教化的前提，这是他对先秦至秦汉时代"分业作壹"思想的发挥和发展。其"四民分业"思想的关键一点，就是主张针对农业劳动力缺乏问题，调整四民比例，使更多的人口从事农业生产。傅玄关注各行业从业人口比率的平衡，强调"四民分业"，分工殊务，以农为本，协调发展，与《管子》着眼于人口控制，强调四民分业、世代相袭、集中定居、方便管理，存在着明显的不同。尽管在当时的社会条件下，他的一些主张未免过于迂阔，根本无法实现，但在我国农业思想史上仍具有一定的积极意义。

除以上所述，傅玄对如何根据不同的自然条件，正确处理天、地、人三大因素之间的关系，充分开发利用不同的土地资源以发展农业生产，进行了论述，特别是表达了对水田的重视。他指出："陆田者，命悬于天也，人力虽修，苟水旱不时，则一年之功弃矣。水田制之由人，人工苟修，则地利可尽。天时不如地利，地利不如人和。"[1] 这是对先秦以来农业"三才"思想理论的继承和发展。

与傅玄同一时期的杜预、束皙等人，也就如何加强水利建设、充分开发利用土地资源以促进农业生产发展，提出了不少有价值的见解和主张。

(三) 周朗的农业思想言论

南朝时期最有代表性的农业思想言论出自刘宋人周朗。周朗（425—460），字义利，汝南安成人。曾任刘宋太子舍人、中军录事参军等职。后因上书抨击时弊触怒了朝廷被革职，又以"其居丧无礼"而遭纠问，在流放途中被杀。[2]

周朗对国家经济事务特别是农业生产十分关注，曾上书献说言，称："农桑者，实民之命，为国之本，有一不足，则礼节不兴。"针对当时的经济问题，周朗提出了若干重要建议。首先他认为：要重视农桑，"宜罢金钱，以谷帛为赏罚"。不过，他并非完全否定货币，而是希望权宜而行，因此他说："然愚民不达其权，议者好增其异。凡自淮以北，万匹为市；从江以南，千斛为货，亦不患其难也。今且听市至千钱以还者用钱，余皆用绢布及米，其不中度者坐之。"他认为："如此，则垦田自广，民资必繁，盗铸者罢，人死必息。"虽然周朗所提出的小额交易用钱、大额贸易用谷帛的"金钱谷帛混用"主张，未必就能带来其所期望的结果，相反却可能导致新的混乱，但他企图以此鼓励农桑生产的用意却是很明显的。周朗还主张采用赏罚政策，鼓励人民根据不同地方的环境条件，发展粮

----

① 《全上古三代秦汉三国六朝文·全晋文》卷四五。
② 《宋书》卷八二《周朗传》。本节所引材料均用本传，不一一注明。

食桑苎竹木种植，使"田非畴水，皆播麦菽，地堪滋养，悉艺苎麻，荫巷缘藩，必树桑柘，列庭接宇，唯植竹栗"。对努力经营农桑生产的官民予以奖励，否则即加以处罚。

在赋税政策方面，当时国家计赀而税，"富者不尽，贫者不蠲"，计赀方法亦极不合理，"桑长一尺，围以为价，田进一亩，度以为钱，屋不得瓦，皆责赀实"。百姓因此"树不敢种，土畏妄垦，栋焚榱露，不敢加泥"，极不利于农桑发展。周朗认为："取税之法，宜计人为输，不应以赀。""方今若重斯农，则宜务削兹法（即不合理的计赀方法）。"

在古代社会经济条件下，人口众寡是社会经济盛衰的重要标志，经济增长主要依赖于劳动人口的增加。魏晋南北朝时期，政治混乱腐败，天灾人祸频仍，百姓或流离失所，或转死沟壑，或依附于豪强大族成为庇荫户口，农业劳动力不足更是一个十分严重的社会经济问题。如何增殖人口，特别是增加由官府控制、可向国家提供赋役的劳动力，乃是此一时期历代政权都很关心的重要问题，也都试图采取一些政策和措施加以解决，不少有见识的官僚和政论家提出了许多值得重视的见解和主张，如曹魏时期徐乾的"民数国本论"、杜恕的"安民惜力论"，晋代傅玄的"四民定数论"、南朝梁代郭祖深的"僧尼还俗论"，北魏源贺的"免死戍边论"以及李冲通过户籍管理控制人口的主张等，都着眼于增加国家直接控制的户口、特别是增加可以承担国家赋税的农业劳动力。① 周朗对人口问题同样十分关注，并就人口增殖和流民安置等提出了自己的独特见解。

周朗认为："凡为国，不患威之不立，患恩之不下；不患土之不广，患民之不育。"他概括当时人口寡少、不能增殖的原因说："自华夷争杀，戎夏竞威，破国则积尸竟邑，屠将则覆军满野，海内遗生，盖不余半。重以急政严刑，天灾岁疫，贫者但供吏，死者弗望埋，鳏居有不愿娶，生子每不举。又戍淹徭久，妻老嗣绝，及淫奔所孕，皆复不收。"他悲叹："是杀人之日有数途，生人之岁无一理，不知复百年间，将尽以草木为世邪，此最是惊心悲魂怮哭太息者。"周朗认为，要促进人口增殖，仅有"禁杀子之科""设蚤取之令"是不够的，首先"宜家宽其役，户减其税"，然后乃通过法令规定鼓励婚嫁、生育，一方面规定女子早婚，"女子十五不嫁，家人坐之"，另一方面规定婚嫁礼节从俭，"特雉可以娉妻妾，大布可以事舅姑，若待礼足而行，则有司加纠"。同时，他还建议宫中使女应选择不能生育者充任，人家使唤的奴婢，亦"皆令各有所配"。总之是要让人们均能更多地获得婚育的机会，"要使天下不得有终独之生，无子之老"。

当时，社会上流亡百姓众多，"亡者乱郊，馑人盈甸"，周朗建议国家采取措施

---

① 高敏：《魏晋南北朝经济史》下册，上海人民出版社，1996年，1075～1083页。

加以安置。他说:"今自江以南,在所皆穰,有食之处,须官兴役,宜募远近能食五十口一年者,赏爵一级。不过千家,故近食十万口矣。使其受食者,悉令就佃淮南,多其长帅,给其粮种。凡公私游手,岁发佐农,令堤湖尽修,原陆并起。仍量家立社,计地设闾,检其出入,督其游惰。须待大熟,可移之复旧。淮以北悉使南过江,东旅客尽令西归。"

应该说,周朗的这些观点和见解,是符合当时社会实际并且比较可行的。但统治者并不能接受他的建议,他个人反而因揭露时弊而招致灾祸。

(四)苏绰的农业思想

西魏、北周政治舞台上的著名人物——苏绰(498—546),在魏晋南北朝农业思想史上也具有重要地位。绰字令绰,是西魏权臣宇文泰的主要政治辅弼,也是宇文泰推行朝政改革的主要谋划者和支持者,他帮助宇文泰控制了西魏朝政,并提出了一系列政治、经济改革建议。由于苏绰曾担任大行台度支尚书、领著作,兼司农卿,主管过经济事务,因此对当时社会经济和吏治状况有相当深刻的了解。针对当时的社会现实,他立足于重农思想,为解决社会经济问题,促进农业生产的发展,提出了不少重要观点和主张,对宇文氏北周王朝制定经济政策产生了重要影响,其主要思想体现在所著《奏行六条诏书》中。①

在《尽地利》条中,苏绰首先重申了传统的重农思想。他说:"人生天地之间,以衣食为命。食不足则饥,衣不足则寒。饥寒切体,而欲使民兴行礼让者,此犹逆坂走丸,势不可得也。"因此,他认为足衣食乃是推行教化的基础。

如何实现"足衣食"?苏绰认为:"夫衣食所以足者,在于地利尽。"只有充分开发利用土地资源,努力发展农业生产,才能实现衣食充足。而"尽地利"关键之一,在于朝廷官吏劝课农桑,即其所谓:"地利所以尽者,在于劝课有方。主此教者,在乎牧守令长而已。"在他看来,"民者,冥也,智不自周,必待劝教然后尽其力"。因此,地方官员必须行"明宰之教","每至岁首,必戒敕部民,无问少长,但能操持农器者,皆令就田,垦发以时,勿失其所。及布种既讫,嘉苗须理,麦秋在野,蚕停于室,若此之时,皆宜少长悉力,男女并功,若援溺救火,寇盗之将至,然后可使农夫不废其业,蚕妇得就其功"。对于那些"游手怠惰,早归晚出,好逸恶劳,不勤事业者,则正长牒名郡县,守令随事加罚,罪一劝百"。

苏绰也充分认识到"不违农时"对于农业生产的极端重要性,他指出:"夫百亩之田,必春耕之,夏种之,秋收之,然后冬食之。此三时者,农之要也。若失其

---

① 《周书》卷二三《苏绰传》。本节所引史料皆出本传。

一时，则谷不可得而食。"因此，在此期间，国家应少兴事役，以免影响正常生产，"若此三时，不务省事，而令民废农者，是则绝民之命，驱以就死然"。

为了保证每个农户的生产活动都能正常进行，并且充分利用不同季节发展多种经营，他还主张地方官对"单劣之户，及无牛之家，劝令有无相通，使得兼济。三家之隙，及阴雨之暇，又当教民种桑植果，艺其菜蔬，修其园圃，畜育鸡豚，以备生生之资，以供养老之具"。

作为一位深谙政事的官员，苏绰深知地方官员的行事作风，所以他特别强调指出："夫为政不欲过碎，碎则民烦；劝课亦不容太简，简则民怠。善为政者，必消息时宜而适烦简之中。"这是他在总结历代劝课农桑经验的基础上，对地方官员所做的特别提醒。

苏绰重农思想的另一重要方面是主张"均赋役"，这是他从重农思想出发，对国家赋税征收所提出的重要见解。他认为："先王必以财聚人，以仁守位。国而无财，位不可守。是故三（皇）五（帝）以来，皆有征税之法。虽轻重不同，而济用一也。"在他所处的时代，"寇逆未平，军用资广"，当然也无法减省赋税，但他主张征收"宜令平均，使下无怨"。所谓"平均"，是"不舍豪强而征贫弱，不纵奸污而困愚拙"，即不论是豪强之家，还是贫弱下民，都按标准征收；对奸邪之徒不放纵，对愚拙老实的百姓也不欺负。

苏绰认为，为了保证赋税的征收，朝廷官员必须先事劝课，为获得充足的税收做好准备，这样也可以防止富商大贾乘贫民之急作奸射利。他说："财货之生，其功不易，织纴纺绩，起于有渐，非旬日之间所可造次。必须劝课，使预营理。绢乡先事织纴，麻土早修纺绩。先时而备，至时而输，故王赋获供，下民无困。如不预劝戒，临时迫切，复恐稽缓，以为己过，捶扑交至，取办目前。富商大贾，缘兹射利，有者从之贵买，无者与之举息。输税之民，于是弊矣。"

苏绰深知，在赋税征收过程中，地方官员不体恤民情、听任乡里胥吏因缘作奸，致使赋役征发严重不均的弊病普遍存在。所以他特别指出："租税之时，虽有大式，至于斟酌贫富，差次先后，皆事起于正长，而系之于守令。若斟酌得所，则政和而民悦；若检理无方，则吏奸而民怨。又差徭役，多不存意，致令贫弱者或重徭而远戍，富强者或轻使而近防。守令用怀如此，不存恤民之心，皆王政之罪人也。"

通过以上的叙述可以看出，苏绰是一位谙练政事、熟知农业生产和讲求实际的重农论者。与其他思想家相比，苏绰的重农思想不流于一般性的议论，而是更强调通过国家赋税政策的具体落实和实施，来体现对农业生产的重视；同时，他特别强调地方官员在劝课农桑和执行国家赋役政策中的特殊作用，更注意从整顿吏治入手，认真贯彻重农思想，有效、合理地执行国家经济政策和措施，从而取得促进农业发展实效。

第二节 《齐民要术》的农学成就①

中国传统农学在魏晋南北朝时期历史发展的成就，在《齐民要术》（图 10-1）中得到了集中体现。可以说，《齐民要术》乃是先秦以来旱地农业文化的大结集，它表明：经过数千年的不断创造和积累，我国北方以精耕细作为特征的旱作农业，至此已经形成了成熟和完整的体系。

图 10-1 《齐民要术》书影

一、《齐民要术》的主要内容和成就

《齐民要术》，北魏贾思勰著。贾思勰，《魏书》和《北史》均无传，关于他的籍贯、生活年代和生平事迹，历代史书没有任何记载，一般推测：他是山东益都（今寿光市一带）人。不过《齐民要术》本身为我们透露了一些有关作者的模糊信息：一是从该书的题署可知，贾氏曾担任过后魏高阳太守。但后魏时期曾有两个高阳郡，一处位于今山东临淄等地，另一处则在今河北保定一带。他究竟是在哪个高阳郡担任过太守，不能完全断定。二是从该书文字中可以推断，作者完成这部著作的时间，当在北魏末年六镇之乱以后，大约在 6 世纪三四十年代，其时已是东魏孝静帝天平至武定年间。因此，作者应生活在北魏、东魏之际。三是该书反映，除今山东地区，作者对今河南、河北、山西等地的农业生产情况比较了解，他可能曾经到过这些地区的不少地方，而该书所反映的正是这些地区的农业生产情况。四是作者的家庭有较大规模的农牧业生产，其本人曾亲自经营过农耕种植和畜禽饲养，有比较丰富的农业生产实践经验。

关于该书的写作方法、意图和内容，作者在卷首序中做了概括的交代。他说："今采捃经传，爰及歌谣，询之老成，验之行事；起自耕农，终于醯醢，资生之业，靡不毕书。号曰《齐民要术》。凡九十二篇，束为十卷。卷首皆有目录，于文虽烦，寻览差易。其有五谷、果、蓏非中国所殖者，存其名目而已；种莳之法，盖无闻

---

① 本节主要参考中国农业遗产研究室《中国农学史》上册第九章（科学出版社，1984 年）、梁家勉《中国农业科学技术史稿》（农业出版社，1989 年）第五章第十二节以及赵靖《中国经济思想通史》（北京大学出版社，1995 年修订本）第二册第 34 章，并参以己意进行概要叙述。

焉。舍本逐末，贤哲所非，日富岁贫，饥寒之渐，故商贾之事，阙而不录。花草之流，可以悦目，徒有春花，而无秋实，匹诸浮伪，盖不足存。鄙意晓示家童，未敢闻之有识，故丁宁周至，言提其耳，每事指斥，不尚浮辞。览者无或嗤焉。"从该书的实际内容来看，他的这一概括是符合实际的。

正如作者所说的那样，该书的资料来源是多方面的，既包含了历史文献中所保留下来的农学成果，也包括了他亲自调查搜集所得的同时代广大农民的丰富经验和知识，同时还包括他本人通过亲自参加生产经营而获得的部分经验和知识。

其所谓的"采捃经传"，即是采录前代文献记载的农业技术知识。从《齐民要术》的内容来看，其采录范围是非常广泛的：从时间上说，上起先秦，下至魏晋甚至南北朝；从文献类别来说，经史子集各类文献都有大量采录；从空间上说，虽然该书所讨论的是北方旱作地区的生产问题，但有关南方农业和物产的资料也大量摘录。引用文献可以查实者即达150余种之多。[①] 其中，既有至今尚传于世的《诗经》《周礼》《礼记》《尔雅》《孟子》《吕氏春秋》《管子》《史记》等，也有早无完帙存世的《氾胜之书》《四民月令》《广志》《家政法》《食经》《食次》和众多地理书、方物志。采录的内容，有古人的典训，有先贤的农业史迹，有农业名词术语的解释，更多的则是前人的生产经验和技术知识，引述内容几占全书篇幅的一半。从这一点说，《齐民要术》可以称得上是对前代农业文化的一次大结集。

通过调查汇集的同时代广大农民的生产经验、技术知识——即序中所言的"爰及歌谣"和"询之老成"而获得的资料，是《齐民要术》的主体内容之一，也是其中最精华的部分。《齐民要术》记载有数十条关于农业生产的歌谣、谚语，并标以"歌曰"或"谚曰"字样，它们是广大农民生产实践经验的高度结晶，这些歌谣、谚语，以简洁明快、通俗易懂、便于记诵的文字，简明扼要地说明各项农业生产的技术要领，在民间长期流传，贾思勰不仅注意加以采集，而且对它们进行阐释和发挥。作为一位关注国计民生、十分留意生产发展的农学家，贾思勰经常向经验丰富的农民虚心请教，书中的许多精彩内容，相信即是作者向广大农民询问所得。

在广泛搜集前人著述、民间歌谣和虚心向农民请教的同时，贾思勰还通过亲自观察，不断积累经验，并在自家的生产实践中对前人所总结和传授的技术方法不断加以试验和总结，更加丰富了该书的内容，并提高了其对生产实践的指导价值。正因如此，贾思勰能够著成《齐民要术》这样一部卷帙达10卷92篇、洋洋十余万

---

① 据胡立初《〈齐民要术〉引用书目考证》（齐鲁大学文学院《国学汇编》第二辑，1934年），《齐民要术》引用的前代著作达155种，其中经部30种、史部65种、子部41种、集部19种。另外，尚有无书名可考者，不下数十种。

言、内容丰富的农学著作。

全书的基本结构和内容是：卷一至卷五属于种植业范畴，卷六论养殖业，卷七至卷九论食品加工、贮藏和日用品制造，卷一〇则记"五谷果蓏非中国物产者"，基本囊括了当时农家生产加工的所有方面（表10-1）。除表10-1所列，该书卷一〇引载了100多种有实用价值的热带、亚热带植物，成为我国现存最早最完备的南方植物志之一；又引录了60多种作者认为具有备荒救荒价值的野生可食植物。

由此可见，《齐民要术》的内容极为丰富，总揽了传统大农业的农、林、牧、副、渔各个方面，凡属于农家生计范围内的问题，书中都有涉及，与此前时代的农书相比，有了飞跃性的发展。在此之前，《吕氏春秋·土容论》中的《上农》等四篇，《上农》篇论述重农思想，其余三篇则属于土壤耕作和作物栽培总论性质，内容甚为简略；《氾胜之书》较之《吕氏春秋》有较大发展，既有作物栽培总论，也有作物栽培各论，但其内容仍限于种植业范围，而且从现存的帙文来看，仅讨论了禾（粟）、黍、麦、大豆、小豆、稻、稗、麻、枲、瓠、芋、桑等10多种作物；《四民月令》的内容虽然对农、林、牧、副、渔均有涉及，但有关生产技术的记述仍相当简略，更无理论上的说明。《齐民要术》则生产技术以种植业为主，兼及蚕桑、林业、畜牧、养鱼、农副产品加工储藏各个生产部门；仅以种植业而论，以粮食栽培为主，兼及纤维作物、油料作物、染料作物、饲料作物、园艺作物等，涉及种植业的各个方面；且从反映地域来看，虽然该书以记述黄河中下游农业生产技术为主，但亦有不少内容兼及南方。因此，《齐民要术》可谓内容弘富、蔚为大观，完全可以称得上是一部"中国古代农业百科全书"。

表10-1 《齐民要术》所载农家生产内容一览

行业	生产类别	生产内容
种植业	粮食	谷（粟）、黍穄、粱秫、大豆、小豆、麻子、大麦、小麦、瞿麦、水稻、旱稻、胡麻等
	纤维	麻
	蚕桑	栽桑养蚕
	饲料	大豆、苜蓿等
	绿肥	绿豆、小豆、胡麻等
	染料	红蓝花、栀子、蓝、紫草、地黄等
	油料作物	麻子、荏、蔓菁等
	蔬菜	茄子、瓠、芋、葵、芜菁、菘、芦菔、蒜、薤葱、韭、蜀芥、芥子、胡荽、兰香、荏、蓼、姜、襄荷、芹蘧等
	瓜果	瓜、越瓜等
	香料生产	椒、茱萸等
	果树	枣、桃、李、梅、杏、梨、栗、奈、林檎、柿、安石榴、木瓜、葡萄等
	用材林木	桑、柘、榆、白杨、棠、穀楮、漆、槐、柳、楸、梓、梧、柞、竹等

（续）

行业	生产类别	生产内容
养殖业	家畜	牛、马、驴、骡、羊、猪
	家禽	鸡、鹅、鸭
	其他	养鱼等
食品加工	饮料调味品	酿造酒、醋、豉、酱等
	肉类	作脯、作腊、作鲊等
	蔬果	作蔬菹、作果脯果沙等
其他		制笔墨、油衣、护肤化妆用品等

二、《齐民要术》的农学思想特色

《齐民要术》不仅在内容、篇幅上超过了前代农书，在农学思想理论上也取得了许多超迈前代的新发展。该书取名为《齐民要术》，意在介绍论述"齐民"即老百姓治家谋生的重要方法，虽然作者声称著书目的只是为了"晓示家童"，但并不同于古代家训类的农书，其"教民"的意图是十分明显的，甚至可以说，他的根本立足点，仍是通过劝农教稼，鼓励发展农业生产，以达到国治民安的目标。正因如此，贾思勰在卷首序中，引述了大量的古人典训和前代史实，阐述"食为政首"的思想，论证发展农业生产的重要性，强调治国之道"要在安民，富而教之"。他说："食者，民之本；民者，国之本；国者，君之本。是故人君上因天时，下尽地利，中用人力，是以群生遂长，五谷蕃殖。"[①] 这些论述，进一步丰富发展了重农思想的内容。

《齐民要术》在重农思想方面更为重要的发展和贡献在于，它不像此前的许多著述那样，仅仅从富国安民的高度对重农思想做出未免显得空疏的理论说明；也不像傅玄、苏绰等人那样，主要强调国家要调整赋役政策、官吏要勤于农桑督课等，从而体现对农业的重视，促进生产的发展。它是将重农思想，落实于"齐民"家庭谋求生计的一个个实实在在的生产项目，落实于以农业生产技术为主体的治生方法，形成了独特的以农为本、着眼于家庭经济管理的治生之学，包括治生之道、治生之理和治生之策。[②]

关于"治生之道"，即谋生经营途径问题，《齐民要术》指出："夫治生之道，

---

① 《齐民要术》卷一《种谷第三》。

② 关于《齐民要术》的治生之学，赵靖《中国经济思想通史》（北京大学出版社，1995 年）第二册第三十四章有系统阐述，兹抉其要旨并参以己意进行简要叙述。

不仕则农。若昧于田畴，则多遗乏。"在作者看来，谋生有二途：一是做官，二是务农。但本书的内容并不涉及做官，而只讨论务农。值得注意的是，作者将商贾之事排除在治生之道之外，他说："舍本逐末，贤哲所非。日富岁贫，饥寒之渐。故商贾之事，阙而不录。"充分反映了其治生之道"以农为本"的主导思想，发展了先秦、两汉以来的治生理论。

在贾思勰的思想观念中，"以农治生"和"以农富国"是相通的，他说："家犹国，国犹家，是以家贫则思良妻，国乱则思良相，其义一也。"① 这进一步说明，他是从农为本、富国安民的高度论述治生之道，并通过"以农治生"落实"农为邦本"的重农思想的。这一思想对后世以农为本的地主治生之学，产生了非常重要的影响。

关于以农为本的治生之理，即农家经营谋生的原则和方针，《齐民要术》也有很好的论述。其一，强调"勤力""节用"对于增加农业收入、维持家庭生计的重要性。比如关于"勤力"，他说："传曰：'人生在勤，勤则不匮'。古语曰：'人能胜贫，谨能胜祸。'盖言勤力可以不贫，谨身可以避祸。"又引《淮南子》说："田者不强，囷仓不盈；将相不强，功烈不成。"又引《仲长子》说："天为之时，而我不农，谷亦不可得而取之。青春至焉，时雨降焉，始之耕田，终之簠簋，惰者釜之，勤者钟之。矧夫不为而尚乎食也哉？"又引《谯子》曰："朝发而夕异宿，勤则菜盈倾筐。且苟无羽毛，不织不衣；不能茹草饮水，不耕不食。安可以不自力哉？"事实上，在该书各部分的论述中，"勤力"原则贯彻于各个不同的生产环节。关于"节用"的重要性，他说："夫财货之生，既艰难矣，用之又无节；凡人之性，好懒惰矣，率之又不笃；加之政令失所，水旱为灾，一谷不登，豳腐相继：古今同患，所不能止也。嗟乎！且饥者有过甚之愿，渴者有兼量之情。既饱而后轻食，既暖而后轻衣。或由年谷丰穰，而忽于蓄积；或由布帛优赡，而轻于施与：穷窘之来，所由有渐。故《管子》曰：'桀有天下而用不足，汤有七十二里而用有余，天非独为汤雨菽粟也。'盖言用之以节。"② 所以，"节用"无论对家庭、对国家都是十分重要的。其二，强调要讲究"督课之方"，加强劳动管理。贾思勰认为："凡人之性，好懒惰矣"，"盖以庸人之性，率之则自力，纵之则惰窳耳。"如果家长和统治者不勤加督课，则不能很好地开展农业生产。他引述《仲长子》的话说："稼穑不修，桑果不茂，畜产不肥，鞭之可也；杝落不完，垣墙不牢，扫除不净，笞之可也。"表示要严格督促民户勤恳劳作。他写这部治生之书的直接目的之一，也是为了"晓示家童"，督促和管教家中奴婢。当然，他不主张一味采取强制手段，同时也表示要"体恤其人"，调动农民

① ② 《齐民要术》卷首《序》。

的生产积极性。① 其三，强调"顺天时，量地利"的原则。《齐民要术》一方面十分强调人在农业生产中的重要性，认为"天为之时，而我不农，谷亦不可得而取之"；另一方面，也特别强调必须根据天时、地宜而开展生产活动，要遵循客观自然规律，而不能单凭主观意愿办事。他指出："顺天时，量地利，则用力少而成功多。任情返道，劳而无获。"② "任情返道"犹如"入泉伐木，登山求鱼，手必虚。迎风散水，逆坂走丸，其势难"。正是在这一原则的指导下，《齐民要术》非常重视对农业生产自然规律的探索，根据季节时令、气候变化、土壤燥湿和作物特性来巧妙安排、灵活掌握各项农事活动。其四，强调精耕细作和集约经营。针对当时由于战乱的影响，土地有余、劳动力不足，农业生产经营趋于粗放的情况，《齐民要术》指出："凡人家营田，须量己力，宁可少好，不可多恶。"③即根据自家的生产能力，掌握适度的经营规模。作者又引农谚说："顷不比亩善"，"多恶不如少善"，反映该书提倡讲究精耕细作和集约经营。全书对各项农事活动的论述，正是反复强调要精心细致。

至于"以农治生"的策略和方法，《齐民要术》体现了多种经营、综合发展和灵活应变的精神。从全书的内容安排及其各部分的论述可以清楚地看到，作者并不是将"农"等同于种植业，更不是等同于粮食种植，而是农、林、牧、副、渔、手工业生产和农产品贸易紧密结合的一种综合体系；在种植业方面，也是将粮食、桑麻、蔬果、竹木、牧养、酿造加工等方面的生产加以有机结合。他主张通过灵活多变的生产安排，充分利用土地和劳动力资源，将粮桑、粮菜、粮果、粮林经营紧密配合，种植业与牧养业紧密配合，生产与加工、生产与销售紧密配合，以追求最大的经济收益；还讲求在充分利用土地的同时，将用地与养地相结合，以维持并不断提高土壤肥力，增强土地的生产率。这些思想，都是以前的农学著作中所没有或者论述不甚充分的。

《齐民要术》十分重视不同经营项目的经济效益，对于那些投资少、风险小而收效快、收益高的项目，往往特别加以提倡。他还注意运用实际数据，通过投入与收益的比较来加以说明。例如他认为：种植百亩蔓菁，一年可收三茬，仅收籽换谷，其利即胜于千亩谷田，叶、根收入在其外。关于林木种植，他认为："既无牛犁种子人功之费，不虑水旱风虫之灾，比之谷田劳逸万倍。"种植林木一方面可以解决自家薪柴问题，剩余部分可以出售，即可收回成本，而林木成材后，运往市场出售，"其利十倍"。④ 在其他许多方面，都表现了这种重视经营效益的思想。

---

① ③ 《齐民要术》卷首《杂说》。
② 《齐民要术》卷一《种谷第三》。
④ 《齐民要术》卷五《种榆白杨第四十六》。

更值得注意的是，《齐民要术》虽然认为"舍本逐末，贤哲所非，日富岁贫，饥寒之渐……"所以对"商贾之事，阙而不录"。然而，作者并不是用狭隘的自然经济眼光来看待"以农治生"，相反，却是将获得市场利润当作生产经营的一个重要目标，无论是作物种植、畜禽饲养还是食品加工，都特别注意与市场相结合，根据市场的需要及不同季节农产品价格的涨落，进行精心、合理的安排。由此可见，虽然作者反对"舍本逐末"，摈弃商贾之事，但他所反对的只是对国计民生不利的单纯的商贾牟利，对以生产为基础的农产品交换和农业商品经营，则是非常支持和鼓励的，并将其视为治家谋生的重要组成部分。这些都是《齐民要术》农业经营思想的可贵之处。

三、《齐民要术》的农业历史地位

《齐民要术》是中国现存最早、最完善的一部农学名著，即就世界范围来说，它也是现存最早、最精湛的农学著作之一，在中国乃至世界农业史上，都具有重要历史地位。

《齐民要术》不仅通过对前代文献的广泛引录，对先秦两汉时代的农学成果进行了系统的整理；更为重要的是，它对魏晋南北朝时期农业科技新成就进行了全面的总结，在充分继承和进一步丰富中国传统重农思想和农业经营思想的同时，对这一时期我国北方旱地区域农业生产技术，包括种植业方面以耕—耙—耱为中心的土地耕作技术、轮作倒茬技术、绿肥种植技术、良种选育繁育技术、园艺生产技术、林木压条嫁接繁育技术，畜牧生产方面畜禽饲养管理技术经验、良种选育技术、大型家畜外形鉴定和兽医技术方法，以及农副产品加工和微生物利用技术等，都有非常系统的论述，论事具体详细，说理明晰透彻，实际针对性强，具有很高的科学理论价值和生产实践价值，这在中国农学史上是空前未有的。它是中国农学发展史上具有划时代意义的重要里程碑，标志着我国北方旱地精耕细作农业生产技术体系的成熟。事实上，在此后的一千余年里，中国北方旱作农业生产技术的发展，基本没有超越《齐民要术》所指出的方向和范围。

《齐民要术》体系之完整、结构之严谨、内容之丰富，均为前代之所未有，它基本囊括了中国传统大农业中的农（种植业）、林、牧、副、渔、加工、贸易等各个门类，几乎在所有方面都超越了前代农学著作，甚至有些完全是新创。具体来说，它对耕作种植技术方法的论述，无论是广度抑或是深度都远远超越前代；它是我国现存第一部对畜牧生产和食品加工与烹饪进行详细论述的历史文献。系统地探讨种植业、畜牧业和农产品加工储藏技术，将它们整合在一起，形成完整的农民家庭经济学和农业技术学，构建起中国传统农学的完整体系，无疑是《齐民要术》的一个伟大创举。

虽然作者自谦著书的目的只是为了"晓示家童"，但其对后世中国农学发展的影响，却是非常巨大而深远的。该书在此后的千余年中，一再重印并广泛散发，成为我国古代流传最广的农书之一；《齐民要术》的许多内容一直为后世农书所反复征录，元代的《农桑辑要》《王祯农书》，明代的《农政全书》和清代的《授时通考》等著名大型农书，都大量摘引该书文字。其所创设的农学体系和农书编纂体例，成为后世综合性农学著述的蓝本。可以说，在中国古代农书中，《齐民要术》是当之无愧的经典之作。

第三节　农业物产志书的大批涌现

魏晋南北朝时期的农学著述，不仅仅只有《齐民要术》一部，事实上，这一时期与农学相关的著作还有若干部，不过都已经散佚不存。这一时期，还涌现了数量众多的另一批著作，即记录各地动植物资源和农业物产的方物志、博物志和地理志书等，在中国农学史上也具有重要意义。虽然这些著作并不属于农书性质，历代书目也不将它们列入农学类，但其中包含的农学史信息却是相当丰富的，从一个特殊的方面反映了这一时期中国农学的新发展。

一、农业知识视野的扩展

农业物产志书的大量涌现，反映了魏晋南北朝时期农业知识，特别是农业地理和资源物产知识的极大扩展。

在两汉及其以前，中国农业发展主要是在北方，广大的南方特别是长江以南地区，严格地说还没有融入以农耕为基础的汉族文化圈，在社会心理中，那里是树林幽森、猛兽出没，经济文化极为落后，令人生畏的蛮荒之地，汉族人士对那些地区的自然环境、农业资源和经济状况的了解还十分有限。因此，至东汉末期以前，汉文献中关于南方地区农业资源和生产状况的记载仍非常少见。

东汉末年以降北方地区长期的战争动荡，促发了历史上前所未有的汉族人口大南迁。这一巨大的人口南迁浪潮，给中国社会发展带来了一系列具有深远历史意义的影响，其中之一就是促进了南方农业经济的大发展，特别是南方资源的大发现和大开发。

当中原人士特别是知识人士到达南方时，呈现在他们眼前的，是一种十分陌生的自然景观和文化面貌，那里独特的山川形势、风土人情给了他们极大的震撼，无数从前闻所未闻的物产资源令他们极感惊奇和诧异，这不仅大大开阔了他们的视野，也激发了他们考察、著述的热情。一时间，在社会上形成了一股重视考察和记述各地山川地理、风俗物产的强劲风气，成为当时中国社会文化发展的一道独特景观。

在这一风气的影响下，此一时期，许多知识人士根据自己的亲身经历或者各种传闻，写下了大量关于地方风土物产的异物志、地志地记，不但有关南方地区的著作成批涌现，关于其他地区的同类撰述也为数众多，涉及或专门记述中国现代版图以外的文字也颇为不少，见于各类文献著录和引载的地理志、风土志和物产志，达数百种之多。以此为基础，当时还出现了以记述农产为主的博物志、专以一类植物为记述对象的植物专谱等。这些著作，从一个特殊侧面反映此一时期农学知识视野取得了前所未有的扩展，对后世中国农业地理学、植物学、动物学、博物学等的发展都产生了重大影响，毫无疑问，也为我们今天认识当时农学和农业生产发展史，提供了丰富的史料。

二、《异物志》和地记（志）的农学价值

（一）《异物志》

根据《隋书·经籍志》《旧唐书·经籍志》《新唐书·艺文志》等书的著录和《齐民要术》《艺文类聚》《太平御览》等书的引载，自东汉末年杨孚《异物志》开始，一批关于南方物产的书籍相继出现，其作者姓名可考者，有万震（孙吴时期人）《南州异物志》、沈莹（孙吴时期人）《临海水土异物志》、薛莹（孙吴时期人）《荆扬已南异物志》、谯周（三国时期蜀国人）《异物志》、陈祈畅《异物志》、曹叔雅《异物志》、宋膺《异物志》；另有不知作者姓氏的《异物志》《凉州异物志》《扶南异物志》等多种，徐衷《南方草物状》也属此类。① 它们的内容，大抵是记述各地区、最主要是长江以南各地的奇异之物，包括植物、动物、矿物、珍宝，亦或记载一些异事异俗。之所以称为《异物志》，是因为所记事物均为中原人士所未见或少见。这一特殊书名的出现，正反映当时中原人士对所载事物尚处于初步了解的阶段。

从农业史的角度来说，这些文献中最有价值的，是关于植物、动物的丰富记载，其中包括众多的果树、竹木、香料、药材、粮食、衣料、鱼类水产、役用和

---

① 关于此一时期《异物志》及《南方草物状》的作者、时代，可集中参阅邱泽奇：《汉魏六朝岭南植物"志录"考略》，《中国农史》1986 年 4 期。《南方草物状》虽不称《异物志》，但其记述方法与《异物志》并无二致，故应属同类著作。该书时代比《异物志》稍晚，其不称《异物志》似乎反映随着人们对南方认识的加深，对南方事物已不似从前那样甚感新异。又，从书名来看，该书应专记植物，但据诸书引录的情况看，其中所载的动物亦复不少。

肉用动物等。由于这些文献如今均无完帙存世，它们一共记载有多少种具有经济价值的动植物，我们无法做出统计。但是，对于中国农业和农学发展史来说，《异物志》有三个具有突出意义的方面非常值得重视与肯定：其一，诸种《异物志》均记载有大量的动、植物产，由于这些记载均以特定区域为范围，因此它们构成了中国最早的一批区域植物志、动物志，或者综合起来说，构成了中国最早的一批方物志，记述种类之多为前代所未有。以沈莹《临海水土异物志》为例，仅据《太平御览》卷九三八至卷九四三所引录，即共记载东南沿海鱼类水产达80 种之多，植物种类也以百计，其关于当时东南土著民族生产、生产习俗的记载，同样具有很高的史料价值。诸家《异物志》中，有众多具有重要经济意义的物产是第一次见于文献记载，这不仅反映这一时期对农业资源的认识有了很大扩展，同时对于充分开发和利用这些资源，促进区域经济发展具有深远意义。其二，有许多物产虽在两汉及其以前的文献中即见有记载，但大多语焉不详，而在这一时期的诸种《异物志》中，相关记载则相当详细而具体，除记其名称、种类和品种，还记其形态特征、生长（生活）习性、产地和分布区域、利用价值和利用方法，以及土著人民对它们的生产开发情况，这些既是对各地人民生产和利用这些物产资源的宝贵经验和知识所做出的很好总结，同时也为后来进一步认识并充分开发利用各种资源物产提供了良好的知识基础。其三，诸种《异物志》对于资源物产的记述方法上承《山海经》，但比《山海经》更为科学准确，反映此一时期人们对于农业资源认识和把握能力比过去明显增强，描述方法也有了较大的改进，对后世的影响也非常深远。自此以后至近代以前的 1 000 余年中，不同历史时期均出现过一些类似著作（当然书名不再称为《异物志》），但关于动植物的记述方法，基本没有超越这一时期的水平。因此，对《异物志》在中国农学史上的重要地位，应予以充分的肯定。

（二）地方记、志

与《异物志》同样具有重要学术价值的，是这一时期所涌现的大批地志和地记，其数量更多，记述的地域范围更广泛，所包含的农业历史信息同样十分丰富。

与《异物志》专记方物不同，地方记、志则不仅记载各地的方物和经济生产，而且综合记载不同地区的山川形势、历史沿革、民情风俗、族姓人物。在文献分类上，地志、地记属于史部地理类。汉魏以降，地方史志撰述非常兴盛，既与当时门第郡望观念密切相关，更与当时特殊社会局势下地方观念的强化、南方地区的迅速开发等因素有着直接的关系。根据各类文献的著录和引述，当时所涌现的地方史志类著作达数百种之多，它们大体又可以分为两类，一类专记各地巨姓望族和具有异迹卓行的人物才俊；另一类则较为综合，除记载人物，更侧重记载各地山川形势、风土物产、民情风俗。唐刘知几《史通·杂述》所谓："汝、颍奇士，江、汉英灵，人物所生，载光郡国。故乡人学者，编而记之。"即指前者，而其"九州土宇，万国山川，物产殊异，风化异俗，如各志其本国，足明此一方"，则是就后者而言。

根据各类文献的著录和引述，我们估计，成于魏晋南北朝时期文人之手、以地方山川形势、风土物产、民情风俗等为内容的地记和地志，总数应不下200种。其中数量最多的，是以某个州、郡为记述范围的著述，也有一些为多个州、郡合记；此外，也有不少以各地城邑、名山、河流等为专门记载对象的著作。至于书名，多数称"记"、少数称"志"，也有个别的称作"传"。值得注意的是，还有几部特别称为"风土记"或者"风俗记"。如将这些地记、地志作一分区统计，可以发现：关于南方的记、志数量最多，有些地区还出现了多部同地、同名的记、志，例如《广州记》即至少有裴渊、顾微、刘澄之三家，《荆州记》则至少有范汪、盛弘之、庾仲雍三家；其次才是关于中原地区的；关于西北边地及外国的地志亦有多种。无论如何，地志、地记的大量涌现，不仅反映出当时人们对各个区域地理面貌的认识在不断深入，还反映出这一时期中国社会的地理认识空间，已由北向南、由内地向边地、由中国向外国大大地扩展了。

这些地记、地志绝大部分都已散佚不存，从现今仍存于世的个别著作，以及后代文献所引诸书佚文来看，它们所包含的农业历史地理资料是十分丰富的。例如现今仍然存世的常璩《华阳国志》12卷，记载秦岭以南巴蜀、滇黔地区的历史、地理、人物，兼及民族、风俗、物产，其中就保存有关于早期巴蜀历史上若干重要的农业史实。再如诸家《广州记》虽均已散佚，但从各书的引录，我们仍可发现其重要的价值，特别是其关于当地农业物产及其生产、分布情况的记载，为我们认识当时珠江流域的农业资源及其开发利用情况提供了十分宝贵的资料。单就植物而言，它们不仅记载了香蕉、橄榄、椰子、杨梅、益智、枸橼、鬼目等众多种类的热带水果，还记载了不少当地特有的粮食（包括树粮）、纤维、香料植物，比如关于"西谷米""木绵"和棉布、"皋芦"茶等的记载，都具有很高的史料价值。同是关于岭南、西南的记、志，如刘欣期《交州记》、沈怀远《南越志》、魏完（宏?）《南中八郡志》等，也都大量记载了当时这些地区的农业物产和经济生产情况。虽然比较说来，诸家《荆州记》关于农业物产的记载不如岭南、西南诸记志丰富，但同样记述了一些重要的农业生产事实。例如盛弘之《荆州记》关于今湖南耒阳以温泉灌溉稻田、实行一年三熟制水稻种植的资料，即十分可贵。[①] 其余地记、地志也大都有一些关于不同地区物产资源与农业生产方面的记述，不一一详述。

---

① 王达：《关于〈荆州记〉温泉溉稻的辨析》，《中国农史》1985年1期。

总之，魏晋南北朝时期的众多《异物志》、地记地志之类著作，为我们研究这一时期各大区域农业资源开发利用的历史，考察各地农业经济面貌，提供了相当丰富的资料，具有很高的史料价值。更为重要的是，虽然与后世文献相比，这些著作的记述方式仍具有一定程度的随意性、随机性，尚未形成完善的体例，但它们在记载各地山川形势、历史沿革、才隽人物的同时，都对地方资源物产、农业面貌和经济习俗特别关注，开启了中国古代重视考察记述地方物产资源和农业生产、生活风俗的良好传统，并为后世文献所大量引录、借鉴和仿效，在中国农学、经济动植物学、博物学和农业地理学发展史上，具有重要的开创性的学术意义。

三、几部具有特殊农学价值的著作

魏晋南北朝时期，随着中国社会地理空间的进一步扩大，南北各大区域的自然资源、经济物产和生产习惯逐渐被更广泛地认识和了解，于是，各种《异物志》和地记、地志大量地涌现，这标志着当时人们关于区域自然资源和农业生产的知识得到了极大丰富。正是在这种特定历史背景下，诞生了多部在中国农学史、科学史上具有特殊意义的重要著作。其中包括以农产为主、兼记各种事物和现象的博物学著作——《广志》、专门记载全国各地竹类资源的专科植物志——《竹谱》，以及记述全国河流水系、兼及水利和农业生产的伟大地理学著作——《水经注》。以下略作分述。

（一）《广志》

《广志》，过去一般认为是西晋时期的作品。我们认为其成书当在北魏前、中期，可能在 420—466 年。① 作者郭义恭，生平字里不详。从内容来看，《广志》应属博物志书性质，主要汇抄杂录汉魏以来各类文献资料著成，亦可能有不少内容系作者自己调查所得。该书早已亡佚，自南北朝以来，类书、农书、本草书和史书注等对其文字引录甚多，可见它一向受到重视。

从诸书引录的文字来看，《广志》的内容广泛博杂，涉及农业物产、野生动植物、香料药材、珠宝玉石、地理气候、异族风俗、日用杂物等众多方面；涉及的地理空间范围也极广阔，除黄河中下游、长江流域及其以南地区，还述及东北、西北物事，还有一些涉及外国的条文记载，其称为《广志》可谓名副其实。与农业有关的资料乃是该书的主要部分，涉及粮食、瓜果、蔬菜、衣料（包括染料）、绿肥饲

---

① 王利华：《郭义恭〈广志〉成书年代考证》，《文史》1999 年 3 辑（总第 48 辑）。

料、饮料、竹木、畜禽、水产等各个方面，亦是全书的精华所在。

就农学史而言，《广志》的价值主要表现在三个方面：

其一，该书记载有数十种栽培作物，包括常见作物和一些非常见作物，单是瓜果即达 40 种左右。① 有些栽培作物是首见于《广志》记载的，如该书有一条文说："苕草，色青黄，紫华。十二月稻下种之，蔓延殷盛，可以美田。叶可食。"② 这是中国古代文献关于绿肥作物种植的最早记载，具有十分重要的农业史料价值。关于当时南北各地所饲养的畜禽种类，该书也基本都有所记述。

其二，最为突出的是，该书非常重视对品种（包括栽培植物和家养动物品种）的记载，所载品种之众，为前代文献所远不能及。例如关于粮食作物，《广志》共记载有粟的品种 13 个、黍的品种 9 个、稷的品种 5 个、粱的品种 3 个、秫的品种 3 个、大豆品种 3 个、小豆品种 4 个、大小麦品种 8 个、水稻品种 13 个、芋的品种 17 个（仅蜀汉地区即有 14 个），涉及的地理范围不仅包括黄河中下游，而且南北品种皆有；所载果树品种的数量就更多了，仅根据《齐民要术》的引录，《广志》即记载有瓜的品种 11 个、李的品种 16 个、枣的品种 23 个、梨的品种 11 个、桃的品种 5 个，如樱桃、葡萄、栗、柰、荔枝、核桃、芭蕉、杏、石榴、甘子等都有多个品种；家畜品种方面，牛的品种名称即记载有 20 个（其中 5 个为同种异名）。其余关于蔬菜、树木等，也都往往记载多个品种，例如蔬菜之中，瓠记载有 3 个品种、芜菁有 2 个品种、蒜有 3 个品种、葱有 5 个品种；树木之中，榆树记载有姑榆、郎榆 2 种，槐树记有青、黄、白、黑数种。有许多品种最早见于该书的记载，例如关于南方稻种、蜀汉芋种等即是，反映其作者郭义恭具有很强的品种意识。

其三，该书在记载各种物产及其品种之时，常常并不是仅罗列名称，而是兼记其产地、性（形）状和利用价值，有时还记其生产、加工和利用方法，其中也有不少是首见于记载。例如其关于茶茗煮饮方法的记载，似不见于以前著作，其称："茶，丛生，直煮饮为茗茶；茱萸、檄子之属，膏煎之，或以茱萸煮脯冒汁为之，曰'茶'；有赤色者，亦米和膏煎，曰'无酒茶'。"③

在魏晋南北朝时期，《广志》并非唯一的一部博物志书，在它之前，魏晋之际的著名学者张华即著有《博物志》。但与张书相比，《广志》中有关农业的资料更加丰富，其记载更加真实可靠，全无怪诞之论。另一方面，《广志》虽主要汇编杂抄前人文献，但其中应有不少资料乃是他本人调查搜集所得；即使是对前代文献的抄录，作者亦认真地进行了去伪存真的整理工作，使该书略无张华《博物志》及同时

---

① 王利华：《〈广志〉辑校（一）——果品部分》，《中国农史》1993 年 4 期。
② 《齐民要术》卷一〇引。
③ 《太平御览》卷八六七《饮食部二十五》引。

代许多文献所存有的荒诞迷信气息，这是非常难能可贵的。也正因为如此，《广志》比同时代同类文献具有更高的科学史料价值。

（二）《竹谱》

《竹谱》，戴凯之著。该书过去一向被认为是晋代作品，学者新近经考证则指出其当成书于南朝刘宋时期。①

在魏晋南北朝及其以前时代的文献中，关于植物的记载已经相当不少，但专门的植物志书很少。东晋至刘宋时期人徐衷曾撰有《南方草物状》，内容大抵以植物为主，兼及其他事物，并非纯粹的植物志书；如今传世有《南方草木状》一书，旧称作者是西晋时人嵇含，但学界对此多有持否定意见者，认为它是后代人的伪作。② 关于某一种类植物的专志更不曾出现。戴凯之《竹谱》乃是现存中国历史上的第一部植物专谱，可能也是世界上第一部植物专谱。

中国是一个竹子的王国，特别是南方地区，竹类资源十分丰富，中国人民对竹类资源的开发利用也具有非常悠久的历史。但是，直至《竹谱》问世以前，文献对于竹子的记载只是一些只言片语，盖因此前中国经济文化重心在少竹的北方，人们对南方竹类缺少了解之故。自东汉末年以后，由于汉族人士大量南迁，人们对南方竹类的了解和认识不断广泛；兼以此一时期，文人士大夫阶层中逐渐形成了爱竹风气，戴凯之本人应即是一位非常爱竹的人士，因而，知识阶层对竹类予以了较多的关注，相关知识不断得到积累，为《竹谱》的问世准备了社会文化条件。

《竹谱》以韵文的形式，记载中国南北各地所产竹子达 40 余种（一说 61 种），并自为之注，对各种竹子的形态特征、分布地区、利用价值以及相关历史典故，进行了全面的叙述。其中许多竹种特别是岭南地区的竹种，乃是首次见于该书记载，对今天研究中国竹子种类的历史分布，进一步开发利用我国丰富的竹林资源，具有重要的学术价值。

更为重要的是，《竹谱》开创了中国古代植物学文献著述的全新体例，在此之后，一批专门植物谱志相继出现，单是竹子专谱，即有五代至宋初僧人赞宁所著的《笋谱》、元代画家李衎所著的《竹谱详录》等；其他如禾谷、茶叶、果树、树木的专谱，在唐代以后也相继问世，戴凯之《竹谱》的首创之功不可埋没。

---

① 王乾（王利华）：《〈竹谱〉与中国早期竹文化》，《古今农业》1988 年 2 期；苟萃华：《〈竹谱〉探析》，《自然科学史研究》1991 年 4 期。

② 关于《南方草木状》的作者和成书时代，学界意见分歧很大。我们赞同该书是后人伪作，故不列专节介绍。

（三）《水经注》

《水经注》40 卷，北魏郦道元撰。郦道元（466 或 472？ —527），字善长，范阳涿县（今河北涿州）人。仕魏官至御史中尉，《魏书》《北史》均有传。《北史》本传称："道元好学，历览奇书，撰注《水经》四十卷，本志十三篇，又为《七聘》及诸文，皆行于世。"可见他是一位博学多才之士。

图 10-2 明嘉靖刊本《水经注》书影

《水经注》（图 10-2）是 6 世纪以前我国最全面而系统的综合性地理著作，其中共记载大小水道 1 000 多条，大小湖泽陂池等数百处，仅黄河中下游地区即达 220 余处。① 作者博引群书（征引文献达 437 种之多），对各重要河流所经地区的山陵、原隰、城邑、关津、行政建置沿革，与之相关的历史事件、人物、神话以及沿途地区的经济状况、民情习俗等方面的资料，均广征博引；与此同时，作者还广泛游历，搜渠访渎，将游访所得与文献相对照，对河流源委支派、出入分合、沿路所经，均一一考订，力避错误漏遗。历代学者对此书评赞极高，文辞之士以其模山范水、文采斐然而推崇备至；历史地理学家更因其具有极高的学术价值，尊为舆地圣典，自清代以来，更不断有学者加以精心研习，号为"郦学"。

《水经注》不仅具有极高的水文历史地理学价值，对我国古代农业地理学发展也具有重要的学术贡献。该书保存有相当丰富的农业地理学资料，涉及种植业、畜牧业、林业、渔业和狩猎业等许多方面，尤其是用很大篇幅，对各地渠道、陂池、堤堰、涵闸以及包括大量设备的整套灌溉工程等，大量加以记载、描述和评点。② 例如关于郑国渠，其注文称：自秦修凿此渠以后，"泽卤之地四万余顷皆亩一钟，关中沃野，无复凶年"③。关于都江堰，不但记载其给成都平原带来"水旱从人，不知饥馑，沃野千里，世号陆海"的巨大利益，还记载了有关蜀汉时期都江堰维护制度的重要事实，称："诸葛亮北征，以此堰（都江堰）农本，国之所资，以征丁千二百人主护之，有堰官。"④ 对此前文献中未尝经见的水利工程，《水经注》也多

---

① 王利华：《中古华北饮食文化的变迁》，中国社会科学出版社，2000 年，50 页。
② 陈桥驿：《〈水经注〉研究》，天津古籍出版社，1985 年，224～238 页。
③ 《水经注》卷一六《沮水注》。
④ 《水经注》卷三三《江水注》。

有记载。例如该书卷二一《汝水注》记载自平舆至褒信河段干支流上大小陂池 16 处，卷三一《淯水注》记穰县境内六门陂以下"二十九陂"，《沘水注》记沘阴县溉田万顷的马仁陂，卷四〇《渐江水注》记载拥有水门 69 所、溉田万顷的山阴县长湖等。诸如此类，不一一列举。与这些水利工程相联系，《水经注》还记载有各地 20 余处不同类型的大片农田及其生产情况。例如其称：沘阴县"城之东有马仁陂。郭仲产曰：陂在比阳县西五十里，盖地百顷，其所周溉田万顷，随年变种，境无俭岁"①。关于西北各地，记载有伊循城、楼兰、莎车、轮台、连城、渠犁、西海、赤崖等地的大片屯田；关于东南各地，记载到会稽一带的"鸟田"、苍梧地区的"象田"以及交趾"雒田"、林邑国的"赤白田"等。②

《水经注》在记载各地湖沼陂池时，往往称其"佳饶鱼苇""佳饶鱼笋""至丰鱼笋"，特别注意它们在灌溉、渔业和水生植物栽培等方面的综合利用价值。例如卷一一《滱水注》中关于阳城淀上菱、荷生产的一段描述即非常典型。其称："又东径阳城县，散为泽渚。渚水潒涨，方广数里。匪直蒲笋是丰，实亦偏饶菱藕。至若娈童幼女，弱年崽子，或单舟采菱，或叠舸折芰，长歌阳春，爱深渌水，掇拾者不言疲，谣咏者自流响。于时行旅过瞩，亦有慰于羁望矣。"诸如此类的美妙之笔，随处可见。

除以上所述，《水经注》还记载了大量的农作物、家畜和野生动植物。据学者统计：该书所记载的植物种类不下 140 种，其中包括众多粮食、蔬菜、果树、经济林木、药材香料等，对热带、亚热带、温带、干旱草原和荒漠等不同地区的植物区系面貌、植物分布的纬度地带性和垂直地带性等都有所反映。其记载植物，一般都记其分布地区、形态性状及其利用价值，对各地人民开发利用植物资源的地方习惯和特殊技术亦多所述及。该书所载的动物种类也在百种之上，其中包括了众多经济动物，如多种鱼类水产；关于虎、象、犀、野马、孔雀等具有生态标志性的珍稀动物的记载也甚为不少。此外，该书对历史时期各地区的自然灾害，包括水灾、旱灾、蝗灾、风灾等也多有记录。③ 这些都为我们了解此一时期中国农作物、野生动植物分布情况以及南北各地自然生态环境变化，提供了丰富的史料。

总之，作为一部杰出的地理学著作，《水经注》以水为纲，全面、综合地记录了中国南北各地的自然、人文地理风貌，具有极高的学术价值。虽然其所涉及的古代农业地理的许多方面，在前代地理著作（如《山海经》《禹贡》《史记·河渠书》《汉书·地理志》等）中都有所涉及，但《水经注》记载的地理范围更广，也更加综合而具体详尽。因而，在中国古代农学史特别是农业地理学史上，该书具有里程碑式的重要意义。

---

① 《水经注》卷三一《沘水注》。

② 陈桥驿：《〈水经注〉研究》，天津古籍出版社，1985 年，239～244 页。

③ 陈桥驿：《〈水经注〉研究》，天津古籍出版社，1985 年，111～137 页。

结　语　魏晋南北朝农业发展的
主要特点

　　以上划分十章对魏晋南北朝农业的基本面貌做了粗略勾勒。虽然我们已经付出了不小的努力，但由于这个时代历史的特殊复杂性，更由于自身的学养、功力有限，不免顾此失彼，繁简失当，对有些重要问题甚至未能设置专门章节充分展开讨论。即便如此，对于一般读者来说，本卷的篇幅已然显得相当冗长。为了更好地把握魏晋南北朝时期农业发展的基本脉络，下面拟对该时代农业发展的主要特点略作条陈，并借机对明显缺漏的地方稍作补充。

　　我们认为，与其他时代相比，魏晋南北朝的农业发展具有若干显著特点。正是这些特点，决定其在中国农业史上具有独特的地位。

一、北方农业的严重受挫与南方农业的快速崛起

　　我们在不同章节中曾一再强调，魏晋南北朝时期农业发展的历史条件非常特殊。其特殊性既体现在自然生态方面，也体现在社会政治方面，并且两者之间是相互联系、彼此影响和协同作用的。正是在自然因素和社会因素的共同作用下，北方农业严重受挫与南方农业快速崛起形成了鲜明的对比，黄河中下游地区农业的基本过程是破坏和恢复，秦岭—淮河以南的主要趋向则是不断开拓和上升。这既是魏晋南北朝时期中国农业发展的基本态势，也是其主要的时代特点。

　　众所周知，魏晋南北朝时期遭遇到了自有文字记载以后最严重的一个气候寒冷周期，这个周期长达数个世纪之久。明显偏于寒冷的气候，不仅直接影响到农耕区域的经济生产和物质生活，导致农业生产总量下降、生存压力增强和社会骚动不安，而且更为严重的是，它导致农耕社会与游牧社会之间的关系极度紧张，并诱发了一系列重大的社会变乱。大约自 2 世纪后期开始，随着气候逐渐转冷，在亚欧大

陆上，生活于高纬度地区的草原游牧民族不断陷入严重的生存危机，寒冷气候导致游牧经济委顿，尤其是频繁的极端寒冷事件，经常造成畜群大量死亡乃至绝群，游牧民族被迫逐渐向较低纬度的温暖地区移动，从而对农耕社会造成了强大的冲击。在此期间，欧洲发生了前所未有的蛮族大入侵，曾经十分强大的罗马帝国因之土崩瓦解；在亚欧大陆东部，自东汉后期开始，众多西北游牧民族为了寻找比较温暖的生存空间，不断朝东南方向推进，最终酿成了"五胡乱华"的历史局面。在内部骚乱和外部冲击的双重作用下，中国陷入了长期战争动荡之中。其结果，曾经长期是中国社会文明发展中心的黄河中下游地区，经济生产遭受了历史上最为严重的摧残，人民死亡流散，村落城市荡毁，耕地大片荒芜，劳动力严重不足，农业经济随着政治局势的变化，不断地破坏—恢复—再破坏—再恢复，与两汉时代相比发生了严重的衰退。

长期的战争动荡，引发了前所未有的民族迁徙浪潮。自东汉末年至南北朝时期，在西北游牧民族大举内迁的同时，中原地区的人民则因战祸连连而大量背井离乡，四处奔亡。在东汉末年至三国时期，中原人口呈辐射状向西北、东北、西南和东南不同方向发散性地流动；"永嘉之乱"以后，则主要向秦岭、淮河以南地区逃徙。作为一种连锁反应，南方各地的原住民族则因汉族的驱迫，向更加偏远的西南、华南和山区退避。除了难民自发流徙，各个民族政权为了获得劳动力，亦不断实施强制性人口迁移。因此，这个时期的人口迁移流徙是波浪式、连锁式的，并且具有多因性、多向性和全局性，而不局限于个别民族和个别区域。

毫无疑问，这种大规模人口流徙是极其痛苦惨烈的历史过程，它导致了黄河中下游传统农耕区域人口耗散和经济空虚，严重影响了当地农业生产。然而，也正是在此过程中，人口、劳动力与自然资源之间的配置关系得到了前所未有的调整。尽管这种调整并非当时人们所自愿和乐意的，但其所带来的全国农业地理格局的改变，却具有非常深远而巨大的历史意义。经过魏晋南北朝的历史变动之后，中国农业经济的空间格局发生了显著改观。

首先是南方自然资源得到了前所未有的大开发，秦岭—淮河以南形成了多个新兴的农业经济区。考古资料证实，长江流域及其以南地区农业起源并不比黄河中下游地区晚，但由于自然生态和社会文化诸多方面的原因，在中古以前，除成都平原，秦岭—淮河以南的农业发展明显迟缓于黄河中下游地区，这是一个不容争辩的事实。秦汉时期，黄河中下游的农业生产已是高度精耕细作化，人口繁盛，田畴万里，经济发达，而广大的南方地区仍然是地广人稀的瘴疠之地，农业生产长期停留在"火耕水耨""人无牛犊"的落后水平。魏晋南北朝时期的巨大历史变动，给南方资源开发和农业发展提供了前所未有的动力和契机。随着中原人口大量移入和汉族政治中心南迁，经过几个世纪的努力，广大南方地区的农业生产取得了重大发展。南朝时期，长江下游的三吴地区已然成为发达的农业经济区，在当时人的心目中，其繁荣程度堪与西汉关中地区相比；长江中游特别是江汉地区的经济局面也发生了重大改观，在全国经济中具有相当重要的战略地位。更南方的地区，包括今湘、赣、闽、粤诸省丰富的自然资源也日益受到重视并渐次开发，其中岭南之地因其独特的气候、植被等自然生态环境条件，呈现出了鲜明的区域特色，已为当时社会所高度关注。由这些重大的历史变动发端，向后延伸到唐宋时代，南方区域稻作农业终于后来居上，"黄河轴心"和"旱作主体"的农业经济时代逐渐走向终结，中华文明发展的空间和色调因此发生了重大改变。

其次，仅就黄河中下游地区而言，在魏晋南北朝的历史变动中，经济格局的改变亦甚显著。当我们放开视野观察古代农业发展，就不难注意到，中国古代经济重心不仅经历了一个自北而南逐渐移动的过程，在北方地区还先期经历了一个自西往东的移动过程。自周代而下，关中、河南曾相继成为全国最繁荣发达的农业区域，相比之下，河北地区（黄河以北）的农业发展则相对滞后。虽然河北农业在两汉时期已经达到相当高的水平，但仍然有广袤的低湿平原尚未得到充分开发，生产水平及其在全国经济中的地位总体上不及关中、河南。然而魏晋以后，上述情况逐渐发生了变化：曹魏以后，曾有多个政权定都于邺城等地，河北地区的农业生产因而受到统治者更高程度的重视，大型运渠和农田灌溉工程渐次兴修，低湿土地不断被垦殖和改造。到了北魏时期，河北地区终于成为北方最繁盛的农业经济区，直到唐代前期，那里一直是国家最重要的农业经济基地，享有凌驾于其他区域之上的显要地位。

除以上两个主要区域，周边区域特别是少数民族地区的农牧经济也发生了不少新变化。比如辽东和河西地区，由于在汉末大乱之际相对安定，故有大量流移人口前往避难，这曾显著地促进了当地农业生产发展。为了逃避战乱和国家赋役压榨，这个时期还有许多汉族人口流散到东北、西北和西南少数民族地区，与当地人民互相学习、彼此交流，促进了这些地区经济、社会和文化的发展，这在广袤而纵深的华南、西南地区表现得更加明显。

二、农业生产结构的显著调整和改变

众所周知，一定的农业经济体系总与一定的自然环境条件相适应，生态环境条件的地区差异和时代变化，必定会反映在农业生产结构上。魏晋南北朝时期，因农业经济的地理格局发生了显著变化，农业生产结构亦相应经历了一个重大调整过程，并与各种自然环境条件紧密联系，这是此一时期农业发展的第二个显著特点。

就全国而言，这个时代农业生产结构的调整变化，在粮食生产方面的表现最为突出。

早在中国农业起源和初始发展阶段，南北地区的粮食生产就已经形成了明显差异：南方湿热多水，自然环境更有利于发展水田农业，所以当地粮食生产一开始就以水稻种植为主；北方农业是从黄土高原及其延伸地带首先发展起来的，那里气候比较干冷，且地势高亢，适宜发展旱地农业，所以起初亦以种植耐旱的黍稷为主，只是到了后来才发生变化，这些都是农业史的常识。

中国古代很早就有所谓"五谷"之说，这是基于北方的事实而出现的一种说法。先秦两汉时代，除了黍稷，麦、麻和菽（大豆）也是当地重要的粮食作物，在水源充足之处亦种植水稻，但粟作无可争议地一直居于粮食生产的首要地位——由于当时农业经济中心在北方，因而从全国而言，粟也毫无疑问地居于主粮的地位，中国早期文明亦因之被定性为以粟作为基础的农业文明。迄至唐代前期，粟的主粮地位在北方地区仍然保持着，所以《齐民要术》记载各种粮食作物品种，仍以粟居于绝对优势，品种多达 107 个，超出其他谷类作物品种数量的总和；唐前期继续将粟作为当家的粮食作物，国家征收地租、地税仍以粟为正谷和征收标准，其他谷物则被称为"杂种"。

不过，在魏晋南北朝时期，不论从全国来看还是仅就北方地区而言，情况都发生了一些值得关注的重要变化。我们注意到，这个时期曾经作为重要粮食的麻子已经很少被提及，黍亦仅在新开荒地上种植较多，菽则逐渐不再被当作重要粮食，而是用作豉、酱等副食的主要加工原料。然而小麦和水稻种植却取得了重大发展。

先看小麦。根据文献记载，汉代小麦有两种，头年种次年收的被称为"宿麦"，即冬小麦；当年种当年即收的则为"旋麦"，亦即春小麦。中原地区主要种植冬麦。由于麦子具有"接绝续乏"的功能，故汉朝一直重视麦作推广。西汉时期曾委派官员在关中、山东等地大力"劝种宿麦"，《后汉书》记载东汉皇帝针对粮食生产所下的十几次诏书中，就有 9 次涉及麦作。旋转石磨的推广应用、水利灌溉事业的发展以及抗旱保墒技术的提高，均为小麦推广提供了条件。魏晋南北朝时期，麦作推广的进程明显加快，栽培技术也趋于成熟，《齐民要术》设专篇讨论大、小麦种植，还记载有十多个麦子品种。河西走廊以东，上党、雁门之南的广大地区都种植小麦，华北大平原更是小麦生产的中心。晋室东渡之后，由于南迁士庶生活的需要，加以官府的鼓励和督促，麦作在江淮地区也得到推广。十六国北朝时期的一些文献中开始出现"麦秋"一词，与秋收（即获粟）相提并论，反映其在粮食生产中的地位显著提高。

这个时期小麦生产取得明显发展，还具备两个背景条件：一是华北平原低湿土地得到进一步垦殖利用。我们知道，小麦生长需水量较大，一般为粟类的两倍，因此古代北方通常是高田种黍稷，低田种小麦。《齐民要术》引有一首民歌，称："高出种小麦，穄穇不成穗，男儿在他乡，哪得不憔悴。"[①] 反映了地势高亢地方种植小麦的困难。随着华北平原逐渐开发，广袤的沼泽湿地不断被垦辟为农地，这些地势平坦、偏于低湿的土地更适于种小麦，种植黍稷则需要解决水渍问题，况且小麦的单位面积产量通常要高于粟类，因此麦作在平原地区具有更大的竞争优势。二是自汉代以后，由于旋转石磨的发明和推广使用，食麦的方式由整粒蒸饭改变为磨面做饼，大大改进了麦食的口味，至魏晋南北朝时期，面食（当时统称为饼）日益普遍并且多样化，社会生活对麦子的需求不断扩大，更加推动了麦作的进一步发展。这一发展，为小麦在唐宋以后逐渐取代粟的主粮地位和"北人食面"饮食生活传统的确立，奠定了重要的基础。

就全国而言，粮食结构的更大变化是水稻成为主粮。南方新农业经济区的崛起，其实就是稻作经济的崛起。如前所言，我国稻作起源并不晚于粟作，并且稻作的生产潜力远高于粟作，只是由于历史早期生产工具简陋、技术条件低下，南方土地资源开发利用的难度远高于黄土区域，致使当地农业发展的潜在优势长期难以发挥，故而直到两汉时期，那里仍然地广人稀，农业经济落后。到了魏晋南北朝时期，以铁犁、牛耕为代表的耕垦工具手段和农作技术方法已经有了很大进步，又幸得中原人口大量南迁的特殊历史契机，南方稻作农业经济获得了快速发展的机遇和条件，并开始显示出独特的资源优势和巨大的生产潜力，其结果是，稻米成为南方人的主粮，养活了半壁江山的大量人口，逐渐取得了可与粟米比肩的重要地位。

这个时期稻作生产并不局限在南方地区，黄河中下游的水稻种植与前代相比也有非常显著的发展，是该区域历史上稻作最为兴旺的时期之一，河陇以东、燕山之南、关中、河东、太行山东侧、燕蓟地区都有成片的水稻种植，规模相当可观；黄淮之间更可能是以水稻为主的农业区域。历史文献反映：当时黄河中下游地区稻作取得显著发展，与"泽卤之地"的开垦利用有着直接的关系，国家实行屯田和积极兴建水利，对稻作发展产生了积极的影响。由于水稻是一种需水量大且较耐盐碱的作物，产量亦明显高于粟、麦，在开发河谷和平原沼泽湿地、改良盐卤土壤的过程中，种植水稻无疑是一种最好的经济与技术选择。从当时文献记载中我们注意到了两个突出事实：其一，当时北方农田水利工程建设多与引水种稻有关，而种稻地区原本多是沮洳潟卤之地；其二，诸书关于国家屯田生产情况的记载频繁地提到大片的水稻种植，这说明当时北方地区的农业自然条件与当今甚不相同。由于生态环境的变迁特别是水资源逐渐走向短缺，一些地区的水稻种植在唐代以后逐步为麦作所替代，这种情况较早发生在唐代的关中地区，宋代以后的华北平原各地也先后经历了相似的替代过程。

---

① 《齐民要术》卷二《大小麦第十》引。

蔬菜和水果生产结构也发生了重大变化，这是南方农业发展的结果。长江流域、华南和西南地区各有其独特的蔬菜与水果生产结构，与华北地区的蔬果种类差异更加明显。比如南方水乡地区的水生蔬菜生产，秦岭—淮河以南各地的芸香科果树、枇杷、甘蔗种植以及华南种类繁多的热带水果生产，在这个时期均取得了显著发展。此外，在中国经济史上具有重大意义的茶叶生产，这个时期在长江中下游流域的一些地方已然起步，逐渐成为重要的农业经营项目。特别值得注意的是，西汉以后陆续从西域和南洋传入的众多蔬菜和果树，在魏晋南北朝时期亦不断推广种植，丰富了中国的蔬果种类，其中葡萄、石榴、核桃至今仍然是我国的重要果品。

畜禽饲养结构的变动同样值得重视，这在北方地区表现突出。这一时期，黄河中下游地区的畜牧经济比重一度明显增加，为战国秦汉以后所仅有，在前面的章节中我们已经多次述及。需要特别指出的是，在华北地区，养羊一度取代养猪的地位成为畜牧饲养业中的主要生产项目，这在中国历史上是一个绝无仅有而且十分有趣的历史变化。由于养羊业发达，魏晋北朝时期，北方人士食羊肉、饮羊酪、服羊皮相当普遍，物质生活呈现出了与前后时代相当不同的面貌，这种情况甚至一直延续到唐代。南方地区是另外一番面貌，当地牛、马、羊很少，猪、鸡、犬饲养亦不怎么发达，但水禽饲养和水产捕捞却相当兴旺，不仅在南方经济体系中占有相当重要的地位，而且改变了全国动物性食物生产的总体结构，同样具有重要的经济史意义。

衣料生产结构的调整和改变，主要表现在三个方面：首先，南方麻类生产特别是苎麻栽培取得了突出发展，长江中下游地区普遍种植麻类作物，麻成为当时南方人民的主要衣料来源；其次，这一时期的南方蚕桑生产不再局限于成都平原地区，而是通过不同途径向更多地区逐渐推广；第三，在西南和西北地区已经出现了棉花种植，只是生产规模有限，尚未向经济中心区域传播。这些发展，不仅在很大程度上改变了全国的衣料生产结构，而且为唐以后南方蚕桑业的逐渐兴盛和宋元以后中国棉业的巨大发展，做了很好的前期准备。

由于上述这些重大发展、调整和改变，魏晋南北朝在整个中国农业史上承先启后的历史地位，就不仅仅因为它是中国历史时间序列上的一个特定阶段，而是有着具体实际并且十分重要的历史内容，在多个方面为后世农业的进一步发展开辟了新的道路，打下了良好的基础。

三、自耕农生产的委顿与大地主经济的兴盛

在漫长的历史进程中，中国农业生产方式曾经历过多次深刻变革。春秋战国时

期的大变革，导致以血缘宗法关系为基础的周代分封制和井田制崩溃瓦解，农村公社的大家族经济随之解体，个体家庭则成为农业生产的基本单位，"编户齐民"制度成为国家控制农业劳动人口和征收赋税、征发力役的基础。"编户齐民"的主体是具有小型家庭经济的自耕农户，他们的土地和资产在理论上受到国家法律的承认与保护，自主开展农业生产活动，同时承担国家的赋税和劳役——千家万户自耕农的农业生产是专制主义中央集权国家的经济基础，至少在唐代以前基本如此。

然而，自耕农经济规模狭小，不论就单个具体家庭、还是从整体上说，都缺乏充分的稳定性，在古代历史上不断地经历着兴衰与起落。从汉末大乱开始，自耕农经济进入了一个长达数世纪的低迷时期，魏晋南北朝时期个体农户大量破产和自耕农经济委顿，乃是不容置疑的历史事实。我们特别想要指出的是，造成这个事实的主要原因，并非土地兼并的恶性发展，而是频繁的战争动荡使广大农民一再丧失独立开展经济生产的基本能力；由于当时"编户齐民"（即在籍户口）的数量非常有限，国家对他们的役使和剥夺亦更加残酷，自耕农的经济境况日益窘迫，很难得到喘息和修复的机会。当时文献所反映出来的基本事实是：极度沉重的苦役和赋税征取，导致众多农民脱籍逃亡，而脱籍逃亡农户的赋役又全部加在未逃亡者身上，最终，百姓不得不或亡命山泽、或投靠大族，甚者乃至自残手脚和生子不举。正因为如此，自汉末大乱开始，至南北朝时期结束，南方地区的自耕农经济始终未曾振作起来；北方地区则直到北魏实行均田制之后才渐见复苏。

与此形成鲜明对照的是，大地主经济不断取得发展，乃至成为当时农业经济的主导。

大地主土地所有制经济发展并非起始于魏晋南北朝时期。从西汉开始，官僚权贵、地方豪强和富商大贾就凭借其政治权势和经济实力，不断兼并土地、奴役贫民，排抑自耕农；到了东汉时期，大地主庄园经济更得到了明显壮大，越来越多的自耕小农破产，在丧失了最基本的生产资料之后，不得不自卖为奴或者投靠到大地主那里，沦为大小庄园上的奴客和徒附。尽管如此，自耕农生产在整个社会经济中的主导地位并未彻底动摇。

东汉末年的政治动荡以及接踵而至的灾害、瘟疫，使无数自耕农民遭受了灭顶之灾。为了苟延性命，获得安全保障和经济救助，众多失去了独立生产能力的农民自愿投靠和依附于那些拥有强大经济与武装实力的宗族首领、世家豪族和官僚权贵，成为他们私属的部曲、僮仆：不但是私属的农奴、佃客，从事农作耕稼；而且是私属的兵卒，随时跟随主人出征打仗。在一段时期中，朝廷还通过"赐客""复客"将大批农民赏赐给功臣作为私属。正是在这一过程中，自耕农民大量破产，大地主经济则迅速发展起来。汉末三国时期，大地主经济就已经相当膨胀，魏、蜀、吴三国都分别出现了一批拥有巨量土地、资产和依附人口的大地主。例如豪强地主刘节拥有"宾客千余家"，麋竺"祖世货殖，僮客万人，赀产巨亿"，东吴境内则是豪强大族"僮仆成军，闭门为市，牛羊掩原隰，田池布千里"①。从此之后，自耕农经济持续处于委顿状态，大地主经济则不断扩张、发展。

地主大土地所有制经济发展需同时具备两个前提：一是占有大量的土地，二是拥有大量的农业劳动力。而自汉末以降，北方地区因频繁战乱，大量土地荒废无主，拥有政治特权和经济实力的世家大族以各种名目圈占大片土地比以往更加方便；南方地区更有广袤的土地尚待垦殖，除了国家组织，能够大片地圈占并实施垦殖经营者，唯有那些经济实力雄厚、并享有各种特权的世家大族。当时动荡的社会政治局面造就了大量破产和流亡的农民，他们正是大地主庄园生产经营所需依附性劳动者的主要来源；国家对世族地主大量包荫人口的授权和容忍，更为庄园地主获得大量农业劳动力提供了政治保障。由于上述特殊的历史条件，魏晋南北朝时期地主大土地所有制经济不断扩张，于是就成为一种必然的趋势。西晋以后，尤其是东晋南朝时期，南方士族通过封固山泽而建立的地主庄园经济，北方强宗大族通过吸纳荫占流散民众、据险守保而建立起来的坞堡（坞壁）经济，均普遍得到发展。这些拥有广袤田园山泽的大地主，役使众多同宗和异姓的依附农民，采用出佃取租或亲自指授驱使农奴、僮仆经营等方式开展农业生产。值得特别指出的是，不论是北方还是南方地区，大地主庄园（或坞堡）经济均实行农林牧副渔工商多项目综合经营，具有相当显著的自给自足性质。

结合当时特殊的社会政治状况来看，我们认为：魏晋南北朝大地主庄园（或坞堡）经济发展具有一定的历史合理性，尽管大地主对广大依附农民的压迫和剥削非常沉重，但在社会动荡不安、经济一片残破的形势下，大地主所有制农业经营在保存劳动人口、恢复农业生产以及组织复垦和新垦土地等方面，都发挥了独特而且重要的历史作用。对此，我们应予以客观公允的评价。

四、国家直接参与农牧经营程度的明显加强

由于农业是古代社会的主要经济基础，农业经济兴衰直接关系国家政权是否稳固，因此历代王朝对农业生产一直高度关注，除了那些极其腐朽昏聩的统治者，没有哪个帝王不乐见农民安于垄亩、勤于稼穑，不期望农业繁荣、人口增殖、土地垦辟。应当说，国家权力在调整土地关系、劝勉督课农桑、推广技术良种、兴修农田水利和防御自然灾害等多个方面，也一直发挥着相当重要的职能。由于不同时期的社会条件和政治形势各不相同，统治者面临着不同的农业问题，需要因时、应机地

---

① 《三国志》卷一二《魏书·司马芝传》、卷三八《蜀书·麋竺传》《抱朴子·吴失篇》。

采取不同对策和措施予以解决。国家的相关政策措施对农业生产究竟是发挥积极作用还是消极的影响，不仅取决于政策和措施本身是否合理得当，更取决于朝廷和地方政治是否清明。从历史实际情况来看，古代国家对于农业生产的影响并非都是正面的，甚至常常是负面的。这些情况，在魏晋南北朝时期并无例外。不过，与其他历史时期相比，这个时期国家直接参与农牧业经营的程度明显加强，突出表现在国家屯田和北魏国营牧业经营之中。

我们知道，早在秦汉时代，为了解决边境戍卒的生活问题，减轻粮食转运的耗费，国家就已经在西北边疆实施屯田。到了魏晋南北朝时期，内地屯田则取得了空前绝后的大发展，并且在整个社会经济中占据了相当重要的地位。在内地广泛推行屯田经营始于三国时期，其后，历代政权屯田经营都保持着较大规模。国家在内地大规模实行屯田经营的动机和意义，在不同时期并不完全一致，但大体不外乎以下两个方面：

一是天下大乱之际，人民流散失业，农业生产萧条，粮食供应严重短缺，在小农生产短期难以明显复苏的情况下，统治者不得不运用国家权力组织农业生产，以尽快摆脱物质生活资料特别是粮食严重匮乏的困境，曹魏政权正是出于这个动机最早在内地实施大规模屯田的，不仅有大规模的军屯，更有准军事化的大量民屯。其中民屯采用租佃式的经营方式，国家向承租屯田的农民收取定额地租，实际上是一种国家主导的租佃农业经营，国家就是大地主，而屯田客则是国家佃农。从历史文献所反映的情况来看，曹魏屯田取得了相当显著的经济效果，不仅缓解了国家的经济困难，而且在客观上也有利于北方农业经济的恢复。同一时期，孙吴和蜀汉政权亦都组织了屯田经营，对江东和西蜀境内若干地区的农业开发亦具有积极的意义。

二是同秦汉王朝一样，为了解决边境戍兵的粮食供应问题而实行军事屯田。不过，与秦汉时期不同，由于这个时期政治分裂，南北长期敌对，军事对抗的前线在江淮之间，故军屯亦主要分布于内地特别是沿淮一线以南、长江以北的广大地区，西北边境的屯田反而退居次要地位了。

除了屯田，当时国家还以州郡公田这种特殊形式直接参与农业经营。如前所言，不同名目的州郡公田，由所在地方官员组织经营，其收益供作官员的生活补贴或者作为俸禄的一部分。这类土地通常所采用的经营方式有两种：一是役使所属的吏士集体经营，从事生产的吏士如同服役；二是出租给民户耕种、官府收取地租，与民屯和地主土地租佃经营略同。这种由地方官府组织的公田农业生产经营，在东晋南朝时期曾普遍实行，后世唯唐代的"职分田"经营与之较为相似。

总体来说，魏晋南北朝时期，国营农业在社会经济中所占的比重及其之于国家财政的重要性，都明显地超过了其他历史时期。国家权力直接介入乃至主导农业经营、并且经济规模如此之大，这在战国秦汉以后是绝无仅有的。我们认为：这种特殊发展，既与当时社会政治状况有关，亦与整体经济形势的变化有关。由于自耕农经济长期萎靡不振，国家财政的经济基础明显削弱，徭役和兵役亦失去了稳定来源，迫使统治者不得不采用秦汉边境屯田制度在内地组织大规模的军事屯田，并仿照地主庄园经济模式，以租佃形式开展更大规模的民屯经营。这时，国家的角色与大地主相比并无根本的差别，或者可以说，国家就是最大的大地主。

北朝时期，国家直接参与畜牧经营也具有非常重要的经济意义。由于对役畜尤其是军马的特殊需求，古代王朝一般都要凭借国家的力量组织和发展畜牧业，获得充足的马匹是其首要经济目标，非独北朝时期为然。然而，若论牧场规模之大、畜群数量之巨，则北魏国营畜牧业可谓首屈一指。北魏不仅在北部边境开辟了历史上规模最大的国营牧场，甚至还曾在中原地区开辟了占地辽阔的河阳牧场，这是自秦汉以后所绝无仅有的。需要补充指出的是，在北魏前期，国家畜牧业经营并不只是为了获得马匹，而是将牧场经营作为国家经济的主要支撑之一，这自然与北魏统治者之源出于游牧民族有关。

五、国家与地主对劳动力和山林川泽资源的争夺

一个时代的农业发展往往会遭遇一些特殊的问题和矛盾，统治者必须运用国家权力努力加以纾缓解决，否则将对农业生产发展造成诸多不利影响，不仅损害广大农民的利益，而且亦不利于政权巩固和社会稳定。魏晋南北朝是一个战乱频仍的时代，长期战乱导致人口流散、土地荒芜、生产萧条，当时国家所面临的农业问题与前后时代显著不同，在诸多利益冲突和经济难题中，农民与土地严重分离、自耕农数量明显减少和农业劳动力短缺等问题最为突出，对国家财政经济的影响亦最直接和最严重。

从传世文献所保留下来的有限统计数字可知，这个时期的在籍户口数量明显寡少，这意味着国家所掌握的农业劳动力严重不足，自耕农比重明显下降，赋税征取和劳役征发对象不足、国家财政基础薄弱，是当时大多数政权所共同面临的问题。造成这些情况主要有两个原因：一是战争动乱和官府重役造成大量人口死亡和流散；二是官僚贵族、军事将帅和士族地主大量包荫人口以为私属附庸。这是当时各个朝代和政权所共同关注的焦点问题，并为之推行了多种特殊政策与措施。

针对战乱所造成的人口死亡和流散，不同时期统治者分别采取了招诱、安辑和强制迁移的措施。三国时期，曹魏招抚黄巾旧部、强徙沿江郡县人口，孙吴围剿山越，均属此例。十六国北朝时期，诸族政权彼此攻略，不断掳掠和强迁人口更是常态，其间被掳掠和强迁的不仅有大量的汉族人口，也有众多少数民族部众；东晋南朝积极招抚和强迁北部边境汉民以及南方各地的蛮族人口。为了安置北方南迁的大

量人口，东晋时期还设立了众多侨置郡县，将他们另行编入不税不役的"白籍"，随着局势逐渐稳定，朝廷对这些侨民实行"土断"，逐渐比同南方原居人口而征取赋役。南朝时期，有关制度和政策一直存在并实施。所有这些措施，都无非是试图增加国家所直接掌握的劳动人口。

士族豪强大量招诱乃至强迫农民成为私属，在东汉时期已经开始，进入三国时期以后，这种现象愈来愈普遍。由于天下大乱，许多贫弱农民不但生计断绝，生命安全亦得不到保障，被迫投靠势力强大的官僚贵族、军府将帅和士族地主，为寻求他们保护，不惜丧失自由身份而沦为僮客、徒附和奴仆。在魏晋南北朝时期，豪强士族地主、官僚权势之家大量包荫人口乃是一个普遍的社会事实，只是西晋灭亡之后，南北分裂，社会经济分途发展，大族庇荫人口的具体方式在南北地区有所区别。士族权贵包荫下的依附农民，不再具有国家编户齐民的自由身份，只能任由主家驱使、奴役甚至责骂、捶笞和买卖，忍受地主残酷压迫、剥削，不能自主开展农业生产和家庭经济生活。但他们作为大地主的私属附庸，可不承担官府的赋税和力役，对于国家来说这无疑是租税赋调和兵役来源的严重流失。

为了笼络那些具有强大政治、经济乃至武装实力的官僚、将帅和世家士族，历代政权往往授予他们一定的庇荫人口的特权，例如三国至西晋时期实行"复客""荫客"制度，朝廷甚至将国家所掌握的人口赐予大臣将帅作为私属；十六国至北魏前期，少数民族统治者为了笼络汉族上层，减轻和消除对抗，实行"宗主督护制"，承认汉人强宗大族的政治与经济地位，对他们大量包荫人口予以暂时默认和隐忍。然而另一方面，自三国两晋到南朝，国家法律并不允许私自大量荫占人口，少数民族政权对这类现象的容忍也有一定限度，因为任由私家荫客不断增多必定损害国家利益——不仅直接影响国家财政和力役征发，而且造成私家巨室的势力不断膨胀，从而对朝廷构成政治上的威胁。事实上，在这个时代，国家与私家之间为争夺劳动人口所展开的博弈和斗争一直非常激烈，国家试图通过颁布法令、推行各种措施，对私家荫占人口加以抑制。

例如西晋时期，朝廷曾屡令禁止，对私自荫占实施处罚，结果均不理想。鉴于私家荫客无法从根本上遏止，朝廷在实行占田法的同时颁布了荫客制，一方面对庇荫者的既得利益予以部分承认，并使之合法化；另一方面又根据官品高低规定荫户复客数量，以期扼制私家荫客恶性发展的趋势。但是，自西晋以后延及南朝，官僚权贵和世族大量荫占人口的情况一直非常严重，国家则不断检括户口、重申法令和对私自荫客实施处罚，试图予以制止。

同一时期，北方各族政权也进行了多方面的努力。例如鉴于当时户口"迭相荫冒，或百室合户，或千丁共籍"① 的情况，前燕曾大举整顿户籍，实施了"罢军营封荫之户"和检户、析户等措施，将大批被庇荫的民户检括出来编入国家户籍，在籍民户数量因此一时显著增多；北魏初期实行"宗主督护制"以笼络汉族上层，随着政权逐渐稳固，乃正式颁布均田令并实施"三长制"，严格地实行一夫一妻为单位小户制，将大量荫户转变为受田的自耕农，纳入国家户籍的统一控制之下，承担赋税和劳役。

与国家所采取的临时招诱、强徙措施相比，西晋所推行的荫客制和北魏所实行的"三长制"均试图建立一套具有长效性的制度，并且都与土地制度改革同时进行。事实上，不论是西晋的占田课田制还是北魏的均田制，从动机上说，调整土地占有关系均尚属其次，更主要目的乃是将农民从大族地主那里分离出来，纳入国家户籍的控制之下，使之附着于一定数量的土地之上开展农业生产，以便征收赋税、征发劳役。

魏晋南北朝时期的人口与资源关系状况，总体来说是人少地多。北方地区历经战乱之后，存在着大量的无主荒地；南方地区的土地开发则刚刚起步，仍有大量土地未能垦辟。但这并不意味着当时社会在土地资源占有方面就完全没有利益冲突。事实上，北方地区在形势稍转安定、人口有所恢复之后，亦逐渐出现土地兼并的现象，无论是西晋的品官占田制还是北魏的均田制，都含有对大地主占有土地数量的限制。不过，更加突出的问题乃是东晋以后世家大族在南方疯狂封固山泽，不仅侵夺了平民百姓的生计，而且亦损害了国家的经济利益。

我们知道，先秦两汉时代，山林川泽在理论上一直属于国家资源，所在百姓只要遵守"时禁"等相关规定，即可以进入其中樵采渔猎。自西汉武帝时期推行盐铁官营之后，国家对山林川泽的禁令渐趋严峻。在东晋以前，除某些特殊情况下（如遭遇严重饥荒）暂时开放山林川泽，大多数时间则实行禁锢。建武元年（317）七月，司马睿在江东称帝之后不久，下诏"弛山泽之禁"②，允许民众进入山林川泽樵采渔猎和开垦田地。颁布这个政令，目的是为了让南迁人民得以谋取生活资料，保证社会秩序的稳定，同时满足南迁士族对土地的要求，便于他们重新置办园宅、重建产业。然而从此之后，世家大族掀起了封山固泽、广占土地的狂潮。

由于东晋政权必须依靠南北士族的支持、拥护，因此不得不在一定程度上满足他们占有土地的欲望。然而随着形势的发展，士族豪强封山占水日益猖獗，既侵夺了小民之利，亦严重影响到国家财政收入，超过了朝廷所能容忍的限度，两者之间的利益关系日趋紧张。到了咸康二年（336），朝廷颁布了"壬辰之制"，这是一个

---

① 《晋书》卷一二七《慕容德载记》。
② 《晋书》卷六《元帝纪》。

严厉禁止封占山泽以为私有的律令，条文上对违令者的处罚非常严苛。然而，过于严苛的法令反而更难以实现国家所期望的效果。从东晋到刘宋时期，国家对山林川泽时开时禁，政策反复摇摆，而世家大族"炕山封水，保为家利"① 的形势始终未能得到遏制。至刘宋大明（457—464）初年，孝武帝采纳羊希建议，颁布实施新的法令，一方面对世家大族既得利益予以一定限度的承认，另一方面又根据官品的高低规定了封占限额，从而结束了国家政策在"放—禁"之间不断摇摆的局面。不过，历来国家法令政策规定是一回事，社会上的实际情形则是另一回事，尽管大明年间所颁布的相关法令在齐、梁时代仍然执行，但在整个南朝时期，国家与私家之间、世家大族与小民百姓之间，围绕山林川泽资源占有利用而产生的矛盾和冲突始终相当严重，权势之家"越界分断水陆采捕及以樵苏，遂使细民措手无所"② 的情况依然长期存在。

除上述方面，魏晋南北朝农业发展还表现出了一些其他特点。比如在生产力方面，北方农业技术在继承两汉的基础上又有了不少新进步，南方农业技术则在南北交流中形成了自己的体系并逐步走向成熟，从而形成了旱作农业与稻作农业两大技术系统；在生产关系方面，由于国营农业和大地主经济的发展，农民对国家和地主的人身依附关系显著加强，农业生产的个体性和独立性则明显减弱；由于战争动乱的影响，这个时期的社会经济总体上不及汉唐时代繁荣，农业商品生产亦受到较大限制，自然经济色彩比较浓重，等等。所有这些方面，共同构成了这个时期中国农业发展的独特历史面貌，其中的诸多变动和调整既具有历史的延续性，亦由于当时独特的自然和社会背景，为后代中国农业进一步发展打下了新的基础，开启了新的格局。

---

① 《宋书》卷五四《羊玄保附兄子希传》。
② 《梁书》卷三《武帝纪》。

参考文献

一、古籍史料（以分类为序）

（汉）司马迁撰．史记［M］.北京：中华书局，1959.

（汉）班固撰．汉书［M］.北京：中华书局，1962.

（南朝宋）范晔撰．后汉书［M］.北京：中华书局，1965.

（晋）陈寿撰．三国志［M］.北京：中华书局，1959.

（唐）房玄龄，等撰．晋书［M］.北京：中华书局，1974.

（南朝梁）沈约撰．宋书［M］.北京：中华书局，1974.

（南朝梁）萧子显撰．南齐书［M］.北京：中华书局，1972.

（唐）姚思廉撰．梁书［M］.北京：中华书局，1973.

（唐）姚思廉撰．陈书［M］.北京：中华书局，1972.

（北齐）魏收撰．魏书［M］.北京：中华书局，1974.

（唐）李百药撰．北齐书［M］.北京：中华书局，1972.

（唐）令狐德棻撰．周书［M］.北京：中华书局，1971.

（唐）李延寿撰．北史［M］.北京：中华书局，1974.

（唐）李延寿撰．南史［M］.北京：中华书局，1975.

（唐）魏徵，等撰．隋书［M］.北京：中华书局，1973.

（宋）司马光主纂．资治通鉴［M］.北京：中华书局，1956.

（晋）常璩撰．华阳国志校注［M］.刘琳，校注．成都：巴蜀书社，1984.

（晋）张华撰．博物志校证［M］.范宁，校证．北京：中华书局，1980.

（晋）葛洪撰．西京杂记［M］.北京：中华书局，1985.

（南朝宋）刘义庆著．世说新语校笺［M］.刘孝标，注．徐震堮，校笺．北京：中华书局，1984.

（北魏）杨衒之撰．洛阳伽蓝记校注［M］.范祥雍，校注．上海：上海古籍出版社，1978.

（北魏）郦道元注，杨守敬、熊会贞疏．水经注疏［M］.段熙仲，点校．南京：江苏古籍出版社，1989.

（清）顾祖禹著．读史方舆纪要［M］.贺次君，施和金，点校．北京：中华书局，2005.

（东汉）崔寔著．四民月令［M］．石声汉，校注．北京：中华书局，1965.

（北魏）贾思勰撰．齐民要术校释［M］．缪启愉，校释．北京：中国农业出版社，2009.

（北齐）颜之推撰．颜氏家训集解［M］．王利器，集解．上海：上海古籍出版社，1980.

（晋）葛洪撰．抱朴子（内外篇）［M］．四库全书本．

（南朝梁）萧统编，（唐）李贤注．文选［M］．北京：中华书局，1977.

（宋）郭茂倩编．乐府诗集［M］．北京：中华书局，1979.

（唐）欧阳询编．艺文类聚［M］．汪绍楹，校．上海：上海古籍出版社，1965.

（唐）徐坚，等编．初学记［M］．北京：中华书局，1962.

（宋）李昉，等编．太平御览［M］．北京：中华书局，1960.

（宋）李昉，等编．太平广记［M］．上海：上海古籍出版社，1990.

逯钦立辑校．先秦汉魏晋南北朝诗［M］．北京：中华书局，1983.

严可均校辑．全上古三代秦汉三国六朝文［M］．北京：中华书局，1999.

二、主要著作和论文

白翠琴．魏晋南北朝民族史［M］．成都：四川民族出版社，1996.

陈国强．百越民族史［M］．北京：中国社会科学出版社，1988.

陈桥驿．《水经注》研究［M］．天津：天津古籍出版社，1985.

邓云特．中国救荒史［M］．上海：上海书店，1984.

方铁．西南通史［M］．郑州：中州古籍出版社，2003.

干志耿，孙秀仁．黑龙江古代民族史纲［M］．哈尔滨：黑龙江人民出版社，1980.

高敏．魏晋南北朝社会经济史探讨［M］．北京：人民出版社，1987.

高敏．长沙走马楼三国吴简中所见孙吴的屯田制度［J］．中国史研究，2007（2）.

高敏．魏晋南北朝经济史：上、下册［M］．上海：上海人民出版社，1996.

葛剑雄．中国人口史·第一卷［M］．上海：复旦大学出版社，2002.

耿铁华．集安高句丽农业考古概述［J］．农业考古，1989（1）.

苟萃华．《竹谱》探析［J］．自然科学史研究，1991（4）.

何德章．中国经济通史·第三卷·魏晋南北朝［M］．长沙：湖南人民出版社，2002.

黑龙江省博物馆．东康原始社会遗址发掘报告［J］．考古，1975（3）.

黑龙江省博物馆．黑龙江宁安场新石器时代遗址清理［J］．考古，1960（4）.

洪光住．中国食品科技史稿：上册［M］．北京：中国商业出版社，1984.

胡阿祥．魏晋南北朝时期的生态环境［J］．晓庄学院学报，2001（3）.

胡焕庸，张善余．中国人口地理：上册［M］．上海：华东师范大学，1985.

黄烈．中国古代民族史研究［M］．北京：人民出版社，1987.

江应梁．中国民族史［M］．北京：民族出版社，1990.

蒋福亚．魏晋南北朝社会经济史［M］．天津：天津古籍出版社，2005.

蒋猷龙．就家蚕的起源和分化答日本学者并海内诸公［J］．农业考古，1984（1）.

黎虎．汉唐饮食文化史［M］．北京：北京师范大学，1998.

黎虎．魏晋南北朝史论［M］．北京：学苑出版社，1997.

李剑农.中国古代经济史稿：第二册［M］.武汉：武汉大学出版社，2005.

李令福.论北魏艾山渠的引水技术与经济效益［J］.中国农史，2007（3）.

李文澜.两晋南朝禄田制度初探［J］.武汉大学学报，1980（4）.

梁家勉.中国农业科学技术史稿［M］.北京：农业出版社，1989.

马长寿.乌桓与鲜卑［M］.桂林：广西师范大学出版社，2006.

渑池县文化馆等.河南渑池发现的窖藏铁器［J］.文物，1976（8）.

牟发松.唐代长江中游的经济与社会［M］.武汉：武汉大学出版社，1989.

钮仲勋.魏晋南北朝时期新疆的水利开发［J］.西域研究，1999（1）.

庞志国.吉林省汉代农业考古概述［J］.农业考古，1993（2）.

邱泽奇.汉魏六朝岭南植物"志录"考略［J］.中国农史，1986（4）.

史念海.河山集：二集［M］.北京：生活·读书·新知：三联书店，1981.

史念海.河山集：三集［M］.北京：人民出版社，1988.

史念海.黄河流域诸河流的演变与治理［M］.西安：陕西人民出版社，1999.

孙进己.东北各族文化交流史［M］.沈阳：春风文艺出版社，1992.

谭其骧.长水粹集［M］.石家庄：河北教育出版社，2002.

唐长孺.魏晋南北朝史论丛：外一种［M］.石家庄：河北教育出版社，2000.

唐长孺.魏晋南北朝史论拾遗［M］.北京：中华书局，1983.

唐长孺.魏晋南北朝隋唐史三论［M］.武汉：武汉大学出版社，1993.

汪家伦，张芳.中国农田水利史［M］.北京：农业出版社，1990.

王达.关于《荆州记》温泉溉稻的辨析［J］.中国农史，1985（1）

王利华.《广志》辑校——果品部分［J］.中国农史，1993（4）.

王利华.郭义恭《广志》成书年代考证［J］.文史，1999（4～8）.

王利华.魏晋南北朝时期华北内河航运与军事活动的关系［J］.社会科学战线，2008（9）.

王利华.中古华北的鹿类动物与生态环境［J］.中国社会科学，2002（3）.

王利华.中古华北水资源状况的初步考察［J］.南开学报：哲学社会科学版，2007（3）.

王利华.中古华北饮食文化的变迁［M］.北京：中国社会科学出版社，2000.

王利华.中古时期北方地区畜牧业的变动［J］.历史研究，2001（4）.

王乾（王利华）.《竹谱》与中国早期竹文化［J］.古今农业，1988（2）.

王文光.中国西南民族关系史［M］.北京：中国社会科学出版社，2005.

吴震.介绍八件高昌契约［J］.文物，1962（7/8）.

西嶋定生.中国经济史研究［M］.冯佐哲，等，译.北京：农业出版社，1984.

肖亢达.河西壁画墓中所见农业生产概况［J］.农业考古，1985（2）.

新疆博物馆.新疆民丰县北大沙漠中古遗址墓葬区东汉合葬墓清理简报［J］.文物，1960（6）.

徐恒彬.简谈广东连县出土的西晋犁田耙田模型［J］.文物，1976（3）.

许辉，蒋福亚.六朝经济史［M］.南京：江苏人民出版社，1993

薛瑞泽.北魏的内河航运［J］.山西师大学报，2001（3）.

杨育彬，袁广阔.20世纪河南考古发现与研究［M］.郑州：中州古籍出版社，1997.

杨宗万.从"乡贡八蚕之绵"探索我国南方蚕业的起源［J］.农史研究，1982（2）.

尤中.中国西南民族史［M］.昆明：云南人民出版社，1985.

张芳.六朝时期的农出水利 [J].古今农业,1988（2）.

张芳.中国传统灌溉工程及技术的传承和发展 [J].中国农史,2003（4）.

张家诚.气候变化对中国农业生产的影响初探 [J].地理学报,1982（2）.

赵靖.中国经济思想通史 [M].北京：北京大学出版社,1995.

赵云田.北疆通史 [M].郑州：中州古籍出版社,2003.

郑肇经.中国水利史 [M].上海：上海书店,1984.

中国农业遗产研究室.中国农学史：上册 [M].北京：科学出版社,1984.

中国水利史稿编写组.中国水利史稿 [M].北京：水利电力出版社,1979.

周晦若.四川蚕丝业概况 [J].蚕桑通报,1982（1）.

周魁一.中国科学技术史·水利卷 [M].北京：科学出版社,2005.

周伟洲.吐谷浑史 [M].北京：广西师范大学出版社,2006

朱大渭,等.魏晋南北朝社会生活史 [M].北京：中国社会科学出版社,1998.

朱雷.吐鲁番出土北凉赀簿考释 [J].武汉大学学报,1980（4）.

竺可桢.中国近五千年来气候变迁的初步研究 [J].考古学报,1972（1）.

邹逸麟.黄淮海平原历史地理 [M].合肥：安徽教育出版社,1991.

后　记

　　本卷的写作，从立项至今已经十几个年头过去了，其间的种种曲折和甘苦，非寥寥数语能够道尽。刚接受本卷编纂任务时，我还在南京中国农业遗产研究室工作。当时由尊敬的老主任叶依能研究员担任主编，我做副手，负责编制提纲并承担多章编写任务。然而世事多变，始料难及：若干年后，原来的编写组成员或赴异地深造，或调往其他单位高就，散居多处并且各操异业，叶依能先生也光荣退休。本人于1999年调到南开大学之后，一切重起炉灶，琐事繁杂，甚多纷扰，这项工作也就一直被搁置了下来。直到2008年，在中国农业历史学会领导多次催促和鼓励之下，出于对学会的责任和道义，我壮了个大胆儿，重新担当起这项任务。

　　目前的这部书稿，有一小半我在多年前就已经完成了，其余部分则由我与同事和学生们在近一年时间里黑白颠倒地拼抢编就。其中第一、二、四、十章和结语由我本人撰写，第三章由赵仁龙撰写，夏炎撰写了第五、六章，曹牧撰写了第七章，第八、九章则由连雯撰写，最后由我统一补充和修改定稿。赵九洲对大部分文稿进行了校对，纠正了一些史料和文字上的错误。其中若有不妥之处，主要应由我本人负责。

　　在我撰写这篇《后记》时，窗外除夕夜的爆竹声震耳欲聋。按理说，有一本书在如此喜庆之日定稿了，心中应当充满成功的喜悦，但我实在找不到那种大功告成的轻松感觉。最近几年，本人曾几次被迫在仓皇之际提交论文或书稿，这些没有花足够的时间和精力进行反复锤炼的作品，后来时常被发现有错漏，却已无法弥补，致使每次文稿出手我都不很自信，甚至是战战兢兢，当下我的感觉又是如此。无论在结构、内容或者其他方面，本卷肯定都存在不少缺点和疏漏，诚恳欢迎读者批评、指正！

　　需要特别说明的是，此前叶依能、秦冬梅、王仲和吴滔等先生曾提交过部分初稿，为编写本卷付出了不少辛劳。唯因后来重新安排任务，改组了编写组成员，更因我对十多年前所编提纲的章节设置和内容安排不满意，几乎完全推倒重来，造成诸位大作的叙说思路与行文风格均与新提纲相距太远，故只好忍痛割爱，全部未予采用。在此谨向诸位致歉并深表谢意！

王利华

2009 年 1 月 25 日（除夕夜）于南开大学